生物分离工程实验技术

洪燕萍　主　编
黄伟光　林标声　副主编

·北京·

图书在版编目（CIP）数据

生物分离工程实验技术/洪燕萍主编；黄伟光，林标声副主编．—北京：化学工业出版社，2023.4（2024.10重印）

ISBN 978-7-122-43020-5

Ⅰ.①生…　Ⅱ.①洪…②黄…③林…　Ⅲ.①生物工程-分离-实验　Ⅳ.①Q81-33

中国国家版本馆CIP数据核字（2023）第036876号

责任编辑：邵桂林　　　　文字编辑：李玲子　药欣荣　陈小滔
责任校对：李雨函　　　　装帧设计：韩　飞

出版发行：化学工业出版社（北京市东城区青年湖南街13号　邮政编码100011）
印　　装：北京七彩京通数码快印有限公司
787mm×1092mm　1/16　印张16¾　字数413　千字　　2024年10月北京第1版第2次印刷

购书咨询：010-64518888　　　　售后服务：010-64518899
网　　址：http://www.cip.com.cn
凡购买本书，如有缺损质量问题，本社销售中心负责调换。

定　　价：69.00元

编写人员名单

主　　编　洪燕萍

副 主 编　黄伟光　林标声

其他参编　邱丰艳　许友赤

　　　　　　张凯龙　华宝玉

前言

生物经济为农业、健康、医药、能源、环境等产业的绿色革命创造了新的可持续发展平台、政策环境与时代背景。以生物活性物质为中心的生物技术对经济社会产生了革命性影响，以生物活性物质提取纯化为目的的生物分离工程是生物技术的重要组成部分，特别是在现代生物技术产品中，产品成本构成所涉及生物分离工程技术的比例极大，其是生物技术实现产业化的关键技术。

生物分离工程课程是面向生物技术及相关专业开设的专业必修课，是一门理论与实践密切结合的课程，对创新型、应用型专业人才的培养发挥着重要的作用。尤其在新工科教育背景下，培养和提升学生的创新能力和科研素养以满足经济与社会发展的需要成为工科专业教学要求的重要目标。但生物分离工程课程在理论结合实践、满足行业需求和学生应用能力培养方面尚存在不同程度的不足，新形势下课程教学改革势在必行，因此适用于应用型人才培养的实验教材也是很有必要的。

《生物分离工程实验技术》是生物分离工程课程教学的配套教材，也可作为大分子和小分子活性物质分离纯化及检测等的参考资料，是适应于新工科背景下的创新型、应用型人才培养的教材。本教材围绕应用型人才培养目标定位，面向应用型本科高校生物、化学、环境、医学类专业，突出应用性、完整的产品解决方案、生物分离集成技术，紧密对接经济产业链。

本教材以培养学生创新精神、创造意识和科研能力为最终目的，从生物分离工程技术的基本原理及仪器设备、生物分离工程基础实验、生物分离工程综合实验等层层递进，既有基础知识背景介绍，又有单元操作。同时，在此基础上以生产案例为主线，提供综合实验方案，将多种实验技术融合，强化生产实用性。如教材中设置了多个茶多酚相关实验，可供使用者设置安排系列实验，完成完整的产品生产工艺设计实验，进一步与生产实际应用相结合，为培养既有创新性思维又有实践能力的新型应用型人才提供适合的教材。

本教材创新点：

（1）系统性和应用性兼顾　现有教材以单个生物分离纯化实验为主，更多为验证性实验，主要培养学生单一的基本技能训练，缺少综合性实验和创新性实验。本教材不仅有原理介绍，也结合了仪器设备的使用，同时层次分明，在基础验证性实验之后，提供更多的综合性实验项目，强化了应用性。

（2）基础技术与新进展并重　本教材以市场需求为导向，引入产品设计理念，提高学生科学思维能力，融合生物分离各单元操作，更注重近年来发展起来的生物分离工程的新技术、新方法、新设备的应用。实验对象不但涉及传统的微生物发酵液、动植物天然产物的提取分离，更注重现代的基因工程细胞培养液；不仅关心生物小分子的分离过程，更注重蛋白质、酶、多糖等生物大分子活性物质的分离纯化。

本教材主要适用于生物技术和生物工程专业本科生使用，也适合相关专业研究生选择使用，还可供科研工作者和生产技术人员参考。

由于水平有限，书中的不足之处，敬请读者批评指正。

编者

2023 年 1 月于龙岩学院

目录

第二篇　各论

绪论

一、生物分离工程的概念

生物技术（biotechnology）是指人们以现代生命科学为基础，结合其他基础科学的科学原理，采用先进的科学技术手段，按照预先的设计改造生物体或加工生物原料，为人类生产出所需产品或达到某种目的的技术方式。生物技术利用对微生物、动植物等多个领域的深入研究，利用新兴技术对物质原料进行加工，从而为社会服务，提供产品。

现代生物技术研究所涉及的方面非常广，其发展与创新也是日新月异的。生物技术的发展意味着人类科学各领域技术水平的综合发展，生物技术的发达程度与安全程度，也意味着人类文明的发达程度。随着社会的成熟与发展，生物技术的发展不断拓展着人们的生活，使人们的需求得到越来越多的满足，为很多与人们生活切实相关的问题找到解决的方法。因此，生物技术不仅是一门新兴的、综合性的学科，更是一个深受人们依赖与期待的、亟待开发与拓展的领域。

生物分离工程或生化分离工程是从发酵液或酶反应液或动植物细胞培养液中分离、纯化生物产品的过程，生化分离工程也可包括从动植物、微生物中分离纯化生物产品。生物技术产品一般存在于一个复杂的多相体系中，只有经过分离和纯化等下游加工过程，才能制得符合使用要求的产品。产品的分离纯化是生物技术工业化的必需手段。在生物产品的开发研究中，分离过程的费用占全部研究费用的50%以上。在产品的成本构成中，分离与纯化部分占总成本的40%～80%，精细、药用产品的比例更高达70%～90%。显然开发新的分离和纯化工艺是提高经济效益或减少投资的重要途径。生物分离是生物技术产品产业化的必经之路，越来越受到人们的重视。

生物分离工程是生物技术、生物工程的重要组成，是生化产品制备的关键步骤，从学科上其属于化学工程，其单元操作同化学工程。绝大多数生物分离方法来源于化学品的分离方法，大约80%的化工分离方法可应用于生物分离技术中，但由于生物产品的独特特点，包括产物浓度低的水溶液、组分复杂、产物稳定性差、变异性大、分批操作、质量要求高等，因此生物分离一般比化工分离难度大。生物分离工程技术也成为生物领域发展的瓶颈和产业化制约技术。

二、生物分离的特点

生物分离工程是从动植物、微生物及其基因工程产物中提取分离达到一定标准的有用物质的技术。生物分离的特点之一就是待分离的物质种类繁多，这些物质既包括天然的生物大分子和小分子，也涵盖基因工程改造的产品等。而对众多的生物物质，分离纯化策略的选择就成为了实现其产业化的技术关键。

与化工产品的分离纯化相比较，生物物质的分离纯化有以下主要特点：

① 生物材料的组成极其复杂，常常包含数百种乃至几千种化合物。其中许多发挥功能的产物至今还是个谜，有待进一步研究与开发。有的生物物质在分离过程中还在不断地代谢，所以想找到一种适合各种生物物质分离纯化的标准方法是不可能的。

② 许多生物物质在生物材料中的含量极微，只有万分之一或几十万分之一。需要多步的分离纯化操作，才能达到所需纯度的要求。例如，从红豆杉中分离紫杉醇，从脑垂体组织提取释放因子，大多需要吨级生物材料，才能提取出克或毫克级的产品。

③ 许多生物物质，尤其是生物大分子一旦离开了生物体内的环境时就极易失活或构象改变，因此分离纯化条件也必须保证产物的基本性质不变，过酸、过碱、高温、剧烈搅拌、强辐射及本身的自溶等都有可能使生物物质的基本性质发生改变，所以分离纯化的条件相对苛刻。

④ 生物物质的质量标准高，既要有物理化学性质的要求，也要有生物学性质的测定。同时对于生物实验一般存在较大的批间差异，操作人员的实验技术水平和经验对产品产量和质量会有较大的影响。

针对上述特点，生物物质的分离纯化方法和流程的设计就必须多参考前人的工作，吸取其经验和精华，按照以下的步骤进行某一物质的实验设计。

① 确定所要制备生物物质的目的和要求，是用于科学研究还是工业生产，若产业化，是出口还是内销，所售地区的该物质标准要求。

② 建立相应可靠的分析测定方法，这是分离纯化生物物质的关键。因为它是整个分离纯化过程的“眼睛”，用它来评价每一步的效率。

③ 通过文献调研和预实验，掌握目标产物的物理化学和生物学性质。

④ 分离纯化方案的选择和探索，这是最困难的过程，需要进行反复的验证。一般在产物的粗分离流程中，选择一些快速、分辨力不高、能较大地缩小体积和较高负荷能力的方法，如吸附、萃取、沉析法等。在精分离流程中，选择分辨率高、负荷适中、操作简单的方法，如各种色谱分离。

⑤ 产物的浓缩、干燥和保存。针对不同的产物所采用的方法也是千差万别的，如热敏物质可能就不能选择高温浓缩、气流干燥、常温保存等，可选择膜过滤浓缩、真空干燥或冷冻干燥、低温保存等。

三、生物分离技术单元操作及依据

物质（包括原子、离子、分子、分子复合物、分子聚集体和颗粒，一般统称溶质）分离的本质是有效识别混合物中不同溶质间物理、化学和生物学性质的差别，利用能够识别这些差别的分离介质和（或）扩大这些差别的分离设备实现溶质间的分离或目标组分的纯化。性质不同的溶质在分离操作中具有不同的传质速率和（或）平衡状态，从而可实现彼此分离。利用这些性质可以采用不同单元操作对物质进行分离，具体包括以下几种。

1. 利用物理性质分离

（1）力学性质　包括溶质密度、尺寸和形状。利用这些力学性质的差别，可进行颗粒（如细胞）的重力沉降、分子或颗粒的离心分离和膜分离（筛分），如差速离心、区带离心、超滤、透析和凝胶过滤等。

（2）热力学性质　即溶质的溶解度（液固相平衡）、挥发度（气液相平衡）、表面活性及相间分配平衡行为等性质。利用这些性质的分离方法最多，如蒸馏、蒸发、吸收、萃取、盐析、沉析、结晶（沉淀）、泡沫分离、分配色谱、吸附和离子交换等。

（3）传质性质　包括黏度、分子扩散系数和热扩散现象等。利用传质速率的差别也可进行分离，但直接应用较少，而传质现象在分离过程中发挥重要作用。因此，除热力学外，传递过程理论也是生物分离工程的基础。

（4）电磁性质　即溶质的荷电特性、电荷分布、等电点和磁性等。电泳、电色谱、电渗析、离子交换、磁性分离等方法就是利用溶质（或分离介质）的这类性质。

2. 利用化学性质分离

化学性质包括化学热力学（化学平衡）、反应动力学（反应速率）和光化学特性（激光激发作用）等。化学吸附和化学吸收是利用化学反应进行分离的典型例证；利用激光激发的离子化作用可进行同位素分离。

3. 利用生物学性质分离

生物学性质的应用是生物分离所独有的。利用生物分子（或生物分子的聚集体、细胞）间的分子识别作用，可进行生物分子（如细胞、病毒、蛋白质、核酸、寡核苷酸）的亲和分离，亲和色谱是亲和分离的典型代表。另外，利用酶反应（包括微生物反应）的立体选择性，可对手性分子进行选择性修饰（如脂化、水解、氨解等），增大手性分子间理化性质的差别，为利用常规方法（如色谱）分离手性分子创造条件。利用目标产物与其他杂质之间的性质差异所进行的分离过程，可以是单一因素单独作用的结果，但更多的情况是两种以上因素共同发挥作用。在生物分离过程中，为达到要求的产品纯度，往往需要利用基于不同分离机制的多种分离技术，实施多步分离操作的串联。

四、生物分离过程流程

根据生物物质分离纯化的特点，按照生物物质分离流程进行设计，选择产物与杂质的不同差异性，遵循尽量缩短整个分离纯化流程和提高单元操作的效率及选择性原则，综合运用化学、工程、生物、数学、计算机等多学科知识和工具，可以对生物物质分离纯化的过程进行优化。

生物分离的原料主要来源于生物反应过程。生物反应的产物一般是由细胞、游离的细胞外代谢产物、细胞内代谢产物、残存底物及惰性组分组成的混合液。图 0-1 是通过细胞（包括微生物和动植物细胞）培养生产生物物质的分离过程的一般流程。首先，将细胞与培养液分离开来。若目标产物存在于细胞内（胞内产物），需首先利用细胞破碎等方法将目标产物释放到液相中，除去细胞碎片后进行一系列粗分离和纯化操作（路线 1a）；若胞内目标产物是以包含体（inclusion bodies，Ibs）形式存在的蛋白质，则需利用盐酸胍等变性剂溶解包含体，然后进行蛋白质的体外重折叠（invitro refolding），获得具有活性的目标蛋白质（路线 1b），再进行后续的分离纯化操作。若目标产物为胞外产物，即在细胞培养过程中已分泌到培养液中，则可在除去细胞后直接对上清液进行浓缩、分离和纯化处理，得到一定纯度的目标产物溶液（路线 2）。最后经过脱盐、浓缩、结晶和干燥处理，得到最终产品。如果原料为动植物组织器官材料，则一般先去除多余部分，再经粉碎或匀浆后，采用溶剂提取（萃取）获得提取液（含目的产物），经固液分离后以路线 2 进行分离。有些目的产物在提取前还可经溶剂萃取或其他方法脱脂除杂后，再经固液萃取获得提取液，经固液分离后以路线2进行分离。

从图0-1可以看出，生物分离过程的设计应首先考虑目的产物存在的位置（胞内或胞外）和存在形式（活性表达产物或包含体），应用的分离纯化技术则取决于产物分子的大小、疏水性、电荷形式、溶解度和稳定性等。此外，生物加工过程的规模、目的产物的商业价值和对纯度的要求也是选择分离纯化技术的重要因素。例如，色谱技术分离精度很高，多应用于价格较昂贵的生物技术药物和生理活性物质（如荷尔蒙、抗体、细胞因子等蛋白质药物，疫苗，质粒DNA和病毒等基因治疗载体）的分离纯化，但因其生产规模有限，不适用于低价格产物的大规模分离过程。由于生物技术药物是生物技术产品的核心部分，因此，色谱是生物分离过程的核心技术。

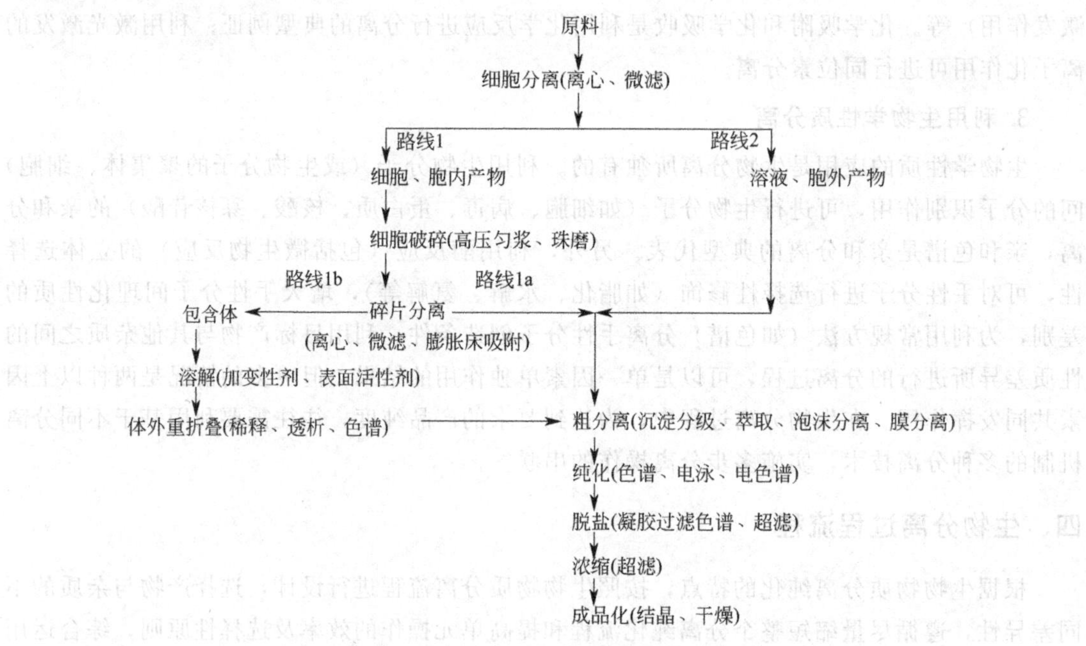

图0-1 生物分离过程的一般流程
（括号内为各步骤的主要分离纯化方法）

第一篇

生物分离原理及单元实验

第一章

预处理与固液分离技术

【知识目标】

① 了解预处理的主要方法及原理；
② 掌握细胞破碎方法及原理；
③ 掌握生物分离常用的离心及过滤方法。

【技能目标】

能够根据实际情况选择合适的预处理方法及正确评价预处理方法的效果。

第一节　原料的预处理

一、发酵液的预处理

1. 预处理的目的

微生物发酵或动植物细胞培养结束后，发酵液（或培养液）中除含有所需要的生物活性物质外，还存在大量的菌体、细胞、胞内外代谢产物及剩余的培养基成分等。常规的处理方法是首先将菌体或细胞、固态培养基等固体悬浮颗粒与可溶性组分分离（即固液分离），然后再进行后续的分离纯化操作单元。如果发酵液（或培养液）中的固态悬浮颗粒较大、黏度较低，发酵液（或培养液）可不经预处理，直接进行固液分离；若发酵液（或培养液）中固态悬浮颗粒较小、黏度过高，常规的固液分离方法很难将它们分离完全，则应先将发酵液（或培养液）进行预处理再进行固液分离。

此外，有些发酵液中，高价无机离子（Ca^{2+}、Mg^{2+}、Fe^{2+}）较多，在采用离子交换法富集目标成分时，会影响树脂的交换容量。有些杂蛋白质较多，在采用大网格树脂吸附法富集时会降低其吸附能力；采用萃取法时容易产生乳化，使两相分离不清；采用过滤法时会使过滤速度下降，过滤膜受到污染。

发酵液（培养液）预处理的目的在于增大悬浮液中固体颗粒的尺寸，除去高价无机离子和杂蛋白质，降低液体黏度，实现有效分离。

2. 预处理的方法

预处理的方法取决于可分离物质的性质，如溶液的 pH 和对热的稳定性，是蛋白质还是非蛋白质，分子量和体积大小等。

(1) 加热法　加热法是最简单和廉价的预处理方法，即把悬浮液加热到所需温度并保温一定时间。加热可降低悬浮液的强度，恰当的热量能够加速聚集作用以去除某些蛋白质等杂质，降低悬浮液的最终体积，破坏凝胶状结构，增加滤饼的孔隙度，使固液分离变得十分容易，但此法的关键取决于产品的热稳定性。

(2) 调节悬浮液的 pH　全细胞的聚集作用高度依赖于 pH 的大小，恰当的 pH 能够促进聚集作用，这个方法也很简便，一般用草酸或无机酸或无机碱来调节。

(3) 凝聚和絮凝　凝聚和絮凝都是悬浮液预处理的重要方法，其处理过程就是将化学药剂预先投入悬浮液，改变细胞、菌体和蛋白质等胶体粒子的分散状态，破坏其稳定性，使它们聚集成可分离的絮凝体，再进行分离。这两种方法的特点是不仅能使颗粒尺寸有效增加，并且会增大颗粒的沉降或浮选速率，提高滤饼的渗透性或者在深层过滤时产生较好的颗粒保留作用。

凝聚作用是指在某些电解质作用下，使扩散双电层的排斥电位（即 ζ 电位）降低，破坏胶体系统的分散状态而使胶体粒子聚集的过程。通常发酵液中细胞或菌体带负电荷，由于静电引力的作用将溶液中带相反电性的粒子（即正离子）吸附在周围，在界面上形成了双电层。正离子化合价越高，凝聚能力越强。阳离子对带负电荷的胶粒凝聚能力的次序为：$Al^{3+}>Fe^{2+}>Ca^{2+}>Mg^{2+}>K^{+}>Na^{+}>Li^{+}$。常用的凝聚剂有 $Al_2(SO_4)_3 \cdot 18H_2O$（明矾）、$AlCl_3 \cdot 6H_2O$、$FeCl_3$、$ZnSO_4$、$MgCO_3$ 等。

絮凝作用是指在某些高分子絮凝剂存在下，在悬浮粒子之间产生架桥作用而使胶粒形成较大的絮凝团的过程。絮凝剂具有长链线状的结构，易溶于水，在长的链节上含有相当多的活性功能团。絮凝剂的功能团强烈地吸附在胶粒表面。一个聚合物的许多功能团分别吸附在不同颗粒的表面上，因而产生架桥连接。絮凝剂包括各种天然聚合物和人工合成聚合物。天然絮凝剂有多糖、海藻酸钠、明胶和骨胶等。此类絮凝剂的优点是无毒，使用安全，适用于食品或医药。人工合成絮凝剂有聚丙烯酰胺类、聚苯乙烯类和聚丙烯酸类聚合物等。此类絮凝剂中某些絮凝剂可能具有一定的毒性，在食品和医药工业的使用中应考虑最终能否从产品中除去。

影响絮凝的因素很多，絮凝效果与发酵液的性状有关，如细胞浓度、表面电荷的种类和大小等，故对于不同特性的发酵液应选择不同种类的絮凝剂。对于一定的发酵液，絮凝效果还与絮凝剂的用量、分子量和类型、溶液的 pH、搅拌速度和时间等因素有关。同时在絮凝过程中常需加入助凝剂以增加絮凝效果。

(4) 加入盐类　发酵液中加入某些盐类，可除去高价无机离子。如除去钙离子，可加入草酸钠，反应生成的草酸钙能促进蛋白质凝固，提高溶液质量。除去镁离子，可加入三聚磷酸钠，它与镁离子形成不溶性络合物。用磷酸盐处理，也能大大降低钙离子和镁离子的浓度。除去铁离子可以加入黄血盐使其形成普鲁士蓝沉淀。

(5) 去除杂蛋白质的其他方法　等电沉淀法。蛋白质在等电点时溶解度最小，能沉淀而除去。因为羧基的电离度比氨基大，蛋白质的酸性性质常强于碱性，因而很多蛋白质的等电点都在酸性范围内（pH4.0～5.5）。有些蛋白质在等电点时仍有一定的溶解度，单靠等电点的方法不能将其大部分沉淀除去，通常可结合其他方法。

① 变性沉淀。蛋白质从有规则的排列变成不规则结构的过程称变性，变性蛋白质在水中的溶解度较小而产生沉淀。蛋白质变性的方法有加热、大幅度改变pH、加有机溶剂（丙酮、乙醇等）、加重金属离子（Ag^{+}、Cu^{2+}、Pb^{2+}等）、加有机酸（三氯乙酸、水杨酸、苦味酸、鞣酸、过氯酸等）以及加表面活性剂。加有机溶剂使蛋白质变性的方法价格较贵，只适用于处理量较小或浓缩的场合。

② 吸附。利用吸附作用常能有效地除去杂蛋白质。在发酵液中加入一些反应剂，它们互相反应生成的沉淀物对蛋白质具吸附作用而使其凝固。例如，在枯草芽孢杆菌的碱性蛋白酶发酵液中，常利用氯化钙和磷酸盐的反应而生成磷酸钙盐沉淀物，后者不仅能吸附杂蛋白质和菌体等胶状悬浮物，还能起助滤剂作用，大大加快过滤速度。

（6）不溶性多糖的去除方法　当发酵液中含有较多不溶性多糖时，黏度增大，固液分离困难，可用酶将它转化为单糖，以提高过滤速度。例如，在蛋白酶发酵液中加入淀粉酶，将培养基中多余的淀粉水解成单糖，降低发酵液黏度，提高过滤速度。

（7）加入助滤剂　助滤剂是一种不可压缩的多孔微粒，它可以改变滤饼的结构，降低滤饼的可压缩性，从而降低过滤阻力。常用的助滤剂有硅藻土、纤维素、石棉粉、珍珠岩、白土、炭粒、淀粉等，最常用的是硅藻土和珍珠岩。助滤剂的使用方法有两种，一种是在过滤介质表面预涂助滤剂，另一种是直接加入发酵液中，也可两种方法同时兼用。选择助滤剂时，应从目的产物的特性、过滤介质和过滤情况、助滤剂的粒度和使用量等方面进行考虑。

当目的产物存在于液相时，要注意目的产物是否会被助滤剂吸附，是否可通过改变pH值来减少吸附；当目的产物为固相时，一般使用淀粉、纤维素等不影响产品质量的助滤剂。

当使用粗目滤网时，采用石棉粉、纤维素、淀粉等作助滤剂可有效防止泄漏，当使用细目滤布时，宜采用细硅藻土；当使用烧结或黏结材料作过滤介质时，宜使用纤维素助滤剂，这样可使滤渣易于剥离并可防止堵塞毛细孔。

助滤剂的粒度必须与悬浮液中固体粒子的尺寸相适应，颗粒较小的悬浮液应采用较细的助滤剂。助滤剂的使用量必须适合，使用量过少，起不到有效的作用，使用量过大，不仅浪费，而且会因助滤剂成为主要的滤饼阻力而使过滤速率下降。当采用预涂助滤剂的方法时，间歇操作助滤剂的最小厚度为2mm，连续操作则要根据过滤速率来确定。助滤剂直接加入发酵液时，一般采用的助滤剂用量等于悬浮液中固形物含量，其过滤速率最快，如用硅藻土作助滤剂时，通常细粒用量为$500g/m^3$、中等粒度用量为$700g/m^3$、粗粒用量为$700\sim1000g/m^3$。

二、动植物原料的预处理

植物和动物原料为生物全体或部分器官、分泌物等，通常掺杂各种杂质，对不同类型的原料采用的预处理方法也有一定不同，如非有效部位的去除，包括去茎、去根、去枝梗、去粗皮、去壳、去毛、去核等方法；杂质的去除，包括挑选、筛选、风选、洗、漂等方法来净化原料。

中药材原料通常要经过净选、清洗、软化、切片或粉碎等预处理过程。选取规定的药用部位，除去非药用部位、杂质及霉变品、虫蛀品、灰屑等，使其达到药用的净度标准，称净选。清洗是中药材预处理加工的必要环节，清洗的目的是要除去药材中的泥沙、杂物。药材切制前须经过润泡等软化处理，使其软硬适度，便于切制。药材的切片指将净选后的药材切成各种形状、厚度不同的“片子”，根据其厚度规格，可分为极薄片、薄片、厚片、斜片、直片、丝、段、块八种类型，其目的是保证煎药或提取的质量和效率，或者有利于进一步炮制和调配。类似切制，粉碎也是利用外来力量，克服物料的内聚力，将大颗粒固体物料变为小颗粒甚至微粉粒的工序，其目的在于均化或解离，使不同大小的颗粒粉碎成基本均匀的颗粒，或使结合在一起的不同物质分离开来。

第二节　细胞破碎

当目标产物存在于发酵液中，通过固液分离获得澄清的发酵液，即可从中提取需要的产品。当目标产物存在于细胞内部时，则需要先把细胞破碎，使胞内物质释放出来，然后再提取产品。细胞破碎中细胞壁的破碎最为关键，动物细胞没有细胞壁，破碎简单，植物细胞和微生物细胞的细胞壁坚固，破碎困难。

细胞破碎的方法主要分为机械破碎法和非机械破碎法两大类。机械破碎法是通过机械运动所产生的剪切力作用，使细胞破碎的方法。非机械破碎法是采用化学法、酶解法、渗透压冲击法、冻结融化法和干燥法等破碎细胞的方法。根据不同生物以及不同产品的要求，选择不同的细胞破碎方法。选择合适的破碎方法需要考虑下列因素：细胞的数量，所需要的产物对破碎条件（温度、化学试剂、酶等）的敏感性，要达到的破碎程度及破碎所必要的速度。尽可能采用最温和的方法，具有大规模应用潜力的生物产品应选择适合于放大的破碎技术。

一、机械破碎

机械破碎处理量大、破碎效率高、速度快，是工业上细胞破碎的主要手段。其原理主要基于对物料的挤压和剪切作用，使细胞壁破碎。细胞的机械破碎方法主要有高压匀浆、珠磨、撞击破碎和超声波破碎等。各种机械破碎法的作用机制不尽相同，有各自的适用范围和处理规模，适用范围不仅包括菌体细胞，而且包括目标产物。

1. 高压匀浆

高压匀浆（high-pressure homogenization）又称高压剪切破碎，是利用匀浆器产生的剪切力将组织细胞破碎的方法。高压匀浆器的破碎原理是细胞悬浮液在高压（通常为20～70MPa）作用下从阀座与阀之间的环隙高速（可达到450m/s）喷出后撞击到碰撞环上，细胞在受到高速撞击作用后，急剧释放到低压环境，从而在撞击力和剪切力的综合作用下破碎。高压匀浆法中影响细胞破碎的因素主要有压力、循环操作次数和温度。

高压匀浆法适用于酵母和大多数细菌细胞的破碎，团状和丝状菌易造成高压匀浆器堵塞，一般不宜使用高压匀浆法。高压匀浆操作时，温度会随压力的增加而升高，每上升10MPa的压强，温度上升为2～3℃。因此，为保护目标产品的活性，需同时对料液做冷却处理。

2. 珠磨

珠磨法（bead milling）的原理是在搅拌桨的高速搅拌下微珠高速运动，微珠之间以及微珠和细胞之间发生冲击和研磨，使悬浮液中的细胞受到研磨剪切和撞击而破碎。珠磨机的破碎室内填充玻璃（密度为2.5g/cm^3）或氧化锆（密度为6.0g/cm^3）微珠（粒径0.1～1.0mm），填充率为80%～85%。

珠磨法破碎细胞可采用间歇或连续操作。珠磨的细胞破碎效率与细胞的种类、搅拌速度和悬浮液停留时间有关。破碎效率随搅拌速度增大和悬浮液停留时间的增加而增大。对于一定的细胞，选择适宜的微珠粒径，可以使细胞破碎率达到最高。通常选用的微珠粒径与目标细胞的直径比在30～100之间。另外，悬浮液中细菌细胞质量分数在6%～12%、酵母细胞质量分数在14%～18%时破碎效果较理想。珠磨破碎过程会产生大量的热，因此，在设计珠磨机或者珠磨操作时应考虑散热问题。珠磨法适用于绝大多数微生物细胞的破碎。

3. 撞击破碎

撞击破碎的原理是先将细胞冷冻成刚性球体，使其容易破碎。细胞悬浮液以喷雾状高速冻结（冻结速度为数千摄氏度每分钟），形成粒径小于50μm的微粒子。高速载气（如氮气，流速约300m/s）将冻结的微粒子送入破碎室，高速撞击撞击板，使冻结的细胞发生破碎。

撞击破碎的特点是：细胞破碎仅发生在与撞击板撞击的一瞬间，细胞破碎程度均匀，可避免细胞反复受力发生过度破碎的现象。另外，细胞破碎程度可通过调节载气压力（流速）控制，避免细胞内部结构的破坏，适用于细胞器（如线粒体、叶绿体等）的回收。撞击破碎适用于大多数微生物细胞和植物细胞的破碎。

4. 超声波破碎

超声波破碎（ultrasonication）的原理是用超声波（一般15～25kHz）处理细胞悬浮液，液体会发生空化作用（cavitation），空穴的形成、增大和闭合产生的冲击波和剪切力，使细胞破碎。超声波的细胞破碎效率与细胞种类、浓度和超声波的声频、声能有关。

超声波破碎法是很强烈的破碎方法，适用于多数微生物的破碎。其有效能量利用率极低，操作过程会产生大量的热，因此操作需在冰水或有外部冷却的容器中进行，目前主要用于实验室规模的细胞破碎。

二、非机械破碎

1. 化学渗透

（1）酸碱处理　蛋白质为两性电解质，改变pH值可改变其荷电性质，使蛋白质之间或蛋白质与其他物质之间的相互作用力降低而易于溶解。因此，利用酸碱调节pH值，可提高蛋白质类产物的溶解度。

（2）化学试剂处理　用表面活性剂（如SDS、Triton X-100等）、螯合剂（如EDTA）、盐或有机溶剂（如苯、甲苯等）处理细胞，可增大细胞壁通透性。脲和盐酸胍等变性剂（denaturant）能破坏氢键作用，降低胞内产物之间的相互作用，使之容易释放。

2. 酶溶

酶溶法（enzymaticlysis）是利用溶解细胞壁的酶处理菌体细胞，使细胞壁受到部分或完全破坏后，再利用渗透压冲击等方法破坏细胞膜，进一步增大胞内产物的通透性。溶菌酶适用于革兰氏阳性菌细胞壁的分解；应用于革兰氏阴性菌时，需辅以EDTA使之更有效地作用于细胞壁。酵母细胞的酶溶需用藤黄节杆菌酶（几种细菌酶的混合物）、β-1,6-葡聚糖酶或甘露糖酶；植物细胞壁需用纤维素酶、半纤维素酶和果胶酶。通过调节温度、pH或添加有机溶剂，诱使细胞产生溶解自身的酶的方法也是一种酶溶法，称为自溶（autolysis）。例如，酵母细胞在45～50℃下保温20h左右，可发生自溶。

化学渗透法比机械破碎速度低、效率差，并且化学或生化试剂的添加形成新的污染，给进一步的分离纯化增添麻烦。但是，化学渗透法比机械破碎的选择性高，胞内产物的总释放率低，特别是可有效地抑制核酸的释放，料液黏度小，有利于后处理过程。将化学渗透法与机械破碎相结合，可大大提高破碎效率。例如，面包酵母用酵母溶解酶预处理后，在 95MPa 下匀浆 4 次，破碎率接近 100%，而单独使用高压匀浆法的破碎率仅为 32%。

3. 物理渗透法

（1）渗透压冲击法 渗透压冲击（osmotic shock）是细胞破碎法中最为温和的一种，适用于易破碎的细胞。将细胞置于高渗透压的介质（如较高浓度的甘油或蔗糖溶液）中，达到平衡后，将介质突然稀释或将细胞转置于低渗透压的水或缓冲溶液中。在渗透压的作用下，水通过细胞壁和细胞膜渗透进入细胞，使细胞壁和细胞膜膨胀破裂。

（2）冻结-融化法 将细胞急剧冻结后在室温下缓慢融化，此冻结、融化操作反复进行多次，使细胞受到破坏。冻结的作用是破坏细胞膜的疏水键结构，增加其亲水性和通透性。另外，胞内水结晶使胞内外产生溶液浓度差，在渗透压作用下引起细胞膨胀而破裂。冻结-融化法对存在于细胞质周围靠近细胞膜的胞内产物释放较为有效，但溶质靠分子扩散释放出来，速度缓慢。因此，冻结-融化法在多数情况下效果不显著。

上述化学和物理渗透法的处理条件比较温和，目标产物的活力释放回收率较高，但这些方法破碎效率较低、产物释放慢、处理时间长，不适于大规模细胞破碎的需要，多局限于实验室规模的小批量应用。

实际的破碎操作需通过实验确定适宜的破碎器和破碎操作条件，获得最佳的破碎效率。提高破碎率意味着延长破碎操作时间或增加破碎操作次数，这往往会引起目标产物的变性或失活。而过度的破碎释放大量的胞内产物，给下游的分离纯化操作增加难度。因此，破碎操作应与整个提取精制过程相联系，在保证目标产物高收率的前提下，使纯化成本最低。

第三节 固液分离

固液分离是生物产品分离纯化过程中经常遇到的重要单元操作。在生物工业中，一般都需要从发酵液（或培养液）中除去菌体以得到产品，或从培养基中除去未溶解的残余固体颗粒以便后续加工。中药材提取后，也要将残渣与提取液分离。另外，在分离纯化的过程中也经常遇到晶体、沉淀和母液的分离问题。这些都属于固液分离过程。不少目标产物存在于细胞内，如胞内酶、微生物多糖等，需要破碎细胞后提取，有些产物就是菌体本身，如酵母、单细胞蛋白等。但不论何种情况，往往都要进行固液分离操作。

固液分离是将发酵液（或培养液、提取液等）中的悬浮固体，如细胞、菌体、细胞碎片以及蛋白质等沉淀物或它们的絮凝体分离出来的操作过程。固液分离常用的方法有过滤、沉降和离心分离。通过过滤、沉降和离心分离这几个过程均能得到清液和固态浓缩物两部分。通过离心产生的浓缩物和通过过滤产生的浓缩物不相同，通常情况下离心只能得到一种较为浓缩的悬浮液或浆体，而过滤可获得水分含量较低的滤饼。与过滤设备相比，离心设备的价格昂贵，但当固体颗粒细小，溶液黏度大而难以过滤时，离心操作往往十分有效。

一、过滤

过滤是在推动力作用下，使悬浮液中的液体通过多孔介质的孔道，而悬浮液中的固体颗粒被截留在介质上，从而实现固液分离的操作。其中多孔介质称为过滤介质，所处理的悬浮液称为滤浆，滤浆中被过滤介质截留的固体颗粒称为滤饼或滤渣，通过过滤介质后的液体称为滤液。

过滤是传统的化工单元操作，按料液流动方向不同，过滤可分为常规过滤和错流过滤。常规过滤时，料液流动方向与过滤介质垂直；而错流过滤时，料液流向平行于过滤介质。

1. 过滤方式

（1）常规过滤 根据过滤机制的不同，常规过滤可分为滤饼过滤和深层过滤两种。滤饼过滤是指固体粒子在介质表面积累，很短时间内发生架桥现象，此时沉积的滤饼亦起过滤介质的作用，过滤在介质的表面进行，所以也称表面过滤。深层过滤是指固体粒子在过滤介质的空隙内被截留，固液分离过程发生在过滤介质的内部。一般料浆固形物含量超过1%时采用滤饼过滤，在0.1%以下时采用深层过滤，在0.1%～1%之间的可先经过预处理或增浓，将浓度提高到上限，然后采用滤饼过滤的方法。实际过滤过程中以上两类过滤机制可能同时或先后发生。

过滤设备从传统的板框过滤机到旋转式真空过滤设备，种类极多。按操作方式，分为分批（间歇）操作式和连续操作式；按推动力不同，可分为重力过滤、加压过滤、真空过滤和离心过滤。

加压板框过滤机是一种传统的过滤设备，至今仍在各个领域广泛应用，发酵工业中以抗生素工厂用得最多。加压板框过滤机属加压过滤机，主要由固定板、滤框、滤板、压紧板和压紧装置组成，结构如图1-1所示。板框过滤一个工作周期包括装合、过滤、洗涤、卸渣、整理几个步骤。与其他设备比较，加压板框过滤机的过滤面积大，允许采用较大的操作压力（1.6MPa），故对不同独特性的料液适应性强，同时还具有结构简单、造价较低、动力消耗少等优点。但是这种设备不能连续操作，设备笨重，劳动强度大，非生产的辅助时间长（包括解框、卸饼、洗滤布、重新压紧板框等）。自动板框过滤机是一种较新型的压滤设备，它使板框的拆装、卸渣和滤布的清洗等操作都能自动进行，大大缩短了非生产的辅助时间，并减轻了劳动强度。

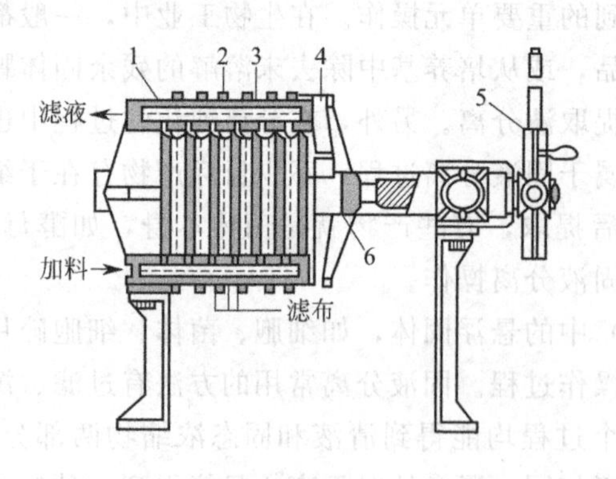

图1-1 加压板框过滤机结构示意图

1—固定板；2—滤框；3—滤板；4—压紧板；
5—压紧手轮；6—滑轨

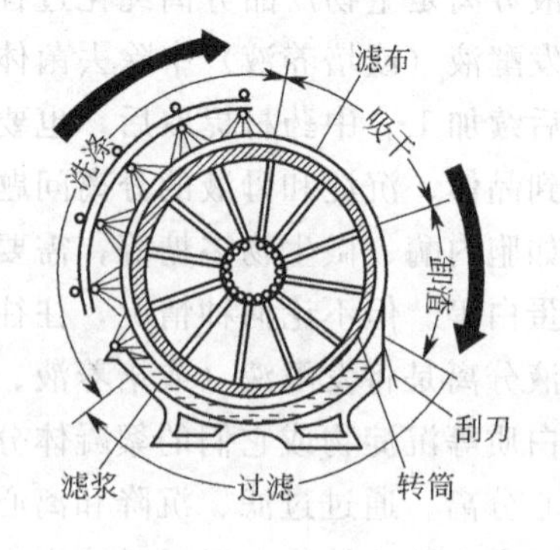

图1-2 真空转鼓过滤机操作示意图

对于大规模生物工业生产，真空转鼓过滤机是常用的过滤设备之一。其特点是把过滤、洗涤、吸干、卸渣和滤布清洗等几个阶段的操作在转筒的旋转过程中完成，转筒每旋转一周，过滤机完成一个循环，其操作示意图如图1-2。真空转鼓过滤机具有自动化程度高、操作连续和处理量大的优点，特别适合于固体含量较大（>10%）的悬浮液的过滤，在发酵工业中广泛用于霉菌、放线菌、酵母菌发酵液或细胞悬浮液的过滤分离。由于受推动力（真空度）的限制，真空转鼓过滤机一般不适合于颗粒较小和强度较大的料液的过滤。此外，采用真空转鼓过滤机过滤所得固相的干度不如加压板框过滤机。

（2）错流过滤　错流过滤又称切向流过滤、交叉过滤和十字流过滤，是一种维持恒压下高速过滤的技术。其操作特点是使悬浮液在过滤介质表面做切向流动，利用流动的剪切作用将过滤介质表面的固体（滤饼）移走，使滤饼不易形成，保持较高的滤速。错流过滤在膜过滤中被广泛使用，过滤介质通常为微孔膜或超滤膜。错流过滤可用多种方式获得，其中具有代表性的有两种方式，即搅拌式错流过滤和循环式错流过滤。搅拌式错流过滤在过滤介质表面加以搅拌造成流动，产生切向流，如图 1-3 所示，这种方式目前仅用于实验室规模，处理量较少。它的特点是灵活，操作方便；缺点是过滤面积小，剪切力不均匀。循环式错流过滤是用泵循环使悬浮液流经过滤介质，如图 1-4 所示，悬浮液在快速流过过滤介质表面时产生的剪切作用阻止固体沉积，此法适合于大规模生产。缺点是悬浮液在流动过程中有压力损失，造成过滤压力沿流路变小，流路中固体积累程度不一，且能量消耗较大。

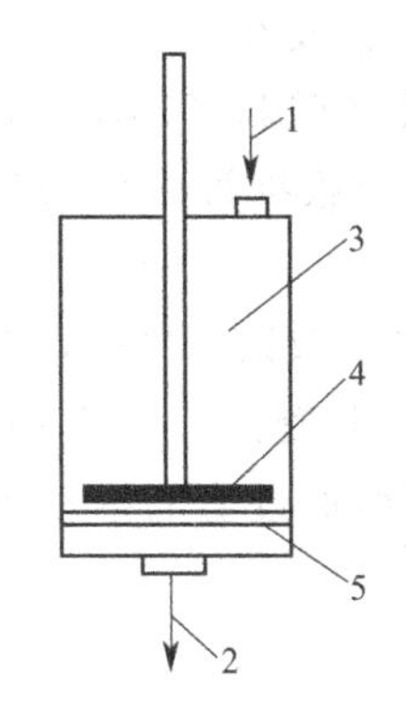

图 1-3　搅拌式错流过滤

1—悬浮液；2—滤液；3—膜滤器；
4—搅拌器；5—过滤介质

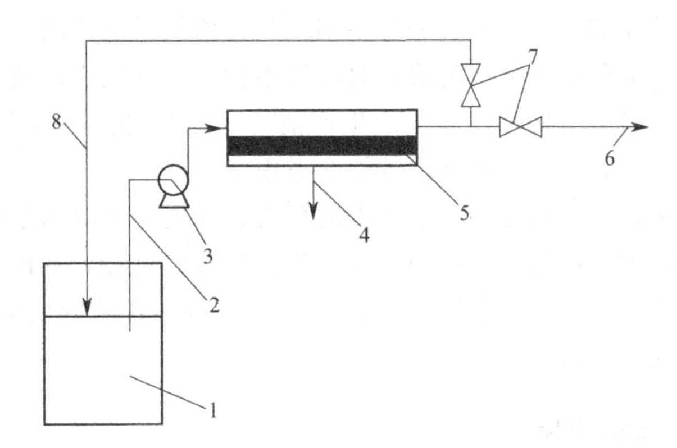

图 1-4　循环式错流过滤

1—贮罐；2—悬浮液进料；3—泵；4—滤液；
5—膜滤器；6—浓缩液；7—阀门；8—浓缩液循环

错流过滤主要适用于悬浮的固体颗粒十分细小（如细菌），采用常规过滤速度很慢、滤液混浊的发酵液。对于细菌悬浮液，错流过滤的滤速可达 67～118L/(m^2·h)。与传统的过滤方式相比，错流过滤透过通量大，适于大规模连续操作；滤液澄清，菌体回收率高；不添加助滤剂或絮凝剂，回收的菌体纯净，有利于进一步的分离操作（如细胞破碎、胞内产物的回收等）；易于无菌操作，防止杂菌的污染。但是采用这种方式过滤时，固液分离不太完全，固相中有 70%～80%的滞留液体，而用常规过滤或离心分离时只有 30%～40%。

2. 影响过滤效果的因素及控制

一般被分离的含有目的生物物质成分的混合物，其成分复杂、种类繁多，过滤分离较困难。过滤操作的原理虽然比较简单，但影响过滤的因素很多。

（1）悬浮液的性质　悬浮液的黏度会影响过滤的速率，黏度越大，过滤越困难。通常悬浮液的黏度与其组成和浓度密切相关，组成越复杂，浓度越高，黏度越大。此外，过滤速率与料液的温度和 pH 也有关系。悬浮液温度增高，黏度降低，对过滤有利，故一般料液应趁热过滤。调整 pH 也可改变流体强度，从而改变过滤速率。

（2）过滤推动力　过滤推动力有重力、真空、加压及离心力。以重力作为推动力的操作，设备最为简单，但过滤速度慢，一般仅用来处理含固体量少而且容易过滤的悬浮液。真空过滤的速率比较高，能适应很多过滤过程的要求，但它受到溶液沸点和大气压力的限制，而且要求设置一套抽真空的设备。加压过滤可以在较高的压力差下操作，可加大过滤速率，但对设备的强度、紧密性要求较高。

（3）过滤介质与滤饼的性质　过滤介质及滤饼会对过滤产生阻力。过滤介质的性质对过滤速率的影响很大。例如金属筛网与棉毛织品的孔隙大小相差很大，滤液的澄清度和生产能力的差别也就很大，因此要根据悬浮液中颗粒的大小来选择合适的介质。一般来说，对不可压缩性滤饼，提高过滤的推动力可以加大过滤的速率；而对可压缩性滤饼，压差的增加可使粒子与粒子间的空隙减小，故用增加压差来提高过滤速率有时反而不利。另外，滤渣颗粒的形状、大小、结构紧密与否等，对过滤也有明显的影响。一般来说，悬浮颗粒越大、粒子越坚硬、大小越均匀，过滤越容易。扁平的或胶状的固体在过滤时滤孔常会发生阻塞，可采用加入助滤剂的办法，提高过滤速率，从而提高生产能力。

（4）过滤分离设备和技术　采用不同的过滤技术，其分离效果不同；采用同一过滤技术，选用的设备结构、型号不同，其分离效果也不同。此外，生产工艺及经济要求，例如是否要最大限度地回收滤渣，对滤饼中含液量的大小以及对滤饼层厚度的限制等，均将影响到过滤设备的结构和过滤机的生产能力。在选择过滤设备和技术时，应根据被分离物料的性质、分离要求、操作条件等综合考虑。

根据以上对影响过滤因素的分析，要提高过滤速率和效果一般可采取以下措施：①对被分离的物料进行适当的预处理，改善料液的性能，如降低黏度、絮凝和凝聚、调节 pH、加助滤剂等；②选择合适的过滤介质；③增加过滤的表面积；④适当增加过滤的推动力，加压、减压或离心。

二、沉降和离心

沉降和离心分离作为固液分离的一种常用方法，在生物工业中一直被广泛采用。这种分离过程的必要前提是悬浮液中的固体颗粒和液体之间存在密度差。当一球形固体微粒通过无限连续介质时，受到三种力的作用，一是该微粒受到因微粒与流体介质间密度不同而产生的浮力，二是微粒所受到的流体阻力，三是向下的沉降作用力。当三者达到平衡时，该微粒即以恒定的速度沉降。

按照受到的沉降力的不同，沉降分为重力沉降和离心沉降。静置悬浮液时，密度较大的固体颗粒在重力的作用下逐渐下沉，这一过程称为重力沉降。当密度差较小、溶液黏度较大时，沉降速度将非常缓慢，若采用离心分离则可加速沉降，缩短沉降时间。

1. 重力沉降

传统的重力沉降设备主要有矩形水平流动池、圆形径向流动池、垂直上流式圆形池与方形池，新的池形为斜板与斜管式沉降池。通常理想的沉降池结构分成 4 个区域，如图 1-5 所示。进水区可形成均匀的进料使其通过沉降区，沉降区是进行重力沉降的主体部分，污泥区用于收集和贮藏固体，出流区用于汇集流过堰口的出水。

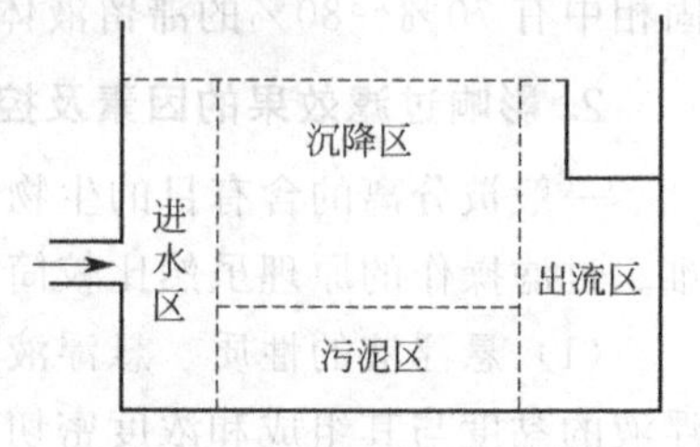

图 1-5　重力沉降池示意图

虽然重力沉降设备体积庞大，分离效率低，但具有设备简单、制造容易且运行成本、能耗均低等优点，在食品、发酵特别是环境工程中得到广泛应用。固液混合物料在进行重力沉降之前一般都要进行混凝、絮凝等预处理。

2. 离心分离

利用离心力作为推动力分离液相非均一系的过程称为离心分离，离心分离对那些固体颗粒很小或液体黏度大，过滤速度慢，甚至难以过滤的悬浮液的分离十分有效，对那些忌用助滤剂或助滤剂使用无效的悬浮液的分离，也能得到满意的分离效果。与其他固液分离法相比，离心分离具有分离速率快、分离效率高、液相澄清度好等优点，但离心分离往往设备投资高、能耗大，连续排料时所得固相干度不如过滤设备。

离心分离设备种类很多，根据其转速的高低可分为低速离心机、高速离心机和超速离心机；按操作方式的不同，离心分离设备还可分为间歇式离心机和连续式离心机；按操作原理不同，离心分离设备可分为过滤式离心机和沉降式离心机两大类。

过滤式离心机的转鼓上开有小孔，有过滤介质，在离心力的作用下，液体穿过过滤介质经小孔流出而得以分离，主要用于处理悬浮液固体颗粒较大、固体含量较高的物料。沉降式离心机的转鼓上无孔，不需过滤介质，在离心力的作用下，物料按密度的大小不同分层沉降而得以分离，可用于液固、液液和液液固物料的分离。

（1）离心过滤　离心过滤是以离心力为推动力，用过滤方式来分离固液两相混合物的操作。工业上常用的离心过滤设备主要有三足式离心机、卧式刮刀离心机和螺旋卸料离心机三种。

目前最常用的过滤式离心机是三足式离心机。其主要部件有：①外壳，上方开口，有安全保护和收集滤液的作用；②多孔转鼓，位于外壳内，固定在转轴上，转鼓内表面覆以滤布；③马达；④皮带轮；⑤支脚。其结构如图 1-6 所示。离心时，多孔转鼓滤布内装入待过滤的悬浮液，当转速逐渐加快而高速运转时，鼓内悬浮液受离心力作用，液体穿过滤布被甩出多孔转鼓外。滤液经外壳下部排出，固体则留在布袋内，从而达到固液分离的目的。

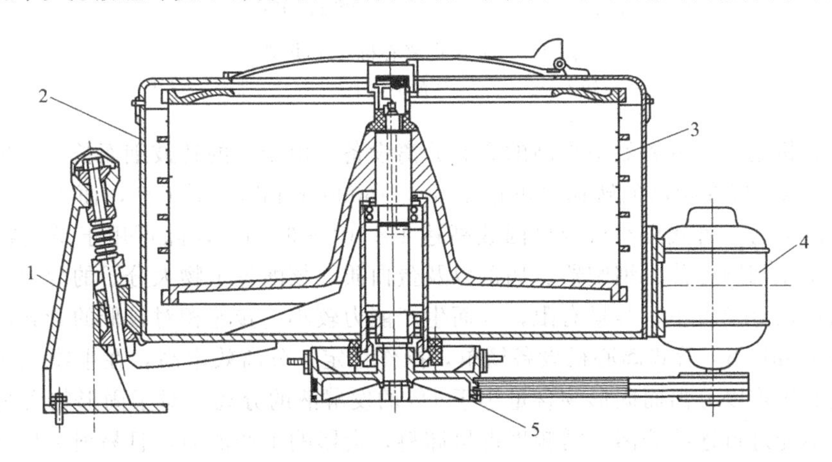

图 1-6　三足式离心机示意图

1—支脚；2—外壳；3—多孔转鼓；4—马达；5—皮带轮

三足式离心机构造简单，占地面积小，运行平稳，进出料方便，适用于过滤周期较长、处理量不大的物料。这种离心机可获得含水量较低的产物，并可对产物进行洗涤而不破坏颗粒或晶体结构。其缺点是处理量有限，需要人工卸料，劳动强度大。目前已研制出全自动三足式离心机，可通过刮刀或振动装置从底部卸料，并采用容积式液压传动装置，启动平稳，实现了无级变速，同时通过时间继电器使各阶段操作实现自动控制。

（2）离心沉降 离心沉降是利用固液两相的相对密度差，在离心机无孔转鼓或管子中进行悬浮液的分离操作，可用于液固、液液物料的分离。在离心分离过程中影响物质颗粒沉降的因素主要有几个方面：固相颗粒与液相密度差；固相颗粒的形状和浓度；液相的黏度与离心分离工作的温度；液相化学环境因素如 pH 值、盐种类及浓度、有机化合物的种类及浓度等。

实验室和工业生产所用的离心机不尽相同。实验室中的离心机主要要求有较好的分离效果，而对于处理量和生产能力没有严格的要求，多为配有转子和相应离心管的沉降式离心机，离心操作多为间歇式。根据不同的需要主要有水平转子、固定转角转子和垂直离心管转子三种（如图 1-7）。离心管有各种大小（1.5～1000mL），通常由玻璃、塑料或金属（如不锈钢、铝合金）制成。玻璃管虽质硬，但很脆，不能耐受超速离心的应力。超速离心所用离心管主要由塑料和不锈钢制成。在工业生产中的沉降式离心设备从操作方式上有间歇（分批）操作和连续操作之分，从形式上看有管式、套筒式、碟片式等形式，从出渣方式上看有人工间歇出渣和自动出渣等方式。此外，旋液分离器也属于离心沉降设备。

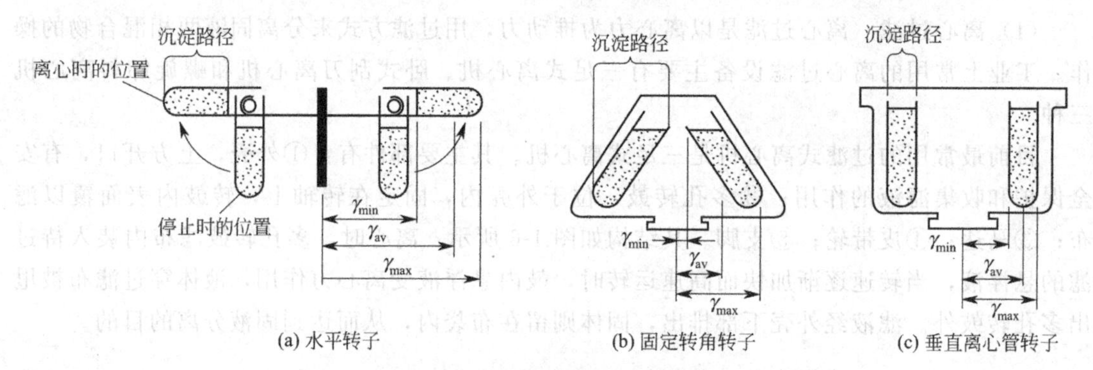

图 1-7 沉降式离心机转子类型

γ_{min}—最小旋转半径；γ_{av}—旋转的平均半径；γ_{max}—最大旋转半径

管式离心机是一种分离效率很高的离心分离设备，由于它的转鼓细而长（长度为直径的 6～7 倍），所以可以在很高的转速（可达 15000～60000r/min）下工作，而不至于使转鼓内壁产生过高的应力。管式离心机分离因数高达 $1\times10^4\sim6\times10^5$，除可用于微生物细胞的分离外，还可用于细胞碎片、细胞器、病毒以及蛋白质、核酸等生物大分子的分离。但由于管式离心机的转鼓直径较小，容量有限，因而生产能力较小。转速相对较低的管式离心机最大处理量可达 10mL/h。管式离心机设备简单，操作稳定，分离效率高，在生物工业中特别适合于一般离心机难以分离而固形物含量小于 1% 的发酵液的分离。对于固形物含量较高的发酵液，由于不能进行连续分离，需频繁拆机卸料，会影响生产能力，且易损坏机件。

碟片式离心机是目前工业生产中应用最广泛的离心机，机内装有多层碟片，碟片间距离为 0.5mm 左右，结构如图 1-8 所示。悬浮液由轴中心加入，其中的固体颗粒（或重相）在离心力的作用下沿最下层的通道滑移到碟片边缘处，自转鼓壁排泄口引出；溶液（或轻相）则沿着碟片向轴心方向移动，自环形清液口排出，从而达到固液分离的目的。其中倾斜的碟片对固液起着进一步分离的作用，当固体颗粒被带进碟片中时，在离心力的作用下会接触到上面的碟片，形成固相流动层沿碟片流下，从而防止了出口液体中央带固体颗粒。碟片式离心机的转速一般为4500～7500r/min，分离因数为1000～20000，适用于细菌、酵母菌、放线菌等多种微生物细胞悬浮液及细胞碎片悬浮液的分离。它的生产能力较大，最大允许处理量达300m^3/h，一般用于大规模的分离过程。

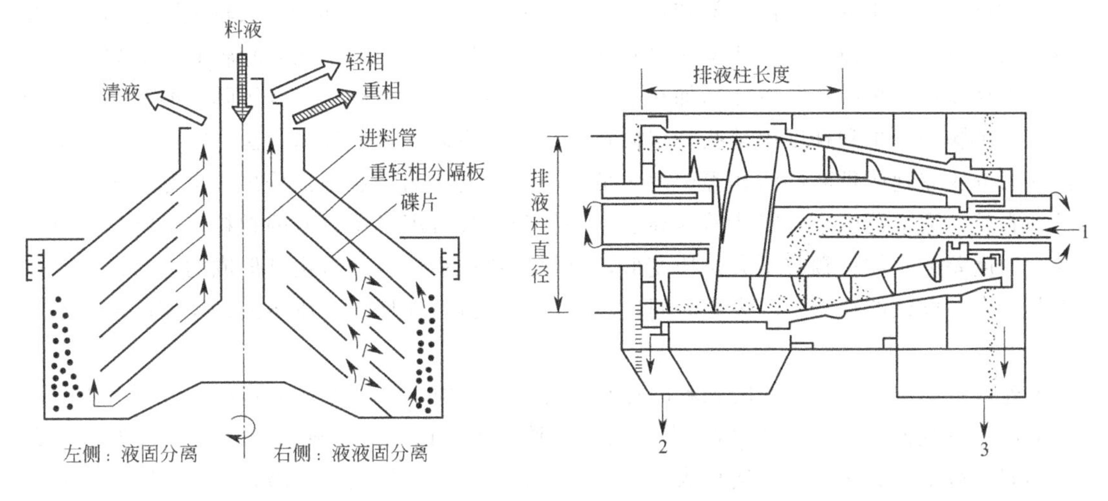

图1-8 碟片式离心机

图1-9 倾析式离心机

1—料液进口；2—液相出口；3—固相出口

倾析式离心机靠离心力和螺旋的推进作用自动连续排渣，因而也称为螺旋卸料沉降离心机。倾析式离心机的转动部分由转鼓及装在转鼓中的螺旋输送器组成，两者以稍有差别的转速同向旋转。如图1-9为倾析式离心机结构示意图。悬浮液从进料管经进料口进入高速旋转的转鼓内，在离心力作用下，固体颗粒发生沉降分离，沉积在转鼓内壁上的固相靠螺旋推向转鼓的锥形部分，从排渣口排出。与固相分离后的液相经液相回流管从转鼓大端的溢流孔溢出。倾析式离心机具有操作连续、适应性强、应用范围广、结构紧凑和维修方便等优点，特别适合于含固形物较多的悬浮液的分离。这种离心机的分离因数一般较低，大多为1500～3000，因而不适合于细菌、酵母菌等微小微生物悬浮液的分离。此外，液相的澄清度也相对较差。

离心分离的方法是与离心设备的完善程度紧密联系的。离心方案的设计对离心设备提出了严格甚至苛刻的要求，而离心设备的进步与更新又推动了离心方法的进展。近半个世纪以来，在这一进程中逐步形成了一项专门的技术——超速离心技术。超速离心技术就是在强大的离心力场下，依据物质的沉降系数、质量和形状不同，将混合物样品中各组分分离、浓缩、提纯的一项技术。在生物化学、分子生物学以及细胞生物学的发展中，超速离心技术起着很重要的作用。目前这项技术已广泛用于各种细胞器、病毒以及生物大分子的分离，成为生物学、医学和化学等领域中现代实验室不可缺少的制备和分析手段。超速离心技术中，由于使用的离心机类型是无孔转鼓，所以也属于离心沉降。

超速离心技术按照规模和目的不同可分为制备性超速离心和分析性超速离心。制备性超速离心的主要目的是最大限度地从样品中分离高纯度的所需组分，按照原理不同又分为差速离心法和密度梯度区带离心法（简称区带离心法）。分析性超速离心技术是用于观察物质颗粒在离心力场中运动行为的技术，目的是研究生物大分子的沉降特性和结构，而不是专门收集某一特定组分。因此，它使用了特殊的转子和检测手段，以便连续监视物质在离心力场中的沉降过程。

差速离心法是逐渐增加离心速度或交替使用低速和高速离心，用不同强度的离心力使具有不同质量的物质分级分离的方法。差速离心法首先要选择好颗粒沉降所需的离心力和离心时间。当以一定的离心力在一定的离心时间内进行离心时，在离心管底部就会得到最大和最重颗粒的沉淀，分出的上清液增加转速再进行离心，又得到第二部分较大较重颗粒的沉淀及含较小较轻颗粒的上清液，如此多次离心处理，即能把液体中的不同颗粒较好地分离开。

密度梯度区带离心法是将样品加在惰性梯度介质中进行离心沉降或沉降平衡，在一定的离心力下把颗粒分配到梯度中某些特定位置上，形成不同区带的分离方法。密度梯度区带离心法又可分为差速区带离心法和等密度区带离心法。此法的优点是：分离效果好，可一次获得较纯颗粒；适应范围广，能像差速离心法一样分离具有沉降系数差的颗粒，又能分离有一定浮力密度差的颗粒；颗粒不会挤压变形，能保持颗粒活性，并防止已形成的区带由于对流而引起混合。此法的缺点是：离心时间较长，需要制备惰性梯度介质溶液；操作严格，不易掌握。

差速区带离心法：当不同的颗粒间存在沉降速度差时（不需要像差速离心法所要求的那样大的沉降系数差），在一定的离心力作用下，颗粒各自以一定的速度沉降，在密度梯度介质的不同区域上形成区带的方法称为差速区带离心法。此法仅用于分离有一定沉降系数差的颗粒（20%的沉降系数差或更少）或分子量相差3倍的蛋白质，与颗粒的密度无关，大小相同、密度不同的颗粒（如线粒体、溶酶体等）不能用此法分离。操作时离心管中先装好密度梯度介质溶液，样品加在梯度介质的液面上。离心时，由于离心力的作用，颗粒离开原样品层，按不同沉降速度向管底沉降，一定时间后，沉降的颗粒逐渐分开，最后形成一系列界面清楚的不连续区带，沉降系数越大，往下沉降越快，所呈现的区带也越低。离心必须在沉降最快的大颗粒到达管底前结束，样品颗粒的密度要大于梯度介质的密度。差速区带离心法常用的梯度介质有 Ficoll、Peroll 及蔗糖等。

等密度区带离心法：在离心管中预先放置好梯度介质，将样品加在梯度介质的液面上，或样品预先与梯度介质溶液混合后装入离心管，通过离心形成梯度，这就是预形成梯度和离心形成梯度的等密度区带离心产生梯度的两种方式。离心时，样品的不同颗粒向上浮起，一直移动到与它们的密度相等的等密度点的特定梯度位置上，形成几条不同的区带，这就是等密度区带离心法。体系到达平衡状态后，再延长离心时间已无意义，处于等密度点上的样品颗粒的区带形状和位置均不再受离心时间所影响，提高转速可以缩短达到平衡的时间，离心所需时间以最小颗粒到达等密度点（即平衡点）的时间为基准，有时长达数日。等密度区带离心法的分离效率取决于样品颗粒的浮力密度差，密度差越大，分离效果越好，与颗粒大小和形状无关，但颗粒大小和形状决定着达到平衡的速度、时间和区带宽度。等密度区带离心法适用于大小相近而密度差异较大的物质的分离，常用的梯度介质为氯化铯（CsCl）。

分析性超速离心技术主要用于测定生物大分子的分子量、生物大分子的纯度估计和分析生物大分子的构象变化。分析性超速离心机主要由一个椭圆形的转子、一套真空系统和一套光学系统组成。转子在一个冷冻的真空腔中旋转，腔中容纳两个小室：配衡室和分析室。配衡室是一个经过精密加工的金属块，用于分析室的平衡。分析室的容量一般为 1mL，呈扇形排列在转子中，其工作原理与一个普通水平转子相同。分析室有上下两个平面的石英窗，离心机中装有的光学系统可保证在整个离心期间都能观察小室中正在沉降的物质，可以通过对紫外线的吸收（如蛋白质和核酸）或折射率的不同对沉降物质进行监视（图 1-10）。

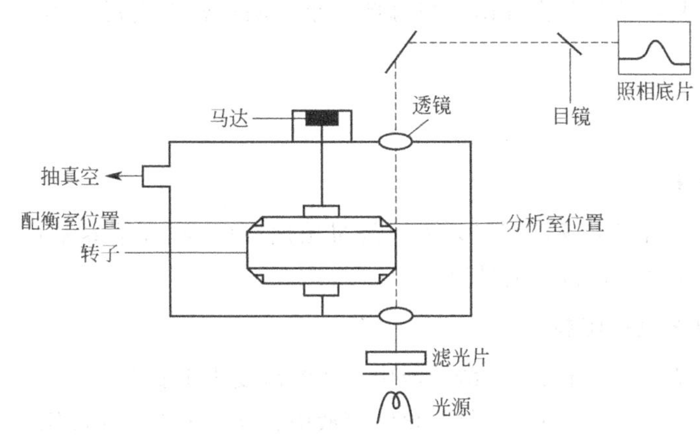

图 1-10 分析性超速离心系统示意图

实验一 壳聚糖絮凝法沉淀微生物菌体

一、实验目的

了解生物分离中固液分离的预处理方法及原理，掌握絮凝法沉淀微生物菌体的技术，了解 pH 值在絮凝法分离操作中的重要性。

二、实验原理

工业上发酵液后处理一般采用过滤除菌，该方法效率低、劳动强度大。后来发展到离心除菌，但其能量消耗大、固形物含水量高、出渣清洗繁杂、总的分离效率低等缺点制约了该方法的发展。絮凝法具有使固形颗粒增大，容易沉降、过滤、离心，提高固液分离速度和液体澄清度等特点，因而成为研究热点。另外絮凝法操作简便，处理量大，不需要昂贵的设备和特殊的试剂，故具有广泛的工业应用前景。

壳聚糖是由甲壳素脱乙酰基后生成的一种碱性多糖，它作为一种天然的阳离子吸附剂，本身无毒、无味，不会造成二次污染，是絮凝、回收菌体和蛋白质的理想絮凝剂。壳聚糖絮凝法沉淀微生物菌体的过程复杂，其主要沉降原理是在高分子絮凝剂存在的条件下，与带电的悬浮颗粒通过分子间的架桥、氢键以及电荷吸附等作用形成粗大的絮凝团，最终沉降下来。在不同的 pH 值条件下，絮凝剂的主要作用可能不同。在较高的 pH 值条件下，壳聚糖不被质子化，不能与微生物菌体中和形成大颗粒的絮凝团，絮凝率较低，而在酸性环境中，壳聚糖分子链中的—NH_2 官能团在酸性环境下与 H^+ 结合形成 NH_3^+ 阳离子，使壳聚糖具有阳离子型絮凝剂的电中和与吸附交联的双重作用。酸性也不是越强越好，在 pH 值较低时酸性过强可能造成目的产物活性降低甚至丧失。因此 pH 值是影响菌悬液絮凝分离结果的重要因素。

三、仪器及试剂

仪器用具：酸度计、分光光度计、电子天平、大试管、吸管等。

试剂：壳聚糖、海藻酸钠、氢氧化钠溶液、乙酸、盐酸等。

菌种及其培养基：枯草芽孢杆菌、酵母菌、小球藻；营养肉汤培养基、YPD 酵母培养基、SE 培养基。

四、实验步骤

1. 发酵液的制备

枯草芽孢杆菌用营养肉汤培养基培养，酵母菌用 YPD 酵母培养基培养，小球藻用 SE 培养基培养，发酵至稳定期得到菌悬液。

2. 絮凝剂和助凝剂的配制

絮凝剂：壳聚糖预先溶于1%乙酸溶液中，使终浓度为 10g/L。

助凝剂：海藻酸钠预先溶于1%氢氧化钠溶液中，使终浓度为 10g/L。

3. 配制不同 pH 值的菌悬液

将发酵的菌悬液混匀，并测定其 A_{600nm}（A_1），分别取发酵液 20mL 置于 50mL 离心管中，用 6mol/L 盐酸或者氢氧化钠溶液调整其 pH 值分别为 3.5、4.0、4.5、5.0、5.5、6.0。

4. 絮凝沉淀

向不同 pH 值的发酵液中加入 0.6mL 海藻酸钠溶液（终浓度约为 0.3g/L），并迅速混匀，再向发酵液中加入 1mL 壳聚糖溶液（终浓度约为 0.5g/L），振荡 5min 后在室温下静置 40min，取上清液测定 A_{600nm}（A_2）。

5. 絮凝率的计算

絮凝率（flocculation ratio，FR）的计算公式如下：

$$FR=(A_1-A_2)/A_1\times100\%$$

式中，A_1 表示絮凝前菌悬液在 600nm 波长下的吸光度；A_2 表示絮凝后菌悬液在 600nm 波长下的吸光度。

五、作业

(1) 分别测定不同 pH 值条件下微生物菌体的絮凝率，并做出不同 pH 值对絮凝率影响的效果图，确定壳聚糖对发酵液絮凝的最适 pH 值。

(2) 目前常用的絮凝剂的种类有哪些？

(3) 采用壳聚糖絮凝法分离微生物菌体时要考虑哪些条件？

附：培养基的配制方法

1. 营养肉汤培养基

牛肉膏 0.3g，蛋白胨 1.0g，NaCl 0.5g，水 100mL（pH7.0～7.2）。在烧杯中加水，称取牛肉膏、蛋白胨和 NaCl，加热溶化后，调节 pH 值至 7.0～7.2。分装，加棉塞，高压蒸汽灭菌即成。

2. YPD 液体培养基

酵母提取物 1.0g，蛋白胨 2.0g，葡萄糖 2.0g，定容至 100mL。

3. SE 培养基

（1）A_5 溶液配制方法

按表 1-1 称量药品，溶于 100mL 水即可。

表 1-1　A_5 溶液配制方法

成分	用量/mg	成分	用量/mg
H_3BO_3	286	$MnCl_2 \cdot 4H_2O$	181
$ZnSO_4 \cdot 7H_2O$	22	$CuSO_4 \cdot 5H_2O$	7.9
$(NH_4)6Mo_7O_2 \cdot 4H_2O$	3.9	—	—

（2）Trace mental 溶液配制方法

具体用量见表 1-2。

表 1-2　Trace mental 溶液配制方法

成分	质量浓度/(g/L)	成分	质量浓度/(g/L)	成分	质量浓度/(g/L)
H_3BO_3	2.86	$MnCl_2 \cdot 4H_2O$	1.86	$ZnSO_4 \cdot 7H_2O$	0.22
$Na_2MoO_4 \cdot 2H_2O$	0.39	$CuSO_4 \cdot 5H_2O$	0.08	$Co(NO_3)_2 \cdot 6H_2O$	0.05

（3）EDTA-Fe 的配制方法

A 液：Na_2EDTA 1g；Distilled water 50mL。

B 液：$FeCl_3$-$6H_2O$ 81mg；HCl（0.1mol/L）50mL。

分别配制 A、B 液，充分搅拌溶解后，将 A、B 液混合搅拌均匀即可。

（4）土壤提取液配制方法　取未施过肥花园土 200g 置于烧杯或三角瓶中，加入蒸馏水 1000mL 用透气塞封口，在水浴中沸水加热 3h，冷却，沉淀 24h，此过程连续进行过滤，取上清液，于高压灭菌锅中灭菌后于 4℃冰箱中保存备用。

（5）SE 培养基配制方法

具体成分及浓度见表 1-3。

表 1-3　SE 培养基配制方法

成分	质量浓度/(g/L)	成分	质量浓度/(g/L)	成分	浓度/(mL/L)
$NaNO_3$	0.25	KH_2PO_4	0.175	Soil extract(土壤提取液)	40
$K_2HPO_4 \cdot 3H_2O$	0.075	NaCl	0.025	EDTA-Fe	1
$MgSO_4 \cdot 7H_2O$	0.075	$FeCl_3 \cdot 6H_2O$	0.005	A_5溶液 或 Trace mental 溶液	1
$CaCl_2 \cdot 2H_2O$	0.025	—	—		

实验二　离心法收集酵母菌

一、实验目的

掌握离心分离技术的原理和应用，熟练完成从发酵液中获取酵母菌的操作流程，熟悉离心机的结构，熟练使用并正确维护离心机。

二、实验原理

在离心力的作用下，不同物质因为形状、大小等差别会以不同的速率进行沉降。离心分离技术就是利用该原理，可以对悬浮液、乳浊液进行物质的分离、浓缩和提纯。离心设备按照作用方式分为斜角式、平抛式、管式等，按照转速分为低速离心机、高速离心机和超高速离心机，可配备冷冻装置。

离心方法有沉淀离心、差速离心和密度梯度区带离心。沉淀离心指选用一种离心速度，使悬浮于溶液中的悬浮颗粒在离心力的作用下完全沉淀下来，常用于发酵液和提取液等的固液分离。差速离心是逐渐增加离心速度或低速和高速交替进行离心的分离方法，离心后将上清液与沉淀分开得到第一部分沉淀，上清液加大转速离心，分离出第二部分沉淀，如此往复，通过高转速逐级分离出所需要的物质。密度梯度区带离心简称区带离心法，是将样品加在惰性梯度介质中进行离心沉降或沉降平衡，在一定离心力下把颗粒分配到梯度中某些特定位置上，形成不同区带的分离方法。本实验用沉淀离心法，将酵母发酵液中的酵母菌沉淀下来。

三、仪器及试剂

仪器用具：离心机、电子天平、灭菌锅、超净工作台、恒温摇床或恒温培养箱、离心管、三角烧瓶等。

菌种及其培养基：酵母菌、YPD液体培养基（酵母提取物1.0g、蛋白胨2.0g、葡萄糖2.0g，定容至100mL）或马铃薯培养基（马铃薯汁20%、蔗糖2%、琼脂2%）。

四、实验步骤

1. 培养基的配制和灭菌

配制YPD液体培养基：包扎后进行灭菌。YPD液体培养基含葡萄糖，115℃灭菌30min，其他试剂和材料121℃灭菌20min。培养基37℃培养24h进行无菌检查，合格后方可使用。

配制马铃薯培养基：选优质马铃薯去皮切块200g，加水煮沸30min，然后用纱布过滤，加蔗糖20g、琼脂20g（液体培养基不加琼脂），溶解后补充加水至1000mL（20%马铃薯汁），分装，于121℃灭菌20min。

2. 发酵培养

菌种活化。将酵母菌种转接至固体斜面培养基上，28～30℃培养3～4d，培养成熟后用接种环取一环酵母菌至8mL液体培养基中，180～200r/min，28～30℃培养24h。

扩大培养。将培养成熟的8mL液体培养基中的酵母菌全部转接至含80mL液体培养基的三角瓶中，28～30℃振荡培养30～40h，得酵母菌发酵液。

3. 发酵液固液分离

取4支干净离心管，于天平上称重。用10mL移液管分别移取10mL酵母菌悬液于离心管中，将两两配对调到质量相等后放入离心机转子中（注意对称放置），以6000r/min，离心20min。

4. 菌体质量测定

离心完成后取出离心管，倒掉上清液，于天平上称取其质量。根据称量值计算菌体湿重，或干燥后称量计算干重，单位换算成g/L。上清液及其他含有酵母菌的废弃物，经过灭菌处理后方可丢弃。

5. 实验数据处理

记录称量值，填入下表（表1-4），计算菌体的平均湿重或干重。

表 1-4 离心法收集酵母菌实验数据处理

样本	管 1	管 2	管 3	管 4
空管质量/(g/L)				
管加菌体质量/(g/L)				
菌体质量/(g/L)				

五、作业

（1）计算实验中获得的酵母菌湿重。

（2）比较离心沉降方法与过滤法的优缺点。

附：离心机的使用和维护

1. 准备

阅读离心机使用说明书或标准操作规程，了解所配备转头各自的最高允许转速、使用累积期限，了解其温度控制范围、预设运行的最长控制时间和对称放置的两个离心管之间的重量差异限值。查阅设备使用登记表，了解离心机的使用情况。

2. 离心机安装检查

根据实验条件选择合适转头，仔细检查确保无老化、锈蚀、变形等现象，将其正确安装在转轴上，拧紧。再次检查离心机安放是否平稳，转轴是否牢固，润滑是否良好，离心腔内有无异物，缸盖能否锁紧等。

根据离心机、转头和所选转速等因素，选择合适的离心管，仔细检查离心管，确定无裂痕无损伤、无变形、无老化等现象后方可使用。排除安全隐患，确认设备正常后方可操作。

3. 空转

若离心机长时间未用，应进行空载运转后可进行下述离心操作。

4. 装液和调平

将待离心样品装入离心管内，装载样品时不宜过满。将离心管在天平上精密平衡离心管和其内容物，对称放置的两个离心管之间的重量差异不得超过该离心机说明书所规定的范围。

5. 离心

将样品放入转头中，盖上盖子。设定转速、温度和时间等离心参数，确认参数后开始离心。待离心结束且离心机完全停止转动后，打开缸盖取出离心管。

注意：离心过程中不得随意离开，应随时观察离心机上的仪表是否正常工作，如有异常声音应立即停机检查，及时排除故障；离心过程若发现异常情况应立即按“Stop”键；离心时严禁开盖，严禁用手停止转头。

6. 清洁保养

冷冻离心机使用过程中离心机内会形成凝霜，离心机使用完毕，要待凝霜融化后及时清除离心机内水滴、污物及碎玻璃渣等异物，擦净离心腔、转轴。转头是离心机中须重点保护的部件，拆卸和搬动转头时注意防止碰撞。平时，应做好离心机的防潮、防过冷、防过热、防腐蚀药品污染工作，延长使用寿命。

实验三 超声波法破碎酵母细胞

一、实验目的

掌握超声波破碎技术的原理和应用；熟练完成细胞破碎的过程，用合适的方法对破碎效果进行检查；熟悉超声波破碎仪的结构，能熟练使用并正确维护。

二、实验原理

利用频率为15～20kHz以上的超声波，在较高输出功率下，因为空穴作用可以将介质中的悬浮细胞进行破碎。破碎效果与介质离子强度、细胞浓度、细胞种类、超声波强度频率、破碎功率和破碎时间等因素有关。一般来说，杆菌较球菌易破碎，革兰氏阴性菌较革兰氏阳性菌易破碎。对酵母菌的破碎效果较差，利用超声波粉碎机对酵母细胞进行破碎，为了提高破碎效果，需要经过多次的超声波处理。

超声波破碎过程中会产生较多的热量，提取热稳定性较差的胞内产物时尤其需要注意此问题。所以，超声波破碎前一般将细胞悬液进行预冷，在冰水浴中进行破碎，并采用间歇破碎。超声波破碎法一般不适用于大规模生产，常用于1～400mL小体积料液的处理。需要注意的是，部分目标产物会因为超声波产生的自由基而失活，该类物质的提取谨慎选用超声波破碎法。

三、仪器及试剂

仪器用具：漩涡混合仪；超声波细胞破碎仪；高速冷冻离心机；紫外-可见分光光度计；显微镜；血细胞计数板。

试剂：细胞破碎缓冲液（0.05mol/L，pH4.7的乙酸-乙酸钠缓冲液）；75%乙醇。

材料：酵母发酵液。

四、实验步骤

1. 制备酵母菌悬液

配制适量细胞破碎缓冲液，置于冰浴中预冷。酵母菌发酵液固液分离后，用预冷的细胞破碎缓冲液洗涤3次，再向洗涤后的菌体沉淀中加入适量预冷的细胞破碎缓冲液。利用漩涡混合仪将菌体重悬于该缓冲液中混合均匀，冰浴中放置待用。

2. 细胞超声波法破碎

酵母菌悬液留样1mL作为样品1。其他悬液置于大塑料试管或烧杯内，将其置于冰浴中，按照破碎功率300W、破碎工作时间5s、间歇时间5s的破碎条件，全程破碎10min，取样1mL作为样品2。相同条件再分别继续破碎10min后，取样得到样品3。一般情况下，破碎液应立即进行固液分离和后面的提纯，防止目标产物被破坏，若需短期存放应置于冰水浴中或冰箱4℃中。

3. 破碎效果检查

用两种方法对细胞破碎率进行评价：一种是直接计数法，对破碎后的样品进行适当稀释后，通过在血细胞计数板上用显微镜观察来实现细胞计数，从而算出结果；另一种是间接测定法，将破碎后的细胞悬液离心分离掉固体，然后用考马斯亮蓝法检测上清液中蛋白质含量，也可以评估细胞的破碎程度。

（1）直接计数法　分别取样品1、样品2、样品3适当稀释，用血细胞计数板在显微镜下进行计数。分别观察不同样品中是否有酵母细胞，观察其形态，进行比较。

（2）间接测定法　分别取样品1、样品2、样品3在10000r/min、4℃离心20min，去除细胞碎片。用考马斯亮蓝法检测上清液中蛋白质的含量，评价破碎效果。

五、作业

（1）计算不同超声波处理时间下的细胞破碎率，分析细胞破碎的影响因素有哪些？

（2）直接计数法与间接测定法的优缺点各有哪些？

附：超声波细胞破碎仪的使用及维护

超声波细胞破碎仪的原理，简单说就是将电能通过换能器转换为声能，这种能量通过液体介质而变成一个个密集的小气泡，这些小气泡迅速炸裂，产生像小炸弹一样的能量，从而起到破碎细胞等物质的作用。超声波是物质介质中的一种弹性机械波，它是一种波动形式，因此它可以用于探测人体的生理及病理信息，即诊断超声。同时，它又是一种能量形式，当达到一定剂量的超声波在生物体内传播时，通过它们之间的相互作用，能引起生物体的功能和结构发生变化，即超声波生物效应。

超声波对细胞的作用主要有热效应、空化效应和机械效应。热效应是当超声波在介质中传播时，摩擦力阻碍了由超声波引起的分子振动，使部分能量转化为局部高热（42～43℃），因为正常组织的临界致死温度为45.7℃，而肿瘤组织比正常组织敏感性高，故在此温度下肿瘤细胞的代谢发生障碍，DNA、RNA、蛋白质合成受到影响，从而杀伤癌细胞而正常组织不受影响。空化效应是在超声波照射下，生物体内形成空泡，随着空泡振动和其猛烈的聚爆而产生出机械剪切压力和动荡，使肿瘤出血、组织瓦解以致坏死。另外，空泡破裂时产生瞬时高温（约5000℃）、高压（可达5×10^6Pa），可使水蒸气热解离产生OH自由基和H原子，由OH自由基和H原子引起的氧化还原反应可导致多聚物降解、酶失活、脂质过氧化和细胞杀伤。机械效应是超声波的原发效应，超声波在传播过程中介质质点交替地压缩与伸张构成了压力变化，引起细胞结构损伤。杀伤作用的强弱与超声的频率和强度密切相关。

超声波细胞破碎仪具有破碎组织、细菌、病毒、孢子及其它细胞结构，均质、乳化、混合、脱气、崩解和分散、浸出和提取、加速反应等功能，故广泛应用于生物、医学、化学、制药、食品、化妆品、环保等实验室研究及企业生产。

超声波细胞破碎仪由超声波发生器和换能器两大部分组成，有些还配置有隔音箱。超声波发生器由信号发生器来产生一个特定频率的信号，这个特定频率就是换能器的频率，一般应用在超声波设备中的超声波频率为20kHz、25kHz、28kHz、33kHz、40kHz、60kHz。换能器组件主要由换能器和变幅杆组成。隔音箱可以有效地降低工作过程中的所发出的噪音，保持实验室安静。工作方式有定时和计数两种。

组合程序最多可以由十套常规程序组成，可选择循环或不循环工作模式。超温保护及报警功能。超声波输出强度自动限定功能。定时方式工作时间定时：0～99 小时 59 分 59 秒。计数方式超声工作次数：0～9999 次。超声时间范围：0～99 小时 59 分 59 秒。间隙时间范围：0～99 小时 59 分 59 秒，间隙时间＝0 为超声连续工作。温度控制精度：±1℃。工作电压：100～240V（AC），50～60Hz。工作环境：室内，无潮湿，无阳光直射，无腐蚀性气体。

第二章

萃取技术

【知识目标】

① 理解萃取技术的概念、分类和特点；

② 掌握固液萃取、溶剂萃取、双水相萃取、反胶团萃取、超临界流体萃取等萃取技术的原理和方法及萃取过程的特点；

③ 了解常见的萃取设备和设备的选择及各类萃取技术的工业应用。

【技能目标】

能针对不同处理对象选择不同的萃取技术；能正确操作各种萃取分离过程。

萃取是化学工程中常用的单元操作，也是生物物质分离纯化的重要手段，在制药工业、食品工业、湿法冶炼工业、核工业材料提取和保护环境治理污染中均起到重要作用，特别是在抗生素等的生产中，由于其优良的分离性能，得到广泛应用。萃取是利用目标物质和含目标物质混合物的特性，选用合适的溶剂（液体或超临界流体），在适当的条件下，将所需要的目标物质从混合物中分离出来的操作。选用的这种溶剂称为萃取剂，萃取后含有溶质的萃取剂相称萃取液，与萃取剂相接触后离开的原料液相称萃余液。

萃取是一种初级分离技术，利用萃取剂的作用，把较难分离的混合物转化成较易分离的混合物，其本身并未完成目标产物的分离任务，得到的是富集了目标产物的均相混合物。要获得目标产物或者回收萃取剂还需借助蒸馏、蒸发等其他单元操作来完成。随着各学科的发展，涌现出一些新的萃取方法，如超临界流体萃取、双水相萃取、反胶团萃取、超声波辅助萃取、微波辅助萃取等，使萃取分离的对象范围变得越来越广，萃取选择性更高，萃取效率更高。

萃取技术有不同的分类。根据参与溶质分配的两相不同分为液液萃取和固液萃取。液液萃取以液体为萃取剂，目标产物的混合物为液态，目前包括溶剂萃取、双水相萃取、液膜萃取和反胶团萃取等。固液萃取以液体为萃取剂，目标产物的混合物为固态，也称为浸取。根据组分数目不同分为多元体系和三元体系，前者原料液中有两个以上组分或溶剂为两种不互溶的溶剂，后者原料液中含有两个组分，溶剂为单溶剂；根据有无化学反应分为物理萃取和化学萃取；根据萃取剂的种类和形式不同分为溶剂萃取、双水相萃取、反胶团萃取、凝胶萃取、超临界流体萃取等。

第一节 固液萃取

固液萃取（浸取）是指用溶剂将固体原料中的可溶组分提取出来的操作。固液萃取在制药工业中应用广泛，尤其是从中草药等植物中提取有效成分，或是从生物细胞内提取特定成分。

溶剂从固体颗粒中浸取可溶性物质，其过程一般包括：溶剂浸润固体颗粒表面、溶剂扩散渗透到固体内部微孔或细胞内、溶质解吸后溶解进入溶剂、溶质经扩散至固体表面、溶质从固体表面扩散进入溶剂主体。

一、浸取过程的影响因素

1. 固体物料颗粒度

一般情况下，固体物料的粒度小，传质快，浸出速率快。但原料粉碎过细，又会使大量的不溶性高分子物质进入浸出液，使液体流动阻力增大，扩散速率下降，影响浸出液的分离和稳定性。因此，从生物物料中浸取生物活性物质前，需先对固体原料进行预处理，以缩短溶剂和溶质扩散渗透的时间，提高浸取速率。工业上常对物料进行干燥、压片、粉碎等预处理。

2. 浸取溶剂的选择

浸取溶剂的选择应达到快速高效地提取目标产物，同时尽可能避免引入杂质的目的，因而对浸取溶剂的选择有如下要求：①选用的溶剂对目标成分的选择性高；②选用的溶剂对目标成分的溶解度大；③选用的溶剂与目标成分的性质差异大，易于从产品中除去，避免引入杂质，也便于溶剂的回收利用；④目标成分在溶剂中的扩散系数大，提高生产效率；⑤浸取溶剂的价格低廉，具有黏度小、无腐蚀性、无毒、闪点高、无爆炸性等特点。常用的浸取溶剂有水、乙醇、丙酮、乙醚、氯仿、乙酸乙酯。此外，浸取辅助剂、浸取溶剂的 pH 值也会影响浸取的效果。

3. 浸取溶剂的用量与浸取次数

根据少量多次的原则，溶剂的量一定时，多次浸取可以提高浸取的效率。第一次浸取浸取溶剂的量要大于固体物料中目标产物充分溶解所需要的量。一般根据试验来确定不同固体物料选用的浸取溶剂的量和浸取次数。

4. 浸取温度

适当升高温度，可使固体物料的组织软化、膨胀，增大溶质的溶解度，促进可溶性物质的浸出。但若温度过高，也会使一些无效成分容易被浸出，使后续分离提纯的难度增加，影响质量。若目标产物是热敏性物质，就容易挥发、分解甚至变性，降低产品收率。

5. 浸取时间

在达到浸取平衡前，延长浸取时间会增加浸取量，但浸取时间过长易使浸取杂质大量溶出。如果以水作浸取溶剂，长时间浸泡易发生霉变，影响浸取液的质量。

此外，提高浸取压力，可促进浸润过程的进行，缩短浸取时间。目前的加压方式主要是密闭升温加压，或通过气压、液压加压，但升温和加压条件可能导致某些有效成分被破坏，须慎重选用。浸取设备中增加搅拌装置，也有利于扩散的进行，提高浸取率。

二、浸取的方法

传统的固液萃取（浸取）的方法主要包括浸渍法、煎煮法和渗滤法。

（1）浸渍法　浸渍法常用于中草药有效成分的提取，适用于黏性药物、无组织结构的药材、新鲜及易于膨胀的药材。通常是在室温下进行的操作，取适当粉碎的药材，置于有盖容器中，加入一定量的溶剂，密闭浸渍 3～5d 或规定的时间，经常搅拌或振摇，使有效成分浸出，倾取上层清液，过滤，压榨残渣，收集压榨液与滤液合并，静置 24h，过滤即得。浸渍法简便易行，但由于浸出效率差，故对贵重药材和有效成分含量低的药材，或制备浓度较高的制剂时，应采用多次浸渍和提高浸渍温度等方法，或渗滤法为宜。若用水浸取，应加入适当的防腐剂以防发霉变质。常用的溶剂有：石油醚＜苯＜氯仿＜乙醚＜乙酸乙酯＜正丁醇＜丙酮＜乙醇＜甲醇＜水＜含盐水（按照极性从小到大排列）。

（2）煎煮法　煎煮法是最早使用的一种简易浸出方法，将药材加适量水煮沸，使有效成分充分煎出。一般过程为：取规定药物，切碎或粉碎成粗粉，置适宜煎器中，加水浸没药材，浸泡适宜时间后（一般 30～60min），加热至煮沸，保持微沸一定时间，分离煎出液，药渣依法煎出数次（一般为 2～3 次），至煎液味淡为止，合并各次煎出液，浓缩至规定浓度。煎煮法适用于有效成分能溶于水、对湿热稳定的药材。浸出成分比较复杂，除有效成分外，部分脂溶性物质及其他杂质也有较多浸出，不利于精制。此外，含淀粉、黏液质等成分较多的药材加水煎煮后，其煎出液比较黏稠，过滤较困难。

（3）渗滤法　渗滤法是向药材粗粉中不断加入浸取溶剂，使其渗过药粉，从下部出口收集流出浸取液的一种浸取方法。当渗出溶剂渗过药粉时，由于重力作用而向下移动，上层的浸出溶剂或稀溶液不断置换浓溶液，形成浓度梯度，使扩散能较好地进行。渗滤法浸出效果优于浸渍法，提取较完全，且省去了分离浸取液的时间和操作。无组织结构的药材不宜采用渗滤法。渗滤法的操作主要包括润湿膨胀、药材装填和渗滤。

① 润湿膨胀。将药材粗粉放入有盖的容器中，加入粗粉量 60%～70%的浸取溶剂，均匀润湿后，密闭放置 15min～6h，使药材充分膨胀后备用。

② 药材装填。取脱脂棉一团，用浸取液润湿后，铺垫在渗滤筒的底部，然后将已润湿膨胀的药材粗粉分次装入渗滤筒中，装入量不多于渗滤筒容积的 2/3，松紧程度视药材及浸取溶剂而定。

③ 渗滤。先将渗滤筒的出口阀打开，然后向渗滤筒中缓慢加入浸取溶剂，待渗滤筒下部的空气排出后，关闭出口阀；继续加入浸取溶剂至高出药粉数厘米，加盖放置 24～48h，使溶剂充分渗透；渗滤时，浸出溶剂的流速一般控制在 1～5mL/min（每 1000g 药粉），并随时补充浸取溶剂，使药材中的有效成分充分浸出；浸取溶剂用量一般是药材量的 4～8 倍。如果需要得到更高的浸出液浓度，可以采用重渗滤法进行操作。

三、浸取的工艺

浸取工艺可分为单级浸取工艺、单级回流浸取工艺、单级循环浸取工艺、多级浸取工艺、半逆流多级浸取工艺、连续逆流浸取工艺等六种。

单级浸取工艺是指固体原料和溶剂一次加入浸出设备中，经过一定时间浸取后，放出浸出液、排出药渣的整个过程。一次浸出的浸出速度开始大，以后速度逐渐减小，直至到达平衡状态，故常将一次浸出称为非稳定过程。单级浸取工艺比较简单，常用于小批量生产，其缺点是浸出时间长，药渣能吸收一定量的浸出液，可溶性成分的浸出率低，浸出液的浓度较低，浓缩时消耗热量大。

单级回流浸取工艺又称索氏提取，主要用于有机溶剂（如乙酸乙酯、氯仿浸出或石油醚脱脂）浸取药材及一些药材脱脂。由于溶剂的回流，溶剂与药材细胞组织内的有效成分之间始终保持很大的浓度差，加快了浸出速度和提高了浸出率，而且最后生产出的浸出液已是浓缩液，使浸出与浓缩紧密地结合在一起。此法生产周期一般约为 10h。此法的缺点是使浸出液受热时间长，对于热敏性原料是不适宜的。

单级循环浸取工艺将浸出液循环流动与原料接触浸出，它的特点是固、液两相在浸出器中有相对运动，由于摩擦作用，两相间边界层变薄或边界层表面更新快，从而加速了浸出过程。单级循环浸取工艺的优点是浸出液的澄清度好，这是因为药渣成为自然滤层，浸出液经过 14～20 次的循环过滤，其缺点是液固比大。

多级浸取工艺可以克服原料吸液引起的成分损失，提高浸出效果。它是将原料置于浸出罐中，再将一定量的溶剂分次加入进行浸出，亦可将原料分别装于一组浸出罐中，新的溶剂分别先进入第一个浸出罐与原料接触浸出，浸出液放入第二个浸出罐与原料接触浸出，这样依次通过全部浸出罐，成品或浓浸出液由最后一个浸出罐流入接收器中。当第一罐内的原料浸出完全时，则关闭第一罐的进、出液阀门，卸出药渣，回收溶剂备用。续加的溶剂先进入第一罐，并依次浸出，直至各罐浸出完毕。

半逆流多级浸取工艺是在单级循环浸取工艺的基础上发展起来的，它主要是为保持单级循环浸取工艺的优点，同时用母液多次套用，克服溶剂用量大的缺点。罐组式逆流提取法工艺流程如图 2-1 所示。预处理后的原料加入浸出罐 A_1 中，溶剂由计量罐 I_1 计量后，经阀门 1 加入浸出罐 A_1 中。然后开启阀门 2 进行循环浸取 2h 左右。浸出液经循环泵 B_1 和阀门 3 加入计量罐 I_1，再由 I_1 将 A_1 的提取液经阀门 4 加入浸出罐 A_2 中，进行循环浸取 2h 左右（即母液第 1 次套用）。A_2 的浸出液经泵 B_2、阀门 6、计量罐 I_2、阀门 7 加入浸出罐 A_3 中进行循环浸出（即母液第 2 次套用）。依此类推，使浸出液与各浸出罐之原料相对逆流而进，每次新鲜溶剂经 4 次浸出（且母液第 3 次套用）后即可排出系统，同样每罐原料经 3 次不同浓度的浸出外液和最后 1 次新鲜溶剂浸出后再排出系统。

连续逆流浸取工艺是原料与溶剂在浸出器中沿反向运动，并连续接触提取。它与一次浸出相比，浸出率和浸出液浓度较高，单位重复浸出液浓缩时消耗的热能少，浸出速度快。连续逆流浸出具有稳定的浓度梯度，且固、液两相处于运动状态，使两相界面的边界膜变薄，或边界层更新快，从而加快了浸出速度。

四、超声波辅助萃取

超声波指频率高于 20kHz（在 2×10^4 Hz～2×10^9 Hz 之间），在人的听觉阈以外的电磁波。超声波辅助萃取是利用超声波具有的机械效应、空化效应和热效应，通过增大介质分子的运动速度、增大介质的穿透力以提取生物有效成分。

介质吸收超声波能量，大部分或者全部转化为热能，从而导致组织温度升高。这种吸收声能而引起的温度升高是稳定的，所以超声波用于浸取时可以在瞬间使溶液内部温度升高，

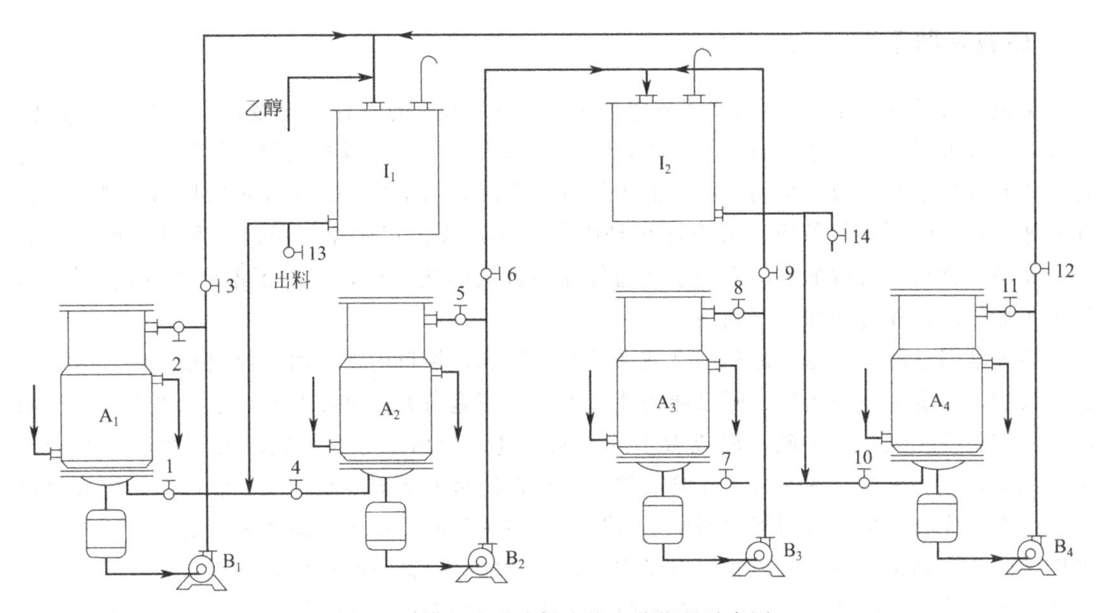

图 2-1 罐组式逆流提取法工艺流程示意图

I_1，I_2—计量罐；A_1，A_2，A_3，A_4—浸出罐；B_1，B_2，B_3，B_4—循环泵；1～14—阀门

加速有效成分的溶解。超声波的机械作用主要是辐射压强和超声压强引起的。辐射压强可能引起两种效应，其一是简单的骚动效应，其二是在溶剂和悬浮体之间出现摩擦。这种骚动可使蛋白质变性，组织细胞变形。而辐射压强将给予溶剂和悬浮体以不同的加速度，即溶剂分子的速度远大于悬浮体的速度，从而在它们之间产生摩擦，这力量足以断开两个碳原子之间的连接键，使生物分子解聚。超声波的空化作用能产生极大的压力，造成被粉碎物细胞壁及整个生物体的破碎，而且整个破碎过程在瞬间完成。同时超声波产生的振动作用增加了溶剂的湍流强度及相接触面积，加快了胞内物质的释放、扩散及溶解，从而强化了传质，有利于胞内有效成分的提取。

大多数情况下，超声波辅助萃取技术与常规浸取技术相比，浸取效率提高、浸取温度降低、浸取时间缩短、溶剂耗量降低，而且便于植物有效成分的回收和纯化。主要有以下优点：①能保持产物的生物活性，避免了常规浸取药材的煎煮法、索氏提取法等在较高温度下长时间加热导致对产物的破坏。②提高了药物有效成分的浸取率，节省了原材料，提高了经济效益。③由于浸取率得到提高，节省了溶剂。浸取具有选择性，有效成分含量高，有利于进一步精制。④耗时短，环境污染少，操作安全。

超声波辅助萃取效果通常与超声波频率、功率及浸取时间、浸取温度和料液比相关。刘青等研究了 19kHz、40kHz、80kHz 三种不同超声波从芒果叶中浸取芒果苷，结果显示低频超声波浸取率较高，而且时间越长浸取率越高；赵兵等研究了石油醚 20kHz 超声波浸取青蒿叶中的青蒿素，发现超声波浸取时间越长、强度越大，浸取率越高；宁井铭等采用超声波浸提（60℃，10min）和常规浸提（85℃，10min）考察绿茶饮料提取工艺，发现超声波浸提有生化成分含量高、茶汤酚氨比大、咖啡碱含量高、茶汤透光率小等特点；Wu Jianyong 等研究了人参皂苷的超声波辅助萃取与索氏提取，发现在各种人参中，超声波辅助萃取皂角苷更简单有效，超声波浸取人参皂苷的速度是传统方法的 3 倍。

五、微波辅助萃取

微波是波长为 0.1～100cm（即频率为 10^8～10^{11} Hz）的一种电磁波，具有波粒二象性。微波以直线方式传播，遇金属会被反射，遇非金属物质能穿透或被吸收。微波辅助萃取主要是利用其强烈的热效应，被加热物质的极性分子在微波场中快速转向及定向排列、撕裂和相互摩擦而产生强烈的热效应。微波加热是内部加热过程，直接作用于内部和外部的介质分子，使整个物料同时被加热，不同于普通外加热方式的热传递，克服了温度上升慢的缺点，保证了能量的快速传导和充分利用。

微波辅助萃取，一方面是利用微波透过萃取器到达物料内部，由于物料细胞中水分子吸收微波能，产生大量的热量，所以能快速被加热，使胞内温度迅速升高，液态水汽化产生的压力将细胞膜和细胞壁冲破，形成微小的孔洞。进一步加热导致细胞内部和细胞壁水分减少，细胞收缩，表面出现裂纹。孔洞或裂纹的存在使胞外溶剂容易进入细胞内，溶解并释放出胞内有效成分，再扩散到萃取剂中。另外，在固液萃取过程中，固体表面的液膜通常是由极性强的萃取剂组成的，在微波辐射作用下，强极性分子将瞬时极化，并以 2.45×10^9 次/s 的速度做极性变换运动，这就可能对液膜层产生一定的微观“扰动”影响，使附在固相周围的液膜变薄，溶剂与溶质之间的结合力受到一定程度的削弱，从而使固液萃取的扩散过程所受的阻力减小，促进扩散过程的进行。

微波辅助萃取由于具有快速高效分离及选择性加热的特点，逐渐由一种分析方法向生产制造方法发展。目前微波辅助萃取技术的应用主要包括提取有效成分、临床应用以及在物质检测领域中的应用。微波辅助萃取技术在提取有效成分中的应用，主要在提取油脂类、色素类、多糖类和黄酮类化合物等方面研究较多。微波辅助萃取技术与超声波辅助萃取技术相似，具有选择性好、提取效率高、提取时间短、溶剂耗量少的优势。

微波辅助萃取具有较好的效果，影响萃取效果的因素很多，如萃取剂的选择、微波剂量、物料含水量、萃取温度、萃取时间及溶剂 pH 值等。

萃取剂的选择。萃取剂应尽量选择对微波透明或部分透明的，也就是选择介电常数较小的溶剂，同时对目标成分有较强的溶解能力，对萃取成分的后续操作干扰较小。当被提取物料中含不稳定或挥发性成分时，如中药中的精油，宜选用对微波射线高度透明的溶剂；若需除去此类成分，则应选用对微波部分透明的萃取剂，这样萃取剂可吸收部分微波能转化成热能，从而去除或分解不需要的成分。目前常见的微波辅助萃取剂有甲醇、丙酮、乙酸、二氯甲烷、正己烷、苯等有机溶剂和硝酸、盐酸、氢氟酸、磷酸等无机溶剂以及己烷-丙酮、二氯甲烷甲醇、水甲苯等混合溶剂。

试样中水分或湿度的影响。水是介电常数较大的物质，可以有效地吸收微波能并转化为热能，所以植物物料中含水量的多少对萃取率的影响很大。另外含水量的多少对萃取时间也有很大影响，因为水能有效地吸收微波能，因而干的物料需要较长的辐照时间。研究表明生物物料的含水量对回收率的影响很大，若物料是经过干燥（不含水分）的就要采取物料再湿的方法，或选用部分吸收微波能的半透明萃取剂浸渍物料，微波辐射加热的可发生萃取作用，当样品水分为 15%时效率最高。以丙酮-正己烷为萃取剂从土壤中微波萃取 PAHs（多环芳烃）时，试样中小于 20%的水分使丙酮-正己烷的萃取能力提高。

微波剂量的影响。在微波辅助萃取过程中，所需的微波剂量的确定应以最有效地萃取出目标成分为原则。一般所选用的微波能功率在 200～1000W，频率为 2×10^3～3×10^5 MHz，微波辐照时间不可过长。

破碎度的影响。和传统萃取一样，被萃取物经过适当破碎，可以增大接触面积，有利于萃取的进行。但通常情况下，传统萃取不把物料破碎得太小，以免增加杂质，提高黏度，增加后续纯化难度。在微波辅助萃取中，通常根据物料的特性将其破碎为 2～10mm 的颗粒，粒径相对不是太小，提取温度比较低，以方便地过滤。

分子极性的影响。在微波场下极性分子易受微波作用，目标组分如果是极性成分，会比较容易扩散。在天然产物中，物质分子或多或少存在一定的极性，在适当的条件下微波辅助萃取一个批次可以在数分钟内完成。由于微波持续产生的热量以及形成的温度梯度，通常物质离开微波场后提取过程仍会进行。

溶液 pH 值的影响。溶液的 pH 值也会对微波辅助萃取的效率产生一定的影响，针对不同的萃取样品，溶液有一个最佳的用于萃取的酸碱度，例如随着 pH 值的上升，从土壤中萃取除草剂的回收率也逐步增加，但是由于萃取出的酸性成分的增加萃取物的颜色加深。

萃取时间的影响。微波辅助萃取时间与被测物样品量、溶剂体积和加热功率有关。与传统萃取方法相比，微波辅助萃取的时间很短，一般情况下 10～15min 已经足够。研究表明，从食品中萃取氨基酸成分时，萃取效率并没有随萃取时间的延长而有所改善，但是连续的辐照也不会引起氨基酸的降解或破坏。在萃取过程中，一般加热 1～2min 即可达到所要求的萃取温度。对于不同的物质，最佳萃取时间不同。连续辐照时间也不可太长，否则容易引起溶剂沸腾，不仅造成溶剂的极大浪费，还会带走目标产物，降低产率。

萃取温度的影响。在微波密闭容器中内部压力可达到十几个大气压，因此，溶剂沸点比常压下的溶剂沸点高，这样微波辅助萃取可达到常压下同样的溶剂达不到的萃取温度。此外，随着温度的升高，溶剂的表面张力和黏性都会有所降低，从而使溶剂的渗透力和对样品的溶解力增加，以提高萃取效率，而又不至于分解待测萃取物。萃取回收率随温度升高的趋势仅表现在不太高的温度范围内，且各物质的最佳萃取回收温度不同。对不同条件下溶剂沸点及微波辅助萃取中温度对萃取回收率的影响的研究表明，在密闭容器中丙酮的沸点提高到 164℃，丙酮-环己烷（1∶1）的共沸点提高到 158℃，这远高于常压下的沸点，而萃取温度在 120℃时可获得最好的回收率。

萃取剂用量的影响。萃取剂用量可在较大范围内变动，以充分萃取所希望的物质为度，萃取剂与物料之比（L/kg）在（1～20）∶1 范围内选择。固液比是萃取过程中的一个重要因素，主要表现在影响固相和液相之间的浓度差即传质推动力。在传统萃取过程中，一般随固液比的增加，回收率也会增加，但是在微波辅助萃取过程中，有时回收率随固液比的增加反而降低。固液比的提高必然会在较大程度上提高传质推动力，但萃取液体积太大，萃取时釜内压力过大，会超出承受能力，导致溶液溅失。

Szentmihalyi 等利用微波辅助萃取技术从废弃的蔷薇果种子中提取具有医用价值的野玫瑰果精油，通过超声波、微波、超临界流体萃取 3 种方法的对比，发现萃取率分别为 16.25%～22.11%，35.94%～54.75%和 20.29%～26.48%。由此看出，微波辅助萃取具有良好的效果。姚中铭等用微波提取栀子黄色素，色素的提取率达到 98.2%，色价 56.94。周志等用微波水提茶多糖，得率为 1.56%，茶多糖含糖量为 30.93%。经紫外和红外光谱分析证实，微波辐射对茶多糖制品的化学结构无影响。李嵘等用微波提取银杏黄酮苷，萃取 30min 即可达到 62.3%的萃取率，与传统乙醇水浸提 5h 的效果相近。Hao Jinyu 等用微波辅助萃取技术从黄花蒿中提取青蒿素，考察了溶剂、微波辐照时间、物料粉碎度等工艺条件对萃取率的影响。结果表明，萃取率随物料粉碎度、溶剂与物料比、正乙烷/环己胺混合溶剂的介电常数的增加而增加。

六、加速浸取的措施

1. 固体物料的预处理

大多数情况下，浸取操作需要从固体或动植物细胞内部提取目标成分，若要加速浸取就必须对固体物料进行预处理，以缩短固体或动植物细胞内部溶质分子向表面扩散的距离，对原料进行适当的粉碎可以达到预期的效果。工业上常采用粉碎、压片、物料干燥等方法对原料进行预处理。根据扩散理论，固体粉碎得越细，与萃取剂的接触面积越大，扩散面也越大，浸出效果越好。但粉碎过度会使细胞内大量的不溶物、黏液质等混入或浸出，使溶液黏度增大，杂质增多，扩散速率缓慢。在工业大规模生产中，过细的颗粒会造成固体床层被压实，不利于溶剂的渗透和溶质的扩散。例如啤酒工业中，对麦芽的粉碎，要求麦皮破而不碎，既可以减少不利于啤酒风味的浸出物产生，又可以防止压实糟层和堵塞筛孔，有利于麦汁的过滤。为减少植物细胞壁给溶质渗透带来的阻力，同时防止粉碎过度造成分子量大的组分浸出，造成溶质精制困难，工业上一般将这类物质加工成一定形状。此外原料预处理还包括一些其他的操作，由于非极性溶剂难以从含水量多的固体物料中浸出目标产物，极性溶剂不易从含油脂多的固体物料中浸出目标产物，对动物性固体物料利用冷凝法或有机溶剂脱脂，对植物性固体物料也要进行脱脂或脱水处理。

2. 增溶作用

增溶的目的是使原先不溶或难溶的生物大分子物质转化成可溶的、分子量较小的生物物质，加速目标成分的提取。往溶剂中添加适量的酶、酸、碱、甘油、表面活性剂等可促进目标产物的溶解。如啤酒酿造过程中加入糖化酶、磷酸，促使麦芽淀粉转化为可发酵性糖；从甘草中浸取甘草酸时加入碱化剂氨水，使甘草酸完全浸出。此外阴离子型的表面活性剂对生物碱有沉淀作用，阳离子型的表面活性剂有助于生物碱的浸取。应根据需要进行选择，增溶也不能过度，否则会造成物料的过度浸出而影响产品的质量。浸取过程中，也还可以根据需要促使一部分溶质向不溶性物质转变。如用开水浸泡甜菜可使不希望溶出的可溶性蛋白质发生热凝固，同时增加了细胞膜的通透性，提高浸取过程的选择性和浸取速度。

七、浸取设备

浸取设备按固体原料的处理方法可分为固定床、移动床和分散接触床，按溶剂和固体原料的接触方式可分为多级接触型和微分接触型，按操作方式可分为间歇式、半连续式和连续式。

在选择设备时应根据所处理的固体原料形状、颗粒大小、处理难易以及生产成本等诸多因素综合考虑。处理量大时，一般采用连续化操作，可以减轻劳动强度，提高萃取回收率。要求浸取设备在每批操作结束之后，能将被浸取固体物料全部排净，并能进行原位清洗。

第二节 溶剂萃取

溶剂萃取（有机溶剂萃取）是最早发展起来的液液萃取技术，通常简称萃取或抽提。在液体混合物（原料液）中加入一种与其基本不相混溶的液体作为萃取剂，构成第二相，利用原料液中各组分在两个液相中的溶解度不同而使原料液混合物得以分离的方法称为溶剂萃取。

溶剂萃取法有如下特点：①萃取剂与原料液中溶剂互不相溶；②目标产物在两种溶剂中分配系数存在差异；③对热敏性物质破坏少；④采用多级萃取时，溶质浓缩倍数和纯化度高；⑤便于连续生产，周期短；⑥溶剂耗量大时，对设备和安全要求高，需要防火防爆措施。溶剂萃取法是生物工业中一种重要的分离提取方法，特别是在抗生素的生产中应用广泛，如用醋酸戊酯在酸性条件下萃取青霉素，在碱性条件下萃取红霉素等医用抗生素。采用溶剂萃取技术浓缩和提纯目标产物，得到产品的质量较好。不合格的产品也可以采用溶剂萃取法精制以提高纯度。

萃取是一种扩散分离操作，不同溶质在两相中分配平衡的差异是实现萃取分离的主要因素，分配定律是理解并设计萃取操作的基础。分配定律即溶质的分配平衡规律，即在恒温恒压条件下，溶质在互不相溶的两相中达到分配平衡时，如果其在两相中的分子量相等，则其在两相中的平衡浓度之比为常数，即 $K=C_2/C_1$，K 称为分配系数。K 只在一定温度下，溶液中溶质的浓度很低时才是常数。在同一萃取体系内，两种溶质在同样条件下分配系数的比值称为分离因素，常用 β 表示，即 $\beta=K_1/K_2$。可见，根据溶质的分配系数可以判定萃取剂对溶质的萃取能力，可以用来指导选择合适的萃取溶剂体系。分离因素体现了不同溶质分配平衡的差异，是实现萃取分离的基础，决定了两种溶质能否分离。

一、溶剂萃取工艺流程

工业上萃取工艺流程包括三个步骤：①混合。料液和萃取剂充分混合，形成具有很大比表面积的乳浊液，目标产物从料液转入萃取剂中。②分离。将互不相溶的两相分离成萃取相和萃余相。③溶剂回收。从萃取相和萃余相中分离萃取剂，并加以回收，循环利用。按操作方式，萃取流程可分为单级萃取和多级萃取。多级萃取又可以分为多级错流萃取和多级逆流萃取。

1. 单级萃取流程

单级萃取是溶剂萃取中最简单的操作形式，一般用于间歇操作，也可以进行连续操作，见图 2-2。原料液 F 与萃取剂 S 一起加入萃取器内，并用搅拌器加以搅拌，使两种液体充分混合，然后将混合液引入分离器，经静置后分层，萃取相 L 进入回收器，经分离后获得萃取剂和产物，萃余相 R 送入溶剂回收设备，得到萃余液和少量的萃取剂，萃取剂可循环使用。

如果分配系数为 K，料液的体积为 V_F，萃取剂的体积为 V_S，经萃取后溶质在萃取相与萃余相中数量（质量或物质的量）的比值称为萃取因素，用 E 表示，$E=KV_S/V_F$，设未被萃取的萃余率为 φ，则

$$\varphi=1/(1+E)$$

理论收率为

$$1-\varphi=E/(1+E)$$

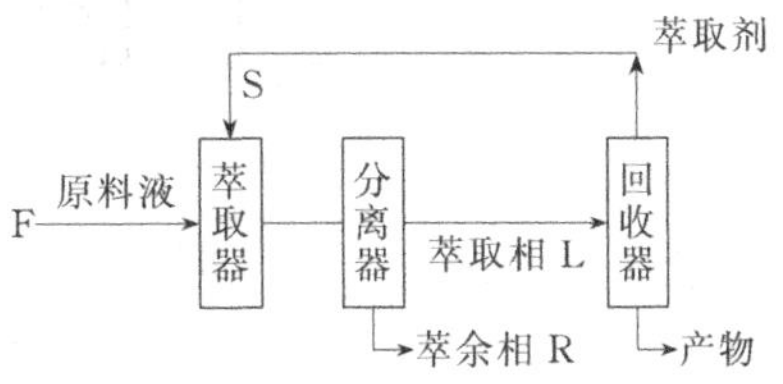

图 2-2　单级萃取流程

单级萃取操作不能对原料液进行较完全的分离，萃取液浓度不高，萃余液中仍含有较多

的溶质。单级萃取流程简单，操作可以间歇也可以连续，特别是当萃取剂分离能力大、分离效果好，或工艺对分离要求不高时，采用此种流程较为合适。

2. 多级错流萃取流程

图 2-3 为多级错流萃取流程。多级错流萃取流程由多个萃取器（由混合器和分离器组成）串联组成，原料液经第一级萃取后分离成两个相，萃余相依次流入下一级萃取器，再加入新鲜萃取剂继续萃取。原料液依次通过各级，新鲜溶剂则分别加入各级的混合槽中，萃取相和最后一级的萃余相分别进入溶剂回收设备。经 n 级萃取后，总理论收率为

$$1-\varphi=1-1/(E_1+1)(E_2+1)\cdots(E_n+1)$$

采用多级错流萃取流程时，萃取率比较高，但萃取剂用量较大，溶剂回收处理量大，能耗较大。

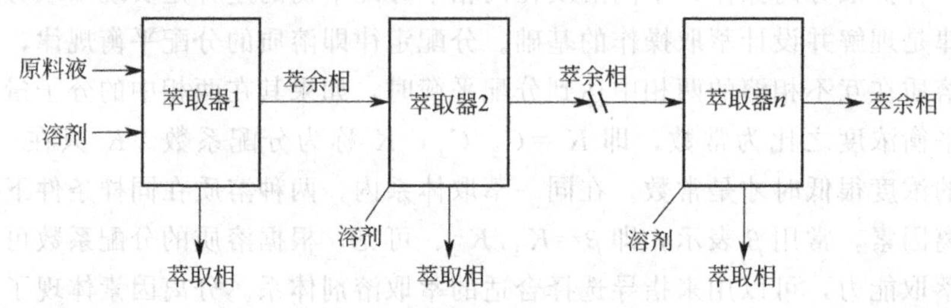

图 2-3 多级错流萃取流程

3. 多级逆流萃取流程

图 2-4 为多级逆流萃取流程。原料液走向与萃取剂走向相反，原料液 F 从第 3 级加入，依次经过各级萃取，成为各级的萃余相，其溶质含量逐级下降，最后从第 1 级流出；萃取剂 S 则从第 1 级加入，依次通过各级与萃余相逆向接触，进行多次萃取，其溶质含量逐级提高，最后从第 3 级流出。最终的萃取相 L_3 送至溶剂分离装置中分离出产物和溶剂，溶剂循环使用；最终的萃余相 R_1 送至溶剂回收装置中分离出萃取剂 S 供循环使用。多级逆流萃取可获得含溶质浓度很高的萃取液和含溶质浓度很低的萃余液，而且萃取剂的用量少，因而在工业生产中得到广泛的应用。

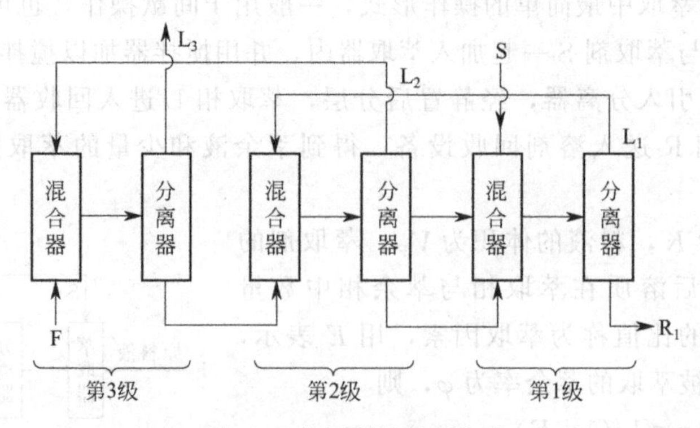

图 2-4 多级逆流萃取流程

二、溶剂萃取的影响因素

影响溶剂萃取的因素主要有 pH、温度、乳化作用、盐析作用及溶剂性质等。

1. pH 的影响

在萃取操作中对 pH 值的选择很重要。一方面 pH 影响分配系数，从而影响萃取收率；另一方面 pH 也影响萃取的选择性。如在酸性条件下，酸性物质一般萃取到有机溶剂中，碱性杂质则成盐而留在水相。因此对于酸性杂质，可根据其酸性之强弱选择合适的 pH，尽可能将其除去。对于碱性产物则相反，在碱性下萃取到有机溶剂中。除上述两方面外，pH 还应选择在尽量使产物稳定的范围内。例如当 pH＜2 时，青霉素在有机相中分配系数显著增大，但此条件下青霉素极易被破坏生成青霉酸，因此青霉素萃取时 pH 不能太低。

2. 温度的影响

温度对产物的萃取也有很大的影响，由于生物产品在较高的温度下不稳定，故萃取应在室温或较低温度下进行。但有些情况下，温度过低会使料液黏度增大，传质速率慢，导致萃取速率低。如果工艺条件允许，可适当提高萃取温度以提高分配系数。

3. 乳化作用的影响

萃取过程中有时发生乳化作用，即一种液体分散（分散相）在另一种不相混溶的液体（连续相）中的现象。乳化产生后会使有机溶剂相和水相分层困难，出现两种夹带，即水相中夹带有机溶剂微滴的水包油型（O/W）和有机溶剂相中夹带水相微滴的油包水型（W/O）。前者会影响收率，后者会给后续分离造成困难，因此必须破坏乳化以达到较好的分离效果。

防止乳化现象通常有以下两种方法。一是操作前对发酵液进行过滤或絮凝沉淀处理，除去大部分蛋白质及固体微粒，防止乳化现象发生；二是产生乳化后，根据乳化的程度和乳浊液的形式采取适当的破乳手段。具体有如下几种情况：①乳化现象不严重，采用过滤或离心沉降的方法。②O/W 型乳浊液，加入亲油性表面活性剂，使 O/W 型向 W/O 型转化，在乳液转型过程中，达到破乳的目的。③W/O 型乳浊液，加入亲水性表面活性剂。常用的去乳化的方法有吸附、过滤、离心、加热（适用于非热敏性产物）、加电解质（如氯化钠、硫酸铵等）、加去乳化剂。常用的去乳化剂有十二烷基硫酸钠（SDS）、溴代十五烷基吡啶（PPB）、十二烷基三甲基溴化铵等。

4. 盐析作用的影响

盐析剂（如氯化钠、硫酸铵等）与水分子结合导致游离水分子减少，降低了溶质在水中的溶解度，使产物更易于转向有机相。如提取维生素 B_{12} 时，加入硫酸铵，对维生素 B_{12} 自水相转入到有机相中有利。另外，盐析剂能降低有机溶剂在水中的溶解度，减少乳化现象发生，而且盐析剂使萃取相的相对密度增大，有助于分相。但盐析剂的用量要适当，用量过多会使杂质也转入有机相。同时盐析剂用量大时，还应考虑其回收和再利用问题。

5. 萃取剂及其选择

溶剂萃取中一般选用有机溶剂作为萃取剂，萃取剂应对目标产物有较大的溶解度和较高的选择性，其选择是否恰当对分离效果有直接的影响。根据相似相溶原理，分子极性比较接近的溶质和溶剂，其溶解性较好。因而选择与目标产物极性相近的有机溶剂作为萃取剂，会有较高的分配系数和较好的萃取效果。

萃取剂的选择除要求萃取能力强、分离程度高之外，在操作方面还有如下要求：①萃取剂与萃余液的相互溶解度越小越好。②黏度低，便于两相分离。③化学稳定性好，不与目标产物反应。挥发性小，腐蚀性低，安全低毒。④萃取剂回收利用方便且廉价易得。制药工业中常用的萃取剂有丁醇、乙酸乙酯、乙酸丁酯、乙酸戊酯等。

三、萃取设备及其选择

溶剂萃取操作是两液相间的传质过程。实现萃取操作的设备应具有以下两个基本要求：①必须使两相充分接触并伴有较高的湍动；②两相充分接触后，再使两相达到较完善的分离。

1. 萃取设备组成

根据萃取流程可将溶剂萃取的设备分为混合设备、分离设备与回收设备三部分。

（1）混合设备　混合罐。经典的混合设备结构类似于带机械搅拌的密闭式反应罐，在搅拌器的作用下将原料液和萃取剂混合，罐内两液相的平均浓度与出口浓度近似相等。装置简单，操作方便，不足之处是间歇操作，停留时间较长，传质速率低。

管式混合器。通常采用混合排管，料液和萃取剂在一定流速下进入管道一端形成湍流状态，混合后从另一端导出。为保证较高的萃取效果，料液在管道内应维持足够的停留时间，且在湍流状态下强迫料液充分混合。混合管的萃取效果高于混合罐，且为连续操作。

喷射式混合器。分为器内混合和器外混合两种，器内混合是料液和萃取剂由各自的导管进入器内进行混合，器外混合是两液相在器外混合后进入器内。两者必须通过较高的压力以高速度射入混合器。喷射式混合器是一种体积小而效率高的混合装置，但由于其产生的压差较小，功率低会使液体稀释，应用受到一定限制。

气流搅拌混合罐。将压缩空气通入料液，借鼓泡作用进行搅拌，特别适合化学腐蚀性较强的料液，不适合搅拌挥发性强的料液。

（2）分离设备　溶剂萃取中的两相液体由于其相对密度不同，可在离心力作用下实现较好的分离。当待分离料液中含有一定量蛋白质等表面活性物质时，易形成相当稳定的乳浊液，即使加入去乳化剂，也很难在短时间内靠重力进行分离。此时一般采用分离因素很大的碟片式高速离心机（转速4000～60000r/min）和管式超速离心机（转速≥10000r/min）进行分离操作。此外三相倾析式离心机可同时分离重液、轻液及固体三相，在生物工业中也有应用。

（3）回收设备　萃取中的回收设备实际上是化工单元操作中的蒸馏设备。

2. 萃取设备类型

目前，工业上使用的萃取设备的具体类型很多，按设备构造特点和形状分，有组件式和塔式；按两液相接触方式分，有分级式接触和连续式接触；按是否从外界输入机械能以及外加能量的形式又可分为许多种。常见萃取设备分类情况见表2-1。

表2-1　常见萃取设备的类型

液体分散的动力		分级式接触设备	连续式接触设备
无外加能量		筛板塔	喷洒塔、填料塔
有外加能量	旋转搅拌	混合澄清器	转盘塔、偏心转盘塔
	往复搅拌		往复振动筛板塔
	脉冲	—	脉冲填料塔、液体脉冲筛板塔
	离心力	转筒式离心萃取器、卢威式离心萃取器	波德式离心萃取器

有机溶剂萃取的设备主要分为混合-澄清式萃取器和塔式微分萃取器两大类，其工艺过程又分为单级和多级。

(1) 混合-澄清式萃取器 混合-澄清式萃取器是由料液与萃取剂的混合器和用于两相分离的澄清器构成的。混合-澄清式萃取器可进行间歇或连续的液液萃取。在连续萃取操作中，要保证在混合器中有充分的停留时间，以使溶质在两相中达到或接近分配平衡。单级萃取只用一个混合器和一个澄清器，流程简单，但萃取效率不高，产物在水相中含量仍较高。单级接触萃取只萃取一次，萃取效率不高。如果采用间歇操作或者连续操作，则所需萃取剂的流量较大，为达到一定的萃取收率，需要采取多级萃取。

将多个混合-澄清器单元串联起来，各个混合器中分别通入新鲜萃取剂，而料液从第一级通入，分离后分成两个相，萃余相流入下一个萃取器，萃取相则分别由各级排出，混合在一起，再进入回收器回收溶剂，回收得到的溶剂仍作萃取剂循环使用的萃取操作称为多级错流萃取。多级错流萃取由几个单级萃取单元串联组成，萃取剂分别加入各萃取单元，萃取推动力较大，萃取效率较高，但仍需加入大量萃取剂，因而产品浓度低，需消耗较多能量回收萃取剂。

此外还可以采用多级逆流萃取，即把多个混合-澄清器单元串联起来，分别并在左右两端的混合器中，连续通入料液和萃取剂，使料液和萃取剂逆流接触，即构成多级逆流萃取。多级逆流萃取同样由几个单级萃取单元串联组成，与多级错流萃取不同，其料液走向和萃取剂走向相反，只在最后一级中加入萃取剂，因而萃取剂耗量较少，萃取液平均浓度较高，产物收率最高，因此工业上普遍采用多级逆流萃取方式。

(2) 塔式微分萃取器 在塔式微分萃取设备中，水相和有机相分别在塔内进行微分逆流接触，与逐级接触萃取不同的是，塔内溶质在其流动方向的浓度变化是连续的。部分塔式微分萃取设备如图 2-5 所示。

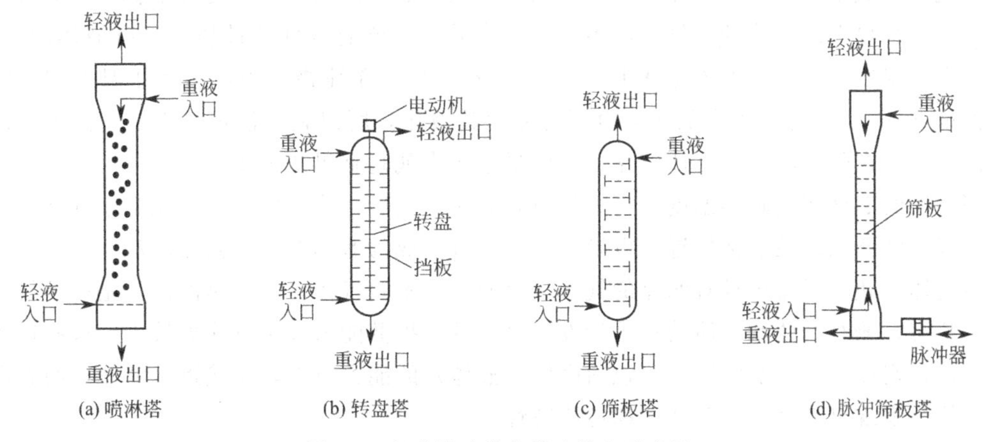

图 2-5 部分塔式微分萃取设备示意图

3. 萃取设备的选择

系统的物理性质，对设备的选择比较重要。对于强腐蚀性的物系，宜选取结构简单的填料塔，采用内衬、内涂耐腐蚀金属或非金属材料（如塑料、玻璃钢）的萃取设备。如果物系有固体悬浮物存在，为避免设备填塞，一般可选用转盘塔或混合-澄清器。

对于某一液液萃取过程，当所需的理论级数为 2～3 级时，各种萃取设备均可选用。当所需的理论级数为 4～5 级时，一般可选择转盘塔、往复式振动筛板塔和脉冲塔。当需要的理论级数更多时，一般只能采用混合-澄清设备。

根据生产任务的要求，如果所需设备的处理量较小时，可用填料塔、脉冲塔；如处理量较大时，可选用筛板塔、转盘塔以及混合-澄清设备。

在选择设备时，物系的稳定性和停留时间也要考虑。例如，在抗生素生产中，由于稳定性的要求，物料在萃取设备中要求停留时间短，这时离心萃取设备是合适的；若萃取物系中伴有慢的化学反应，并要求有足够的停留时间时，选用混合-澄清设备较为有利。

对于工业装置，在选择萃取设备时，应考虑设备的负荷流量范围、两相流量比变化时设备内的流动情况，以及对污染的敏感度、最大的理论级数、防腐、建筑高度与面积等因素。

第三节 超临界流体萃取

超临界流体萃取是 20 世纪 70 年代以来迅速发展起来的一种新型萃取分离技术。其利用高压、高密度的超临界流体具有类似气体的较强穿透力及类似于液体的较大密度和溶解度，将超临界流体作为溶剂，从液体或固体中萃取所需组分，然后再采用升温、降压或二者兼用的手段，将超临界流体与所萃取的组分分开，达到提取分离的目的。作为新一代的萃取分离技术，超临界流体萃取在食品、香料、生物制药等领域获得普遍应用，并已初步形成了一个新的产业。

一、超临界流体萃取的原理

任何一种物质都存在气相、液相和固相三种相态，三相成平衡态共存的点称为三相点，而液、气两相成平衡态共存的点称为临界点。在临界点时的温度和压力分别称为临界温度和临界压力。临界点的物质处于气、液不分的混合状态，既有气体的性质，又有液体的性质。此状态点的温度 T_C、压力 P_C、密度 ρ 称为临界参数。在纯物质中，当操作温度超过它的临界温度 T_C，无论施加多大的压力也不可能使其液化，所以临界温度 T_C 是气体可以液化的最高温度，在临界温度下气体液化所需的最小压力就是临界压力 P_C。

当物质的温度超过临界温度，压力超过临界压力之后，物质的聚集状态介于气态和液态之间，气、液两相性质非常接近，以导致无法区分，成为非凝缩性的高密度流体，此即称为超临界流体。超临界流体没有明显的气液分界面，既不是气体，也不是液体，是一种气、液不分的状态，兼有气体和液体的双重特性。黏度低、扩散能力和渗透能力较大，这些性质接近于气体；密度较大，溶解溶质（包括固体和液体）的能力较大，又接近于液体。两者性质的结合使其表现出良好的溶解特性和传质特性。

超临界流体对压力和温度的变化非常敏感，在温度不变的条件下，压力增加其密度增加，溶质的溶解度随之增加；在压力不变的情况下，温度升高，密度降低，溶质的溶解度随之下降。超临界流体萃取正是利用这种性质，在较高的压力下，将溶质溶解于流体中，然后降低超临界流体压力或升高超临界流体温度，使溶解的溶质因流体密度下降、溶解度降低而析出，从而实现对特定溶质的萃取。

超临界流体萃取的应用关键在于萃取剂的选择，可作为超临界流体的物质很多，如二氧化碳、乙烷、丙烷、乙烯、丙烯、甲醇、乙醇、氨和水等，超临界流体用作萃取剂应具备以下基本条件。

① 化学性质稳定，不与溶质发生化学反应，不腐蚀设备。

② 临界温度适宜，最好接近于室温或操作温度。

③ 操作温度应低于被萃取溶质的分解变质温度。

④ 临界压力尽量低，降低对设备的要求和节省压缩动力的费用。

⑤ 对目标物质溶解度高，以减少溶剂的循环用量。

⑥ 选择性好，容易获得提纯产品。

⑦ 价格便宜，容易获得。

⑧ 在医药、食品等行业中使用必须对人体没有任何毒性。

目前应用和研究较多的是二氧化碳（CO_2），其临界温度为 31.1℃，临界压力为 7.2MPa，临界条件容易达到，便于在室温和适当的压力（8～20MPa）下操作。在超临界状态下，CO_2 具有高扩散能力、低黏度、良好的溶解性能，其密度和溶解性能对温度和压力变化十分敏感，因此可以通过控制温度和压力来改变物质的溶解度。另外，超临界流体还具有无色、无味、无毒、化学性质稳定、安全性好、容易获得等优点，特别适合于生物活性物质的提取和在食品医药行业中使用。

超临界流体萃取速度高于液体萃取，特别适合于固态物质的分离提取。而且在接近常温的条件下操作，传热速率快，温度易于控制，能耗低于一般的精馏法，适于热敏性物质和易氧化物质及非挥发性物质的分离。但在许多情况下，超临界流体对复合物，特别是化学结构相似或分子量接近的化合物的提取效果不够理想，为改善这种情况，对其性质进行了大量的研究，多采用在其中添加一种或多种合成溶剂，以提高超临界流体的溶解性和选择性。

二、超临界流体萃取工艺过程

影响物质在超临界流体中溶解度的主要因素为温度和压力，所以可以通过调节萃取操作的温度和压力优化萃取操作，提高萃取速率和选择性。

超临界流体萃取设备通常是由溶质萃取槽和萃取溶质的分离回收槽构成的。在萃取阶段，首先将萃取原料装入萃取釜，然后将作为超临界溶剂的二氧化碳气体经热交换器冷凝成液体，再经加压及调节温度，使其成为超临界二氧化碳流体，最后使超临界二氧化碳流体作为溶剂从萃取釜底部进入，与被萃取物料充分接触，选择性溶解出所需的化学成分。在超临界流体萃取的分离阶段，含溶解萃取物的超临界二氧化碳流体，经节流阀降压到低于二氧化碳临界压力以下，之后再进入分离釜（又称解析釜），由于二氧化碳溶解度急剧下降而析出溶质，原流体自动分离成溶质和二氧化碳气体两部分。前者为过程产品，定期从分离釜底部放出，后者为二氧化碳循环气体，经过热交换器冷凝成二氧化碳液体再循环使用。

根据分离方法的不同，可以把超临界流体萃取过程分为等温法、等压法和吸附法三种典型工艺过程。

1. 等温法

等温法是通过变化压力使萃取组分从超临界流体中分离出来的，如图 2-6（a）所示。含有萃取物的超临界流体经过膨胀阀后压力下降，其萃取物的溶解度下降。溶质析出并由分离釜底部取出，充当萃取剂的气体经压缩机送回萃取釜循环使用。其特点是萃取釜（萃取槽）和分离釜（分离槽）等温，萃取釜压力高于分离釜压力。利用高压下 CO_2 对溶质的溶解度大大高于低压下溶解度的特性，将萃取釜中选择性溶解的目标组分在分离釜中析出成为产品。降压过程采用减压阀，降压后的 CO_2 流体（一般处于临界压力以下），通过压缩机或高压泵将压力提升到萃取釜压力，循环使用。

2. 等压法

等压法是利用温度的变化实现溶质和萃取剂的分离，如图 2-6（b）所示，含萃取物的超临界流体经加热升温使萃取剂与溶质分离，由分离釜下方取出溶质。作为萃取剂的气体经降温送回萃取釜使用。其特点是萃取釜（萃取槽）和分离釜（分离槽）处于相同压力，利用两者温度不同时 CO_2 流体溶解度的差异来达到分离目的。

3. 吸附法

吸附法是采用可吸附溶质而不吸附超临界流体的吸附剂来使萃取物分离。萃取剂气体经压缩机后循环使用，如图 2-6（c）所示。吸附法工艺过程中，萃取和分离处于相同温度和压力下，利用分离釜中填充特定吸附剂，将 CO_2 流体中待分离的目标组分选择性吸附除去，然后定期再生吸附剂即可达到分离目的。

对比等温法、等压法和吸附法三种基本过程的耗损，吸附法理论上不需压缩机耗能和热交换耗能，应是最省能的过程。但该法只适用于可选择吸附分离目标组分的体系，绝大多数天然产物分离过程很难通过吸附剂来收集产品，所以吸附法只能用于少量杂质脱除过程。一般条件下，温度变化对 CO_2 流体的溶解度影响远小于压力变化的影响。因此，通过改变温度的等压法工艺过程，虽然可以节省压缩能耗，但实际分离性能受到很多限制，实用价值较少。所以，目前超临界 CO_2 流体萃取过程大多采用改变压力的等温法过程。

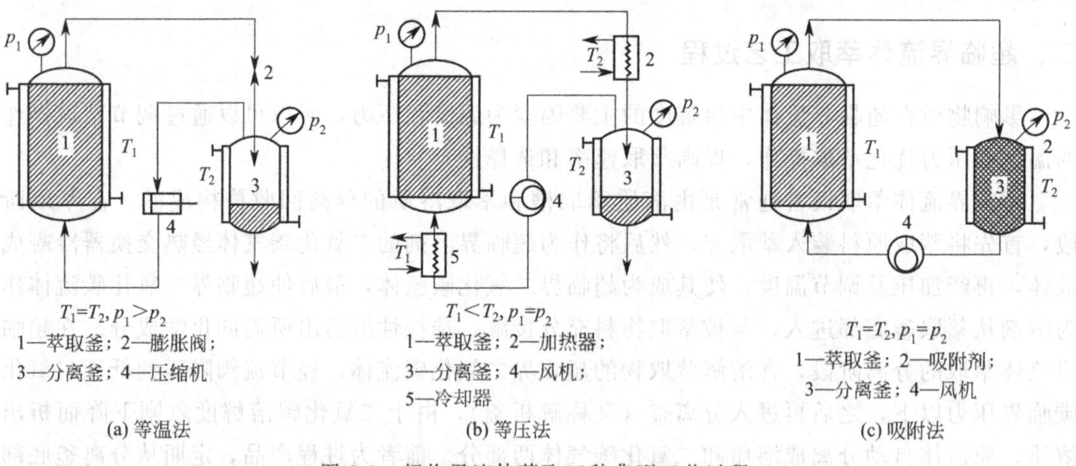

图 2-6 超临界流体萃取三种典型工艺过程

三、超临界流体萃取的影响因素

（1）压力 当温度恒定时，提高压力可以增大溶剂的溶解能力和超临界流体的密度，从而提高超临界流体的萃取容量。但是压力控制在临界点附近时最为经济。根据萃取压力的变化，可将超临界流体萃取分为三类：①高压区的全萃取。高压时，超临界流体的溶解能力强，可最大限度地溶解所有成分。②低压临界区的萃取。仅能提取易溶解的成分或除去有害成分。③中压区的选择萃取。在高低压之间，可根据物料萃取的要求，选择适宜的压力进行有效萃取。当压力增加到一定程度后，则溶解能力增加缓慢，这是由于高压下超临界相密度随压力变化缓慢所致。另外，压力对萃取效果的影响还与溶质的性质有关。

（2）温度　当萃取压力较高时，温度的提高可以增大溶质的蒸汽压，从而有利于提高其挥发度和扩散系数，对溶解度的增加起了一定的主导作用。但同时温度提高也会降低超临界流体的密度，从而减小其萃取容量，温度过高还会使热敏性物料产生降解。因此萃取的温度控制应大于临界温度，但不宜太高，一般31.5～85℃是最佳操作温度。

（3）流体密度　溶剂的溶解能力与其密度有关。密度越大，溶解能力越大，但密度大时，传质系数小。在恒温时，密度增加萃取速率增加；在恒压时，密度增大萃取速率下降。

（4）溶剂比　当确定萃取温度和压力后，溶剂比是一个重要参数。溶剂比低时，经一定时间萃取后固体中残留量大；溶剂比非常高时，萃取后固体中的残留量趋于最低限，但溶剂比的大小还必须考虑经济性。

（5）颗粒度　一般情况下，萃取速率随固体物料颗粒尺寸减小而增大。当颗粒过大时，固体相受传质控制，萃取速率慢，即使提高压力和增加溶剂的溶解能力，也不能有效地提高溶剂中溶质浓度。当颗粒过小时，会形成高密度的床层，使溶剂流动通道阻塞，从而造成传质速率下降。对于多孔的疏松物料，粒度对萃取率影响较小。

（6）携带剂　单一的超临界流体萃取剂在使用时，根据相似相溶原理，非极性物质的超临界流体对非极性物质的萃取效果较好，如果待分离物质为极性物质，会导致超临界流体对该成分的溶解度低，选择性不高，溶解度对温度、压力不敏感等缺陷。为提高萃取率和选择性，常需要添加少量具有一定极性且能与超临界流体互溶的携带剂，来增加超临界流体的极性。常用的携带剂为醇类（甲醇、乙醇）和水等分子间作用力较大的物质。

四、超临界流体萃取设备

超临界流体萃取装置可以分为研究分析型和制备生产型，前者主要应用于少量物质的分析或为生产提供数据，后者主要是应用于批量或大量生产。

超临界流体萃取生产设备从结构与功能上大体可分为8个系统：萃取剂供应系统、低温系统、高压系统、萃取系统、分离系统、改性剂供应系统、循环系统和计算机控制系统。具体包括CO_2注入泵、萃取器、分离器、压缩机、CO_2储气罐及冷水机等设备。由于萃取过程在高压下进行，所以对设备以及整体管路系统的耐压性能要求较高。生产过程实现微机自动监控，可确保系统的安全性和可靠性，并降低运行成本。

第四节　双水相萃取

某些亲水性聚合物的水溶液超过一定浓度后可形成两相，并且在两相中水分均占很大比例，即形成双水相系统（aqueous two-phase system，ATPS）。双水相萃取（aqueous two-phase extraction）就是利用物质在互不相溶的双水相间分配系数的差异来进行萃取的方法。在这种环境下蛋白质等生物大分子能够保持自然活性，且能以不同的比例分配于两相中。

一、双水相萃取的原理

在一定条件下，两种亲水性的聚合物水溶液相互混合，由于较强的斥力或空间位阻，相互间无法渗透，可形成双水相体系。亲水性聚合物水溶液和一些无机盐溶液相混合时，因盐析作用也会形成双水相体系。部分双水相体系见表 2-2。

表 2-2 部分双水相体系的组成

类型	形成上相的聚合物	形成下相的聚合物
非离子型聚合物/非离子型聚合物	聚乙二醇	葡聚糖、聚乙烯醇、聚蔗糖、聚乙烯吡咯烷酮
	聚丙乙醇	聚乙二醇、聚乙烯醇、葡聚糖、聚乙烯吡咯烷酮、甲基聚丙二醇、羟丙基葡聚糖
	羟丙基葡聚糖	葡聚糖
	聚蔗糖	葡聚糖
	羟乙基纤维素	葡聚糖
	甲基纤维素	羟丙基葡聚糖、葡聚糖
高分子电解质/非离子型聚合物	羧甲基纤维素钠	聚乙二醇
高分子电解质/高分子电解质	葡聚糖硫酸钠	羧甲基纤维素钠
	羧甲基葡聚糖钠盐	羧甲基纤维素钠
非离子型聚合物/低分子量化合物	葡聚糖	丙醇
非离子型聚合物/无机盐	聚乙二醇	磷酸钾、硫酸铵、硫酸镁、硫酸钠、甲酸钠、酒石酸钾钠

双水相萃取是一种在温和条件下，利用相对简单的设备，进行简单的操作就可获得较高收率和高纯度产品的新型分离技术。其特点如下：①条件温和。双水相含水量高（70%～90%），在接近生理环境的体系中进行萃取，不会引起生物活性物质失活或变性。②分相时间短，自然分相时间一般为 5～15min，分离迅速。③界面张力小（10^{-7}～10^{-4}mN/m），有助于强化相际间的质量传递。④不存在有机溶剂残留问题，高聚物一般是不挥发物质，对人体无害。⑤可以直接从含有菌体的发酵液和培养液中提取所需的蛋白质（或者酶），还能不经过破碎直接提取细胞内酶，省略了破碎或过滤等步骤。⑥大量杂质能与所有固体物质一同除去，使分离过程更经济。⑦易于工程放大和连续操作。

由于双水相萃取具有上述优点，因此被广泛用于生物化学、细胞生物学和生物化工等领域的产品分离和提取。

二、双水相萃取的工艺流程

双水相萃取技术的工艺流程主要由三部分构成：目的产物的萃取、PEG（聚乙二醇）的循环、无机盐的循环。

1. 目的产物的萃取

第一步萃取是将原料匀浆液与 PEG 和无机盐在萃取器中混合，然后进入分离器分相。通过选择合适的双水相组成，一般使目标蛋白质分配到上相（PEG 相），而细胞碎片、核酸、多糖和杂蛋白质等分配到下相（富盐相）。

第二步萃取是将目标蛋白质转入下相，方法是在上相中加入盐，形成新的双水相体系，从而将蛋白质与 PEG 分离，以利于使用超滤或透析将 PEG 回收利用和进一步加工处理目的产物。

若第一步萃取选择性不高，即上相中还含有较多杂蛋白质及一些核酸、多糖和色素等，可通过加入适量的盐，再次形成 PEG 无机盐体系进行纯化。目标蛋白质仍留在上相中。

2. PEG 的循环

在大规模双水相萃取过程中，成相材料的回收和循环使用，不仅可以减少废水处理的费用，还可以节约化学试剂，降低成本。PEG 的回收有两种方法：①加入盐使目标蛋白质转入下相来回收 PEG；②将上相通过离子交换树脂，用洗脱剂先洗去 PEG，再洗出蛋白质。

3. 无机盐的循环

将含下相冷却、结晶，然后用离心机分离收集。除此之外，还有电渗析法、膜分离法回收盐类或除去上相的盐。

以蛋白质的分离为例说明双水相萃取的流程（图 2-7）。

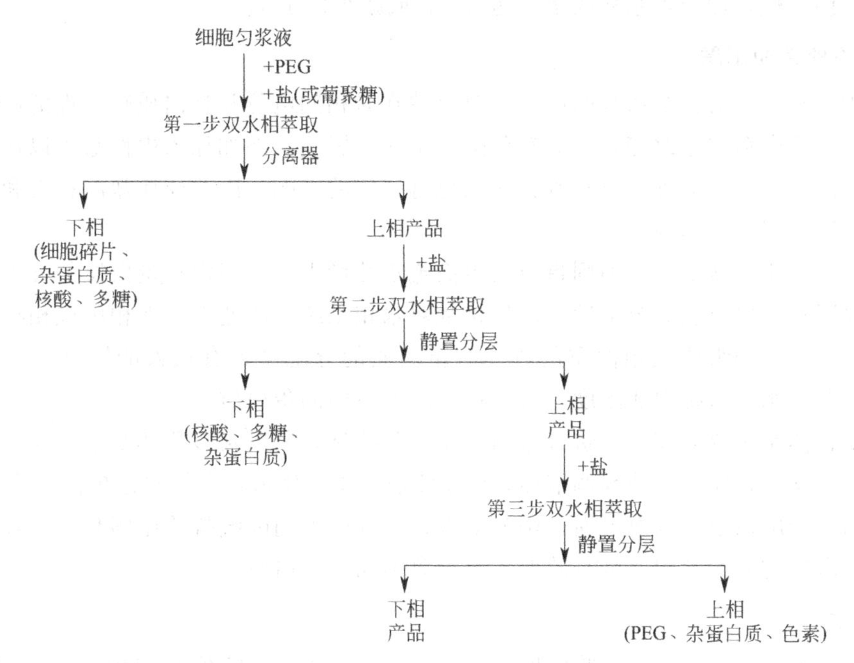

图 2-7 细胞内蛋白质的三步双水相萃取流程图

工业生产上一般先用超滤等方法浓缩待处理液体，再用双水相萃取酶和蛋白质，这样能提高对生物活性物质的萃取效率，最后用色谱分离等技术进一步纯化产品。初期的双水相萃取过程以间歇操作为主，近年来，随着计算机过程控制的引入，提高了生产能力，实现全过程连续操作和自动控制，保证得到高活性和质量均一的产品，也为双水相萃取技术在工业生产上的应用开辟了广泛的前景。

三、双水相萃取的影响因素

影响分配平衡的主要参数有成相聚合物的分子量和浓度、体系的 pH、体系中盐的种类和浓度、体系中菌体或细胞的种类和浓度、体系温度等。选择合适的条件，可以达到较高的分配系数，较好地分离目的产物。

1. 聚合物的分子量和浓度

成相聚合物的分子量和浓度是影响分配平衡的重要因素。若降低聚合物的分子量，则能提高蛋白质的分配系数。这是增大分配系数的一种有效手段。例如，PEG/Dex 系统的上相富含 PEG，蛋白质的分配系数随着葡聚糖（Dex）分子量的增加而增加，但随着 PEG 分子量的增加而降低。也就是说，当其他条件不变时，被分配的蛋白质易为相系统中低分子量高聚物所吸引，而易为高分子量高聚物所排斥。这是因为成相聚合物的疏水性对亲水物质的分配有较大的影响，同一聚合物的疏水性随分子量的增加而增加，当 PEG 的分子量增加时，在质量浓度不变的情况下，其两端羟基数目减少，疏水性增加，亲水性的蛋白质不再向富含 PEG 相中聚集而转向另一相。选择相系统时，可通过改变成相聚合物的分子量获得所需的分配系数，以使不同分子量的蛋白质获得较好的分离效果。

当接近临界点时，蛋白质均匀地分配于两相，分配系数接近 1。如成相聚合物的总浓度或聚合物盐混合物的总浓度增加时，系统远离临界点，此时两相性质的差别也增大，蛋白质趋向于向一侧分配，即分配系数或增大超过 1，或减小低于 1。

2. 盐的种类和浓度

盐的种类和浓度对分配系数的影响主要反映在对相间电位和蛋白质疏水性的影响。盐的存在会使系统的电荷状态改变，从而对分配产生显著影响。例如加入中性盐可以加大电荷效应，增加分配系数。盐的种类对双水相萃取也有一定的影响，因此变换盐的种类和添加其他种类的盐有助于提高选择性。

由于盐析作用，盐浓度增加则蛋白质表面疏水性增大，从而影响蛋白质的分配系数。盐的浓度不仅影响蛋白质表面疏水性，而且扰乱双水相系统，改变上、下相中成相物质的组成和相体积比。这种相组成及相性质的改变对蛋白质的分配系数有很大的影响。利用这一特点，通过调节双水相系统中盐浓度，可选择性萃取不同的蛋白质。

在双水相体系萃取分配中，磷酸盐的作用非常特殊，其既可以作为成相盐形成 PEG/盐双水相体系，又可以作为缓冲剂调节体系的 pH 值。由于磷酸盐不同价态的酸根在双水相体系中有不同的分配系数，因而可通过调节双水相系统中不同磷酸盐的比例和浓度来调节相间电位，从而影响物质的分配，可有效地萃取分离不同的蛋白质。

3. pH 值

pH 值对分配系数的影响主要有两个方面：第一，由于 pH 值影响蛋白质的解离程度，故调节 pH 值可改变蛋白质的表面电荷数，从而改变分配系数；第二，pH 值影响磷酸盐的解离程度，即影响 PEG/Kpi 系统的相间电位和蛋白质的分配系数。某些蛋白质 pH 值的微小变化会使分配系数改变 2～3 个数量级。

4. 温度

温度主要是影响双水相系统的相图，以及影响相的高聚物组成。只有当相系统组成位于临界点附近时，温度对分配系数才有较明显的作用，远离临界点时，影响较小。分配系数对操作温度不敏感。大规模双水相萃取一般在室温下进行，不需冷却，原因主要是：成相聚合物 PEG 对蛋白质稳定，常温下蛋白质一般不会发生失活或变性；常温下溶液黏度较低，容易相分离；常温操作节省冷却费用。

第五节 反胶团萃取

将表面活性剂溶于水中，当其浓度超过临界胶团浓度（CMC）时，表面活性剂就会在水溶液中聚集在一起而形成聚集体，在通常情况下，这种聚集体是水溶液中的胶团，称为正常胶团（胶束），如图 2-8（a）所示。在胶团中，表面活性剂的排列方向是极性基团在外与水接触，非极性基团在内形成一个非极性的核心，在此核心可以溶解非极性物质。若将表面活性剂溶于非极性的有机溶剂中，并使其浓度超过临界胶团浓度（CMC），便会在有机溶剂内形成聚集体，此时表面活性剂的憎水非极性尾向外，与在水相中形成的胶团相反，这种聚集体称为反胶团，其结构如图 2-8（b）所示。

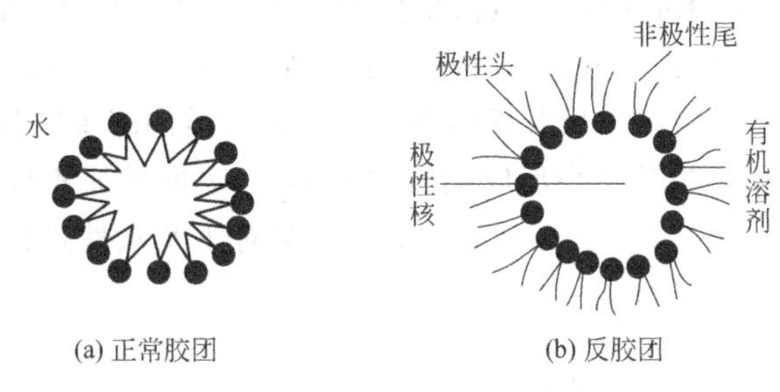

图 2-8　胶团结构示意图

反胶团萃取类似于水-有机溶剂的液液萃取，但它利用了表面活性剂在有机相中形成的反胶团极性核的双电层与蛋白质的静电吸引作用，使不同极性（等电点）、不同分子量的蛋白质选择性地萃取到有机相中，以实现分离目的。它具有溶剂萃取的优点，同时在反胶团内部提供了接近于细胞内环境，使蛋白质不易变性，因而在蛋白质萃取领域有较好的开发前景。

一、反胶团萃取的原理

在反胶团中，表面活性剂的非极性基团在外与非极性的有机溶剂接触，而极性基团则排列在内形成一个极性核。此极性核具有溶解极性物质的能力，极性核在水中溶解后，就形成了“水池”。当含有此种反胶团的有机溶剂与蛋白质的水溶液接触后，蛋白质及其他亲水物质能够通过螯合作用进入此“水池”。由于周围水层和极性基团的保护，保持了蛋白质的天然构型，不会造成失活。

蛋白质进入反胶团溶液是一个协同过程。在有机溶剂相和水相两宏观相界面间的表面活性剂层中，邻近的蛋白质分子发生静电吸引而变形，接着两界面形成含有蛋白质的反胶团，然后扩散到有机相中，从而实现蛋白质的萃取，如图 2-9 所示。改变水相条件（如 pH 值、离子种类或离子强度），又可使蛋白质从有机相中返回到水相中，实现反萃取过程。

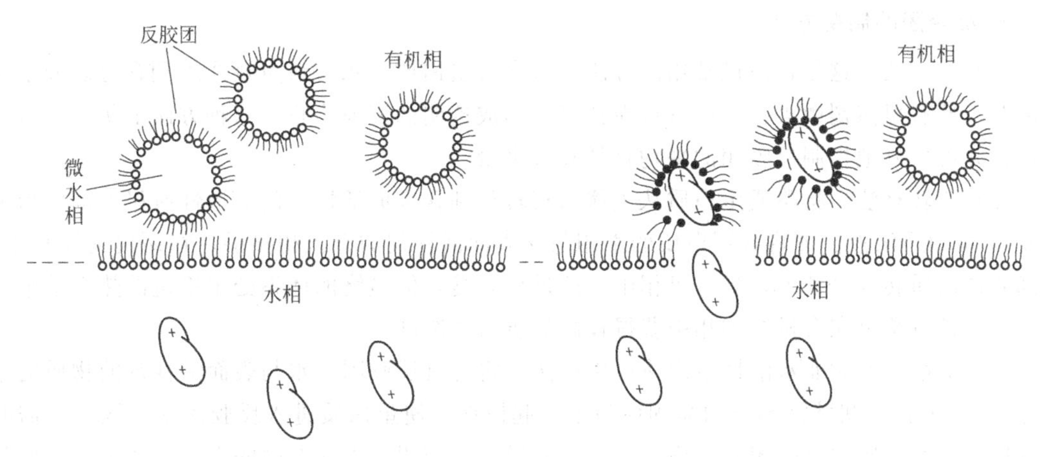

图 2-9　反胶团萃取原理

由于反胶团内存在“水池”，故可溶解氨基酸、肽和蛋白质等生物分子，为生物分子提供易于生存的亲水微环境。因此，反胶团萃取可用于氨基酸、肽和蛋白质等生物分子的分离纯化，特别是蛋白质类生物大分子。关于反胶团溶解蛋白质的形式，有人提出了四种模型，如图 2-10 所示。其中（a）水壳模型，蛋白质位于“水池”的中心，周围存在的水层将其与反胶团壁（表面活性剂）隔开；（b）蛋白质分子表面存在强烈疏水区域，该疏水区域直接与有机相接触；（c）蛋白质吸附于反胶团内壁；（d）蛋白质的疏水区与几个反胶团的表面活性剂疏水尾发生相互作用，被几个小反胶团所“溶解”。表面性质不同的蛋白质可能以不同的形式溶解于反胶团相（reversed micellar phase），但对于亲水性蛋白质，目前普遍接受的是水壳模型。

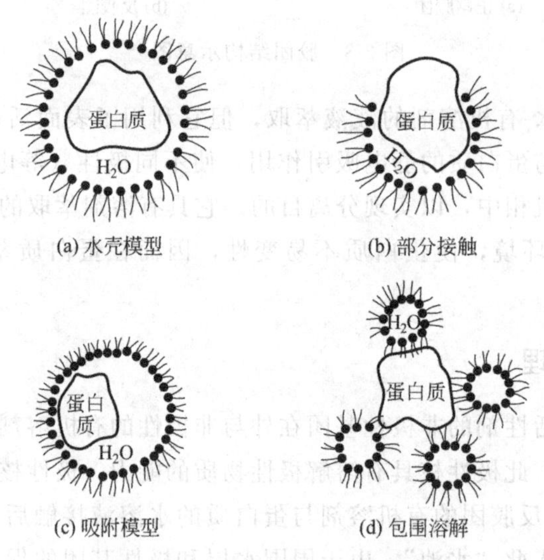

图 2-10 反胶团溶解蛋白质模型

反胶团萃取具有成本低、选择性高、操作方便、放大容易、萃取剂（反胶团相）可循环利用和蛋白质不易变性等优点。

二、反胶团萃取的工艺流程

1. 反胶团的制备方法

（1）注入法　这是目前最常用的方法。将含有蛋白质的水溶液直接注入到含有表面活性剂的非极性有机溶剂中去，然后进行搅拌直到形成透明的溶液为止。这种方法的优点是过程较快，并可较好地控制反胶团的平均直径和含水量。

（2）相转移法　将酶或蛋白质从主体水相转移到含表面活性剂的非极性有机溶剂中形成反胶团-蛋白质溶液。即将含蛋白质的水相与含表面活性剂的有机相接触，在缓慢的搅拌下，一部分蛋白质转入（萃入）到有机相中。此过程较慢，但最终的体系处于稳定的热力学平衡状态，这种方法可在有机溶剂相中获得较高的蛋白质浓度。

（3）溶解法　对非水溶性蛋白质可用该法。将含有反胶团（水与表面活性剂的物质的量比为 3～30）的有机溶液与蛋白质固体粉末一起搅拌，使蛋白质进入反胶团中，该法所需时间较长。含蛋白质的反胶团也是稳定的，这也说明反胶团“水池”中的水与普通水的性质是有区别的。

胶团的大小和形状与很多因素有关，既取决于表面活性剂和溶剂的种类和浓度，也取决于温度、压力、离子强度、表面活性剂和溶剂的浓度等因素。典型的水相中胶团内的聚集数是 50～100，其形状可以是球形、椭球形或是棒状。反胶团直径一般为 5～20nm，其聚集数通常小于 50，通常为球形，但在某些情况下，也可能为椭球形或棒状。对于大多数表面活性剂，要形成胶团，存在一个临界胶团浓度（CMC），即要形成胶团所必需的表面活性剂的最低浓度。低于此值则不能形成胶团。这个数值可随温度、压力、溶剂和表面活性剂的化学结构而改变，一般为 0.1～1.0mmol/L。

2. 反胶团萃取过程

反胶团萃取技术属于液液萃取过程，从理论上讲，反胶团萃取分离蛋白质可以采用传统液液萃取过程的大规模连续分离流程，设备可采用各种传统的液液萃取中普遍使用的微分萃取设备（如喷淋塔）和混合-澄清型萃取设备。考虑到该技术本身的特点，如有机相中应存在相当数量的双亲物质，蛋白质应尽可能保持原有活性等，对其工艺流程有新的要求，以免引起乳化现象或发生蛋白质变性。

图 2-11 所示为多步间歇混合-澄清萃取过程。采用反胶团萃取分离核糖核酸酶 A、细胞色素 c 和溶菌酶等三种蛋白质。在 pH 为 9 时核糖核酸酶 A 的溶解度很小，保留在水相而与其他两种蛋白质分离；相分离得到的反胶团相（含细胞色素 c 和溶菌酶）与 0.5mol/dm^3 的 KCl 水溶液接触后，细胞色素 c 被反萃取到水相，而溶菌酶保留在反胶团相；此后，含有溶菌酶的反胶团相与 2.0mol/dm^3 KCl、pH 值为 11.5 的水相接触将溶菌酶反萃取回收到水相中。

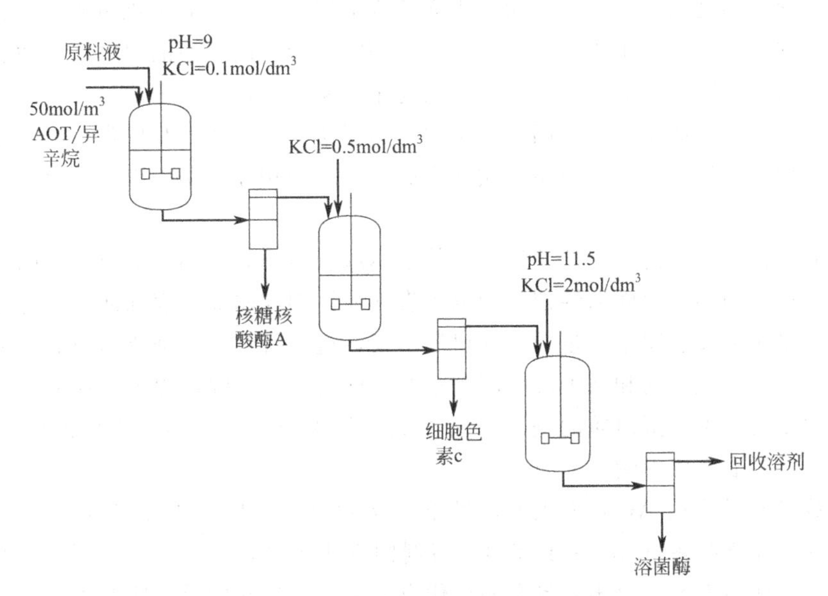

图 2-11　多步间歇混合-澄清萃取过程

利用中空纤维膜组件可以进行生物分子的反胶团萃取。中空纤维膜材料多为聚丙烯等疏水材料，孔径在微米级，以保证生物分子和含有生物分子的反胶团的较大通量。其优点主要是水相和有机相分别通过膜组件的壳程和管程流动，从而保证两相有很高的接触比表面积；膜起相分离器和相接触器的作用，从而在连续操作的条件下可防止液泛等发生。利用中空纤维膜萃取设备有利于提高萃取速度及放大规模。

3. 反胶团萃取的影响因素

反胶团萃取与蛋白质的表面电荷和反胶团内表面电荷间的静电作用，以及反胶团的大小有关。所以，任何可以增强这种静电作用或导致形成较大的反胶团的因素都有助于蛋白质的萃取，反胶团萃取蛋白质的主要影响因素见表 2-3。

表 2-3 反胶团萃取蛋白质的主要影响因素

与反胶团相有关的因素	与水相有关因素	与目标蛋白质有关因素	与环境有关因素
表面活性剂的种类	pH 值	蛋白质的等电点	系统的温度
表面活性剂的浓度	离子种类	蛋白质的大小	系统的压力
有机溶剂的种类	离子强度	蛋白质的浓度	—
助表面活性剂的种类和浓度	—	蛋白质表面电荷分布	—

(1) 水相 pH 对萃取的影响　水相的 pH 决定了蛋白质表面电荷的状态，从而对萃取过程造成影响。只有当反胶团内表面电荷，也就是表面活性剂极性基团所带的电荷与蛋白质表面电荷相反时，两者产生静电引力，蛋白质才有可能进入反胶团。故对于阳离子表面活性剂，溶液的 pH 值需高于蛋白质的 pI，反胶团萃取才能进行；对于阴离子表面活性剂，当 pH＞pI 时，萃取率几乎为零，当 pH＜pI 时，萃取率急剧提高，这表明蛋白质所带的净电荷与表面活性剂极性头所带电荷符号相反，两者的静电作用对萃取蛋白质有利。但是，如果 pH 值很低，在界面上会产生白色絮凝物，此时萃取率也降低，这种情况可认为是蛋白质变性之故。

(2) 离子强度对萃取的影响　离子强度对萃取的影响主要是由离子对表面电荷的屏蔽作用所决定的。离子强度增大后，反胶团内表面的双电层变薄，减弱了蛋白质与反胶团内表面之间的静电吸引，从而减少了蛋白质的溶解度。同时反胶团内表面的双电层变薄后，也减弱了表面活性剂极性基团之间的斥力，使反胶团变小，从而使蛋白质不能进入其中。此外，离子强度增加时，增大了离子向反胶团内"水池"的迁移，并有取代其中蛋白质的倾向，使蛋白质从反胶团内被盐析出来。盐与蛋白质或表面活性剂的相互作用可以改变溶解性能，盐的浓度越高，其影响就越大。

(3) 表面活性剂类型的影响　用反胶团技术萃取蛋白质时，用以形成反胶团的表面活性剂起着关键作用。阴离子表面活性剂、阳离子表面活性剂和非离子表面活性剂都可用于形成反胶团。关键是应从反胶团萃取蛋白质的机制出发，选用有利于增强蛋白质表面电荷与反胶团内表面电荷间的静电作用和增加反胶团大小的表面活性剂。除此以外，还应考虑形成反胶团及使反胶团变大（由于蛋白质的进入）所需能量的大小、反胶团内表面的电荷密度等因素，这些都会对萃取产生影响。

现在多数研究者采用 AOT 为表面活性剂。AOT 是琥珀酸二（2-乙基己基）酯磺酸钠或丁二酸二异辛酯磺酸钠（Aerosol OT）。溶剂则常用异辛烷（2,2,4-二甲基戊烷）。AOT 作为反胶团的表面活性剂是由于它具有两个优点：一是所形成的反胶团的含水量较大，非极性溶剂中水浓度与表面活性剂浓度之比可达 50～60；另一点是 AOT 形成反胶团时，不需要助表面活性剂。AOT 的不足之处是不能萃取分子量较大的蛋白质，且沾染产品。如何进一步选择与合成性能更为优良的表面活性剂将是今后应用研究的一个重要方面。

(4) 表面活性剂浓度的影响　增大表面活性剂的浓度可增加反胶团的数量，从而增大对蛋白质的溶解能力。但表面活性剂浓度过高时，有可能在溶液中形成比较复杂的聚集体，反而增加反萃取过程的难度，因此选择蛋白质萃取率最大时的表面活性剂浓度为最佳浓度。

（5）离子种类对萃取的影响 阳离子的种类对萃取率的影响主要体现在改变反胶团内表面的电荷密度上。通常，反胶团中表面活性剂的极性基团不是完全电离的，有很大一部分阳离子仍在胶团的内表面上（相反离子缔合），极性基团的电离程度越大，反胶团内表面的电荷密度越大，产生的反胶团也越大。

（6）影响反胶团结构的其他因素 ①有机溶剂的影响：有机溶剂的种类影响反胶团的大小，从而影响水增溶的能力，所以可以利用因溶剂作用引起的不同胶团结构实现选择性增溶生物分子的目的。②助表面活性剂的影响：当使用阳离子表面活性剂时，引入助表面活性剂，能够增进有机相的溶解容量，这多半是由于胶团尺寸增加而产生的。③温度的影响：温度的变化对反胶团系统的物理化学性质有强烈的影响，增加温度能够增加蛋白质在有机相中的溶解度。

大量的研究工作已经证明了反胶团萃取法提取蛋白质的可行性与优越性，自然细胞和基因工程细胞中的产物都能被分离出来，发酵滤液和浓缩物可通过反胶团萃取进行处理，发酵清液也可同样进行加工。此外，不仅蛋白质和酶能被提取，核酸、氨基酸和多肽也可顺利地溶于反胶团。但是，反胶团萃取在真正实用之前还有许多有待于研究和解决的问题，例如表面活性剂对产品的沾染、工业规模所需的基础数据、反胶团萃取过程的模拟和放大技术等。尽管如此，用反胶团萃取法大规模提取蛋白质由于具有成本低、溶剂可循环使用、萃取和反萃取率都很高等优点，正越来越多地为各国科技界和工业界所研究和开发。

实验一 超声波法正交试验提取茶多酚

一、实验目的

掌握超声波法提取目的产物的原理和应用，能熟练进行超声波法提取目的产物的操作过程，了解茶多酚的测定原理和操作。掌握正交实验设计方法，了解筛选优化提取工艺的方法。

二、实验原理

超声波技术。超声波是指频率为 20kHz～50MHz 的电磁波，它是一种机械波，需要能量载体介质来进行传播。超声波在传递过程中存在着的正负压强交变周期，在溶剂和样品之间产生超声波空化作用，导致溶液内气泡形成、增长和爆破压缩，从而使固体样品分散，增大样品与萃取溶剂之间的接触面积，提高目标产物从固相转移到液相的传质速率。在工业应用方面，利用超声波进行清洗、干燥、杀菌、雾化及无损检测等，是一种非常成熟且有广泛应用的技术。

超声波萃取。超声波萃取中药材的优越性，是基于超声波的特殊物理性质。主要是通过压电换能器产生的快速机械振动波，减少目标萃取物与样品基体之间的作用力，从而实现固液萃取分离。①加速介质质点运动。高于 20kHz 声波频率的超声波在连续介质（例如水）中传播时，在其传播的波阵面上将引起介质质点（包括药材主要有效成分的质点）的运动，使介质质点运动获得巨大的加速度和动能，作用于药材中有效成分质点上，可迅速逸出药材基体而游离于水中。②空化作用。超声波在液体介质中传播产生特殊的“空化效应”，“空化效应”不断产生无数内部压力达到上千个大气压的微气穴，并不断“爆破”产生微观上的强大冲击波作用在中药材上，使其中有效成分物质被“轰击”逸出，并使得药材基体被不断剥蚀，其中不属于植物结构的有效成分不断被分离出来。加速植物有效成分的浸出提取。③超声波的振动匀化（Sonication）使样品介质内各点受到的作用一致，使整个样品萃取更均匀。因此，中药材中的药效物质在超声波场作用下不但作为介质质点获得自身的巨大加速度和动能，而且通过“空化效应”获得强大的外力冲击，所以能高效率并充分分离出来。

超声波萃取的特点。适用于中药材有效成分的萃取，是中药制药彻底改变传统的水煮、醇沉萃取方法的新方法、新工艺。与水煮、醇沉工艺相比，超声波萃取具有如下突出特点：①无需高温。在40～50℃水温下超声波强化萃取，无水煮高温，不破坏中药材中某些具有热不稳定、易水解或有氧化特性的有效成分。超声波能促使植物细胞破壁，提高中药的疗效。②常压萃取，安全性好，操作简单易行，维护保养方便。③萃取效率高。超声波强化萃取20～40min即可获最佳提取率，萃取时间仅为水煮、醇沉法的三分之一或更少。萃取充分，萃取量是传统方法的2倍以上。据统计，超声波在65～70℃工作效率非常高。而温度在65℃度内中草药植物的有效成分基本没有受到破坏。加入超声波后（在65℃条件下），植物有效成分提取时间约40min。而蒸煮法的蒸煮时间往往需要2～3h，是超声波提取时间的3倍以上。每罐提取3次，基本上可提取有效成分的90％以上。④具有广谱性。适用性广，绝大多数的中药材各类成分均可通过超声波萃取。⑤超声波萃取对溶剂和目标萃取物的性质（如极性）关系不大。因此，可供选择的萃取溶剂种类多、目标萃取物范围广泛。⑥减少能耗。由于超声波萃取无需加热或加热温度低，萃取时间短，因此大大降低能耗。⑦药材原料处理量大，成倍或数倍提高，且杂质少，有效成分易于分离、净化。⑧萃取工艺成本低，综合经济效益显著。

茶多酚是茶叶中多酚类物质的总称，是天然抗氧化剂，也是茶叶中具有保健功能的主要成分之一。茶多酚能够清除自由基，具有抗氧化、抗菌、抗病毒、延缓衰老、抗肿瘤等多种重要的生物活性。本实验利用超声波清洗机萃取茶多酚，设计一个三因素三水平的正交实验，通过对溶剂萃取所得的萃取液中茶多酚含量测定，并对实验数据进行分析，选择一个较为优化的提取方法。

三、仪器及试剂

仪器用具：超声波清洗机、粉碎机、电子天平、离心机、离心管。

试剂：30％乙醇、50％乙醇、70％乙醇、去离子水等。

材料：茶叶。

四、实验步骤

1. 材料准备

取一定量的茶叶，茶叶置于60℃鼓风干燥箱中烘干，用粉碎机粉碎，过80目筛，筛得的茶叶粉置干燥箱内保存备用。

2. 超声波萃取法正交实验

① 称取1g粉碎后的茶叶，于50mL离心管，加入适量溶剂，盖好盖子，称重，放入超声波清洗机，按正交试验设计方案（表2-4）具体操作，每个处理重复3次。也可自行设计相应因素水平。

② 提取结束后，将离心管取出，擦干称重，用相应溶剂补足损失的重量。

③ 3500r/min 离心 10min，收集上清液，即为茶多酚提取液。

3. 测定茶多酚含量

以酒石酸亚铁分光光度法测定上清液中茶多酚含量，按下式计算茶多酚的提取收率，结果记录于正交试验表中（表 2-5）。具体测定方法见第十一章实验二。

茶多酚提取收率=(提取液中茶多酚含量×加入溶剂体积)/茶叶总质量×100%

4. 筛选超声波法提取茶多酚优化工艺

数据分析，填写表 2-6，判断最优化条件及各因素的影响。找出相对优化的条件。

表 2-4 因素水平表

因素	A 提取溶剂	B 液料比	C 提取时间/min
水平 1	30%乙醇	1∶10	10×2
水平 2	50%乙醇	1∶15	15×2
水平 3	70%乙醇	1∶20	20×2

表 2-5 正交试验结果记录

序号	A	B	C	误差	茶多酚得率/%
1	(1)	(1)	(1)	1	
2	(1)	(2)	(2)	2	
3	(1)	(3)	(3)	3	
4	(2)	(1)	(2)	3	
5	(2)	(2)	(3)	1	
6	(2)	(3)	(1)	2	
7	(3)	(1)	(3)	2	
8	(3)	(2)	(1)	3	
9	(3)	(3)	(2)	1	
K1					
K2					
K3					
k1					
k2					
k3					
Rj(极差)					

表 2-6 正交试验 A1 方差分析表

方差来源	离均差平方和	自由度	均方	F	显著性	方差
A						
B						
C						
误差						

注：F 0.05（2，2）=19.00；F 0.01（2，2）=99.01。

五、作业

（1）超声波萃取有什么特点？

（2）试验中存在哪些问题？如何改进？

（3）根据正交试验结果计算分析，找出提取方法的最佳方案。

实验二　PEG2000-硫酸铵双水相体系相图绘制

一、实验目的

掌握双水相体系形成的原理；熟练完成双水相体系的配制和相图的制作。

二、实验原理

形成双水相的两相可以由两种高聚物组成，或者高聚物和盐组成，只有两种溶质的浓度达到一定值时才能形成两相。双水相系统形成的原因是聚合物的不相溶性：根据热力学第二定律，混合是熵增过程，可以自发进行，但分子间存在相互作用力，这种分子间作用力随分子量增大而增大。当两种聚合物之间存在相互排斥作用时，由于分子量较大的分子间的排斥作用与混合熵相比占主导地位，即一种聚合物分子的周围将聚集同种分子而排斥异种分子，当达到平衡时，即形成分别富含不同聚合物的两相。这种含有聚合物分子的溶液发生分相的现象称为聚合物的不相溶性。

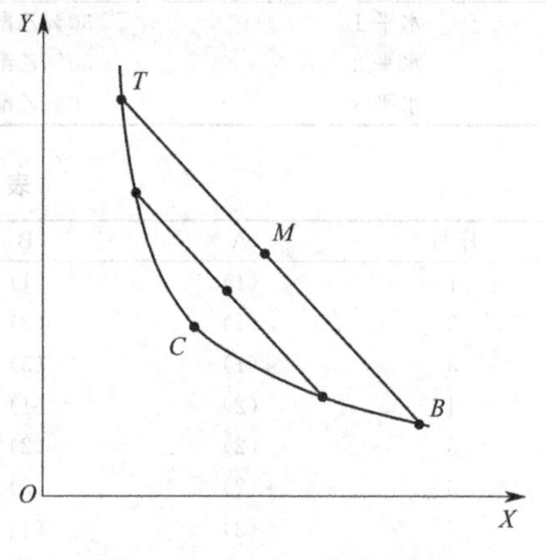

图 2-12　双水相体系相图

如图 2-12 所示，由两种溶质 X 和 Y 以一定比例溶于水形成不同组成的两相，是典型的双水相体系相图。其中，用 *T* 点表示上相组成，用 *B* 点表示下相组成，上相主要含溶质 Y，下相主要含溶质 X。曲线 *TCB* 称为结线，直线 *TMB* 为系线。当两种溶质的配比选在曲线下方时，两种溶液混合会形成均匀的单相；当配比选在曲线上，两种溶液混合后刚好从澄清变为混浊；当配比选在曲线上方时，两种溶液混合后会自动分层形成两相。所以，相图的绘制是进行双水相萃取的基础。

三、仪器及试剂

仪器用具：三角瓶、量筒等。

试剂：聚乙二醇（PEG）2000、硫酸铵。

四、实验步骤

1. 取样

量取质量浓度为 0.5kg/L 聚乙二醇（PEG）2000 溶液 10mL 置于三角瓶中，将质量浓度为 0.4kg/L 硫酸铵溶液置于滴定管中，在表 2-7 中记录读数。

2. 滴定

用硫酸铵溶液滴定三角瓶中的 PEG 2000 溶液，至溶液恰好产生混浊，在表 2-7 中记录硫酸铵溶液读数，并计算消耗体积。加入 1mL 水使溶液变澄清，继续用硫酸铵溶液滴定至恰好混浊，并在表 2-7 中记录读数、计算用量。重复 7 次以上操作，计算出现混浊时三角瓶中 PEG 2000 和硫酸铵的质量浓度并记录。

3. 相图绘制

以 PEG 2000 质量浓度为纵坐标，硫酸铵质量浓度为横坐标，绘制 PEG 2000-硫酸铵双水相体系相图。

表 2-7 相图绘制记录表

操作次数	水的累积加入量/mL	硫酸铵溶液读数/mL	硫酸铵累积加入量/mL	溶液总体积/mL	PEG 2000 质量浓度/(kg/L)	硫酸铵质量浓度/(kg/L)
1	0					
2	1					
3	2					
4	3					
5	4					
6	5					
7	6					
8	7					

五、作业

(1) 简述双水相系统形成的原因。

(2) 简述双水相体系相图绘制的必要性。

实验三 超临界流体 CO_2 萃取大豆油

一、实验目的

掌握超临界流体萃取植物油的基本原理和应用；掌握超临界流体萃取的操作；了解超临界流体 CO_2 萃取过程中参数的设置和控制。

二、实验原理

大豆油中脂肪酸和亚油酸含量高，不含胆固醇，含有维生素 A 和维生素 E，有丰富的原料来源，是当今世界产量最大的食用油，在我国食用油市场中也具有重要的地位。大豆油的生产工艺主要有压榨和浸出法。本项目采用超临界流体萃取技术从大豆中提取大豆油，与压榨和浸出法相比不仅具有无溶剂残留、无环境污染、提取速度快和收率高等优点，还能很好保存产品的风味和营养成分。

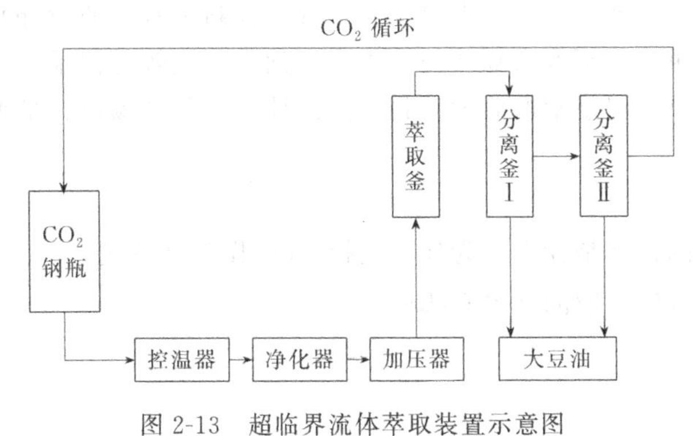

图 2-13 超临界流体萃取装置示意图

超临界流体萃取设备由萃取釜、分离釜、进气装置、压力控制装置和温度控制装置、流量控制装置等组成，如图2-13所示。将固体物料放入萃取釜内，二氧化碳气体经高压泵加压、换热器加温后成为超临界流体后进入萃取釜，萃取出大豆油后进入分离釜，通过减压使二氧化碳流体密度减小、溶解能力降低，大豆油被分离出来，二氧化碳气体冷凝后循环使用。

三、仪器及试剂

仪器用具：超临界流体萃取装置、天平、药典筛、烘箱、粉碎机。

试剂：CO_2、市售大豆油、95%乙醇。

材料：市售大豆。

四、实验步骤

1. 材料的准备

将市售大豆35℃烘干7h，用粉碎机粉碎后过40目筛，得大豆粉待用。大豆粉应置于干燥器中保存，防止物料吸潮。

2. 萃取大豆油

按1L萃取釜加入100g大豆粉的比例，称取适量大豆粉装入萃取釜内。设定萃取釜压力25MPa、温度50℃，CO_2流量为30kg/h；分离釜Ⅰ压力为7～8Pa，温度60℃；分离釜Ⅱ压力为5～6Pa，温度35℃。按照上述设定参数萃取2h。

萃取过程中设备高压运行，操作者不得离开现场，不得随意动仪表和管路。过程中有超压、超温、异常声音无法控制时，应立即断电。

3. 收集料液

萃取结束后，从萃取釜中取出残渣称重，从分离釜Ⅰ和分离釜Ⅱ底部放出大豆油并合并、称重。

4. 设备清洗

用95%乙醇清洗设备，清洁方法参照萃取方法，萃取釜压力设定为20～25MPa，分离釜Ⅰ压力设定为7～8Pa，分离釜Ⅱ压力设定为5～6Pa，一段时间后从分离釜Ⅰ和分离釜Ⅱ中底部放出乙醇。根据情况进行多次清洁。流出液清洁时，停止清洗。

5. 结果分析

(1) 出油率计算　出油率(%)=大豆油质量(g)/投料大豆粉质量(g)×100%。

(2) 油脂性状记录　将萃取大豆油与市售大豆油进行比较并记录。

(3) 残渣性状记录　记录萃取后大豆粉残渣的性状，包括颜色、是否结块等。

五、作业

(1) 超临界流体的特性是什么？为什么选择CO_2作为萃取剂？

(2) 影响超临界流体萃取的因素有哪些？

实验四 双水相萃取细胞色素 c

一、实验目的

掌握双水相萃取技术的分离原理；掌握双水相体系分离生化组分的操作方法。

二、实验原理

某些亲水性聚合物的水溶液超过一定浓度后可以形成两相，并且在两相中水分均占很大比例，即形成双水相系统（aqueous two-phase system，ATPS）。利用亲水性聚合物的水溶液可形成双水相的性质，Albertsson 于 20 世纪 50 年代后期开发了双水相萃取法（aqueous two phase extraction)，又称双水相分配法。20 世纪 70 年代，科学家又发展了双水相萃取在生物分离过程中的应用，为蛋白质特别是胞内蛋白质的分离和纯化开辟了新的途径。

常见的双水相萃取体系有：高聚物/高聚物双水相体系、高聚物/无机盐双水相体系、低分子有机物/无机盐双水相体系、表面活性剂双水相体系。可形成双水相的双聚合物体系很多，如聚乙二醇（PEG)-葡聚糖（Dex)、聚丙二醇-聚乙二醇、甲基纤维素-葡聚糖。双水相萃取中采用的双聚合物系统是 PEG-Dex，该双水相的上相富含 PEG，下相富含 Dex。另外，聚合物与无机盐的混合溶液也可以形成双水相，例如，PEG-磷酸钾（Kpi)、PEG-磷酸铵、PEG-硫酸钠等常用于双水相萃取。PEG-无机盐系统的上相富含 PEG，下相富含无机盐。

生物分子的分配系数取决于溶质与双水相系统间的各种相互作用，其中主要有静电作用、疏水作用和生物亲和作用。因此，分配系数是各种相互作用的和。细胞色素 c 是一种细胞呼吸激活剂，在临床上可以纠正由于细胞呼吸障碍引起的一系列缺氧症状，使其物质代谢、细胞呼吸恢复正常，病情得到缓解或痊愈。在自然界中，细胞色素 c 存在于一切生物细胞里，其含量与组织的活动强度成正比。本实验以动物心脏为材料利用双水相萃取操作纯化细胞色素 c。当细胞色素 c 加入 PEG-无机盐系统双水相体系后，进入下相（富含无机盐)，杂质进入上相（富含 PEG)，从而被分离纯化。

双水相萃取操作中多聚物及盐的回收是一个重要的问题。如果产品是蛋白质，并且分配在下相，用超滤或渗析的膜过滤回收；如果产品蛋白质积聚在聚乙二醇（PEG 上相）中，可以通过加入盐精制，加入的盐导致蛋白质在下相中重新分配。PEG 的分离同样可以用膜分离来实现，即用选择性膜来截留蛋白质，同时对排出的 PEG 进行回收。

如果通过盐析或使用水或可混溶性的溶剂来沉淀蛋白质，其固体产物的去除会被存在的 PEG 阻碍。如果使用离子交换和吸附，可以通过蛋白质与固定相的选择性相互作用纯化回收蛋白，但当黏性聚合物溶液通过柱被处理的时候，会出现高的压力降。膜分离是分离和浓缩被纯化的蛋白质并同步去除聚合物的最佳方法。除此之外，也可以通过电泳或亲和分配和双水相萃取结合的方法来回收或减少 PEG 的用量。

三、仪器及试剂

仪器用具：组织捣碎机、电子天平、磁力搅拌器、冷冻干燥箱、酸度计、透析袋、纱布等。

试剂：PEG 6000、1mol/L 稀硫酸溶液、2mol/L 氨水溶液、硫酸铵、$BaCl_2$ 溶液。

材料：新鲜或冷冻动物心脏。

四、实验步骤

1. 材料处理

新鲜或冷冻动物心脏，除尽脂肪、血管和韧带，洗尽积血，切成小块，放入组织破碎机中绞碎（两遍）成肉糜。

2. 浸提

称取动物心脏碎肉50g，用蒸馏水定容至80mL，用电磁搅拌器搅拌提取，用1mol/L的硫酸调pH4.0（需要不断调整），搅拌提取2h。

3. 过滤除杂

用2mol/L的氨水调pH6.0，停止搅拌。四层纱布挤压过滤，收集滤液。

4. 双水相萃取

将滤液用2mol/L氨水调pH7.2后，准确称重，计算硫酸铵和PEG在滤液中质量分数分别为12%和14%时所需的量，在搅拌下将硫酸铵和PEG粉末添加到滤液中，使之形成PEG硫酸盐双水相体系。然后，将混合液倒入分液漏斗中静置。0.5～1h后，可看到红色物质（细胞色素c）完全进入下层硫酸铵相中，呈黄白色的混浊杂质进入到上层PEG相中。

5. 透析除盐

收集下相，并将下相用蒸馏水进行透析除盐24h，即可得液态的细胞色素c粗品。用$BaCl_2$检测透析袋周围的水判断透析是否完全，即用试管收集透析袋周围的水约1mL，滴加1～2滴$BaCl_2$试剂至试管中，摇匀若无白色沉淀，表示透析完全。

6. 干燥

进行冷冻干燥可得粉状的细胞色素c粗品。

五、作业

（1）影响双水相萃取的因素有哪些？

（2）改变硫酸铵和PEG的添加量是否会影响双水相萃取分离效果？

实验五 反胶团萃取柚皮苷

一、实验目的

掌握反胶团萃取法的原理；了解常用的反胶团萃取体系；掌握反胶团萃取的操作技术。

二、实验原理

反胶团萃取（reversed micellar extraction）是近年发展起来的分离和纯化生物物质的新方法。反胶团是表面活性剂分子在非极性溶剂中自发形成的聚集体。其中，表面活性剂分子的亲水基向内，非极性的疏水基朝外，形成球状的极性核，核内溶解一定数量的水后，形成了宏观上透明均一的热力学稳定的微乳状液，微观上恰似纳米级大小的微型“水池”。这些

“水池”可溶解某些蛋白质，使其与周围的有机溶剂隔离，从而避免蛋白质的失活。通过改变操作条件，又可使溶解于“水池”中的蛋白质转移到水相中，这样就实现了不同性质蛋白质间的分离或浓缩。反胶团的内核可以不断溶解某些极性物质，而且还可以溶解一些原来不能溶解的物质，因此具有二次增溶作用。

反胶团萃取具有选择性高、萃取过程简单，且正萃、反萃同时进行，并能有效防止大分子失活、变性等优良特性。因此反胶团技术在药物、食品工业、农业、化学等领域的应用得到了大量的研究和开发。反胶团萃取法是一种新型、高效的生物活性物质分离技术，其突出优点包括：有很高的萃取率和反萃取率；分离和浓缩同时进行，过程简单；溶剂可反复使用，成本低；易于放大和实现工业化生产。

柚子是我国一大水果资源，柚皮苷为柚子中主要的黄酮成分。现代药理学研究发现柚皮苷具有多种生物活性和药理作用，如抗氧化、抗突变、抗肿瘤、抑菌、改善微循环、降低毛细血管的脆性等。柚皮苷的提取方法主要有热水浸提法、碱提酸沉法和有机溶剂提取法。本实验进行反胶团萃取柚皮苷。

三、仪器及试剂

仪器用具：紫外-可见分光光度计、电热恒温水浴锅、振荡器、恒温磁力搅拌器、电子天平、电热恒温鼓风干燥箱、移液器（1～5mL）、低速大容量离心机、pH 计。

试剂：AOT [琥珀酸二（-2-乙基己基）酯磺酸钠]、异辛烷、柚皮苷标准品（>98%）、氢氧化钠、盐酸、硝酸钾、无水乙醇、硝酸铝。

材料：柚皮。无病虫害的柚皮，在 45℃左右下干燥至水分含量 0.5%以下，粉碎后用 20 目的筛网过筛，待用。

四、实验步骤

1. 柚皮苷的分析检测——紫外分光光度法

检测波长的选择：吸取柚皮苷标准品水溶液适量，置于 100mL 容量瓶中，加蒸馏水稀释至刻度，以水为参比，在 200～400nm 波长内进行紫外扫描柚皮苷的紫外吸收光谱，结果显示在 282nm 处有最大吸收。

标准曲线的绘制：精密称取 0.50g 80℃干燥至恒重的柚皮苷标准品，置于 100mL 容量瓶中，加水稀释至刻度，作为母液。精密移取柚皮苷标准品母液 0.5mL、1.0mL、1.5mL、2.0mL、2.5mL、3.0mL，分别置于 25mL 容量瓶中，加水稀释至刻度，以水为参比测其吸光度。并用 Excel 绘制标准曲线。

2. 柚皮苷提取液制备

称取 10.0g 柚皮粉末，加入 100mL 水，在恒温水浴锅中提取，维持 50℃约 30min 并搅拌，趁热用 300 目筛网过滤，得柚皮苷提取液，收集滤液，静置 2h，取上清液测柚皮苷的质量浓度 C_0（g/L）。

3. 萃取和反萃取试验

萃取实验：将 0.2220g 的 AOT 加入 10mL 异辛烷溶液中，摇匀，使其均匀分布于有机相，得到澄清透明的反胶团系统。准确吸取 1.0mL 柚皮苷提取液加入到 10mL 的 0.2mol/L 的 KCl 溶液中，并调 pH 至 4.0，构成水相。将反胶团相和水相置于 100mL 带塞三角瓶中，在振荡器中振荡 10min（250r/min）后，倾入离心管离心（3500r/min，5min），使液体分相。取上层有机相于 282nm 处测光密度，根据标准工作曲线，求出柚皮苷质量浓度 C_1，计算柚皮苷的萃取率 $R=C_1/C_0\times100\%$，其中 C_0 为萃取前柚皮苷的质量浓度（g/L），C_1 为萃取后柚皮苷的质量浓度（g/L）。

反萃取试验：用去离子水配制 pH 10、0.5mol/L 的 KCl 溶液 10mL 作为反萃取水相，与萃取试验得到的有机相混合，于振荡器中振荡 10min 后，倾入离心管离心（3500r/min，5min），用吸管小心地将两相分开，下层水相即为纯化的柚皮苷。

五、作业

（1）萃取 pH 值和反萃取 pH 值对柚皮苷的反胶团萃取有怎样的影响？

（2）反胶团萃取有哪些应用？

（3）在反胶团萃取中，常见的表面活性剂有哪些？各有何特点？

第三章

沉淀与结晶

【知识目标】

① 熟悉沉淀与结晶的常用方法及原理；

② 掌握沉淀与结晶的主要操作方法及注意事项。

【技能目标】

能够根据实际情况选择合适的沉淀结晶方法及正确评价处理方法的效果。

在工业生产中，生物技术的最终产品许多是以固体形态出现的。通过加入某种试剂或改变溶液条件，使生化物质以固体形式从溶液中沉淀析出的分离纯化技术称为固相析出技术。沉淀法和结晶法都是将溶质以固体形式从溶液中析出的方法，若析出的是无定形物质，则称为沉淀，若析出的是晶体，则称为结晶。沉淀和结晶本质上同属一个过程，都是新相析出的过程，两者的区别在于构成单元的排列方式不同，沉淀的原子、离子或分子排列是不规则的，而结晶是规则的。沉淀法具有浓缩与分离的双重效果，但所得的沉淀物可能聚集有多种物质，或含有大量的盐类，或包裹着溶剂。由于只有同类原子、分子或离子才能排列成晶体，所以结晶法析出的晶体纯度比较高，但结晶法只有目的产物达到一定的纯度后才能达到良好的效果。

沉析技术是利用沉析剂使需要提取的生化成分或杂质，在待处理溶液中的溶解度降低并形成无定形固体析出或沉淀的一种技术。它是常用于生化成分分离纯化的技术，包括盐析、有机溶剂沉析及等电点沉淀技术等。

生化分子在水溶液中形成稳定的分散体系是有条件的，这些条件是溶液的各种理化参数，任何能够影响这些条件的因素都会破坏分散体系的稳定性。沉析技术的基本原理就是采用适当的措施改变溶液技术操作工艺及其动力学的理化参数，控制溶液中各种成分的溶解度，根据不同物质在溶剂中的溶解度不同而达到分离的目的。溶液组分的改变或加入某些沉析剂，以及改变溶液的 pH、离子强度和极性都会使溶质的溶解度产生明显的改变。换言之，就是不同的物质置入相同的溶液，溶解度是不同的；相同的物质置入不同的溶液，溶解度也是不一样的。因此，选择适当的溶液就能使欲分离的有效成分呈现最大溶解度，而使杂质呈现最小溶解度，或者相反，有效成分呈现最小溶解度，而使杂质呈现最大溶解度。然后经过适当的处理，即可达到从抽提液中分离有效成分的目的。

沉析技术具有设备简单、成本低、浓缩倍数高、原材料易得和便于小批量生产等优点。作为最传统的生化物质分离纯化的方法之一，沉析技术目前仍广泛用于生化物质的浓缩提取中，如从血浆中通过5步沉析，可生产纯度高达99%的免疫球蛋白和96%～99%的白蛋白。沉析技术既适用于抗生素、有机酸等小分子物质，又适用于蛋白质、多肽、核酸等细胞组分的回收和分离过程。沉析技术缺点是产物纯度低、过滤较困难，以及后处理需脱盐等。

沉析操作常在生物样品粗制液获得（如研磨浸提液和发酵液经过滤或离心上清液）以后进行，得到的沉析物可直接干燥制得成品，或经进一步提纯制得高纯度生化产品。其操作方式可分连续法或间歇法两种，规模较小时，常采用间歇法。无论哪一种方式，操作步骤通常按三步进行：第一步加入沉析剂；第二步为沉析物的陈化，促进粒子生长；第三步为离心或过滤，收集沉淀物。需注意的是，加沉析剂的方式和陈化条件对产物的纯度、收率和沉淀物的形状都有很大影响。

第一节 沉淀

一、盐析沉淀

盐析法是生物大分子制备中最常用的沉淀方法之一，除了蛋白质和酶以外，多肽、多糖和核酸等都可以用盐析法进行沉淀分离。其突出优点是：成本低、不需特殊设备、操作简单、安全、应用范围广、对许多生物活性物质具有稳定作用。但盐析法分离的分辨率不高，一般用于生物分离纯化的初步纯化阶段。

在高浓度的中性盐存在下，蛋白质（酶）等生物大分子物质在水溶液中的溶解度降低。向蛋白质溶液中加入某些浓的中性盐溶液后，可以使蛋白质凝聚而从溶液中析出，这种现象就叫作盐析，利用盐析技术可以达到分离、提纯生物大分子的目的。盐析技术是一种经典的分离方法，一般不引起蛋白质的变性，当除去盐后，又可溶解。盐析法目前仍然广泛用于回收或分离蛋白质。向含蛋白质的粗提取液中先后加入不同饱和度的中性盐（最常用为硫酸铵，也可为磷酸钾、硫酸钠、硫酸镁、氯化钠等），使不同特征的蛋白质分别从溶液中沉淀出来称为蛋白质的分级分离。例如：20%～40%饱和度的硫酸铵可以使许多病毒沉淀；43%饱和度的硫酸铵可以使DNA和rRNA沉淀。

1. 盐析法的原理

（1）中性盐离子破坏蛋白质表面水膜　在蛋白质分子表面分布着各种亲水基团，如：—COOH、$—NH_2$、—OH，这些基团与极性水分子相互作用形成水化膜，包围于蛋白质分子周围形成1～100nm大小的亲水胶体，削弱了蛋白质分子间的作用力，蛋白质分子表面的亲水基团越多，水膜越厚，蛋白质分子的溶解度也越大。当向蛋白质溶液中加入中性盐时，中性盐对水分子的亲和力大于蛋白质，它会抢夺本来与蛋白质分子结合的自由水，于是蛋白质分子周围的水化膜层减弱甚至消失，暴露出疏水区域，由于疏水区域的相互作用，使其沉淀。

（2）中性盐离子中和蛋白质表面电荷　蛋白质分子中含有不同数目的酸性和碱性氨基

酸，其肽链的两端含有不同数目的自由羧基和氨基，这些基团使蛋白质分子表面带有一定的电荷，因同种电荷相互排斥，使蛋白质分子彼此分离。当向蛋白质溶液中加入中性盐时，盐离子与蛋白质表面具相反电性的离子基团结合，形成离子对，因此盐离子部分中和了蛋白质的电性，使蛋白质分子之间电排斥作用减弱而能互相聚集起来。

2. 中性盐的选择

（1）选用中性盐的原则 在盐析过程中，离子强度和离子种类对蛋白质等溶质的溶解度起着决定性的影响。在选择中性盐时要考虑以下几个问题。

① 要有较强的盐析效果，一般多价阴离子的盐析效果比阳离子显著。

② 要有足够大的溶解度，且溶解度受温度的影响尽可能小，这样便于获得高浓度的盐溶液，尤其是在较低的温度下操作时，不至于造成盐结晶析出，影响盐析效果。

③ 盐析用盐在生物学上是惰性的，并且最好不引入给分离或测定带来干扰的杂质。

④ 来源丰富，价格低廉。

（2）常用的中性盐种类及选择 盐析常用的中性盐主要有硫酸铵、硫酸镁、硫酸钠、氯化钠、磷酸二氢钠等。实际应用中以硫酸铵最为常用，主要是因为硫酸铵有以下优点。

① 离子强度大，盐析能力强。

② 溶解度大且受温度的影响小，尤其是在低温时仍有相当高的溶解度，这是其他盐类所不具备的。由表 3-1 可以看出，硫酸铵在 0℃时的溶解度，远远高于其他盐类。

③ 有稳定蛋白质结构的作用，不易使蛋白质变性。有的蛋白质在 2～3mol/L 的 $(NH)_2SO_4$ 溶液中可保存数年。

④ 价格低廉，废液不污染环境。缺点是硫酸铵水解后变酸，在高 pH 值下会释放出氨，腐蚀性较强。因此，盐析后要将硫酸铵从产品中除去。

硫酸钠无腐蚀性，但低于 40℃就不易溶解，因此只适用于热稳定性较好的蛋白质的沉淀过程。磷酸盐也常用于盐析，具有缓冲能力强的优点，但它们的价格较昂贵，溶解度较低，还容易与某些金属离子生成沉淀，所以也没有硫酸铵应用广泛。

表 3-1 常用盐析剂在水中的溶解度 单位：g/100mL

盐析剂	温度					
	0℃	20℃	40℃	60℃	80℃	100℃
$(NH_4)_2SO_4$	70.6	75.4	81.0	88.0	95.3	103
$MgSO_4$	—	34.5	44.4	54.6	63.6	70.8
Na_2SO_4	4.9	18.9	48.3	45.3	43.3	42.2
NaH_2PO_4	1.6	7.8	54.1	82.6	93.8	101

3. 影响盐析的因素

（1）蛋白质性质 各种蛋白质的结构和性质不同，盐析沉淀要求的离子强度也不同。例如，血浆中的蛋白质、纤维蛋白原最易析出，硫酸铵的饱和度达到 20％即可；饱和度增加到 28％～33％时，优球蛋白析出；饱和度增加至 33％～50％时，假球蛋白析出；饱和度大于 50％时，白蛋白析出。

硫酸铵的饱和度是指饱和硫酸铵溶液的体积占混合后溶液总体积的百分比。通常盐析所用中性盐的浓度不以百分浓度或物质的量浓度表示，而多用相对饱和度来表示，也就是把饱和时的浓度当作 1 或 100％，如 1L 水在 25℃时溶入了 767g 硫酸铵固体就是 100％饱和，溶入 383.5g 硫酸铵称半饱和（50％或 0.5 饱和度）。同样，对于液体饱和硫酸铵来说，1 体积的含蛋白溶液加1体积饱和硫酸铵溶液时，饱和度为50%或0.5，3体积的含蛋白溶液加1体积饱和硫酸铵溶液时，饱和度为25%或0.25。

（2）蛋白质浓度　在相同的盐析条件下，样品的浓度越大，越容易沉淀，所需的盐饱和度也越低。但样品的浓度越高，杂质的共沉作用也越强，从而使分辨率降低；相反，样品浓度低时，共沉作用小、分辨率高，但盐析所需的盐饱和度大，用盐量大，样品的回收率低。所以在盐析时，要根据实际条件选择适当的样品浓度。一般较适当的样品浓度是2.5%～3.0%。

（3）离子强度和类型　一般来说，离子强度越大，蛋白质的溶解度越低。离子种类对蛋白质溶解度也有一定影响，一般阴离子的盐析效果比阳离子好，尤其以高价阴离子更为明显。阴离子的盐析效果排序为：柠檬酸盐＞磷酸盐＞硫酸盐＞乙酸盐＞盐酸盐＞硝酸盐＞硫氰酸盐，阳离子的盐析效果排序为：铝盐＞钙盐＞镁盐＞铵盐＞钾盐＞钠盐。另外，离子半径小而电荷高的离子在盐析方面影响较强，离子半径大而电荷低的离子的影响较弱。所以，在进行盐析操作选择中性盐时要利用试验确定最适盐析剂。

（4）氢离子浓度　一般来说，蛋白质所带净电荷越多溶解度越大，净电荷越少溶解度越小，在等电点时蛋白质溶解度最小。为提高盐析效率，多将溶液pH值调到目的蛋白质的等电点处。但必须注意在水中或稀盐液中的蛋白质等电点与高盐浓度下所测的结果是不同的，需根据实际情况调整溶液pH值，以达到最好的盐析效果。

（5）温度　在低离子强度或纯水中，蛋白质溶解度在一定范围内随温度增加而增加。但在高浓度下，蛋白质、酶和多肽类物质的溶解度随温度上升而下降。在一般情况下，蛋白质对盐析温度无特殊要求，可在室温下进行，只有某些对温度比较敏感的酶要求在0～4℃进行。

4. 盐析操作过程及其注意事项

硫酸铵是盐析中最为常用的中性盐，下面以硫酸铵盐析蛋白质为例介绍盐析操作的过程。

（1）盐析曲线的制作　如果要分离一种新的蛋白质或酶，没有文献可以借鉴，则应先确定沉淀该物质所需的硫酸铵饱和度。具体操作方法如下。

取已定量测定蛋白质（或酶）的活性与浓度的待分离样品溶液，冷却至0℃，调至该蛋白质稳定的pH值，分6～10次分别加入不同量的硫酸铵，第一次加硫酸铵至蛋白质溶液刚开始出现沉淀时，记下所加硫酸铵的量，这是盐析曲线的起点。继续加硫酸铵至溶液微微浑浊时，静置一段时间，离心得到第一个沉淀级分，然后取上清液再加至浑浊，离心得到第二个级分，如此连续可得到6～10个级分，按照每次加入硫酸铵的量，在附表18中查出相应的硫酸铵饱和度。将每一级分沉淀物分别溶解在一定体积的适宜的pH缓冲液中，测定其蛋白质含量或酶活力。以每个级分的蛋白质含量或酶活力对硫酸铵饱和度作图，即可得到盐析曲线（如图3-1）。

（2）操作方式　盐析时，将盐加入溶液中有两种方式。

① 加硫酸铵的饱和溶液。在实验室和小规模生产中溶液体积不大时，或硫酸铵浓度不需太高时，可采用这种方式。这种方式可防止溶液局部过浓，但是溶液会被稀释，不利于下一步的分离纯化。

为达到一定的饱和度，所需要加入的饱和硫酸铵溶液的体积可由下式求得：

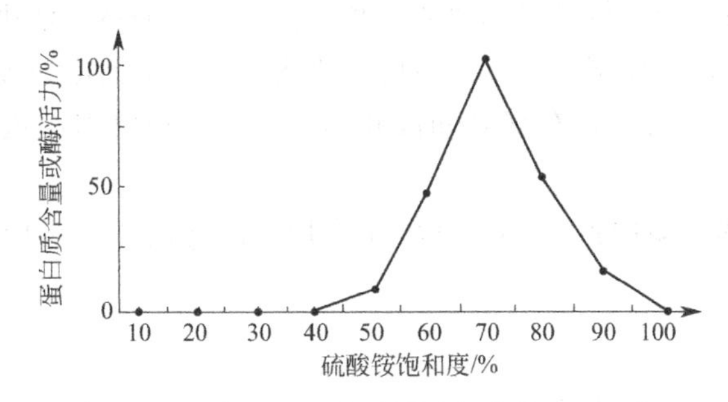

图 3-1 蛋白质的盐析曲线

$$V=V_0\ \frac{S_2-S_1}{1-S_2}$$

式中，V 为需要加入的饱和硫酸铵溶液的体积；V_0 为溶液的原始体积；S_1 和 S_2 分别为硫酸铵溶液的初始饱和度和最终饱和度。其中，所加的硫酸铵饱和溶液应达到真正的饱和，配制时加入过量的硫酸铵，加热至 50～60℃，保温数分钟，趁热滤去不溶物，在 0～25℃下平衡 1～2d，有固体析出，即达到 100%饱和度。

② 直接加固体硫酸铵。在工业生产中溶液体积较大时，或需要达到较高的硫酸铵饱和度时，可采用这种方式。加入之前先将硫酸铵研成细粉不能有块状，加入时速度不能太快，要在搅拌下缓慢均匀少量多次地加入，尤其到接近计划饱和度时，加盐的速度要更慢一些，尽量避免局部硫酸铵浓度过高而造成不应有的蛋白质沉淀。

为了达到所需的饱和度，应加入固体硫酸铵的量，可由相应的表查得（具体见附表 18），也可由下列公式计算而得：

$$X=\frac{G(S_2-S_1)}{1-AS_2}$$

式中，X 为 1L 溶液所需加入的硫酸铵质量，g；S_1 和 S_2 分别为硫酸铵溶液的初始饱和度和最终饱和度；G 为经验常数，0℃时为 515，20℃时为 513；A 为常数，0℃时为 0.27，20℃时为 0.29。

(3) 脱盐 利用盐析法进行初级纯化时，产物中的盐含量较高，一般在盐析沉淀后，需要进行脱盐处理，才能进行后期的纯化操作。通常所说的脱盐就是指将小分子的盐与目的产物分离开。最常用的脱盐方法有两种，即透析和凝胶过滤。凝胶过滤脱盐不仅能除去小分子的盐，也能除去其他小分子的物质。用于脱盐的凝胶主要有 Sephadex G-10、Sephadex G-15、Sephadex G-25 和 Bio-Gel P-2、Bio-Gel P-6、Bio-Gel P-10。与透析法相比，凝胶过滤脱盐速度比较快，对不稳定的蛋白质影响较小。但样品的黏度不能太高，不能超过洗脱液的 2～3 倍。

(4) 操作注意事项

① 加固体硫酸铵时，必须注意温度，一般有 0℃和室温两种，加入固体盐后体积的变化已考虑在内（见附表 18）。

② 分段盐析时，要考虑到每次分段后蛋白质浓度的变化。蛋白质浓度不同，要求盐析的饱和度也不同。

③ 为了获得实验的重复性，盐析的条件如 pH、温度和硫酸铵的纯度都必须严格控制。

④ 盐析后一般要放置半小时至一小时，待沉淀完全后再离心与过滤，过早的分离将影

响收率。低浓度硫酸铵溶液盐析可采用离心分离，高浓度硫酸铵溶液则常用过滤方法。因为高浓度硫酸铵密度太大，要使蛋白质完全沉降下来需要较高的离心速度和较长的离心时间。

⑤ 盐析过程中，搅拌必须是有规则和温和的。搅拌太快将引起蛋白质变性，其变性特征是起泡。

⑥ 为了平衡硫酸铵溶解时产生的轻微酸化作用，沉淀反应至少应在 50mmol/L 缓冲溶液中进行。

5. 盐析的应用

盐析广泛应用于各类蛋白质的初级纯化和浓缩。例如，人干扰素的培养液经硫酸铵盐析沉淀，可使人干扰素纯化 1.7 倍，收率为 99%；白细胞介素 2 的细胞培养液经硫酸铵沉淀后，白细胞介素 2 的收率为 73.5%，纯化倍数达到 7。盐析沉淀法不仅是蛋白质初级纯化的常用手段，在某些情况下还可用于蛋白质的高度纯化。例如，利用无血清培养基培养的融合细胞培养液浓缩 10 倍后，加入等量的饱和硫酸铵溶液，在室温下放置 1h 后离心除去上清液，得到的沉淀物中单克隆抗体回收率达 100%。对于杂质含量较高的料液，例如，从胰脏中提取胰蛋白酶和胰凝乳蛋白酶，可利用反复盐析沉淀并结合其他沉淀法，制备纯度较高的酶制剂。蛋白质的盐析沉淀纯化实例见表 3-2。

表 3-2 蛋白质的盐析沉淀纯化实例

目标蛋白	来源	硫酸铵饱和度/%		收率/%	纯化倍数
		一次沉淀	二次沉淀		
人干扰素	细胞培养液	30(上清)	80(沉淀)	99	1.7
白细胞介素	细胞培养液	35(上清)	85(沉淀)	73.5	7.0
单克隆抗体	细胞培养液	50(沉淀)		100	>8
组织纤溶酶原激活物	猪心抽提液	50(沉淀)		76	1.8

二、等电点沉淀

利用蛋白质在等电点时溶解度最低的特性，向含有目的产物成分的混合液中加入酸或碱，调整其 pH 值，使蛋白质沉淀析出的方法，称为等电点沉淀法。

1. 等电点沉淀法的原理

在等电点时，蛋白质分子以两性离子形式存在，其分子净电荷为零（即正负电荷相等），此时蛋白质分子颗粒在溶液中因没有相同电荷的相互排斥，分子相互之间的作用力减弱，其颗粒极易碰撞、凝聚而产生沉淀，所以蛋白质在等电点时，其溶解度最小，最易形成沉淀物。等电点时的许多物理性质如黏度、膨胀性、渗透压等都变小，从而有利于悬浮液的过滤。

2. 等电点沉淀法的操作

等电点沉淀的操作条件是：低离子浓度，pH＝pI（表示等电点时的 pH 值）。因此，等电点沉淀操作需要低离子浓度下调整溶液的 pH 至等电点，或在等电点的 pH 下利用透析等方法降低离子强度，使蛋白质沉淀。由于一般蛋白质的等电点多在偏酸性范围内，故等电点沉淀操作中，多通过加入无机酸（如盐酸、磷酸和硫酸等）调节 pH。

等电点沉淀法一般适用于疏水性较强的蛋白质（如酪蛋白），而对亲水性很强的蛋白质（如明胶），由于其在水中的溶解度较大，在等电点的 pH 下不易产生沉淀，所以，等电点沉淀法不如盐析沉淀法应用广泛。但该法仍不失为有效的蛋白质初级分离手段。例如从猪胰脏中提取胰蛋白酶原：胰蛋白酶原的 $pI=8.9$，可先于 pH3.0 左右进行等电点沉淀，除去共存的许多酸性蛋白质（$pI=3.0$）。工业生产胰岛素（$pI=5.3$）时，先调节 pH8.0 除去碱性蛋白质，再调节 pH3.0 除去酸性蛋白质，同时配合其他沉淀技术以提高沉淀效果。

在盐析沉淀中，要综合等电点沉淀技术，使盐析操作在等电点附近进行，降低蛋白质的溶解度。例如，碱性磷酸酯酶的等电点沉淀提取：发酵液调 pH4.0 后出现含碱性磷酸酯酶的沉淀物，离心收集沉淀物。用 pH9.0 的 0.1mol/L Tris-HCl 缓冲溶液重新溶解，加入 20%～40%饱和度的硫酸铵分级，离心收集的沉淀用 Tris-HCl 缓冲液再次溶解，用硫酸铵沉淀，即得较纯的碱性磷酸酯酶。

3. 等电点沉淀法操作注意事项

（1）不同的蛋白质，具有不同的等电点　在生产过程中应根据分离要求，除去目的产物之外的杂蛋白；若目的产物也是蛋白质，且等电点较高时，可先除去低于等电点的杂蛋白，如细胞色素 c 的等电点为 10.7，在细胞色素 c 的提取纯化过程中，调 pH6.0 除去酸性蛋白，调 pH7.5～8.0 除去碱性蛋白。

（2）同一种蛋白质在不同条件下，等电点不同　在盐溶液中，蛋白质若结合较多的阳离子，则等电点的 pH 升高。因为结合阳离子后，正电荷相对增多，只有 pH 升高才能达到等电点状态，如胰岛素在水溶液中的等电点为 5.3，在含一定浓度锌盐的水-丙酮溶液中的等电点为 6.0，如果改变锌盐的浓度，等电点也会改变。蛋白质若结合较多的阴离子（如 Cl^-、SO_4^{2-} 等），则等电点移向较低的 pH，因为负电荷相对增多，只有降低 pH 值才能达到等电点状态。

（3）目的产物成分对 pH 的要求　生产中应尽可能避免直接用强酸或强碱调节 pH，以免局部过酸或过碱，而引起目的产物成分蛋白质或酶的变性。另外，调节 pH 所用的酸或碱应与原溶液中的盐或即将加入的盐相适应，如溶液中含硫酸铵时，可用硫酸或氨水调 pH；如原溶液中含有氯化钠时，可用盐酸或氢氧化钠调 pH。总之，应以尽量不增加新物质为原则。

（4）采用几种方法结合来实现沉淀分离　由于各种蛋白质在等电点时仍存在一定的溶解度，使沉淀不完全，而多数蛋白质的等电点都十分接近，因此当单独使用等电点沉淀法效果不理想时，可以考虑采用几种方法结合来实现沉淀分离。

三、有机溶剂沉淀

向蛋白质溶液中加入丙酮或乙醇等水溶性有机溶剂，水的活度降低。随着有机溶剂浓度的增大，水对蛋白质分子表面荷电基团或亲水基团的水化程度降低，溶液的介电常数下降，蛋白质分子间的静电引力增大，从而凝聚和沉淀。同等电点沉淀一样，有机溶剂沉淀也是利用同种分子间的相互作用。因此，在低离子强度和等电点附近，沉淀易于生成，或者说所需有机溶剂的量较少。一般来说，蛋白质的分子量越大，有机溶剂沉淀越容易，所需加入的有机溶剂量也越少。

有机溶剂沉淀法的优点是：有机溶剂密度较低，易于沉淀分离；与盐析法相比，沉淀产品不需脱盐处理。但该法容易引起蛋白质变性，必须在低温下进行。另外，应用有机溶剂沉淀时，所选择的有机溶剂应为与水互溶、不与蛋白质发生作用的物质。常用的有丙酮和乙醇。乙醇沉淀法早于 20 世纪 40 年代就应用于血浆蛋白质（如血清白蛋白）的制备，目前仍用于血浆制剂的生产。

四、热沉淀

在较高温度下，热稳定性差的蛋白质将发生变性沉淀，利用这一现象，可根据蛋白质间的热稳定性的差别进行蛋白质的热沉淀（thermal precipitation），分离纯化热稳定性高的目标产物。与前述的各种热力学沉淀方法不同，热沉淀基于蛋白质的变性动力学。变性活化能小的蛋白质热敏性高，在较高温度下变性速率快。因此，变性活化能差别较大的蛋白质可利用热沉淀法分离。由于变性活化能可通过调节 pH 或添加有机溶剂改变，故调节 pH 或添加有机溶剂是诱使杂蛋白变性沉淀的重要手段。例如，纯化红细胞酶（erythrocyte enzymes）可采用添加氯仿振荡的方法，其中的主要杂蛋白血红蛋白发生快速沉淀而除去。

必须指出，热沉淀是一种变性分离法，带有一定的冒险性，使用时需对目标产物和共存杂蛋白的热稳定性有充分的了解。

五、其他沉淀法

非离子型聚合物（nonionic polymer）、聚电解质（polyelectrolyte）和某些多价金属离子（polyvalent metal ions）可用作蛋白质的沉淀剂。例如，非离子型聚合物聚乙二醇（poly ethylene glycol，PEG）是蛋白质稳定剂，也可促进蛋白质的沉淀。其作用机制尚不清楚，一说认为与有机溶剂的作用相似，即降低蛋白质的水化度，增大蛋白质间的静电引力而使蛋白质沉淀；另一说认为是 PEG 的空间排斥作用使蛋白质被迫挤靠在一起而引起沉淀。聚电解质对蛋白质的沉淀作用机制与絮凝作用类似，是在蛋白质间起架桥作用。同时，聚电解质还兼有盐析和降低水化程度的作用。利用聚电解质的沉淀方法主要应用于酶和食品蛋白的回收，常用于回收食品蛋白的聚电解质有酸性多糖和羧甲基纤维素、海藻酸盐、果胶酸盐和卡拉胶（carrageenan）等。某些金属离子可与蛋白质分子上的某些残基发生相互作用而使蛋白质沉淀。例如，Ca^{2+} 和 Mg^{2+} 能与羧基结合，Mn^{2+} 和 Zn^{2+} 能与羧基、含氮化合物（如胺）以及杂环化合物结合。金属离子沉淀法的优点是可使浓度很低的蛋白质沉淀，沉淀产物中的重金属离子可用离子交换树脂或螯合剂除去。

六、大规模沉析

大规模沉析并不是指生产量规模扩大，而是实验室小试、中试后的生产能力增大 10 倍或更多一点的过程，也就是生产过程的放大。大规模沉析和小规模沉析都涉及同样的平衡理论。在大规模生产流程中，化学反应动力学可能会变化，但应尽量使其保持不变，例如，在实验室小试中，在 5min 内析出直径为 300μm 的沉淀，若要得到相同的沉淀，就必须在大规模生产中找到适宜的反应条件。因此，为了便于进一步说明，把沉析过程理想化，分为以下六个步骤。

① 初步混合：将溶质的料液与溶剂或盐混合。

② 起晶：出现小晶体，开始出现沉淀。

③ 扩散控制晶体生长：沉析作用由于扩散而加快。

④ 对流沉析：流动和混合促进了沉淀的生长。

⑤ 絮凝：胶体粒子聚结成较大的絮凝体。

⑥ 离心：可通过离心操作把沉淀物分离出来。

以上这些步骤可能是同时发生的，不过也有人认为它们是按顺序发生的。

第二节 结晶

结晶是溶质呈晶态从溶液中析出来的过程。利用许多生化药物具有形成晶体的性质进行分离纯化，是常用的一种手段。溶液中的溶质在一定条件下因分子有规则地排列而结合成晶体，晶体的化学成分均一，具有各种对称的晶状，其特征为离子和分子在空间晶格的结点上成有规则地排列。固体有结晶和无定形沉淀两种状态。两者的区别就是构成单位（原子、离子或分子）的排列方式不同，前者有规则，后者无规则。在条件变化缓慢时，溶质分子具有足够时间进行排列，有利于结晶形成；相反，当条件变化剧烈，强迫快速析出，溶质分子来不及排列就析出，结果形成无定形沉淀。

通常只有同类分子或离子才能排列成晶体，所以结晶过程有很好的选择性，通过结晶溶液中的大部分杂质会留在母液中，再通过过滤、洗涤等就可得到纯度高的晶体。许多蛋白质就是利用多次结晶的方法制取高纯度产品的。

与其他生化分离操作相比，结晶过程具有如下特点。

① 能从杂质含量相当多的溶液或多组分的熔融混合物中形成纯净的晶体。对于许多使用其他方法难以分离的混合物系，例如同分异构体混合物、共沸物系、热敏性物系等，采用结晶分离往往更为有效。

② 结晶过程可赋予固体产品以特定的晶体结构和形态（如晶形、粒度分布、堆密度等）。

③ 能量消耗少，操作温度低，对设备材质要求不高，一般亦很少有三废排放，有利于环境保护。

④ 结晶产品包装、运输、储存或使用都很方便。

一、结晶的过程

溶质从溶液中析出一般可分为三个阶段，即过饱和溶液的形成、晶核的生成和晶体的生长阶段。过饱和溶液的形成可通过减少溶剂或降低溶质的溶解度而达到，晶核的生成和晶体的生长过程都是复杂的过程。

1. 过饱和溶液的形成

溶质在溶剂中溶解而形成溶液，在一定条件下，溶质在固液两相之间达到平衡状态，此时溶液中的溶质浓度称为该溶质的溶解度或饱和浓度，该溶液称为该溶质的饱和溶液。结晶过程都必须以溶液的过饱和度作为推动力，过饱和溶液的形成可通过降低溶剂或降低溶质的溶解度而达到，直接影响过程的速度，而过程的速度也影响晶体产品的粒度分布和纯度。因此，过饱和度是结晶过程中一个极其重要的参数。除改变温度外，改变溶剂组成、离子强度、调节 pH，是蛋白质、抗生素等生物产物结晶操作的重要手段。

（1）蒸发法　蒸发法是在常压或减压下加热蒸发除去一部分溶剂，以达到或维持溶液过饱和度。此法适用于溶解度随温度变化不显著的物质或随温度升高溶解度降低的物质，而且要求物质有一定的热稳定性。蒸发法多用于一些小分子化合物的结晶中，而受热易变性的蛋白质或酶类物质则不宜采用。如丝裂霉素从氧化铝吸附柱上洗脱下来的甲醇-三氯甲烷溶液，在真空浓缩除去大部分溶剂后即可得到丝裂霉素结晶；灰黄霉素的丙酮提取液，在真空浓缩蒸发掉大部分丙酮后即有灰黄霉素晶体析出。

(2) 温度诱导法　蛋白质、酶、抗生素等生化物质的溶解度大多数受温度影响。若先将其制成溶液，然后升高或降低温度，使溶液逐渐达到过饱和，即可慢慢析出晶体。该法基本上不除去溶剂。例如猪胰 α-淀粉酶，室温下用 0.005mol/L、pH8.0 的 $CaCl_2$ 溶液溶解，然后在 4℃下放置，可得结晶。

热盒技术也是温度诱导法之一，它利用某些比较耐热的生化物质在较高温度下溶解度较大的性质，先将其溶解，然后置于可保温的盒内，使温度缓慢下降以得到较大而且均匀的晶体。应用此法成功制备了胰高血糖素和胰岛素晶体。这两种蛋白质在 50℃低离子强度缓冲液中有较高的溶解度和稳定性。

(3) 盐析结晶法　这是生物大分子如蛋白质及酶类药物制备中用得最多的结晶方法。通过向结晶溶液中引入中性盐，逐渐降低溶质的溶解度使其过饱和，经过一定时间后晶体形成并逐渐长大。例如细胞色素 c 的结晶，向细胞色素 c 浓缩液中按每克溶液 0.43g 的比例投入硫酸铵细粉，溶解后再投入少量维生素 C（抗氧剂）和 36%的氨水。在 10℃下分批加入少量硫酸铵细粉，边加边搅拌，直至溶液微浑。加盖，室温放置（15～25℃）1～2d 后细胞色素 c 的红色针状结晶体析出。再按每毫升 0.02g 的量加入硫酸铵细粉，数天后结晶体析出完全。

盐析结晶法的优点是可与冷却法结合，提高溶质从母液中的回收率。另外，结晶过程的温度可保持在较低的水平，有利于热敏性物质结晶。

(4) 透析结晶法　由于盐析结晶时溶质溶解度发生跳跃式非连续下降，下降的速度也较快。对一些结晶条件苛刻的蛋白质，最好使溶解度的变化缓慢而且连续。为达到此目的，透析法最方便。如糜胰蛋白酶的结晶：将硫酸铵盐析得到的沉淀溶于少量水，再加入适量含 25%饱和度硫酸铵的 0.16mol/L、pH6.0 的磷酸缓冲液，装入透析袋，室温下对含 27.5%饱和度硫酸铵的相同磷酸缓冲液透析。每日换外透析液 4～5 次，1～2d 后可见菱形糜胰蛋白酶晶体析出。

透析法同样可以用在盐浓度缓慢降低的结晶情况。如将赖氨酸合成酶溶液溶于 0.2mol/L、pH7.0 的磷酸缓冲液中装入透析袋，对 0.2mol/L、pH7.0 磷酸缓冲液透析，每小时换外透析液，直至晶体出现。这种透析法又称脱盐结晶法。透析法还可用在向结晶液缓慢输入某种离子的情况。如牛胰蛋白酶结晶时，外透析液中需有 Mg^{2+} 存在，它是牛胰蛋白酶结晶的条件。

(5) 有机溶剂结晶法　向待结晶溶液中加入某些有机溶剂，以降低溶质的溶解度。常用的有机溶剂有乙醇、丙酮、甲醇、丁醇、异丙醇、2-甲基-2,4-戊二醇（MPD）等。如天冬酰胺酶的有机溶剂结晶法：将天冬酰胺酶粗品溶解后透析去除小分子杂质，然后加入 0.6 倍体积的 MPD 去除大分子杂质，再加入 0.2 倍体积 MPD 可得天冬酰胺酶精品。再将精品用缓冲液溶解后滴加 MPD 至微浑，置于 4℃冰箱 24h 后得到酶结晶。又如利用卡那霉素易溶于水、不溶于乙醇的性质，在卡那霉素脱色液中加 95%乙醇至微浑，加晶种于 30～35℃保温即得卡那霉素晶体。

应用有机溶剂结晶法的最大缺点是有机溶剂可能会引起蛋白质等物质变性，另外，结晶残液中的有机溶剂常需回收。

(6) 等电点法　利用某些生物物质具有两性化合物性质，使其在等电点（pI）时于水溶液中游离而直接结晶的方法。等电点法常与盐析法、有机溶剂沉淀法一起使用。如溶菌酶（浓度 3%～5%）调整 pH9.5～10.0 后在搅拌下慢慢加入 5%的氯化钠细粉，室温放置 1～

2d 即可得到正八面体结晶。又如四环素类抗生素是两性化合物，其性质和氨基酸、蛋白质很相似，等电点为 5.4。将四环素粗品溶于用盐酸调 pH 为 2 的溶液中，用氨水调 pH4.5～4.6，28～30℃保温，即有四环素游离碱结晶析出。

（7）化学反应结晶法　调节溶液的 pH 或向溶液中加入反应剂，生成新物质，当其浓度超过它的溶解度时，就有结晶析出。例如青霉素结晶就是利用其盐类不溶于有机溶剂、游离酸不溶于水的特性使结晶析出。在青霉素的乙酸丁酯的萃取液中，加入乙酸钾-乙醇溶液，即得青霉素钾盐结晶；头孢菌素 C 的浓缩液中加入乙酸钾即析出头孢菌素 C 钾盐；利福霉素 S 的乙酸丁酯萃取浓缩液中，加入氢氧化钠，利福霉素 S 即转为其钠盐而析出结晶。

2. 晶核的生成

溶质在溶液中成核现象即生成晶核，在结晶过程中占有重要的地位。晶核的产生根据成核机制不同分为初级成核和二次成核。

（1）初级成核　初级成核是过饱和溶液中的自发成核现象，即在没有晶体存在的条件下自发产生晶核的过程。初级成核根据饱和溶液中有无其他微粒诱导而分为非均相成核、均相成核。溶质单元（分子、原子、离子）在溶液中做快速运动，可统称为运动单元，结合在一起的运动单元称结合体。结合体逐渐增大，当增大到某种极限时，结合体可称之为晶坯，晶坯长大成为晶核。

实际上溶液中常常难以避免有外来固体物质颗粒，如大气中的灰尘或其他人为引入的固体粒子，这种存在其他颗粒的过饱和溶液中自发产生晶核的过程称为非均相初级成核。非均相成核可以在比均相成核更低的过饱和度下发生。在工业结晶器中发生均相初级成核的机会较少。

（2）二次成核　如果向过饱和溶液中加入晶核，就会产生新的晶核，这种现象称为二次成核。工业结晶操作一般在晶种的存在下进行，因此工业结晶的成核现象通常为二次成核。二次成核的机制一般认为有流体剪应力成核和接触成核两种。流体剪应力成核是指当过饱和溶液以较大的流速流过正在生长中的晶体表面时，在流体边界层存在的剪应力能将一些附着于晶体之上的粒子扫落，而成为新的晶核。接触成核是指晶体与其他固体接触时所产生的晶体表面的碎粒。

在工业结晶器中，一般接触成核的概率往往大于流体剪应力成核。例如，用水与冰晶在连续混合搅拌结晶器中的试验表明，晶体与搅拌桨的接触成核速率在总成核速率中约占 40%，晶体与器壁或挡板的约占 15%，晶体与晶体的约占 20%，剩下的 25%可归因于流体剪应力等作用。

工业结晶中有几种不同的起晶方法，下面分别加以介绍。

① 自然起晶法：先使溶液进入不稳区形成晶核，当生成晶核的数量符合要求时，再加入稀溶液使溶液浓度降低至亚稳区，使之不生成新的晶核，溶质即在晶核的表面长大。这是一种古老的起晶方法，因为它要求过饱和浓度较高，晶核不易控制，现已很少采用。

② 刺激起晶法：先使溶液进入亚稳区后，将其加以冷却，进入不稳区，此时即有一定量的晶核形成，由于晶核析出使溶液浓度降低，随即将其控制在亚稳区的养晶区使晶体生长。味精和柠檬酸结晶都可采用先在蒸发器中浓缩至一定浓度后再放入冷却器中搅拌结晶的方法。

③ 晶种起晶法：先使溶液进入到亚稳区的较低浓度，投入一定量和一定大小的晶种，使溶液中的过饱和溶质在所加的晶种表面上长大。晶种起晶法是普遍采用的方法，如掌握得当可获得均匀整齐的晶体。加入的晶种不一定是同一种物质，溶质的同系物、衍生物、同分

异构体也可作为晶种加入，例如，乙基苯胺可用于甲基苯胺的起晶。对纯度要求较高的产品必须使用同种物质起晶。晶种直径通常小于0.1mm，可用湿式球磨机置于惰性介质（如汽油、乙醇）中制得。

3. 晶体的生长

在过饱和溶液中，形成晶核或加入晶种后，在结晶推动力（过饱和度）的作用下，晶核或晶种将逐渐长大。与工业结晶过程有关的晶体生长理论及模型很多，传统的有扩散理论、吸附层理论，近年来提出的有形态学理论、统计学表面模型、二维成核模型等，这里仅介绍得到普遍应用的扩散学说。

（1）晶体生长的扩散学说　按照扩散学说，晶体生长过程由三个步骤组成。①溶液主体中的溶质借扩散作用，穿过晶粒表面的滞流层到达晶体表面，即溶质从溶液主体转移到晶体表面的过程，属于分子扩散过程；②到达晶体表面的溶质长入晶面，使晶体增大的过程，同时放出结晶热，属于表面反应过程；③释放出的结晶热再扩散传递到溶液主体中的过程，属于传热过程。

（2）影响晶体生长速率的因素　影响晶体生长速率的因素很多，如过饱和度、粒度、搅拌、温度及杂质等。在实际工业生产中，控制晶体生长速率时，还要考虑设备结构、产品纯度等方面的要求。

过饱和度增高，晶体生长速率增大，但过饱和度增高往往使溶液黏度增大，从而使扩散速率降低，导致晶体生长速率减慢。另外，过高的过饱和度还会使晶型发生不利变化，因此不能一味地追求过高的过饱和度，应确定一个适合的过饱和度，以控制适宜的晶体生长速率。

杂质的存在对晶体的生长有很大影响，从而成为结晶过程中的重要问题之一。有些杂质能完全阻止晶体的生长，有些则能促进生长，有些能对同一种晶体的不同晶面产生选择性影响，从而改变晶体外形。总之，杂质对晶体生长的影响复杂多样。

杂质影响晶体生长速率的途径也各不相同。有的是通过改变晶体与溶液之间界面上液层的特性而影响晶体生长，有的是通过杂质本身在晶面上吸附发生阻挡作用而影响晶体生长，如果杂质和晶体的晶格有相似之处，则杂质可能长入晶体内，从而产生影响。有些杂质能在极低的浓度下产生影响，有些却需要在相当高的浓度下才能起作用。

一般情况下，过饱和度增高，搅拌速率提高，温度升高，都有利于晶体的生长。

二、结晶条件的选择与控制

晶体质量主要指晶体大小、性状和纯度三个方面，而内在质量（如纯度）与其外观性状（如晶形、粒度等）密切相关。一般情况下，晶形整齐和色泽洁白的固体产品，具有较高的纯度。由结晶过程可知，溶液的过饱和度、结晶温度、时间、搅拌及晶种加入等操作条件对晶体质量影响很大，必须根据产物在粒度大小、分布、晶形以及纯度等方面的要求，选择适合的结晶条件，并严格控制结晶过程。

1. 过饱和度

溶液的过饱和度是结晶过程的推动力，因此在较高的过饱和度下进行结晶，可提高结晶速率和收率。但是在工业生产实际中，当过饱和度（推动力）增高时，溶液黏度增大，杂质含量也升高，可能会出现以下问题：成核速率过快，使晶体细小；结晶生长速率过快，容易在晶体表面产生液泡，影响结晶质量；结晶器壁易产生晶垢，给结晶操作带来困难；产品纯度降低。因此，过饱和度与结晶速率、成核速率、晶体生长速率及结晶产品质量之间存在着一定的关系，应根据具体产品的质量要求，确定最适宜的过饱和度。

2. 晶浆浓度

结晶操作一般要求结晶液具有较高的浓度，有利于溶液中溶质分子间的相互碰撞聚集，以获得较高的结晶速率和结晶收率。但当晶浆浓度增高时，相应杂质的浓度及溶液黏度也随之增大，悬浮液的流动性降低，反而不利于结晶析出；也可能造成晶体细小，使结晶产品纯度较差，甚至形成无定形沉淀。因此，晶浆浓度应在保证晶体质量的前提下尽可能选择较大值。对于加晶种的分批结晶操作，晶种的添加量也应根据最终产品的要求，选择较高的晶浆浓度。只有根据结晶生产工艺和具体要求，确定或调整晶浆浓度，才能得到较好的晶体。对于生物大分子，通常选择3%～5%的晶浆浓度比较适宜，而对于小分子物质（如氨基酸类）则需要较高的晶浆浓度。

3. 温度

许多物质在不同的温度下结晶，其生成的晶形和晶体大小会发生变化，而且温度对溶解度的影响也较大，可直接影响结晶收率。因此，结晶操作温度的控制很重要，一般控制较低的温度和较小的温度范围。如生物大分子的结晶，一般选择在较低温度条件下进行，以保持生物物质的活性，还可以抑制细菌的繁殖。但温度较低时，溶液的黏度增大，可能会使结晶速率变慢，因此应控制适宜的结晶温度。

4. 结晶时间

对于小分子物质，如果在适宜的条件下，几小时或几分钟内即可析出结晶。对于蛋白质等生物大分子物质由于分子量大、立体结构复杂，其结晶过程比小分子物质要困难得多。这是由于生物大分子在进行分子的有序排列时，需要消耗较多的能量，使晶核的生成及晶体的生长都很慢，而且为防止溶质分子来不及形成晶核而以无定形沉淀形式析出的现象发生，结晶过程必须缓慢进行。生产中主要控制过饱和溶液的形成时间，防止形成的晶核数量过多而造成晶粒过小。生物大分子的结晶时间差别很大，从几小时到几个月的都有，早期用于研究X射线衍射的胃蛋白酶晶体的制备就需花费几个月的时间。

5. 溶剂与pH

结晶操作选用的溶剂与pH，都应使目的产物的溶解度降低，以提高结晶的收率。另外溶剂的种类和pH对晶形也有影响，如普鲁卡因青霉素在水溶液中的结晶为方形而在乙酸丁酯中的结晶为长棒形。因此，需通过实验确定溶剂的种类和结晶操作的pH以保证结晶产品质量和较高的收率。

6. 晶种

加晶种进行结晶是控制结晶过程、提高结晶速率、保证产品质量的重要方法之一。工业晶种的引入有两种方法：一种是通过蒸发或降温等方法，使溶液的过饱和状态达到不稳区，自发成核至一定数量后，迅速降低溶液浓度（如稀释法）至亚稳区，这部分自发成核的晶核为晶种；另一种是向处于亚稳区的过饱和溶液中直接添加细小均匀的晶种。工业生产中对于不易结晶（即难以形成晶核）的物质，常采用加入晶种的方法，以提高结晶速率。对于溶液黏度较高的物系，晶核产生困难，而在较高的过饱和度下进行结晶时，由于晶核形成速率较快，容易发生聚晶现象，使产品质量不易控制。因此，高黏度的物系必须采用在亚稳区内添加晶种的操作方法。

7. 搅拌与混合

提高搅拌速率，可提高成核速率，同时搅拌也有利于溶质的扩散而加速晶体生长；但搅拌速率过快会造成晶体的剪切破碎，影响结晶产品质量。工业生产中，为获得较好的混合状态，同时避免晶体的破碎，一般通过大量的实验，选择搅拌桨的形式，确定适宜的搅拌速率，以获得所需的晶体。搅拌速率在整个结晶过程中可以是不变的，也可以根据不同阶段选择不同的搅拌速率。也可采用直径及叶片较大的搅拌桨，降低转速，以获得较好的混合效果；也可采用气体混合方式，以防晶体破碎。

8. 结晶系统的晶垢

在结晶操作系统中，常在结晶器壁及循环系统内产生晶垢，严重影响结晶过程的效率。为防止晶垢的产生，或除去已形成的晶垢，一般可采用下述方法：①器壁内表面采用有机涂料，尽量保持壁面光滑，可防止在器壁上进行二次成核而产生晶垢；②提高结晶系统中各部位的流体流速，并使流速分布均匀，消除低流速区内晶体的沉积结垢现象；③若外循环液体为过饱和溶液，应使溶液中含有悬浮的晶种，防止溶质在器壁上析出结晶而产生晶垢；④控制过饱和形成的速率和过饱和程度，防止壁面附近过饱和度过高而结垢；⑤设晶垢铲除装置，或定期添加污垢溶解剂，除去已产生的晶垢。

实验一 盐析大豆蛋白

一、实验目的

了解盐析法分离纯化蛋白质的基本原理和实验方法；以碱性蛋白酶为实验对象，建立酶溶解度和盐离子强度之间的关系式（Cohn 经验式），并作出曲线图；通过对酶质量的测定和收率计算，综合评价盐析沉淀的最适工艺条件。

二、实验原理

蛋白质溶液中加入某些浓的无机盐（如硫酸铵或硫酸钠）溶液后，可以使蛋白质凝聚而从溶液中析出，这种作用就叫作蛋白质的盐析。其原理与蛋白质的表面结构有关，盐析产生沉淀是两种因素共同作用的结果，即蛋白质表面疏水键之间的吸力和带电基团吸附层的静电斥力作用。在低盐溶液中后者作用大于前者，产生盐溶现象。在高盐浓度情况下，随着离子强度的增大，蛋白质表面的双电层厚度降低，静电排斥作用减弱，同时，盐离子的水化作用使蛋白质表面疏水区附近的水化层脱离蛋白质，暴露出疏水区域，从而增大了蛋白质表面疏水区之间的疏水相互作用，容易发生凝聚，进而沉淀，该现象称为盐析作用。

对蛋白质（酶）而言，溶解度与盐离子强度之间关系符合 Cohn 经验式：

$$\lg S = \beta - K_s I$$

式中 S——蛋白质（酶）的溶解度；

β——常数，与盐的种类无关，而与温度和 pH 有关；

K_s——盐析常数，与温度和 pH 无关，与蛋白质（酶）和盐种类有关；

I——盐离子强度。

$$I=1/2\Sigma c_i Z_i^2$$

式中 c_i——离子的物质的量浓度，mol/L；

Z_i——离子所带电荷。

上式为 lg$S$ 对 I 的线性方程，反映了不同蛋白质（酶）的盐析特征。通过本实验求出一定的条件下（pH 和温度）碱性蛋白酶的 K_s 和 β，建立其盐析方程。

盐析中，常用的盐析剂为硫酸铵。硫酸铵的加量有不同的表示方法，常用"饱和度"来表示其在溶液中的最终浓度，"饱和度"的定义为在盐析溶液中所含的硫酸铵质量与该溶液达到饱和所溶解的硫酸铵质量之比。25℃时硫酸铵的饱和浓度为 4.1mol/L（即 767g/L），定义它为 100%饱和度。为了达到所需的饱和度，应加入固体硫酸铵的量可查相应的硫酸铵饱和度计算表（附表 18）。

在一定条件下，无机盐的加量对盐析收率和酶的纯度影响很大，适宜的加量应从收率和纯度两方面综合考虑。

三、仪器及试剂

仪器用具：烧杯、量筒、研磨器、pH 试纸（pH 7.6～8.5）、离心管、托盘天平、电子天平、高速冷冻离心机、真空干燥箱。

材料试剂：碱性蛋白酶粗粉、硫酸铵、6mol/L NaOH。

四、实验步骤

① 制备酶液。称取一定量粗酶粉，加入 40～50℃适温水，40℃水浴中浸泡并搅拌 30min，高速冷冻离心机离心（10℃，9000～10000r/min，30min），取出上清液，沉淀再用上述相同方法浸取一次，合并上清液，即为制得的蛋白酶液，要求酶活达到 1.5 万～2.0 万 U/mL。

② 蛋白酶液用 6mol/L NaOH 调 pH 至 8.0～8.5，分别量取 100mL 于 7 只 200mL 烧杯中，记录 pH 和室温。

③ 计算达到 20%、30%、40%、50%、60%、70%、80%饱和度所需加入的固体硫酸铵量，计算各饱和度下硫酸铵的离子强度 I。

分别称取计算量的硫酸铵并研细，在不断搅拌下，将其缓慢加入酶液中，加完后再搅拌 5min，注意应使硫酸铵全部溶解，然后，静置 5h 左右，使其沉淀完全。

④ 将含有沉淀的酶液小心倾入离心杯中，在台秤上平衡后，再用高速冷冻离心机离心（10℃，9000～10000r/min，离心 20min）。

⑤ 将上清液倒入量筒，记录其体积。

⑥ 小心挖出湿酶粉沉淀物，放入 55℃干燥箱烘干（约 24h），称干酶粉的质量。

⑦ 实验记录、计算与实验结果。记录实验原始数据（表 3-3）。

表 3-3 硫酸铵加量和离子强度

	1	2	3	4	5	6	7
硫酸铵饱和度/%	20	30	40	50	60	70	80
每 100mL 料液加量/g							
硫酸铵浓度/(mol/L)							
离子强度 I							

⑧ 将不同饱和度下冷冻离心后的上清液的各酶质量数据列成 lg$S$-I 的表格，建立碱性蛋白酶溶解度与盐离子强度之间的盐析方程式（表 3-4）。

表 3-4　碱性蛋白酶溶解度和盐离子强度之间的盐析方程式

项目	1	2	3	4	5	6	7
硫酸铵饱和度/%	20	30	40	50	60	70	80
lg$S$							
离子强度 I							
盐析方程式							

⑨ 将不同饱和度下所得固体干酶粉的实验结果列成表格，计算各饱和度下所得酶粉的质量，并根据蛋白酶原液的体积和干酶粉的质量计算各饱和度下酶的收率（表 3-5）。

表 3-5　各饱和度下所得碱性蛋白酶的质量收率

项目	1	2	3	4	5	6	7
硫酸铵饱和度/%	20	30	40	50	60	70	80
干酶粉质量/g							
原酶液中粗酶质量/g							
质量收率/%							

五、作业

(1) 简述盐析的定义和原理。

(2) 影响盐析的主要因素有哪些？

(3) 根据固体干酶粉的收率综合评价盐的最适加量范围，讨论盐加量对盐析的影响。

实验二　L-苯丙氨酸结晶

一、实验目的

掌握结晶的基本原理；掌握反应结晶提纯 L-苯丙氨酸（L-Phe）的基本过程与实验技能。

二、实验原理

L-苯丙氨酸（L-Phe）是人体必需的 8 种氨基酸之一，是具有生理活性的芳香族氨基酸。同时它也是合成特殊化学物质的重要中间体和重要的生物化工产品，广泛应用于食品、营养、化妆品、医药领域。L-苯丙氨酸的生产方法主要有化学合成法、蛋白酶水解提纯法、酶转化法和直接发酵法。但用以上方法合成的 L-苯丙氨酸产品的纯度不高，一般采用反应结晶的方法提纯 L-苯丙氨酸粗品。

结晶是一个重要的化工过程，为数众多的化工产品及中间产品都是以晶体形态出现，因为结晶过程能从杂质含量相当多的溶液中形成纯净的晶体（形成混晶的情况除外）；而且结晶产品的外观优美，结晶过程可在较低的温度下进行。抗生素、氨基酸等通过结晶可以得到一定晶形的产品。对许多物质来说，结晶往往是大规模生产它们的最好又最经济的方法；另外，对更多的物质来说，结晶往往是小规模制备纯品最方便的方法。结晶过程的生产规模可以小至每小时数克，也可以大至每小时数十吨。

结晶是从均一的溶液中析出固相晶体的一个操作，常包括三个步骤：形成过饱和溶液，形成晶核，晶体生长。

形成过饱和溶液：结晶的首要条件是过饱和，制备过饱和溶液的方法一般有四种。

① 化学反应结晶。调节 pH 或加入反应剂，使生成新的物质，其浓度超过它的溶解度。

② 将部分溶剂蒸发提高待结晶物的浓度，即成结晶析出。

③ 将热饱和溶液冷却，结晶即大量析出。

④ 盐析结晶。在溶液中，添加另一种物质使原溶质的溶解度降低，形成过饱和溶液而析出结晶。加入的物质可以是与原溶剂互溶的另一种溶剂或另一种溶质。例如利用卡那霉素易溶于水而不溶于乙醇的性质，在卡那霉素脱色液中加入 95%乙醇，加入量为脱色液的 60%～80%，搅拌 6h，卡那霉素硫酸盐即成结晶析出。

形成晶核：在溶液中分子的能量或速度具有统计分布的性质，在过饱和溶液中也是如此。当能量在某一瞬间、某一区域由于布朗运动暂时达到较高值时会析出微小颗粒即结晶的中心，称为晶核，晶核不断生成并继续成长为晶体。一般来说，自动成核的机会较少，常需借外来因素促进生成晶核，如机械振动、搅拌等。

晶体生长：晶核一经形成，立即开始长成晶体，与此同时，新的晶核还在不断生成。所得晶体的大小，决定于晶核生成速度和晶体生长速度的对比关系。如果晶体生长速度大大超过晶核生成速度，过饱和度主要用来使晶体生长，则可得到粗大而有规则的晶体；反之，过饱和度主要用来生成新的晶核，则所得晶体颗粒参差不齐，晶体细小，甚至呈无定形状态。

反应结晶也称沉淀结晶，是通过 2 种或更多种组分经化学反应产生过饱和度进行结晶的过程。反应结晶因其消耗的能量小，过程装置简单，是化学工业中常用的结晶方法。本实验采用反应结晶中的酸溶碱析法对 L-苯丙氨酸粗品进行分离提纯，其具体原理如下：

COOH, NH_2 $+H^+$ ⟶ COOH, NH_3^+

COOH, NH_3^+ $+OH^-$ ⟶ COOH, NH_2 $+H_2O$

首先调节 pH 为酸性，溶解 L-苯丙氨酸粗品，再加入碱液调节 pH 使得 L-苯丙氨酸形成过饱和溶液，从而结晶析出。

三、仪器及试剂

仪器用具：电动搅拌装置、真空干燥箱、恒温水浴锅、显微镜、烧杯、结晶皿。

材料试剂：L-苯丙氨酸（纯度 60%）、1mol/L 盐酸、1mol/L 氢氧化钠溶液、乙醇（AR）。

四、实验步骤

① 称量。称取纯度约为 60%的 15g L-苯丙氨酸粗品至 500mL 烧杯中。

② 酸溶。加入 40mL 蒸馏水，加 1mol/L 的盐酸溶液溶解，调节 pH 为 1，加入 0.5g 活性炭脱色，搅拌 20min。过滤、水洗滤饼，合并滤液转入 250mL 锥形瓶中。

③ 碱析初步结晶。将锥形瓶放置 25℃水浴，搅拌至恒温，逐渐加入 1mol/L 氢氧化钠溶液，控制加入体积和加入速度，待溶液 pH 值为 1.7～1.9 之间时停止加碱，继续维持低

速搅拌，养晶、育晶 1.5h。

④ 育晶结束后，继续滴加碱液，控制结晶终点 pH 为 5.4～5.5，停止加碱。继续搅拌，55℃水浴，进行晶形转变，随后将晶浆在 1～1.5h 内降至 10℃，静置沉降 4h，然后过滤。

⑤ 用 20mL 无水乙醇洗涤结晶。

⑥ 将结晶放入真空干燥箱中真空干燥至恒重，即得 L-苯丙氨酸产品。

⑦ 显微镜观察并绘制结晶体的形状。

⑧ 实验记录、计算与实验结果。

计算收率：$Y=[(m-m_1)/(61\%\times m_0)]\times 100\%$

式中，m 为干燥后产品与容器的总质量；m_1 为容器重；m_0 为粗品重；61% 为原料纯度。

五、作业

(1) 选择结晶时的溶剂应该考虑哪些问题？

(2) 在测定熔点前，晶体未能充分干燥会有哪些影响？

(3) 结晶前脱色有哪些方法？

第四章

膜分离

【知识目标】

① 了解膜分离技术的概念、发展与优点；
② 掌握主要膜分离过程的特征与应用；
③ 了解影响膜分离的主要因素。

【技能目标】

能够根据实际情况选择合适的膜分离技术，正确操作实现高效的膜分离。

第一节　膜分离概述

膜分离是在近五十年来迅速崛起的一门分离新技术，也是21世纪最有前途的高新技术之一，被称为“第三次工业革命”。它是利用天然或人工合成的、具有选择透过性的薄膜，在外界能量或化学位差推动下，实现对混合物体系进行分离、分级、提纯或浓缩的方法的统称。在膜分离过程中，经膜分离处理前的料液称为原液，经膜分离处理后溶质在其中浓缩的部分称为截留液，透过膜而浓度降低的部分称为透过液，如图4-1所示。膜分离并不能完全把溶质与溶剂分开，而只能把原液分成浓度较低和浓度较高的两部分。在生物分离过程中，利用膜分离方法可以实现产物浓缩、除杂纯化、混合物分离、生化过程的产物在线分离等多种目的。通常透过液主要由溶剂和分子量小的溶质组成，截留液由溶剂和分子量大的物质组成。由于截留液溶剂量较少，因此有浓缩效应。

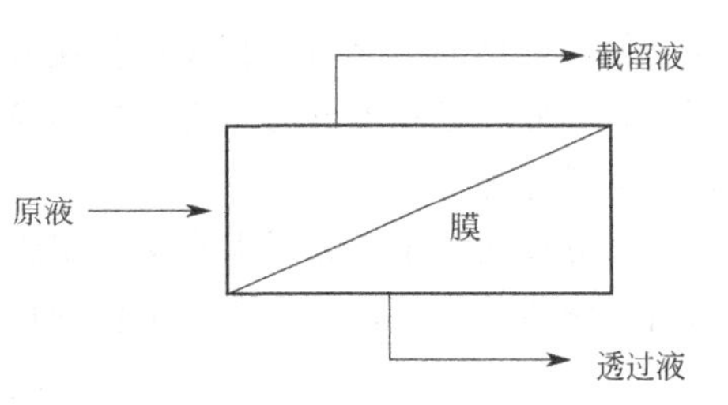

图4-1　膜分离过程示意图

膜分离技术的核心是膜本身，膜材料的性质和化学结构对膜分离性能起着决定性的影响。膜可以看作是一种具有分离功能的介质，可以是固态的，也可以是液态或者气态的。

膜在分离过程中具有如下功能。

① 物质的识别与透过，是使混合物中各组分之间实现分离的内在因素；

② 界面，膜将透过液和截留液（料液）分为互不混合的两相；

③ 反应场，膜表面及孔内表面含有与特定溶质具有相互作用能力的官能团，通过物理作用、化学反应或生化反应提高膜分离的选择性和分离速度。

膜分离技术的优点包括以下几点。

① 膜分离过程中通常不发生相变，能保持物料原有的风味，同时能耗极低，其费用为蒸发浓缩或冷冻浓缩的1/8～1/3。

② 可在室温或低温条件下进行操作，特别适用于热敏性物质，如抗生素、果汁、酶、蛋白质的分离与浓缩。

③ 膜分离过程中不发生化学变化，是典型的物理分离过程，无需化学试剂和添加剂，化学强度与机械损害小，产品不易受污染，避免过多失活，同时有利于节约资源和环境保护。

④ 具有较好的选择性，可在分离、浓缩的同时达到部分纯化目的。

⑤ 通过对膜和操作参数的优化，可得到较高的收率。

⑥ 易于通过放大设备，很大范围内调整处理规模和能力。

⑦ 具有很强的适应性，既可以连续进行也可以间歇进行，工艺简单，操作方便，可频繁启停，易于自控和维修。

⑧ 系统的密闭循环性好，可以有效防止外来污染。

⑨ 易于和其他分离过程相结合，实现过程耦合和集成，大大提高分离效率。

随着膜分离技术迅速的工业开发和应用，其已经在海水淡化、污水处理、石油化工、节能技术、清洁技术、电子工业、食品工业、医药工业、环境保护和生物工程等领域中取得了优异的成绩。

第二节 膜分离过程

膜分离过程的主要目的是利用膜对物质的识别与透过性使混合物各组分之间实现分离。为了使混合物的组分通过膜实现传递分离，必须对组分施加某种推动力。根据推动力类型的不同，膜分离过程可分为压力差推动膜过程、浓度差推动膜过程、电位差推动膜过程和温度差推动膜过程等。

按分离的粒子或分子大小又可将膜分离过程分为透析、反渗透、超滤、纳滤、微滤、电渗析、渗透蒸发等，基本覆盖了各种粒子的大小范围。主要的膜分离过程如表4-1所示。

表4-1 主要膜分离过程

过程	膜类型	传质推动力	透过物	截留物	应用对象
透析	对称膜或非对称膜	浓度差	离子、小分子	大分子、悬浮物	小分子有机物和无机离子的去除
反渗透	带皮层的膜、复合膜（<1nm）	压力差（1～10MPa）	水	溶解或悬浮物质	小分子溶质脱除与浓缩
超滤	非对称微孔膜（1～50nm）	压力差（0.2～1MPa）	水、盐	大分子、胶体	小分子胶体去除，可溶性中分子或大分子分离
纳滤	非对称膜或复合膜、荷电膜	压力差（0.2～1MPa）	水、单价离子、小分子	多价离子、大分子	低价离子脱除

续表

过程	膜类型	传质推动力	透过物	截留物	应用对象
微滤	对称微孔膜(0.05～10pm)	压力差（0.05～0.5MPa)	水、溶解物	悬浮物、细菌	消毒、澄清、细胞收集
电渗析	离子交换膜	电位差	电解质、离子	无机、有机离子	离子脱除,氨基酸分离
渗透蒸发	致密膜或复合膜	压力差、浓度差	易汽化物	液体、无机盐	挥发性液体混合物分离

一、透析

透析（dialysis）是以膜两侧的浓度差为传质推动力，从溶液中分离小分子物质的过程。如图 4-2 所示，利用具有一定孔径大小、高分子溶质不能透过的亲水半透膜将含有高分子溶质和其他小分子溶质的溶液（左侧）与纯水或缓冲液（右侧）分隔，由于膜两侧的溶质浓度不同，在浓度差产生的压力作用下，左侧高分子溶液中的小分子溶质（例如无机盐）透向右侧，右侧中的水透向左侧。

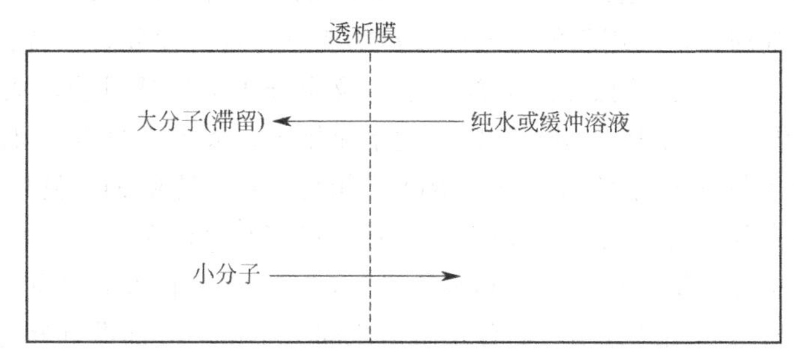

图 4-2　透析原理图

通常将右侧纯水或缓冲液称为透析液，所用亲水半透膜称为透析膜。透析膜一般为孔径 5～10nm 的亲水半透膜，例如纤维素膜、聚丙烯腈膜和聚酰胺膜等。生化实验室中经常使用的透析袋直径为 5～80mm，将料液装入透析袋中，封口后浸入到透析液中，一定时间后即可完成透析，必要时需更换透析液。处理量较大时，为提高透析速度，常使用比表面积较大的中空纤维透析装置。

透析法在临床上常用于肾衰竭患者的血液透析。在生物分离方面，主要用于生物大分子溶液的脱盐。由于透析过程以浓度差为传质推动力，膜的通量很小，不适于大规模生物分离过程，而在实验室中应用较多。

二、反渗透

一个容器中间用一张可透过溶剂（水），但不能透过溶质的膜（渗透膜）隔开，两侧分别加入纯水和含溶质的水溶液。若膜两侧压力相等，在浓度差的作用下作为溶剂的水分子会从溶质浓度低（水浓度高）的一侧向溶质浓度高的一侧透过，这种现象称为渗透。促使水分子透过的推动力称为渗透压。溶质浓度越高，渗透压越大。如果欲使含溶质溶液中的溶剂（水）透过膜到纯水，在含溶质的水溶液一侧必须施加大于此渗透压的压力，这种操作称为反渗透（reverse osmosis，RO）。一般反渗透的操作压力常达到几十个大气压。反渗透技术的应用十分广泛，在海水淡化、苦碱水脱盐、超纯水生成及废水处理方面显示出了强大的优势。

三、纳滤

纳滤（nanofiltration，NF）是 20 世纪 80 年代初期开始研究发展起来的一种介于超滤和反渗透之间的膜过程，当时称为低压反渗透。该技术以压力差为推动力，使用粗孔反渗透膜（纳滤膜），具有对盐的截流率较低等特点，因而操作压力比较低。同时由于其截留率大于 95％的最小粒子的粒径为 1nm，所以又被称为纳米滤。

纳滤也以致密膜为分离介质，但致密度要低些，表层孔径处于纳米级范围，因此对单价离子的截留率很低，但对二价或高价离子的截留率可达 90％以上。纳滤分离愈来愈广泛地应用于电子、食品和医药等行业，诸如超纯水制备、果汁高度浓缩、多肽和氨基酸分离、抗生素浓缩与纯化、乳清蛋白浓缩、纳滤膜-生化反应器耦合等实际分离过程中。

四、超滤和微滤

与反渗透（RO）一样，超滤（ultrafiltration，UF）和微滤（microfiltration，MF）都是以压力差为传质推动力，利用膜的筛分性质对物质进行选择性分离。当液体混合物在一定压力下流经膜表面时，小于膜孔径的溶剂（水）及小分子溶质透过膜，成为净化液（透过液），比膜孔径大的溶质及溶质集团被截留，随水流排出，成为浓缩的截留液，从而实现大、小分子的分离、净化与浓缩等目的。但与 RO 膜相比，UF 膜和 MF 膜具有明显的孔道结构，主要用于截留高分子溶质或固体微粒。UF 膜的孔径较 MF 膜小，主要用于处理不含固形成分的料液，其中分子量较小的溶质和水透过膜，而分子量较大的溶质被截留。因此，超滤是根据高分子溶质之间或高分子与小分子溶质之间分子量的差别进行分离的方法。超滤过程中，膜两侧渗透压差较小，所以操作压力比反渗透操作低，一般为 0.1～1.0MPa。在生物制药中，超滤可用来分离蛋白质、酶、核酸、多糖、多肽、抗生素、病毒等。超滤的优点是没有相转移，无需添加任何强烈化学物质，可以在低温下操作，过滤速率较快，便于做无菌处理等，能使分离操作简化，避免了生物活性物质的活力损失和变性。微滤一般用于悬浮液（粒子粒径为 0.1 微米～数微米）的过滤，在生物分离中，广泛用于菌体的分离和浓缩。微滤过程中膜两侧的渗透压差可忽略不计，由于膜孔径较大，操作压力比超滤更小，一般为 0.05～0.5MPa。

五、电渗析

电渗析（简称 ED）是在直流电场作用下，电解质溶液中的带电粒子以电位差为推动力，利用离子交换膜选择性地使阴离子或阳离子通过的性质，使阴、阳离子分别透过相应的膜以达到分离的一种膜分离技术，可用于小分子电解质（例如氨基酸、有机酸）的分离和溶液的脱盐。电渗析操作所用的膜材料为离子交换膜，即在膜表面和孔内共价键合有离子交换基团，如磺酸基（$—SO_3H$）等酸性阳离子交换基和季铵基（$—N^+R_3$）等碱性阴离子交换基。键合阳离子交换基的膜称作阳离子交换膜，在电场的作用下能够选择性透过阳离子；而键合阴离子交换基的膜称作阴离子交换膜，在电场的作用下能够选择性透过阴离子。电渗析具有以下五个特点：①无化学添加剂、环境污染小；②对原液含盐量变化适应性强；③操作简单，易于实现机械化和自动化；④设备紧凑耐用，预处理简单；⑤水利用率高。目前电渗析技术在水的淡化除盐、海水浓缩制盐、精制乳制品、制取化工产品等领域得到广泛应用，还可以用于食品、轻工等行业制取纯水，电子、医药等工业制取高纯水的前处理，锅炉给水的初级软化脱盐，将苦咸水淡化为饮用水等方面。

第三节 影响膜分离的主要因素

一、操作形式

在传统的过滤操作中，主要的过滤介质是滤布，采用终端过滤（dead end filtriation，DEF）形式回收或除去悬浮物。在终端过滤操作中，料液流向与膜面垂直，不能透过滤层的物质会积存在过滤面上成为滤饼，而且随着时间的延长滤饼增厚，导致膜表面的阻力增大，通量降低。终端过滤通常为间歇式，在操作过程中必须周期性地清除滤饼或更换滤膜，不利于工业大规模生产。由于新型膜材料和膜组件的研究开发，目前的膜工业生产主要采用错流过滤（cross-flow filtration，CFF）形式。在错流过滤操作中，料液的流动方向与膜面平行，大部分的液体可以透过滤膜成为透过液，少部分液体不透过，与被截留的溶质一起成为截留液。由于流动的剪切作用可大大减轻浓度极化现象或凝胶层厚度，使通量维持在较高水平，且该操作可以连续进行，利于工业大规模生产。

二、流速

根据浓差极化-凝胶层模型，增大流速，会减小浓差极化的厚度，使通量增大。因此，流速增大，通量亦增大。超滤通常在低于极限通量的条件下进行。

虽然增大流速能提高通量，但也需要对以下几点因素进行考虑：①只有当通量为浓差极化控制时，增大流速才会使通量增大；②增大流速会使膜两侧平均压力差减小；③增大流速，剪切力增大，可能对某些蛋白质产生不利影响；④增大流速会使设备的动力消耗提高，能耗和成本增加。因此在膜分离工程中，应综合考虑各种因素。

三、压力

在错流过滤中，存在两种压力差。一种为通道两端压力差 $\Delta p=p_1-p_2$，是截留液在系统中进行循环的推动力；另一种是膜两侧平均压力差，如图 4-3 所示。

$$\Delta p=[(p_1-p_0)+(p_2-p_0)]/2=(p_1+p_2)/2 \qquad \text{(以表压表示)}$$

式中，Δp 是膜过滤的推动力。在反渗透中，当压力差增大时，通量和截留率都增加。

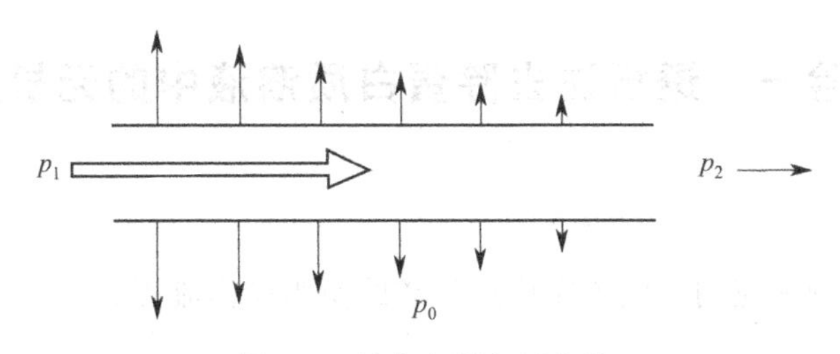

图 4-3 轴向和侧向压力差

在超滤和微滤中，当压力差较小时，膜面上尚未形成浓差极化层，通量与压力差成正比；当压力差逐渐增大时，出现浓差极化现象，通量的增长速率减慢；当压力差继续增大，出现凝胶层，其厚度随压力增大而增大，通量不再随压力差增大，此时的通量为此流速下的极限值。此时压力继续增大，只能增大凝胶层厚度，使通量下降以及截留率减小。此外，过高的压力还会对膜结构产生影响，膜被压缩，膜孔径减小，即“压实效应”，表现为膜通量的减小和对溶质截留率的升高。

四、料液浓度

当料液中小分子溶质浓度增大时，截留率减小，相应的通量也减少。这是由于浓度增大导致浓差极化率增大造成的。当料液成分复杂，含有多种蛋白质时，总蛋白质浓度升高，通量下降。由于其他蛋白质的共存使蛋白质的截留率上升，在膜面上形成了高黏度层，阻止了蛋白质的透过，即截留率上升，而无机小分子仍然可以自由透过，但通量下降。

五、浓差极化

在膜分离操作中，所有溶质均被透过液传送到膜表面，不能完全透过膜的溶质受到膜的截留作用，在膜表面附近浓度升高，这种在膜表面附近浓度高于主体浓度的现象称为浓差极化。在反渗透中，浓差极化使渗透压增高，致使有效压力降低，通量减小；在超滤和微滤中，浓差极化增大了阻力而使通量减低。要减少浓差极化，通常采用错流过滤及增大湍流流速。

六、 pH和盐浓度

pH 和盐浓度的影响包括两个方面，一是对膜表面电位、膜结构特性的影响；二是对溶质电荷特性的影响，例如蛋白质胶体的等电点絮凝沉淀、有机酸的解离、氨基酸的两性解离等。

对于蛋白质类溶质，当 pH 接近等电点时，这类两性电解质电荷为零，溶解度最小，极易析出并在膜表面聚集，形成吸附层，因此膜通量最小；当 pH 偏离等电点时，两性离子会带电荷，分子间的静电排斥力增大，这将阻止分子在膜表面的聚集。但是如果膜自身带有电荷，当溶质离子的电荷与膜面的电荷相反时，也会产生静电吸附从而使通量减小；当溶质离子的电荷与膜面的电荷相同时，由于同性相斥，减小了膜表面的吸附作用，此时通量是最大的。纳滤膜表面分离层带有一定的电荷，而且大多数是带负电荷，因此与溶质离子的电荷效应就比较明显。

当有盐存在时，盐浓度增加会使膜表面的流动电位下降，一般使通量降低。

实验一　透析法去除蛋白质溶液中的无机盐

一、实验目的

掌握透析法的原理和应用；熟练完成透析袋的使用操作流程。

二、实验原理

透析法是利用小分子物质在溶液中可通过半透膜，而大分子物质不能通过半透膜的性质，根据分子量不同实现各组分分离的方法。例如分离和纯化皂苷、蛋白质、多肽、多糖等物质时，可用透析法除去无机盐、单糖、双糖等杂质。反之也可将大分子的杂质留在半透膜内，而将小分子的物质通过半透膜进入膜外溶液中，而加以分离精制。半透膜一般为 10nm 的亲水膜，如纤维素膜、聚丙烯腈膜和聚酰胺膜等，通常将半透膜制成袋状，即透析袋。商品透析袋制成管状，其扁平宽度为 23～50mm 不等。本实验采用搅拌透析法去除蛋白质溶液中的无机盐。

三、仪器及试剂

仪器用具：电磁搅拌器、烧杯、转子、试管、透析袋。

试剂：双缩脲试剂、10% HNO_3 溶液、1% $AgNO_3$ 溶液、饱和氯化钠溶液。

材料：鸡蛋清。

四、实验步骤

操作流程见图 4-4。

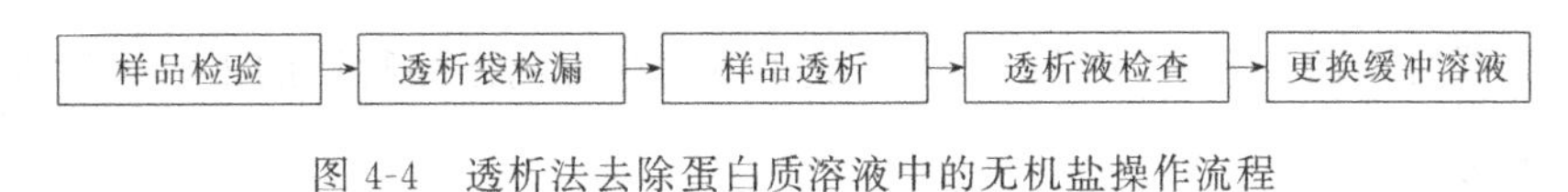

图 4-4　透析法去除蛋白质溶液中的无机盐操作流程

1. 材料准备

① 蛋白质的氯化钠溶液制备：用 3 个除去卵黄的鸡蛋清与 700mL 水及 300mL 饱和氯化钠溶液混合后，用数层干纱布过滤。

② 透析袋的前处理：戴手套把透析袋剪成适当长度（通常长度为 10cm、20cm 和 30cm）的小段。用沸水煮 5～10min，再用 60℃蒸馏水冲洗 2min，然后置于 4℃蒸馏水中待用。若长时间不用，可加少量 0.02% NaN_2，以防长菌。

2. 样品检验

取部分蛋白质溶液至试管中，加入双缩脲试剂，充分摇匀，观察，若有紫蓝色出现，说明有蛋白质存在。

3. 透析袋检漏

取出透析袋，用蒸馏水清洗袋内外。然后一端用线绳扎紧，或使用特制的透析袋夹夹紧，由另一端灌满水，用手指稍加压，检查不漏，方可装入待透析液。

4. 样品透析

取 8mL 蛋白质溶液放入透析袋中，并将开口端同样用线绑住并放入盛有蒸馏水的烧杯中。透析袋装液时应留 1/3～1/2 空间，并排除袋内空气，以防透析过程中，袋外的水和缓冲液过量进入袋内将袋胀破。

5. 透析液检查

每 30min 从烧杯中取水 1mL，用 10% HNO_3 酸化溶液，再加入 1% $AgNO_3$ 1～2 滴，检查氯离子的存在。另外再取出 1～2mL 烧杯中的水做双缩脲反应，检查烧杯中是否有蛋白质存在。

6. 更换缓冲溶液

每 0.5h 更换一次烧杯中的蒸馏水以加速透析过程。直到数小时后，烧杯中的水不能检出氯离子的存在时，停止透析。

7. 观察和检测

观察和检测透析袋内容物是否有蛋白质或者氯离子存在。

五、作业

(1) 影响透析的因素有哪些?

(2) 透析袋是否可重复使用?

(3) 透析时为什么将透析袋置于透析液层的中部?

实验二 用纳滤膜分离浓缩茶叶中的茶多酚

一、实验目的

掌握纳滤膜分离的原理和应用;熟练完成用纳滤膜分离浓缩物质的工艺操作流程。

二、实验原理

纳滤膜是允许溶质分子或某些低分子量溶质或低价离子透过的一种功能性的半透膜。它截留有机物的分子量为150~500,截留溶解性盐的能力为2%~98%,对单价阴离子盐溶液的脱盐效率低于高价阴离子盐溶液。纳滤过程的特点是:分离过程无任何化学反应,无需加热,无相变,不会破坏生物活性,不改变被分离物质的风味和香味。

纳滤在食品工业和饮料工业中的应用研究十分活跃,有很好的应用前景。随着膜科学技术的发展,膜分离技术已被应用于茶提取液的分离浓缩,但都是通过反渗透膜实现的。由于反渗透膜几乎截留所有的离子,使用操作压力较高,膜通量受限制,相对设备投资成本及操作维修费用较高。而纳滤膜的孔径介于反渗透膜和超滤膜之间,存在真正的纳米级孔径的微孔,可以较好地截留有机分子和允许无机物通过,故纳滤浓缩相对反渗透浓缩技术具有投资较少能耗低的优点。

茶叶中含有许多对人体有益的成分,近年来发展起来的对茶叶中活性成分的研究发现,茶叶中茶多酚的含量高达22%,茶多酚主要由儿茶素类、黄酮及黄酮醇类、花色素类、酚酸及缩酚酸四类化合物组成。茶多酚具有显著的药理活性,能降低血糖血脂,防止动脉粥样硬化,抗菌、抗病毒、抗辐射,收缩血管等作用,还可以清除活性氧自由基,抑制脂质过氧化,达到延缓衰老的目的。

三、仪器及试剂

仪器:磁力搅拌器、循环水式真空泵、纳滤膜。

试剂:0.1%靛红、高锰酸钾标准溶液(0.02058mol/L)。

材料:市购绿茶、红茶、普洱茶、乌龙茶。

四、实验步骤

工艺流程见图4-5。

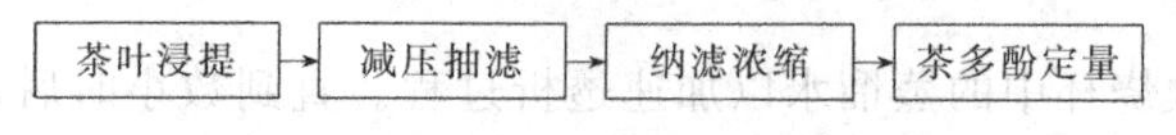

图4-5 用纳滤膜分离浓缩茶叶中的茶多酚工艺流程

1. 茶叶浸提

取绿茶、红茶、普洱茶、乌龙茶各10g分别于2400mL废水中浸提40min。

2. 减压抽滤

分别趁热减压抽滤，得到各种茶叶浸提液各2000mL。

3. 纳滤浓缩

调节压力分别为0.1MPa、0.2MPa、0.3MPa，将绿茶浸提液经纳滤膜纳滤浓缩，得到纳滤液和浓缩液。将纳滤膜水洗、碱洗、水洗后，再分别纳滤红茶、乌龙茶和普洱茶的浸提液。

4. 茶多酚定量

取200mL蒸馏水放在500mL烧杯中，加入0.1%靛红溶液5mL，再加入供测试液5mL，开动磁力搅拌器，边搅拌边用高锰酸钾标准溶液进行滴定，滴定速度为1滴每秒，接近终点时再慢滴。滴定溶液由深蓝色转变为亮黄色为止，记下消耗高锰酸钾标准溶液的体积。为避免误差，重复滴定操作三次，取平均值。

计算方法：茶多酚含量(%)=$(V_A-V_B)\times c\times 0.00582\times 100/(0.318\times m\times V_{样}/V_T)$

式中，V_A为样品溶液消耗高锰酸钾标准溶液的量，mL；V_B为空白溶液消耗高锰酸钾标准溶液的量，mL；c为高锰酸钾标准溶液的物质的量浓度，mol/L；m为样品质量，g；$V_{样}$为吸取样品液量，mL；V_T为提取样品液量，mL。

五、作业

（1）结合纳滤与其他膜分离技术，说明纳滤技术的优点？

（2）思考纳滤膜使用后怎么清洗重复利用？

实验三　反渗透法制备超纯水

一、实验目的

掌握反渗透膜分离的原理和应用；熟练完成反渗透法制备超纯水的工艺操作流程。

二、实验原理

反渗透是借助外加压力的作用使溶液中的溶剂透过半透膜而阻留某种物质。反渗透技术具有无相变、组件化、流程简单等特点。反渗透净水是以压力为动力，利用反渗透膜只能透过水而不能透过溶质的选择透过性，从含有多种有害有机物和微生物的水体中，提取纯净水的物质分离过程。在高于渗透压的压力作用下，咸水中的化学位升高，超过纯水的化学位，水分子从咸水一侧反向地通过膜透过到纯水一侧，使咸水得到淡化，这就是反渗透脱盐的基本原理。

三、仪器及试剂

仪器：超纯水系统。

材料：自来水。

四、实验步骤

工艺流程见图 4-6。

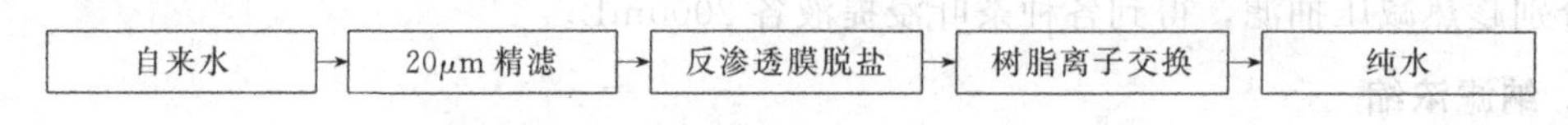

图 4-6 反渗透法制备超纯水工艺流程

① 开启房间自来水总阀。

② 接通自来水。

③ 开泵。

④ 系统稳定约 20min，出口水质基本稳定（出水电阻率不低于 5MΩ·cm）记录纯水电阻值，同时记录浓缩液、透过液流量，计算回收率。

⑤ 控制该表膜出口阀门开度，调节系统操作压力在 0.5～1MPa 内。

⑥ 待系统稳定后，记录不同压力下纯水电阻值，浓缩液、透过液流量。

⑦ 开启离子交换树脂，制备超纯水，出水电阻率不低于 8MΩ·cm，最好达到 12MΩ·cm.

⑧ 停止时，先关闭输液泵及总电源，随后关闭自来水进水。

五、作业

（1）结合反渗透脱盐与离子交换技术，说明反渗透技术的优点？

（2）反渗透膜组件受污染后有哪些特性？

第五章

吸　附

【知识目标】

① 掌握吸附的概念以及不同的吸附类型；
② 掌握影响吸附的主要因素；
③ 了解各种吸附剂。

【技能目标】

能够根据实际情况选择合适的吸附剂，独立完成离子交换纯化的具体操作。

第一节　吸附概述

吸附（Adsorption）是溶质从液相或气相转移到固相的现象。利用固体吸附的原理从液体或气体中除去有害成分或提取回收有用目标物质的过程称为吸附操作。吸附操作所使用的固体一般为多孔微粒，具有很大的比表面积，称为吸附剂（Adsorbent）。被吸附剂所吸附的物质，即吸附过程中的吸附目标物质，称为吸附质。根据吸附剂和吸附质之间吸附作用力的不同，可将吸附分为物理吸附、化学吸附和离子交换吸附。

物理吸附过程中吸附剂与吸附质之间的作用力是分子间作用力，也就是范德瓦耳斯力。由于分子间作用力的普遍存在，吸附剂的整个吸附界面都可以进行吸附，故物理吸附的特点是无选择性。物理吸附在低温下也可进行，不需要很高的活化能，一般为$(2.09\sim4.18)\times10^4$ J/mol。在物理吸附过程中，吸附质在吸附剂表面上可以是单分子层，也可以是多分子层，通常其吸附速率和解吸速率都较快，很容易达到吸附平衡状态。吸附剂对吸附质的吸附及吸附量主要取决于吸附剂与吸附质的极性相似性以及溶剂的极性，吸附随物系不同而相差很大。

化学吸附是利用吸附剂表面活性位点与吸附质之间有电子转移而发生化学结合，形成化学键，实现物质的吸附。因此与物理吸附相比，化学吸附需要较高的活化能，一般为$(4.18\sim41.8)\times10^4$ J/mol，需要在较高温度下进行，故一般可通过测定吸附热来判断一个过程是物理吸附还是化学吸附。由于化学吸附生成化学键，因而只能是单分子层吸附，其吸附与解吸过程缓慢。化学吸附过程的选择性强，即只对某种或特定几种物质有吸附作用。

对于离子交换吸附，当吸附剂表面为极性分子或离子组成时，吸附剂吸引溶液中带相反电荷的离子而形成双电层，根据其电荷差异依靠静电力吸附在离子型吸附剂表面，然后利用合适的洗脱剂将吸附质从离子型吸附剂上洗脱下来而达到分离的目的，其是一种特殊的吸附类型。离子交换吸附过程中，离子的电荷是离子交换吸附的决定性因素，电荷越多其在离子型吸附剂表面的相反电荷吸附能力越强。离子交换吸附反应过程是可逆的，是等物质的量吸附，并具有一定的选择性。

吸附广泛应用于生物分离过程，在原料液脱色、除臭，目标产物的提取、浓缩和粗分离方面发挥着重要作用。各种基于吸附原理的色谱法是纯化生物产物的主要手段。

生物分离过程中，吸附分离一般具有以下特点：①操作简便，设备简单，成本低廉；②对于从大量流体混合物中提取少量吸附质的处理能力较低；③不用或少用有机溶剂，吸附和洗脱过程受 pH 影响小，不易引起生物物质活性变化；④选择性和收率低，不适合连续操作，劳动强度大。

第二节 影响吸附的因素

固体吸附剂在溶液中的吸附过程比较复杂，主要考虑三种作用力：①界面层吸附剂与吸附质间的作用力；②吸附剂与溶剂之间的作用力；③吸附质与溶剂之间的作用力。影响因素也较多，主要包括吸附剂、吸附质、溶剂的性质以及吸附过程的具体操作条件等。

一、吸附剂的性质

吸附剂的比表面积、颗粒度、孔径、极性等对吸附的影响很大。吸附剂的比表面积越大，孔隙度越大，则吸附容量越大，而颗粒度和孔径分布主要影响吸附速度，颗粒度越小吸附速度就越快，孔径适当有利于吸附质向孔隙中扩散，加快吸附。一般吸附分子量大的物质应选择孔径大的吸附剂，吸附分子量小的物质，则需要选择比表面积大及孔径较小的吸附剂，而极性化合物需选择极性吸附剂，非极性化合物应选择非极性吸附剂。

二、吸附质的性质

一般能使表面张力降低的物质，易为表面所吸附。溶质在溶剂的溶解度越大，吸附量越少。极性吸附剂易吸附极性物质，非极性吸附剂易吸附非极性物质。如非极性物质活性炭在水溶液中是一些有机化合物的良好吸附剂，极性物质硅胶在有机溶剂中能较好地吸附极性物质。对于同系列物质，排序越靠后的物质，极性越差，越易为非极性吸附剂所吸附，如活性炭在水溶液中对同系列有机化合物的吸附量，随吸附物分子量的增大而增大，吸附脂肪酸时吸附量随碳链增长而加大，对多肽的吸附能力大于对氨基酸的吸附能力。

三、温度

温度会影响平衡吸附量和吸附速度。吸附一般是放热过程，升高温度会使吸附速率加快，但当达到吸附平衡时，升高温度会使吸附量降低。生化物质吸附温度的选择还要考虑它的热稳定性，如果吸附质是对热不稳定的，一般在0℃左右进行吸附，如果比较稳定，则可在室温下操作。

四、溶液的pH值

溶液的pH值往往会影响吸附剂或吸附质的解离情况，进而影响吸附量。对于蛋白质或酶类等两性物质，一般在等电点附近吸附量最高。

五、盐的浓度

盐类物质的存在对吸附作用的影响比较复杂，有些情况下盐能阻止吸附，例如在低浓度盐溶液中吸附的蛋白质或酶，常用高浓度盐溶液进行洗脱。但在有些情况下盐能促进吸附过程，甚至有些吸附剂一定要在盐的作用下才能对某些吸附物质进行吸附，例如硅胶吸附蛋白质时，硫酸铁的存在可使吸附量增加许多倍。

六、吸附物质的浓度与吸附剂量

在稀溶液中吸附量和浓度呈正相关关系，当吸附达到平衡时，吸附质的浓度称为平衡浓度。一般来说吸附质的平衡浓度越大，吸附量也越大，例如用活性炭脱色时，往往将料液适当稀释后进行，这是为了避免对有效成分的吸附。

第三节　吸附剂

良好的吸附剂通常具有以下几个特点：①对于分离物质具有强吸附选择性和较大的吸附量；②机械强度高；③性能稳定，容易再生；④获得途径容易，价格便宜。

一、活性炭

活性炭是一种经特殊处理的炭，通过将有机原料在隔绝空气的条件下加热，以减少非碳成分，然后与气体反应，表面被侵蚀，产生微孔发达的孔隙结构，获得较大的比表面积和丰富的表面化学基团。活性炭是最常用的吸附剂之一，具有吸附能力强、分离效果好、来源容易、价格低廉等优点，常用于生物产物的脱色和除臭，也可应用于糖、氨基酸、多肽和脂肪酸等生物产品的分离提取，是一种非极性的吸附剂。活性炭在空气净化、水处理等领域呈现出应用量增长的趋势，专用高档炭如高比表面积炭、高苯炭、纤维炭等已成功进入航天、电子、通信、能源、生物工程和生命科学等领域。

二、硅胶

硅胶的化学式为$x\mathrm{SiO_2} \cdot y\mathrm{H_2O}$，是一种透明或乳白色粒状固体。硅胶具有开放的多孔结构，其吸附性强，能吸附多种物质，是应用最广泛的一种极性吸附剂。硅胶作为吸附剂的主要优点包括具有化学惰性、较大的吸附量，且易于制备成不同类型、孔径和表面积的多孔性硅胶，因此常用于萜类、固醇类、生物碱、酸性化合物、磷脂类、脂肪类、氨基酸类等生物产品的吸附分离。

三、氧化铝

氧化铝也是一种常用的亲水性吸附剂，具有较高的吸附容量，分离效果好，特别适用于亲脂性成分的分离，可应用于醇、酚、生物碱、染料、苷类、氨基酸、蛋白质、维生素及抗生素的分离。氧化铝是一种干燥剂，也是吸附极性分子的吸附剂。氧化铝的吸附活性与含水量关系很大，吸附能力随着含水量增多而降低，故在使用前需要在150℃烘干2h使其活化。氧化铝价格低廉，再生方便，吸附活性容易控制，但操作烦琐，处理量也有限，因而限制了其在工业生产上的大规模应用。

四、大孔吸附树脂

大孔吸附树脂又称为大孔网状吸附剂，是一类吸附性和分子筛性原理相结合，对有机物具有浓缩、分离作用的聚合物。大孔吸附树脂是由苯乙烯、二乙烯苯或甲基丙烯酸酯等单体，加交联剂、致孔剂和分散剂，经悬浮聚合制备而成。聚合物形成后，致孔剂被除去，在树脂中留下了大大小小、形状各异、互相贯通的孔穴。因此大孔吸附树脂在干燥状态下其内部具有较高的孔隙率，且孔径较大，在100～1000nm之间。大孔吸附树脂是通过物理吸附从溶液中有选择地吸附有机物质，从而达到分离提纯的目的。其理化性质稳定，不溶于酸、碱及有机溶剂，对有机物选择性好，不受无机盐类及强离子、低分子化合物存在的影响，在水和有机溶剂中可吸附溶剂而膨胀。大孔吸附树脂最早用于废水处理、医药工业、化学工业、分析化学、临床鉴定和治疗等领域，近年来在我国已广泛用于中草药有效成分的提取、分离、纯化工作中。

五、羟基磷灰石

羟基磷灰石（hydroxyapatite，HAP）是一种微溶于水的磷酸钙盐，属于六方晶系。在无机吸附剂中，羟基磷灰石因其独特的晶体结构和表面活性，具有优越的离子吸附和交换性，是唯一适用于生物活性高分子（如蛋白质、核酸等）分离的吸附剂。羟基磷灰石主要是依靠其 Ca^{2+} 与蛋白质负电基团结合，其次是 PO_4^{3-} 与蛋白质的正电基团结合来实现吸附分离。由于羟基磷灰石吸附容量高、稳定性好，因而在制备及纯化蛋白质、酶、核酸、病毒等方面得到了广泛的应用，有些样品如RNA、双链DNA、单链DNA和杂型双链DNA-RNA等经过一次羟基磷灰石柱色谱，就能实现高效分离。

六、离子交换剂

离子交换剂是由一类不溶于水的惰性聚合物基质通过一定的化学反应共价结合某种电荷基团形成的，其能与溶液中其它带电离子进行离子交换或吸附，是最常用的吸附剂之一。离子交换剂可以分为三部分，聚合物基质、电荷基团和平衡离子。电荷基团可与聚合物共价结合，形成一个带电的可进行离子交换的基团。平衡离子是结合于电荷基团上的相反离子，它能与溶液中其他离子基团发生可逆的交换反应。平衡离子带正电的离子交换剂能与带正电的离子基团发生交换作用，称为阳离子交换剂；平衡离子带负电的离子交换剂能与带负电的离子基团发生交换作用，称为阴离子交换剂。常见的离子交换剂有人工高聚物作载体的离子交换树脂和多糖基离子交换剂。

离子交换剂的种类包括以下几种：

（1）按树脂骨架的主要成分分类 可分为聚苯乙烯树脂、聚苯烯酸树脂、多乙烯多氨-环氧氯苯烷树脂和酚醛树脂等。

（2）按树脂骨架的物理结构分类 可分为凝胶型离子交换树脂、大网格离子交换树脂、均孔离子交换树脂等。

（3）按活性基团分类 可分为阳离子交换树脂、阴离子交换树脂等。

第四节 吸附的应用

一、活性炭用于废水脱酚

煤化工、石油化工、制药、印染等工业废水中均含酚类化合物。酚类化合物作为一种原型质毒物，会通过废水的排放污染地表水和地下水，对环境和生态产生诸多不利影响，如造成水生生物大量死亡、抑制微生物群落、使动物致癌等。目前对含酚废水的处理方式有萃取法、化学氧化法、化学沉淀法、物理吸附法、电解法、生化法等。其中物理吸附法研究和应用较多，常用的吸附剂有活性炭、高分子材料（树脂）、硅质材料（黏土、沸石）、矿化垃圾、生物材料（农业固废）等。活性炭具有较强的吸附能力、稳定的化学性质和良好的力学强度，适用于含酚废水的处理。活性炭吸附能力主要取决于其表面色散力、含氧基团的作用和微孔的作用，对于含有苯环类的物质吸附力较强。

二、软水与无盐水的制备

水是工业生产的重要资源，不但需求量大而且对水质也有一定的要求。天然水中含有各种盐类，这些盐类在水中溶解为各种阳离子和阴离子，主要有 Ca^{2+}、Mg^{2+} 等离子，这些离子容易与水中某些阴离子结合生成难溶物质（水垢），因此不能直接供给锅炉或者制药生产用水，必须进行处理以除去 Ca^{2+}、Mg^{2+}。目前离子交换法仍然是最主要、最先进、最经济的水处理技术。

1. 软水的制备

利用钠型磺酸树脂除去水中的 Ca^{2+}、Mg^{2+} 等碱金属离子后即可制得软水，其交换反应式为

$$2RSO_3Na + Ca^{2+}(\text{或 } Mg^{2+}) \longrightarrow (RSO_3)_2Ca^{2+}(\text{或 } Mg^{2+}) + 2Na^+$$

经过该方法处理后的原水，残余硬度可降至 0.05mol/L 以下，甚至可以达到硬度完全消失的程度。失效后的树脂可用工业盐水（浓度为 10%～15%）再生成钠型，反复使用。

2. 无盐水的制备

无盐水是将原水中的所有溶解性盐类，游离的酸、碱离子除去而得到的水。无盐水的用途十分广泛，如高压锅炉的补给水、实验室用的去离子水、制药和食品行业用水等。将原水通过氢型强酸性阳离子交换树脂和羟基型强碱或弱碱性阴离子交换树脂的组合，经过离子交换反应，将水中所有的阴、阳离子除去，从而制得纯度很高的无盐纯水，其反应式如下：

$$RSO_3H + MeX \longrightarrow RSO_3Me + HX$$

$$R'OH + HX \longrightarrow R'X + H_2O$$

式中，Me代表金属离子；X代表阴离子。

三、离子交换提取蛋白

蛋白质的分子量较大，具有一定的空间构象，其体积远大于无机离子，且蛋白质是带有大量可解离基团的两性物质，在不同的pH值条件下可以带不同数目的正电荷或负电荷，只有在适合的条件下，蛋白质才能保持其高级结构，否则将会遭到破坏而失活变性。因而分离蛋白质的离子交换剂除了要含有一般树脂性能之外，还需要符合蛋白质分离的其他一些特殊要求，如：①必须具备良好的亲水性；②要有均匀的大网结构，以容纳大体积蛋白质；③电荷密度适合，以免引起蛋白质空间构象变化导致失活；④离子交换剂颗粒的大小要求均匀，颗粒越小其分辨率越高；⑤能满足蛋白质分离应用目的的要求，如工业级、分析级、生物级、分子生物级等不同级别的交换剂。

蛋白质是两性电解质，它与离子交换剂的结合力取决于分子表面能够与离子交换剂形成静电键的数目，而后者首先与分子所携带的电荷的数目有关，其次与蛋白质分子的大小及电荷排列也有一定关系，因为它们与蛋白质分子是否易于在离子交换剂上的适当部位形成静电键有关。总的来说，蛋白质分子与离子交换剂之间存在三种不同的结合状态：①蛋白质分子与离子交换剂之间的静电键数目很多，以致它们同时解离的概率等于零。洗脱时，这部分蛋白质由于结合紧密而停留在柱顶端。②蛋白质分子与离子交换剂之间的静电键数目相对较少，它们同时解离的概率达到某一有限值（0～1之间）。洗脱时，某一蛋白质分子的静电键在某一时间里同时解离，随洗脱液向下移动。③蛋白质分子与离子交换剂之间的静电键数目极少，完全不与离子交换剂结合。处于这种状态的蛋白质分子随洗脱液的前峰移动，呈现一个高而窄的"穿过峰"。如果混合物中有几种蛋白质同时处于这种状态，那么它们会同时被洗脱下来，达不到分离目的。采用阳离子交换剂时，带负电荷的蛋白质分子不能结合而呈"穿过峰"洗脱下来。

蛋白质分子在离子交换剂上的结合状态是随环境条件的变化而改变的。洗脱就是通过改变缓冲液离子强度或（和）pH来改变蛋白质与离子交换剂的结合状态，降低其与离子交换剂的结合力，使交换上去的不同蛋白质分子以不同速度洗脱下来，达到分离纯化的目的。增加缓冲液的离子强度时，由于洗脱液中高离子强度竞争性离子的存在，与离子交换剂结合的蛋白质分子被取代下来进入洗脱液中。洗脱液中离子种类不同时，取代能力不一样。改变缓冲液的pH时，蛋白质分子的解离度降低，电荷减少，从而减弱其与离子交换剂的结合力。应用阴离子交换剂时要降低pH；应用阳离子交换剂时要升高pH。有时，同时改变两个方面的条件，有利于分离复杂的蛋白质混合物。在恒定的洗脱条件下，往往难以将复杂的蛋白质混合样品有效地分离。通常采用不断改变洗脱条件的方法，即用梯度洗脱的方法来分离蛋白质混合样品。

目前，用于蛋白质和多肽离子交换HPLC（高效液相色谱法）的多为以硅胶为载体的离子交换剂。以硅胶为载体的离子交换剂的主要优点是有很好的机械强度，能耐受较高的色谱柱压，可适应广泛种类的流动相，在含有变性剂、有机溶剂和高离子强度的洗脱液中均能使用，不易发生明显的溶胀与收缩，而且可以制成各种孔径（5～1000nm）的刚性填料。

蛋白质的离子交换分离行为较无机离子复杂，与离子间的静电引力、氢键、疏水作用及范德瓦耳斯力等有关，同时蛋白质为生物大分子物质，其扩散行为也比无机离子复杂。以固定床离子交换分离蛋白质为例，一般有以下几个步骤。

1. 平衡

离子交换柱安装好后，以平衡缓冲液进行冲洗、平衡。平衡离子交换柱的目的是使离子交换剂表面的碱性或酸性配基完全被平衡缓冲液中的反粒子所饱和，确保分离柱处于稳定的状态，并确保待分离组分在平衡液中足够稳定，不能形成沉淀物。

2. 吸附

将含有目标蛋白质的样品溶液进入平衡好的离子交换分离柱，样品中的各组分依据其离子交换亲和力的大小与离子交换剂发生作用，目标物质分子吸附于离子交换剂上，并释放出反离子。吸附时应注意样品液中的无机离子浓度不能过高，否则会极大地影响目标物质分子在树脂上的吸附，如条件允许可在吸附分离前对样品溶液进行透析处理，透析液一般为平衡缓冲液。

3. 洗脱

样品吸附完成后，用洗脱剂对目标物质进行洗脱，洗脱剂一般含有高浓度的反离子，通过其竞争性吸附实现目标物质的洗脱。为了进一步提高分离的选择性，通常可以采用梯度洗脱法，逐渐提高洗脱剂浓度，吸附于离子交换剂上的各种蛋白质被依次洗脱下来。

4. 再生

通过使用高浓度的洗脱剂使离子交换剂重新获得吸附能力。

实验一 离子交换色谱分离混合氨基酸

一、实验目的

掌握离子交换色谱的原理和应用；熟练完成分离混合氨基酸的操作流程。

二、实验原理

离子交换色谱分离混合氨基酸是基于氨基酸电荷行为的不同来进行的。氨基酸是两性电解质，分子上所带的净电荷取决于氨基酸的等电点（pI）和溶液的 pH。氨基酸在离子交换剂上的结合状态是随环境条件的变化而改变的。离子交换色谱通过改变缓冲液离子强度或（和）pH 来改变氨基酸与离子交换剂的结合状态，降低其与离子交换剂的结合力，使交换上去的不同氨基酸分子以不同速度洗脱下来，达到分离纯化的目的。本实验采用磺酸型阳离子交换树脂分离酸性氨基酸天冬氨酸（Asp，$pI=2.77$，分子量为 133.1）和碱性氨基酸赖氨酸（Lys，$pI=9.74$，分子量为 146.2）的混合液。在 pH5.3 条件下，因为 pH 低于赖氨酸的 pI，赖氨酸可解离成阳离子结合在 732 树脂上；天冬氨酸可解离成阴离子，不被树脂吸附而流出色谱柱。在 pH12 条件下，因 pH 高于赖氨酸的 pI，赖氨酸可解离成阴离子从树脂上被交换下来。通过改变洗脱液的 pH，可使它们被分别洗脱而达到分离的目的。

三、仪器及试剂

仪器用具：离子交换色谱柱、量筒、吸管、收集器、试管、恒流泵、pH 试纸。

材料与试剂：磺酸型阳离子交换树脂（732 型）、2mol/L NaOH、2mol/L HCl、1mol/L NaOH、0.45mol/L 柠檬酸缓冲液（pH5.3）、0.01mol/L NaOH 缓冲液（pH 12）、天冬氨酸、赖氨酸、茚三酮、无水乙醇。

四、实验步骤

操作流程如图 5-1 所示。

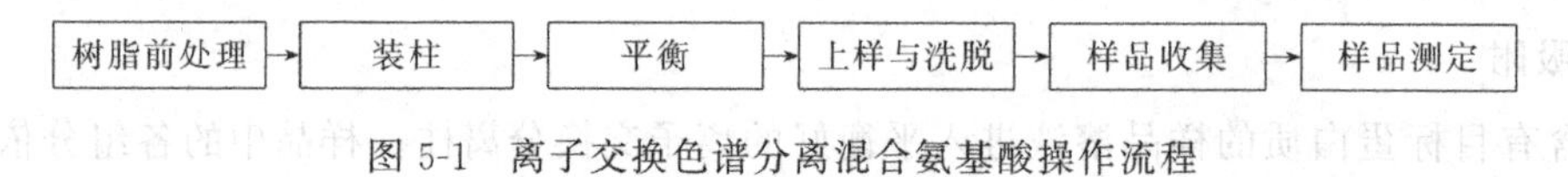

图 5-1 离子交换色谱分离混合氨基酸操作流程

1. 树脂的前处理

对于市售干树脂要先用蒸馏水充分浸泡溶胀后，经浮选得到颗粒大小合适的树脂颗粒，然后先用 4 倍体积的 2mol/L HCl 溶液浸泡 1h，倾去酸液，用蒸馏水洗至中性，接着用 2mol/L NaOH 溶液浸洗搅拌 30min，做法如前述盐酸处理的方法（最后应处理至溶液无黄色）。最后用 1mol/L NaOH 溶液浸泡 5～10min，使树脂转为钠型，以蒸馏水洗 2～3 次去 NaOH 至树脂 pH 呈中性。

2. 装柱

取色谱柱一支，用蒸馏水冲洗色谱柱，将色谱柱垂直固定在铁架台上（实验前需要进行检漏），在柱流水出口处装上乳胶管，关闭柱底出口，在柱内加入 2～3cm 高的柠檬酸缓冲液，排出乳胶管内气泡，抬高乳胶管出口，防止柱内缓冲液排空。

将处理好的树脂放入烧杯中，加入 1～2 倍体积的柠檬酸缓冲液并搅拌成悬浮状，沿柱内壁缓慢倒入色谱柱中，待树脂自然下沉在柱底部并逐渐沉积 2～3cm 高时，慢慢打开柱底出口，再继续加入树脂悬液直至树脂沉积高度为 16～18cm 时为止。装柱要求连续、均匀，无分层、无气泡等现象产生，必须防止液面低于树脂平面，否则要重新装柱。

3. 平衡

色谱柱装好后，再缓慢沿管壁加满柠檬酸缓冲液，接上恒流泵，用柠檬酸缓冲液以 5 滴/min 流速平衡 40min 左右，直至用 pH 试纸测得流出液的 pH 与缓冲液的 pH 相等为止。

4. 上样与洗脱

移去色谱柱上连接泵的橡胶管，打开柱底出口，小心使柱内缓冲液的液面与树脂平面几乎相平时即行关闭（注意：不要使树脂露出液面）。马上用加样器吸取氨基酸混合样品 0.5mL，沿靠近树脂表面的管壁慢慢加入（注意不要破坏树脂平面），然后缓慢打开柱底管夹，使液面再与树脂面相齐时关闭。然后加少量柠檬酸缓冲液清洗内壁 2～3 次，使样品进入柱内。当样品完全进入树脂床内，即可接上恒流泵，调流速 0.5mL/min，开始洗脱。

5. 样品收集

柱洗脱液可用自动部分收集器或以刻度试管人工收集，按每管 3mL 先收集 5 管。关闭恒流泵和柱底夹，将洗脱液更换为 pH12 的 NaOH 缓冲液，然后按上面同样方法继续收集第 6 管到第 10 管。

6. 样品测定

将收集的洗脱液各管编好号后，分别取 0.5mL 收集于一洁净的试管中，加入柠檬酸缓冲液（pH5.3）1mL、茚三酮显色液0.5mL，混合后置沸水浴加热15min，取出，用冷水冷却。

五、作业

（1）离子交换树脂用缓冲液平衡，为什么又用缓冲液冲洗？

（2）何谓氨基酸的离子交换？本实验采用的离子交换剂属于哪一种？

实验二 活性炭吸附亚甲基蓝色素

一、实验目的

掌握活性炭吸附法处理污水的原理和应用；熟练完成亚甲基蓝法测定活性炭吸附性能的操作流程。

二、实验原理

活性炭是一种暗黑色含碳物质，是水处理吸附法中应用广泛的吸附剂之一，具有发达的微孔结构和巨大的比表面积。活性炭的化学性质稳定，可耐强酸强碱，具有良好的吸附性能，是多孔的疏水性吸附剂。

用活性炭吸附法处理污水或废水就是利用其多孔性固体表面，能够吸附去除污水或废水中的有机物或有毒物质，使之得到净化。当活性炭对水中所含物质吸附时，水中的溶解性物质在活性炭表面积聚而被吸附，同时也有一些被吸附物质由于分子的运动而离开活性炭表面，重新进入水中，即同时发生解吸现象。当吸附和解吸处于动态平衡状态时，称为吸附平衡，而此时被吸附物质在溶液中的浓度称为平衡浓度。活性炭的吸附能力以吸附量 q_e 表示，其大小与活性炭的品种有关，还与被吸附物质的性质、浓度、水的温度及pH值有关。一般来说，当被吸附的物质不容易溶解于水而受水的排斥作用，且活性炭对被吸附物质的亲和作用力强、被吸附物质的浓度又大时，吸附量就比较大。

三、仪器及试剂

仪器用具：量筒、移液管、比色管、容量瓶、玻璃比色皿、可见分光光度计、恒温水浴摇床、电子天平、手套。

材料与试剂：亚甲基蓝标准溶液（量取10mL质量浓度为1000mg/L亚甲基蓝母液于100mL容量瓶中，用蒸馏水吸附至标线）、粉末活性炭。

四、实验步骤

1. 亚甲基蓝标准曲线的绘制

用移液管分别移取亚甲基蓝标准溶液0.5mL、1mL、1.5mL、2mL、2.5mL于比色管中，用蒸馏水稀释至刻度线处，摇匀，以水为参比在波长660nm处，用1cm比色皿测定吸光度，绘制标准曲线。

2. 间歇式吸附实验

称取0.01g、0.02g、0.04g、0.08g、0.12g粉末活性炭，加入100mL质量浓度为

20mg/L 的亚甲基蓝溶液中，放入恒温振荡器中振荡，设置振荡速度为 200r/min，温度 30℃，反应 30min，取上清液测定其吸光度，求出吸附量。

五、作业

（1）工业水常用的吸附剂有哪些？应用上有什么区别？

（2）吸附剂的比表面积越大，其吸附容量和吸附效果就越好吗？为什么？

第六章
色谱与电泳

【知识目标】

① 掌握色谱分离与电泳法的基本概念；
② 了解常用的色谱分离技术；
③ 了解常用的电泳技术。

【技能目标】

能够根据实际情况选择合适的色谱技术，设计生物样品的实验方案。

第一节　色谱概述

色谱法又称为层析法，是一种利用混合组分中不同溶质分子在互不相容两相之间分配行为的差异，引起移动速度的不同而实现分离的技术。在1903—1906年，俄国生物化学家米哈伊尔·茨维特（M. Tswett）首次系统提出色谱法这一概念。色谱分离具有设备简单、操作方便、条件温和、分离精度高、应用范围广等优点，它能分离各种性质极相类似的物质，而且它既可以用于少量物质的分析鉴定，又可用于大量物质的分离纯化制备，因此作为一种重要的分析分离手段与方法广泛地应用于科学研究与工业生产上。现在，它在石油、化工、医药卫生、生物科学、环境科学、农业科学等领域都发挥着十分重要的作用。

色谱系统组成一般包括固定相、流动相和样品三个部分，固定相和流动相是影响分离效果的最主要的因素。固定相是一个基质，可以是固体物质，如吸附剂、凝胶、离子交换剂等，也可以是液体物质，如固定在硅胶或纤维素上的溶液，这些基质能与待分离的化合物进行可逆的吸附、溶解、交换等作用，对色谱分离的效果起着至关重要的作用。在色谱分离过程中，推动固定相上待分离的物质朝着一个方向移动的流体，如液体、气体或超临界流体等，都称为流动相。流动相在不同色谱技术中的命名也不同，柱色谱法中一般称为洗脱剂，薄层色谱法中称为展开剂，其是色谱分离中的重要影响因素之一。当流动相中的样品混合物流经固定相时，溶质分子在固定相和流动相之间进行扩散传质，实现分配平衡。由于样品混合物各组分结构和性质上的差异，在两相之间的分配系数不同，导致不同组分在固定相滞留时间长短不同，从而按先后不同的次序从固定相中流出。

色谱法是具有多种分离类型、检测方法和操作方式的分离分析技术，其有多种分类方法。

(1) 根据固定相的形态分类 色谱可以分为纸色谱法、薄层色谱法和柱色谱法。

① 纸色谱法是指以滤纸作为固定相的色谱，主要用来分离、鉴别、测定中药中复杂的有效成分，而且可以用于少量成分的提取精制。

② 薄层色谱法是将基质在玻璃或塑料等光滑表面铺成一薄层，在薄层上进行分离，其能进行分析鉴定和少量制备，配合薄层扫描仪，可以同时做到定性定量分析。

③ 柱色谱法则是将固定相装在色谱柱中，流动相推动样品在色谱柱中朝着固定方向移动，通过各组分随流动相流动速率不同而实现分离的方法，是目前最常用的色谱类型。

纸色谱法和薄层色谱法主要适用于小分子物质的快速检测分析和少量分离制备，通常为一次性使用，而柱色谱法是色谱技术最常用的形式，适用于样品分析、分离，可以重复利用。生物化学中常用的凝胶色谱法、离子交换色谱法、亲和色谱法、高效液相色谱法等通常采用柱色谱形式。

(2) 根据流动相的物理状态分类 色谱可以分为液相色谱法、气相色谱法和超临界流体色谱法。

流动相为气体的色谱是气相色谱法，而流动相为液体的色谱则是液相色谱法。气相色谱法测定时需要将样品汽化，大大限制了其在生物领域的应用，主要用于氨基酸、核酸、糖类、脂肪酸等的分析鉴定。而液相色谱法是生物领域最常用的色谱形式，适用于生物样品的分析、分离。超临界流体色谱法是20世纪80年代发展和完善起来的一种色谱新技术，其是以超临界流体作为流动相，依靠流动相的溶剂化能力来进行分离、分析。

(3) 根据分离的原理不同分类 色谱可以分为吸附色谱法、分配色谱法、凝胶过滤色谱法、离子交换色谱法、亲和色谱法、疏水作用色谱法等。

① 吸附色谱法是以吸附剂为固定相，根据待分离物与吸附剂之间吸附力不同而达到分离目的的一种色谱技术。

② 分配色谱法是根据在一个有两相同时存在的溶剂系统中，不同物质的分配系数不同而达到分离目的的一种色谱技术。

③ 凝胶过滤色谱法是以具有网状多孔结构的凝胶颗粒作为固定相，根据物质的分子大小进行分离的一种色谱技术。

④ 离子交换色谱法是以离子交换剂为固定相，根据物质的带电性质不同而进行分离的一种色谱技术。

⑤ 亲和色谱法是根据生物大分子和配体之间的特异性亲和力（如酶和底物、抗体和抗原、激素和受体等），将某种配体连接在载体上作为固定相，而对能与配体特异性结合的生物大分子进行分离的一种色谱技术。

⑥ 疏水作用色谱法是以疏水性填料为固定相，以含盐溶液为流动相，根据不同物质与固定相间的疏水性相互作用不同实现分离的一种色谱技术。

色谱分离过程的基本术语包括：色谱图（基线、色谱峰高、色谱峰宽）、流动相流速、保留值（包括保留时间、保留体积）、容量因子、相对保留值和选择性等。

第二节 常用色谱分离技术

一、凝胶过滤色谱法

凝胶色谱法是20世纪60年代初发展起来的一种快速而又简单的分离分析方法，其设备简单、操作方便、不需要有机溶剂，对高分子物质具有很好的分离效果。根据分离的对象是水溶性化合物还是有机溶剂可溶物，凝胶色谱法可分为凝胶过滤色谱法（gel filtration chromatography，GFC）和凝胶渗透色谱法（Gel Permeation Chromatography，GPC）。凝胶过滤色谱法，又称为体积排阻色谱法（size exclusion chromatography，SEC）法、分子筛色谱法（molecular sieving chromatography，MSC）等，是一种根据溶质分子量大小不同而进行分离的液相色谱技术。在1959年Porath和Flodin合成了葡聚糖凝胶（Sephadex），1962年Hierten和Mosbach合成了聚丙烯酰胺凝胶（polyacrylamide gel），1964年Hierten合成了琼脂糖凝胶（Sepharose），之后由于人工合成凝胶可以通过改变合成条件来获得孔径大小不同、理化性质稳定的凝胶品系，其分离纯化效果得到明显提高，极大地推动了凝胶过滤色谱技术的发展。凝胶过滤色谱法一般用于分离水溶性的大分子，如多糖类化合物等，过滤介质的代表是葡聚糖凝胶等，洗脱溶剂主要是水。目前凝胶过滤色谱法已经被生物化学、分子生物学、生物工程学、分子免疫学以及医学等有关领域广泛采用，不但应用于科学实验研究，而且已经大规模地用于工业生产。

凝胶过滤色谱法实现不同物质的相互分离是依据分子筛效应。在凝胶过滤色谱法中，过滤介质是聚合物通过交联形成的具有三维网状结构的颗粒。当样品分子穿过凝胶介质填充形成的色谱柱时，小分子物质能进入凝胶颗粒内部，而大分子物质被排阻在凝胶颗粒之外，只能沿着颗粒间隙穿过色谱柱。由于小分子物质能进入凝胶颗粒内部，穿过色谱柱时其运行的路程长于大分子物质，因而时间上落后于大分子物质被洗脱出来。因此，凝胶过滤色谱法的原理可认为是由于不同大小的溶质分子进入凝胶颗粒内部的程度不同，在色谱柱中的停留时间不同而实现相互分离。

与其他分离技术相比，凝胶过滤色谱技术具有以下优点：①凝胶介质不带电荷，理化性质稳定，不易与生物大分子发生反应，分离条件温和，回收率高，重复性好；②操作条件宽泛，溶液中各种离子、小分子、去污剂、蛋白变性剂不会对分离纯化产生影响；③分离范围广，分子量范围从几百到几百万，可适用于寡糖、寡肽、聚核苷酸等小分子的分离，也可适用于蛋白质、多糖、核酸等生物大分子的分离；④设备简单，操作简便快速，分离周期短，连续使用时色谱介质无需再生即可重复使用。

凝胶过滤色谱法常用于蛋白质等生物大分子的分离纯化，因此理想的凝胶过滤色谱介质应具有以下特征：①亲水性，与生物大分子表现出良好的相溶性；②化学性质稳定，介质与溶质分子之间不发生化学反应，具有较宽的pH使用范围，耐高温、去污剂及高温灭菌；③球形，颗粒大小均匀，具有一定的机械强度，满足色谱分离过程流速的需要；④不带电荷，与溶质分子之间不产生非特异性吸附。目前已商品化的凝胶过滤介质有很多种类，按基质组成主要可分为葡聚糖凝胶、琼脂糖凝胶、聚丙烯酰胺凝胶等。

凝胶过滤色谱法基本操作过程包括：凝胶过滤介质的选择、流动相的选择、凝胶过滤色谱柱的准备、上样、洗脱、样品的检测和收集、凝胶过滤介质的清洗和储存。

二、高效液相色谱法

高效液相色谱法（high performance liquid chromatography，HPLC）又称高压液相色谱法、高速液相色谱法、高分离度液相色谱法、近代柱色谱法等，是色谱法的一个重要分支。高效液相色谱法是在传统液相色谱法的基础上引入了气相色谱理论，以液体为流动相，采用高压输液系统，将具有不同极性的单一溶剂或不同比例的混合溶剂、缓冲液等流动相泵入装有固定相的色谱柱，在柱内各成分被分离后，进入检测器进行检测，从而实现对试样的分离分析。高效液相色谱法已成为化学、生物、医学、工业、农学等学科领域中重要的分离分析技术。

从分析原理上讲，HPLC与传统液相色谱法没有本质的差别，按照分离机制的不同可分为凝胶过滤色谱、离子交换色谱、亲和色谱、疏水作用色谱和反相色谱等不同类型。但由于高效液相色谱法在技术上采用了高压输液泵、高效固定相、高灵敏检测器及自动进样器，从而具有高压、高速、高效、高灵敏度、应用范围广等特点。

（1）高压　流动相为液体，流经色谱柱时，受到的阻力较大，为了能迅速通过色谱柱，必须对载液加高压。

（2）高速　分析速度快、载液流速快。HPLC采用高压泵输送流动相（1.5×10^7～3.5×10^7 Pa），流动相的流速可达10mL/min，较传统液体色谱法，其速度快得多，一般在几分钟到几十分钟内就可以完成一次分离。

（3）高效　分离效能高。采用5～10μm球形介质，传质快，柱效一般可达10^4理论塔板数/m，与传统液相色谱法相比提高了2～3个数量级。

（4）高灵敏度　样品进样量只需要几微升或几十微升；采用高灵敏度的检测器，检测水平可达10^{-12}（荧光）～10^{-9}（紫外）g。

（5）适用范围广　70%以上的有机化合物可用高效液相色谱分析，特别是高沸点、大分子、极性强、热稳定性差化合物的分离分析。

自20世纪60年代第一台液相色谱仪问世以来，发展到今天，液相色谱仪的种类非常多，有分析型色谱仪、制备型色谱仪，也有凝胶色谱仪、离子色谱仪、氨基酸分析仪等专用型的液相色谱仪。这些色谱仪虽类型各异，但基本结构大致相同。高效液相色谱仪具有与传统液相色谱仪相似的结构，主要包括以下几个部分：①储液器，流动相溶剂装于储液瓶中，经过滤、脱气后进入高压泵；②高压泵（输液系统），为流动相的移动提供驱动力，并使流动相的移动维持恒定的流速；③进样器，将样品溶液送入色谱系统的装置，如六通进样阀；④色谱柱，高效液相色谱仪的核心部位，色谱柱的性能决定了色谱分离的能力和效果；⑤检测器，对洗脱组分进行在线检测，液相色谱检测器可分为通用型和选择型两大类，前者包括蒸发光散射检测器（ELSD）和示差折光检测器（DRID），后者包括紫外-可见光检测器（UVD）、荧光检测器（FD）、二极管阵列检测器（DAD）和电导检测器（ELCD）等；⑥记录仪，自动记录检测结果装置，现已广泛应用于电脑和色谱工作站的数据的处理和分析。

三、疏水作用色谱法

疏水作用色谱法（hydrophobic interaction chromatography，HIC）是以表面偶联弱疏水性基团的介质为固定相，以一定浓度的盐溶液为流动相，利用不同样品分子与固定相的疏水相互作用力的差异，洗脱时各组分迁移速度不同进而实现相互分离的一种色谱分离方法。

疏水作用色谱法具有对蛋白质的回收率高、蛋白质不失活、蛋白质变性可能性小等优点。

早在1948年，Tiselius就对疏水作用色谱法分离进行了描述，他指出“在高浓度中性盐溶液中沉淀析出的蛋白质和其他物质，在盐浓度未到达使其沉淀的浓度时就能发生强烈的吸附作用；一些吸附剂在无盐溶液体系中对蛋白质不显现或仅有微弱吸附作用，在中等浓度盐溶液中则显现出很好的吸附作用”。但疏水作用色谱法真正的发展和应用还是在20世纪70年代以后。1974年Hjertén实验室研制成功了以中性琼脂糖为载体、烷基和芳香醚为配体的疏水作用凝胶介质，首次提出疏水作用色谱法的概念并证实了Tiselius的观点，即提高盐浓度可以促进蛋白质的吸附结合，解析洗脱可以通过降低盐浓度实现。此后，随着新型凝胶介质的研制成功以及对色谱分离机制认识的不断深入，疏水作用色谱法在生物大分子的分离纯化以及蛋白质折叠机制的研究中得到了广泛应用。

四、反相色谱法

根据流动相和固定相相对极性不同，液相色谱法可分为正相色谱法（normal phase chromato-graphy，NPC）和反相色谱法（reverse phase chromatography，RPC）。正相色谱法中，固定相的极性大于流动相的极性，流动相中的极性较强的溶质组分与固定相结合，极性较弱的溶质组分不能被吸附结合，因而弱极性溶质组分先于强极性溶质组分被洗脱下来。反相色谱法则相反，它是以非极性物质为固定相，极性溶剂或水溶液作为流动相，根据溶质分子与固定相疏水相互作用的强弱实现相互分离。反相色谱法在现代液相色谱中应用最为广泛，现代液相色谱分析工作的70%以上是在非极性键合固定相上进行的。

自1950年反相色谱法由Howard和Martin首次提出以来，非极性键合相材料及高效液相色谱技术（HPLC）的发展，极大地拓展了反相色谱法的应用范围，提高了色谱分离效果。反相高效液相色谱（RPHPLC）法作为一种通用液相色谱技术，广泛应用于各种生物分子，包括从极性较强的小分子有机物、寡肽到疏水性较强的蛋白质等生物大分子的分离纯化和分析过程。

第三节　电泳概述

在电场作用下，带电颗粒向阴极或阳极迁移，迁移的方向取决于它们所带电荷的种类，这种迁移现象即是电泳。电泳技术（electrophoresis，EPS）是指带电荷生物分子（蛋白质、核苷酸等）在惰性支持介质（如纸、醋酸纤维素、琼脂糖凝胶、聚丙烯酰胺凝胶等）中，在电场的作用下，向其相反的电极方向按各自的速度进行泳动，使组分分离成狭窄的区带，并记录其电泳区带图谱或计算其百分含量的技术。电泳技术具有设备简单、操作容易、快速、准确、易重复等特点，既能用作物质的定性分析及定量分析，也能作为一种制备技术。电泳与色谱和超速离心一起，被称为三大分离分析技术，常用于药物的高度分离纯化。随着电泳技术的逐步发展，种类不断增加，现在它已广泛地应用于分析化学、生物化学、临床化学、毒剂学、药理学、免疫学、微生物学、食品化学等各个领域，在生物技术研究和生物技术产品的检测、鉴定、分析、分离上的应用受到高度重视。

简单地讲，电泳技术的基本原理可以概括为：在确定的条件下，带电粒子在单位电场强度作用下，单位时间内移动的距离（即电泳迁移率）为常数，是该带电粒子的物化特征性常数。不同带电粒子因所带电荷不同，或虽所带电荷相同但荷质比不同，在同一电场中经一定时间电泳后，由于移动距离不同而相互分离，在实验中表现为不同的凝胶区带。

电泳过程中的不同带电粒子之间的迁移分离类似于色谱分离过程。不同的是色谱法所产生的微分迁移依赖于被分析物与固定相、流动相之间的作用力，而在电泳中迁移率取决于带电粒子的大小、电荷，电场强度，支持物性质以及过程操作等多种因素，这些因素也都会影响电泳操作分辨率的变化。

电泳系统的基本组成包括：①电泳槽，凝胶电泳系统的核心部分，有管式电泳槽、垂直板电泳槽、水平板电泳槽等；②电源，聚丙烯酰胺凝胶电泳为200～600V，载体两性电解质等电聚焦电泳为1000～2000V，固相梯度等电聚焦为3000～8000V；③外循环恒温系统，电泳过程中高电压会产生高热，需冷却；④凝胶干燥器，用于电泳和染色后的干燥；⑤灌胶模具，包含制胶、玻璃板和梳子；⑥电泳转移装置，利用低电压、大电流的直流电场，使凝胶电泳的分离区带或电泳斑点转移到特定的膜上，如PVDF（聚偏二氟乙烯）膜；⑦电泳洗脱仪，用于回收样品；⑧凝胶扫描和摄录装置，对电泳区带进行扫描，从而给出定量分析的结果。

电泳的种类很多，其没有统一的分类和命名方法，有的是根据分离原理命名，如等电聚焦电泳、免疫电泳等；有的是根据凝胶介质命名，如聚丙烯酰胺凝胶电泳、琼脂糖凝胶电泳、淀粉凝胶电泳等。目前经常使用的电泳包括天然聚丙烯酰胺凝胶电泳（包括十二烷基硫酸钠-聚丙烯酰胺凝胶电泳）、等电聚焦电泳（包括载体两性电解质等电聚焦电泳及固相pH梯度等电聚焦电泳）、双向电泳、免疫电泳和毛细管电泳等。

第四节 常用电泳技术

一、聚丙烯酰胺凝胶电泳

聚丙烯酰胺凝胶电泳（polyacrylamide gel electrophoresis，PAGE）是以聚丙烯酰胺凝胶作为支持介质的一种常用电泳技术，该技术操作简单，分辨率高，是目前生物分子分离研究的最佳选择。以常规血清蛋白分离试验为例，采用醋酸纤维素薄膜电泳可将血清蛋白组分分离成为5～7个组分条带，而聚丙烯酰胺凝胶电泳可分离达到30个以上组分条带。除此之外，它还具有凝胶孔径大小可调节控制、支持物稳定性高、不产生电渗负效应、上样量少、设备简单等诸多优点，可以对蛋白质、核酸等生物大分子进行分离、纯化、定性定量分析，以及通过扩大设备容量来达到单体分子制备的目的。

典型的凝胶电泳系统一般都包括电极、电泳槽和分析系统三部分。基本的操作原理是阴阳电极通电后，在电泳槽缓冲液体系中形成电场，不同生物大分子经过凝胶介质后实现分离，最后切断电源对电泳区带进行分析和纯化。

聚丙烯酰胺凝胶电泳的支持介质是具有三维网状空间结构的聚丙烯酰胺凝胶。在电泳过程中生物粒子通过网状结构的空隙时将受到摩擦力的作用，摩擦力的大小与样品颗粒的大小呈正相关。生化分子在电场作用下同时受到静电引力和摩擦产生的阻力两种作用力，因而大大提高了电泳的分辨能力。

以聚丙烯酰胺凝胶为支持介质进行蛋白电泳，可根据被分离物质分子大小及电荷多少来分离蛋白质，具有以下优点。

① 聚丙烯酰胺凝胶是由单体丙烯酰胺和甲叉双丙烯酰胺聚合而成。凝胶是带有酰胺侧链的碳-碳聚合物，没有或很少带有离子的侧基，因而电渗作用比较小，不易和样品相互作用。

② 聚丙烯酰胺凝胶是一种人工合成的物质，在聚合前可通过调节单体的浓度比，形成不同程度的网孔结构，其孔隙度可在一个较广的范围内变化，因此可以根据要分离物质分子的大小，选择合适的凝胶成分，使之既有适宜的网孔，又有比较好的机械性质。一般来说，含丙烯酰胺7%～7.5%的凝胶，机械性能适用于分离分子量范围在10^4～10^6的物质，分子量10^4以下的蛋白质采用含丙烯酰胺15%～30%的凝胶，而分子量特别大的可采用含丙烯酰胺4%的凝胶。大孔胶易碎，小孔胶则难从管中取出来，因此当丙烯酰胺的浓度增加时可以减少双丙烯酰胺的用量，以改进凝胶的机械性能。

③ 在一定浓度范围内聚丙烯酰胺对热稳定，凝胶无色透明，易观察，可用检测仪直接测定，实现精制，减少污染。

二、不连续凝胶电泳

不连续凝胶电泳是指采用缓冲液组成、pH和孔径大小都不均一的凝胶电泳。其存在四个不连续性：①凝胶层的不连续性；②缓冲液离子成分的不连续性；③pH的不连续性；④电位梯度的不连续性。

不连续凝胶电泳有如下三层不同的凝胶：

① 样品胶（sample gel）。为大孔胶，用光聚合法制备，样品预先加在其中，起防止对流的作用，避免样品跑到上面的缓冲液中，目前电泳一般不制作此胶。

② 浓缩胶（stacking gel）。为大孔胶，用光聚合法制备，有防止对流作用，同时样品在其中浓缩，并按其迁移率递减的顺序逐渐在其与分离胶的界面上积聚成薄层。

③ 分离胶（seperating gel）。为小孔胶，一般采用化学聚合法制备。样品在其中进行电泳和分子筛分离，也有防止对流作用，蛋白质分子在大孔径凝胶中受到的阻力小，移动速度快，进入小孔胶时遇到阻力大，速度就减慢了，由于凝胶的不连续性，在大孔与小孔凝胶的界面处就会使样品浓缩，区带变窄。

由于不连续凝胶电泳存在四个不连续性，因此产生浓缩效应、电荷效应和分子筛效应。

① 浓缩效应。样品在电泳开始时，通过浓缩胶被浓缩成高浓度的样品薄层（一般能浓缩几百倍），然后再被分离。当通电后，在样品胶和浓缩胶中，解离度最大的Cl^-有效迁移率最大，被称为快离子，解离度次之的蛋白质则尾随其后，解离度最小的甘氨酸离子（$pI=6.0$）泳动速度最慢，被称为慢离子。由于快离子的迅速移动，在其后边形成了低离子浓度区域，即低电导区。电导与电势梯度成反比，因而可产生较高的电势梯度。这种高电势梯度使蛋白质和慢离子在快离子后面加速移动。因而在高电势梯度和低电势梯度之间形成一个迅速移动的界面，由于样品中蛋白质的有效迁移率恰好介于快、慢离子之间，所以，也就聚集在这个移动的界面附近，逐渐被浓缩，在到达小孔径的分离胶时，已形成一薄层。

② 电荷效应。当各种离子进入pH8.9的小孔径分离胶后，甘氨酸离子的电泳迁移率很快超过蛋白质，高电势梯度也随之消失，在均一电势梯度和pH的分离胶中，由于各种蛋白质的等电点不同，所带电荷量不同，在电场中所受引力亦不同，经过一定时间电泳，各种蛋白质就以一定顺序排列成一条条蛋白质区带。

③ 分子筛效应。由于分离胶的孔径较小，分子量大小或分子形状不同的蛋白质通过分离胶时，所受阻滞的程度不同，导致迁移率不同而被分离。因此分子筛效应是指样品通过一定孔径的凝胶时，受阻滞的程度不同，小分子走在前面，大分子走在后面，各种蛋白质按分子大小顺序排列成相应的区带。

按电泳装置不同，不连续凝胶电泳系统又可分为垂直管状（圆盘）电泳和垂直平板电泳。这两种电泳操作方式基本相同，不同的只是用于凝胶的支架或为玻璃管，或为玻璃板。不连续凝胶电泳具有非常高的分辨率，在柱状电泳时每种蛋白质组分的色带非常狭窄，呈圆盘状，所以这类柱状电泳亦称为盘状电泳。目前，常用的聚丙烯酰胺凝胶电泳（PAGE）主要就是采用这种盘状电泳的技术。

三、 SDS-PAGE

聚丙烯酰胺凝胶分为非变性凝胶和变性凝胶两种。非变性凝胶，即在凝胶中不加变性剂，在这种凝胶中，蛋白质的迁移率同时受其静电荷与分子大小两个因素的影响。分子量不同，由于静电作用，也可能导致具有相同的迁移率。因此在非变性凝胶中进行电泳是不能测得样品分子量的。变性凝胶，即在凝胶中加入变性剂，蛋白质变性剂常为十二烷基硫酸钠(SDS)，核酸变性剂常为尿素、甲酰胺等。SDS-PAGE，是在聚丙烯酰胺凝胶系统中引进 SDS，SDS 是离子表面活性剂和强还原剂，其能断裂分子内和分子间氢键，破坏蛋白质的二级和三级结构，同时作为强还原剂能使半胱氨酸之间的二硫键断裂。在样品和凝胶中加入还原剂和 SDS 后，分子被解聚成多肽链，解聚后的氨基酸侧链和 SDS 结合成蛋白质-SDS 胶束，所带的负电荷大大超过了蛋白质原有的电荷量，这样就消除了不同分子间的电荷差异和结构差异。由于 SDS 与蛋白质的结合是与质量成比例的，因此在进行电泳时，蛋白质分子的迁移速度仅取决于分子量大小（图 6-1）。

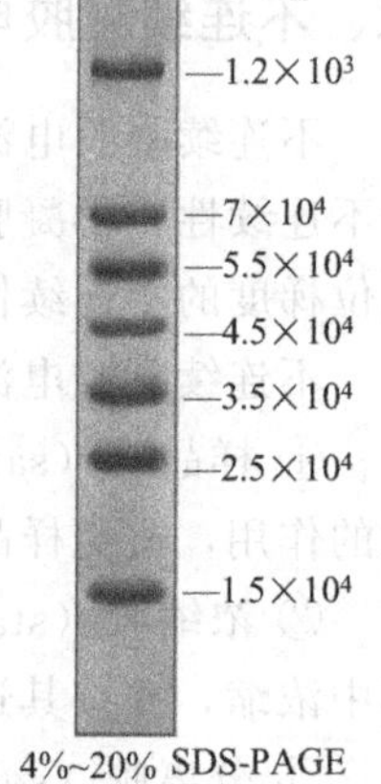

图 6-1 不同分子量蛋白质的迁移速度

四、等电聚焦电泳

等电聚焦电泳（isoelectric focusing electrophoresis，IEF）是一种利用特殊的缓冲液（两性电解质）在凝胶（常用聚丙烯酰胺凝胶）内制造一个 pH 梯度，在电泳时每种蛋白质都将迁移到等于其等电点（p*I*）的 pH 处（此时此蛋白质不再带有净的正或负电荷），形成一个很窄的区带，从而实现蛋白质分离分析的高分辨电泳技术。该技术在 1996 年由瑞典科学家 Rible 和 Vestcrberg 建立，不仅用来分离、鉴定和测定蛋白质等电点，分离复合蛋白质，同时还可以结合 SDS-PAGE、密度梯度和一般凝胶电泳进行双向电泳来分析蛋白质的亚基，分子大小和各种蛋白质成分的图谱，已成为电泳中不可缺少的技术之一。

所有的氨基酸均为两性物质，即它们至少含有一个羧基及一个氨基。这些可游离的基团随着 pH 变化可以存在三种不同形式，即正电荷、两性离子及负电荷。若氨基酸在某一 pH 下其净电荷为零，且在电场中不移动时，称此 pH 为它的 p*I*，也就是等电点。由于不同的蛋白质有着不同的氨基酸组成，所以蛋白质的等电点取决于其氨基酸的组成，是一个物理化学常数。每一种蛋白质都由其特定的氨基酸组成，所以各种蛋白质的等电点不同，因此可以利用电泳技术，根据蛋白质等电点的差异对其进行分离分析。在 IEF 的电泳中，具有 pH 梯度的介质其分布是从阳极到阴极，pH逐渐增大。在碱性区域蛋白质分子带负电荷向阳极移动，直至某一pH位点时失去电荷而停止移动，此处介质的pH恰好等于聚焦蛋白质分子的等电点（p*I*）。同理，位于酸性区域的蛋白质分子带正电荷向阴极移动，直到它们在等电点上聚焦为止。可见在该方法中，等电点是蛋白质组分的特性量度，将等电点不同的蛋白质混合物加入有pH梯度的凝胶介质中，在电场内经过一定时间后，各组分将分别聚焦在各自与等电点相等的pH位点上，形成分离的蛋白质区带。

五、双向凝胶电泳

双向凝胶电泳（two-dimensional gel electrophoresis）也称为二维凝胶电泳，该技术结合了等电聚焦技术（根据蛋白质等电点进行分离）以及SDS-PAGE技术（根据蛋白质的大小进行分离）两项技术。双向凝胶电泳具有较高的分离能力，兼容性强，主要用于分离细胞或组织蛋白质提取物，构建特定细胞或组织蛋白质的双向凝胶电泳图谱，分析特定条件下蛋白质的表达状况，进行差异电荷分离过程即等电聚焦与质量分离过程结合到一起，以期获得细胞内的全部基因产物。正因如此，其在蛋白质组学分析、疾病标志物检测、细胞差异分析、药物开发、癌症研究等领域得到了广泛的应用。其完整步骤应包括样品制备、等电聚焦、平衡转移、SDS-PAGE、斑点染色、图像捕获和图谱分析等。

六、毛细管电泳

毛细管电泳（capillary electrophoresis，CE）又称高效毛细管电泳（high performance capillary electrophoresis，HPCE），是一类以毛细管为分离通道、以高压直流电场为驱动力，依据样品中各组分之间的淌度和分配行为上的差异而实现分离的新型液相分离技术。毛细管电泳是20世纪80年代后期在全球范围内迅速崛起的一种分离分析技术。在毛细管电泳中，样品在一根极细的柱子中进行分离。细柱可减小电流，使焦耳热的产生减少；同时又增大了散热面积，提高散热效率，大大降低了管中心与管壁间的温差，减少了柱子径向上的各种梯度差，保证了高效分离。因此可以通过加大电场强度，达到100～200V/cm，以全面提高分离质量。毛细管电泳实际上包含电泳、色谱及其交叉内容，它使分析化学得以从微升水平进入纳升水平，并使单细胞分析，乃至单分子分析成为可能。长期困扰我们的生物大分子如蛋白质的分离分析也因此有了新的转机。

自1986年有商品化仪器供应后，毛细管电泳技术发展迅速，其具有快速、高效、高灵敏度、易定量、重现性好及自动化等优点，已广泛地应用于小分子、小离子、多肽及蛋白质的分离分析研究。在核酸分离方面显示出巨大的潜力，并在糖、维生素、药品检验、无机离子、环保等各个领域逐步拓展应用，和HPLC成为分析方法中相互补的技术。

毛细管电泳的基本装置是一根充满电泳缓冲液的内径为25～100mm的毛细管和与毛细管两端相连的两个小瓶，微量样品从毛细管的一端通过“压力”或“电迁移”进入毛细管。电泳时与高压电源（可高至30kV）连接的两个电极分别浸入毛细管两端小瓶的缓冲液中。样品向与自身所带电荷极性相反的电极方向泳动。各组分因其分子大小、所带电荷数、等电点等性质的不同而迁移率不同，依次移动至毛细管输出端附近的检测器，检测、记录吸光度，并在屏幕上以迁移时间为横坐标，吸光度为纵坐标将各组分以吸收峰的形式动态直观地记录下来。

七、免疫电泳

免疫电泳（immunoelectrophoresis，IEP）技术是一种将凝胶电泳与双向免疫扩散相结合的免疫检测技术。其基本原理：先将蛋白质抗原在琼脂平板上进行电泳，使不同的抗原成分因所带电荷、分子量及构型不同，电泳迁移率各异而彼此分离。然后在与电泳方向平行的琼脂槽内加入相应抗体进行双向免疫扩散。分离成区带的各种抗原成分与相应抗体在琼脂中扩散后相遇，在两者比例合适处形成肉眼可见的弧形沉淀线。根据沉淀线的数量、位置和形状，与已知的标准（或正常）抗原抗体形成的沉淀线比较，判断样品中有无与诊断抗体（或抗原）对应的抗原（或抗体）。免疫电泳技术具有高度特异性、灵敏度高、分辨力强、反应快速和操作简便等特点。

实验一　凝胶过滤色谱法分离牛血清白蛋白和溶菌酶

一、实验目的

掌握凝胶过滤色谱技术的原理和应用；熟练完成分离不同蛋白质的操作流程。

二、实验原理

凝胶过滤色谱法又称凝胶柱色谱法，是一种按分子量大小分离物质的色谱方法。该方法将样品加到充满着凝胶颗粒的色谱柱中，然后用缓冲液进行洗脱，实现各组分的分离纯化。凝胶过滤色谱法的基质是聚合物通过交联形成的具有三维立体网状结构、筛孔直径一致的颗粒。凝胶颗粒可以完全或部分排阻某些大分子物质于筛孔之外，而对某些小分子物质则不能排阻，可让其在筛孔中自由扩散、渗透，导致小分子物质穿过色谱柱时其运行的路程长于大分子物质，因而时间上落后于大分子物质被洗脱出来，从而使不同分子量的物质得以分离。任何一种被分离的物质被凝胶筛孔排阻的程度可用分配系数 $K_{\cdot}$（被分离化合物在内水和外水体积中的比）表示。物质的分子量越大，$K_{\cdot}$ 值越小；反之，分子量越小，则 $K_{\cdot}$ 值越大。

本实验采用葡聚糖凝胶 G-75 作固相载体，其可分离分子量范围在 3000～70000 之间的多肽与蛋白质。实验以牛血清白蛋白和溶菌酶的混合溶液为样品混合物，当混合液流经色谱柱时，两种物质因 $K_{\cdot}$ 值不同，在色谱柱中停留的时间不同而被分离。

三、仪器及试剂

仪器用具：色谱柱、恒流泵、自动部分收集器、量筒、烧杯、试管、吸管、玻璃棒、水浴锅、移液器等。

材料试剂：葡聚糖凝胶 G-75、0.9% NaCl 溶液（洗脱液）、牛血清白蛋白（分子量 67000）、溶菌酶（分子量 14300）、双缩脲试剂。

四、实验步骤

操作流程如图 6-2 所示。

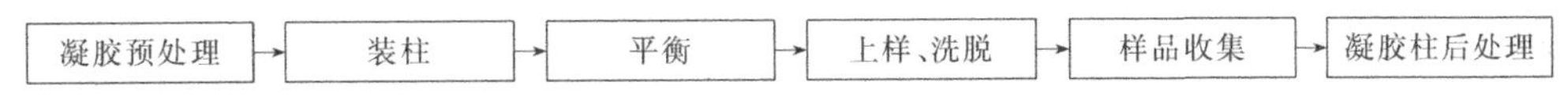

图 6-2 凝胶过滤色谱纯化蛋白质操作流程图

1. 凝胶预处理

取葡聚糖凝胶 G-75 干粉置于烧杯中，加入洗脱液于室温溶胀 2～3d，反复倾泻去掉细颗粒，然后减压抽气去除凝胶孔隙中的空气，沸水浴中煮沸 2～3h，注意在凝胶溶胀时避免剧烈搅拌，以防破坏凝胶的交联结构。

2. 装柱

取色谱柱，将色谱柱固定在支架上，调整色谱柱与水平面垂直，烧结板下端的死区用蒸馏水充满，然后关闭色谱柱的出口。将凝胶悬液沿玻璃棒小心地徐徐灌入柱中，待底部凝胶沉积 1～2cm 再打开出口，继续加入凝胶悬液至凝胶沉积约 15cm 高度即可。（注意：凝胶悬液尽量一次加完，以免出现分层的凝胶带。）

3. 平衡

装柱完成后，接上恒流泵，以 0.9%的氯化钠水溶液为流动相，以 0.75mL/min 或 0.5mL/min 的速度开始洗脱，用 1～2 倍柱床体积的洗脱液平衡，平衡 1h，使柱床稳定。

4. 上样、洗脱

加样时需先将柱的出口打开，让蒸馏水逐渐流出，待凝胶床面只留下极薄的一层蒸馏水时，关闭出口。用移液器将 500mL 牛血清白蛋白和溶菌酶混合液小心加到凝胶床表面。然后打开出口，使样品进入柱床面，滴加 1～2 倍样品体积的蒸馏水，待完全流入柱床内后，再加蒸馏水进行扩展洗脱。洗脱进行至两条区带分开为止。

5. 样品收集

样品一旦加入柱床面后需要马上用烧杯收集流出液，并用双缩脲试剂检测流出液。当第一条区带随流出液流出后，更换另一个烧杯收集。直到两种蛋白全部洗脱，倒出凝胶，清洗色谱柱。注意柱床上要不断加水，保持 1cm 高水层。

6. 凝胶柱的处理

一般凝胶柱使用过后，需要反复用 2～3 倍柱床体积蒸馏水对凝胶柱进行冲洗。如凝胶有颜色或比较脏，需先用含有 0.5mol/L NaOH 和 0.5mol/L NaCl 的水溶液洗涤再用蒸馏水洗。冬季一般放 2 个月无长霉情况，但在夏季如果不用，需要加 0.02%的叠氮化钠用以防腐。

五、作业

（1）凝胶过滤色谱法分离有何特点和主要用途？

（2）利用凝胶过滤色谱法分离混合样品时，怎样才能得到较好的分离效果？

实验二 聚己内酰胺柱色谱法分离纯化茶多酚

一、实验目的

了解聚己内酰胺树脂的结构特点和吸附机制，掌握聚己内酰胺柱色谱法分离茶多酚的操作方法。

二、实验原理

对于黄酮类和多酚类化合物，因为其富含酚羟基，可通过分子中的酚羟基与聚己内酰胺分子中的酰胺基形成氢键缔合产生吸附。吸附的强度主要取决于这两种化合物中羟基的数目与位置以及溶剂与化合物或溶剂与聚己内酰胺之间形成氢键的缔合能力大小。溶剂分子与聚己内酰胺或黄酮类化合物形成氢键缔合的能力越强，则聚己内酰胺对这两种化合物的吸附作用将越弱。聚己内酰胺色谱柱即是利用此性质对各种植物中黄酮、茶多酚等进行吸附、洗脱而分离的，即所谓的"氢键吸附"学说。聚己内酰胺色谱的分离机制，除了"氢键吸附"学说外还有"双重色谱"理论。前者不能解释当以氯仿-甲醇为洗脱液时，为何黄酮苷元比黄酮苷先洗脱下来。后者认为当用极性流动相（含水溶剂系统）洗脱时，聚己内酰胺作为非极性固定相，其色谱行为类似反相分配色谱，当用有机溶剂洗脱时，聚己内酰胺作为极性固定相，其色谱行为类似正相分配色谱。但固定相（吸附剂）的极性是由其本身结构及性质决定的，不应随洗脱液的改变而改变，况且聚己内酰胺色谱属于吸附色谱，不是分配色谱。因此，"双重色谱"理论也没有揭示出产生这两种相反现象的根本原因。

洗脱机制：聚己内酰胺分子中有极性酰胺基团和非极性的脂肪键。作为一个相对弱极性的化合物，当流动相为极性强的溶剂（如水、乙醇、丙酮等）时，聚己内酰胺作为非极性固定相，其色谱行为类似反相分配色谱，极性较大的吸附物易被洗脱。随着洗脱剂极性降低，极性较小的化合物可相继被洗脱下来。

三、仪器及试剂

仪器设备：色谱柱、恒流泵、自动部分收集器、量筒、烧杯、试管、吸管、玻璃棒、水浴锅、移液器等。

材料试剂：乙醇、氯仿、甲醇、3.5%氨水、聚己内酰胺粉、脱脂棉等。

四、实验步骤

1. 色谱柱的制备

若用含水溶剂系统色谱，常以水装柱。在非极性溶剂系统色谱，常以溶剂组分中极性低的组分装柱。若以氯仿装柱，因其密度较大，使聚己内酰胺粉浮在上面。加样时应将柱底端的氯仿层放出，并立即加样，加样后顶端以脱脂棉塞紧，在色谱关闭时，应将顶端的多余氯仿液放出，否则，聚己内酰胺会浮起而搅乱色谱带。

2. 加样

聚己内酰胺的样品容量较大，一般每100mL聚己内酰胺粉可上样1.5～2.5g，可根据具体情况适当增加或减少。若利用聚己内酰胺除去鞣质，样品上柱量可大大增加，通常观察鞣质在柱上形成的橙红色色带的移动，当样品加至该色带移至柱的近底端时，停止加样。样品常用洗脱剂溶解，浓度在20%～30%。不溶样品可用甲醇、乙醇、丙酮、乙醚等易挥发溶剂溶解，拌入聚己内酰胺干粉中，拌匀后将溶剂减压蒸发，以洗脱剂浸泡装入柱中。

3. 洗脱

聚己内酰胺色谱的洗脱剂常采用水-乙醇（10%、30%、50%、70%、95%），氯仿-甲醇（19∶1，10∶1，5∶1，2∶1，1∶1）依次洗脱。若仍有物质未洗脱下来，可采用3.5%氨水洗脱。洗脱剂的更换，一般根据流出液的颜色，当颜色变为很淡时更换下一种溶剂，并以适当体积分瓶收集，分瓶浓缩。各瓶浓缩液以聚己内酰胺薄膜色谱检查其成分，成分相同者合并，再进入下一步纯化。

五、作业

（1）如何优化实验参数？

（2）简述聚己内酰胺色谱法分离茶多酚的原理。

实验三　醋酸纤维素薄膜电泳分离纯化并鉴定血清蛋白

一、实验目的

掌握电泳技术的原理和应用；熟练完成血清蛋白的分离纯化流程。

二、实验原理

医学临床中，肾病、弥漫性肝损害、肝硬化、原发性肝癌、多发性骨髓瘤、慢性炎症、妊娠等疾病都会改变血清中各种蛋白质的含量，因此血清蛋白的分离纯化和鉴定对于疾病的诊断必不可少。

醋酸纤维素薄膜电泳是用醋酸纤维素薄膜作为支持物的电泳方法。作为取代电泳的支持物进行蛋白质电泳，醋酸纤维素薄膜电泳具有便捷、快速、样品用量少、应用范围广、分离清晰和没有吸附现象等优点。血清中的蛋白质包括白蛋白、α-球蛋白、β-球蛋白、γ-球蛋白等，各种蛋白质由于氨基酸组分、立体构象、分子量、等电点及形状不同，导致其在电场中迁移速度不同，利用电泳技术能使得它们在膜上得到充分分离纯化。

本实验以醋酸纤维素薄膜作为血清蛋白电泳的支持介质，通过电泳分离，氨基黑10B染色液染色蛋白，分光光度计测定吸光度值，并计算血清蛋白的相对含量，对血清蛋白样品进行分离纯化和鉴定。

三、仪器及试剂

仪器用具：醋酸纤维素薄膜（2cm×8cm）、电泳仪、电泳槽、载玻片（厚约1mm）、盖玻片、培养皿、滤纸、镊子、可见分光光度计或光密度计、恒温水浴锅。

试剂：巴比妥-巴比妥钠缓冲液（pH8.6，0.07mol/L，离子强度0.06）、染色液（0.5g氨基黑10B加入冰醋酸10mL、甲醇50mL混匀，加蒸馏水至100mL，现用现配）、漂洗液、透明液、浸出液。

材料：人或动物血清（新鲜无溶血现象）。

四、实验步骤

操作流程如图6-3。

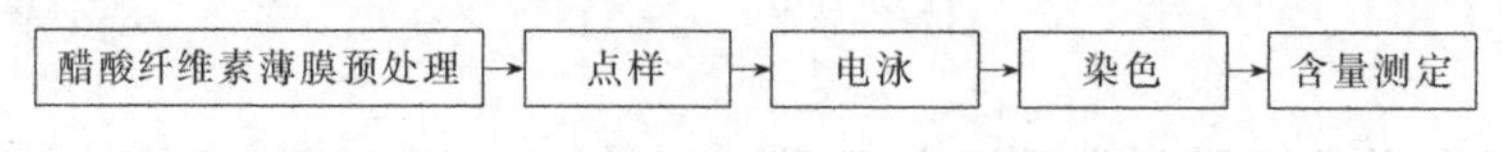

图 6-3 蛋白质的醋酸纤维素薄膜电泳操作流程

1. 醋酸纤维素薄膜预处理

用镊子取一条大小为 2cm×8cm 的醋酸纤维素薄膜（可根据需要选择薄膜的大小），识别薄膜的光滑面和粗糙面，并用铅笔做标记，将粗糙面向下浸入缓冲液中浸泡 20min。完全浸透后，用镊子夹住薄膜一角轻轻取出，将薄膜粗糙面向上，平放在玻璃板上，薄膜上再放一张干净滤纸，快速吸去多余的缓冲液后揭下滤纸，切勿将滤纸长时间放在薄膜上，以免过度吸出薄膜中的缓冲液。

2. 点样

用盖玻片（玻片宽度应小于薄膜）蘸取少量血清，将此血清均匀地涂在距醋酸纤维素薄膜一端 1.5cm 处，样品即呈一条状涂于醋酸纤维素薄膜上。待血清透入膜内，移去盖玻片。

3. 电泳

在电泳槽内加入缓冲液，使两个电极槽内的液面等高，将薄膜平贴在水平电泳槽上，点样面朝下，光面朝上，点样端为阴极。调电压 100～120V 或每厘米电流 0.4～0.6mA，时间为 45min。

4. 染色

电泳完毕，关闭电源开关，用镊子取出薄膜，将薄膜浸于染色液氨基黑 10B 中 3～5min，取出，用漂洗液漂至背景无色（4～5 次），再浸于蒸馏水中。

5. 定量

剪下薄膜上各条蛋白质色带，另取一条与各区带近似宽度的无蛋白附着的空白薄膜，分别浸于 4.0mL NaOH 溶液（0.4mol/L）并在 37℃水浴 5～10min。在色泽浸出后，用可见分光光度计在 590nm 波长处比色，以空白膜条洗出液作空白调零，测定各管的吸光度。

五、作业

(1) 为什么将薄膜的点样端放在电泳槽的阴极端？

(2) 电泳时电压表显示的电压是否等于加在薄膜两端的实际电压？为什么？

实验四 琼脂糖凝胶电泳分离质粒 DNA

一、实验目的

学习并掌握琼脂糖凝胶电泳的原理和基本操作，通过 DNA 琼脂糖凝胶电泳可知 DNA 的纯度、含量和分子量。

二、实验原理

琼脂糖是从琼脂中提纯出来的，主要是由 D-半乳糖和 3,6 脱水-L-半乳糖连接而成的一种线性多糖。琼脂糖之间以分子内和分子间氢键形成较为稳定的交联结构，构成大网孔形凝胶。随着琼脂糖浓度的不同形成不同孔径的凝胶，用于分离、纯化分子量不同的DNA分子。DNA分子在琼脂糖凝胶中泳动时有电荷效应和分子筛效应，前者由分子所带电荷量的多少而定，后者则主要与分子大小及构象有关。DNA分子在pH高于其等电点的溶液中带负电荷，在处于电场中的琼脂糖凝胶中向正极移动。另外DNA分子的构象也可影响其迁移速度，同样分子量的DNA，超螺旋共价闭环质粒DNA（ccc DNA）迁移速度最快，线状DNA（linear DNA）其次，开环DNA（ocDNA）最慢，因此质粒DNA电泳的结果中有可能出现三条泳带，它们的泳动速度快慢为：cccDNA＞线状DNA＞ocDNA。不同DNA分子因其所带的电荷数、分子量大小和构象不同，在同一电场中的电泳速度也不同，从而达到分离的目的。溴化乙锭（EB）是一种荧光染料，在紫外线照射下可发出波长590nm的红色荧光，DNA分子与EB形成荧光络合物后，其发射的荧光比原来要增强数十倍，常用来观察凝胶中DNA条带的位置。

三、仪器及试剂

仪器用具：稳压电泳仪、水平式电泳槽、凝胶成像分析系统、紫外透射仪、微波炉、微量移液枪、一次性手套、Eppendorf管、锥形瓶、烧杯等。

试剂：琼脂糖、pH8.0TAE缓冲液、6×加样缓冲液（30mmol/L EDTA、0.05%溴酚蓝、0.05%二甲苯青、36%甘油水溶液，4℃保存）、10mg/mL溴化乙锭（现一般采用一种可代替溴化乙锭的新型核酸染料GoldView^{TM}，灵敏度相当）、DNA分子量标准品（marker）。

材料：待测的大肠杆菌pBR322。

四、实验步骤

操作流程如图6-4。

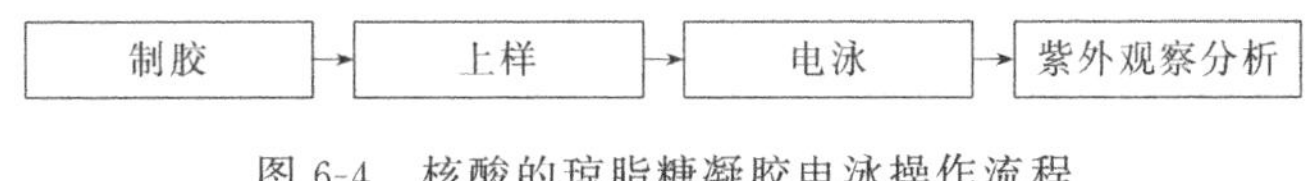

图6-4 核酸的琼脂糖凝胶电泳操作流程

1. 琼脂糖凝胶的制备

制备1%琼脂糖凝胶：称取0.1g琼脂糖置于锥形瓶中，加入100mL 1×TAE，瓶口倒扣小烧杯。微波炉加热煮沸3次至琼脂糖全部融化，摇匀，即成1.0%琼脂糖凝胶液。待琼脂糖凝胶溶液冷却到50℃，再加入5μL GoldView染料。

2. 凝胶板的制备

取电泳槽内的有机玻璃内槽（制胶槽）洗干净、晾干，放入制胶玻璃板。取透明胶带将玻璃板与内槽两端边缘封好，形成模子。将内槽置于水平位置，并在固定位置放好梳子。将冷却到50℃左右的琼脂糖凝胶液混匀小心地倒入内槽玻璃板上，使胶液缓慢展开，直到整个玻璃板表面形成均匀胶层，厚度适宜（注意不要有气泡）。室温下静置直至凝胶完全凝固，垂直轻拔梳子，取下胶带，将凝胶及内槽放入电泳槽中。添加1×TAE电泳缓冲液至没过胶板为止。

3. 加样

待测pBR322质粒DNA中加1/5体积的溴酚蓝指示剂，混匀后用微量移液枪将其加入加样孔（梳孔）。每加完一个样品，应更换一个加样头，以防污染，加样时勿碰坏样品孔周围的凝胶面，记录样品点样次序与点样量。

4. 电泳

接通电泳槽与电泳仪的电源（注意电极的负极在点样孔一边，DNA 片段从负极向正极移动），DNA 的迁移速度与电压成正比，每厘米最高电压不超过 5V（微型电泳槽一般用 40V）。当溴酚蓝染料移动到距凝胶前沿 1～2cm 处，停止电泳。

5. 观察

在紫外灯或凝胶成像分析系统下观察凝胶，有 DNA 处应显出橘红色荧光条带（在紫外灯下观察时应戴上防护眼镜）。记录电泳结果或直接拍照。

五、作业

（1）记录所观察的电泳图谱，注意每条带谱的相对位置及浓淡等，判断质粒 pBR322 的分子量的大约数值。

（2）质粒 DNA 的电泳图谱为何有时只有 1 条带谱，有时又有 2～3 条带谱？

第七章

干燥技术

【知识目标】

① 掌握干燥过程的基本知识；

② 了解热风干燥、真空干燥、喷雾干燥、冷冻干燥的工艺过程及适用范围。

【技能目标】

能够熟练完成干燥操作。

在生化产品的制备过程中，经常会遇到各种湿物料，湿物料中所含的需要在干燥过程中除去的任何一种液体都称为湿分。干燥（Drying）是利用热能除去目标产物的浓缩悬浮液或结晶（沉淀）产品中湿分（水分或有机溶剂）的单元操作，通常是生物产物成品化前的最后下游加工过程。因此，干燥的质量直接影响产品的质量和价值。

由于生物产物具有不同于一般化工产品的特殊性质和用途，在生物产物的干燥过程中必须注意以下两个问题：①生物产物多为热敏性物质，而干燥是涉及热量传递的扩散分离过程，所以在干燥过程中必须严格控制操作温度和操作时间，要根据特定产物的热敏性，采用不使该物质热分解、着色、失活和变性的操作温度，并在最短的时间内完成干燥处理；②干燥操作必须在洁净的环境中进行，防止干燥过程中以及干燥前后的微生物污染，因此，选用的干燥设备必须满足无菌操作的要求。

干燥操作通过向湿物料提供热能促使水分蒸发，蒸发的水汽由气流带走或真空泵抽出，从而达到物料减湿进而干燥的目的。因此，干燥是传热和传质的复合过程，传热推动力是温度差，而传质推动力是物料表面的饱和蒸汽压与气流（通常为空气）中水汽分压之差。干燥技术按操作压强可分为常压干燥、加压干燥和真空干燥；按操作方式可分为连续干燥和间歇干燥；根据向湿物料传热的方式不同，干燥可分为传导干燥、对流干燥、辐射干燥和介电加热干燥，或者是两种以上传热方式联合作用的结果。

工业上的干燥操作主要为传导干燥和对流干燥。传导干燥是指载热体（如空气、水蒸气、烟道气等）不与湿物料直接接触，而是通过导热介质（如不锈钢）以传导的方式传给湿物料。因此，传导干燥又称间接加热干燥。对流干燥是指载热体以对流方式与湿物料颗粒

（或液滴）直接接触，向湿物料对流传热，故对流干燥又称直接加热干燥。对流干燥的载热体同时又是载湿体。

除传导干燥和对流干燥外，还有热能以电磁波的形式向湿物料传递的辐射干燥（如远红外线干燥），利用高频电场的交变作用加热湿物料的介电加热干燥（如微波干燥）。后两种干燥方法能耗较大，操作费用较高，但具有干燥产品均匀洁净的特点。特别是介电加热干燥，湿物料在高频电场作用下被均匀加热，并且随着加热的进行，物料内部含水量较表面高，介电常数大，吸收的热能多，使物料内部温度比表面高，即温度梯度与水分浓度梯度的方向相同，促进了内部水分向外扩散传质，干燥时间可大大缩短。辐射干燥主要用于表面积大而薄的物料，如塑料、布匹、木材和油漆制品等。介电加热干燥主要用于食品工业。

第一节 热风干燥

一、热风干燥过程

热风干燥是现代干燥方法之一，是在烘箱或烘干室内吹入热风使空气流动加快的干燥方法。干燥室排列有热风管、鼓风机等，燃烧室内以煤作热源，热风由热风管输入室内，由于鼓风机的作用，使热风对流达到温度均匀，余热由热风口排出。

热风干燥以热空气为干燥介质，采用自然或强制地对流循环的方式与物料进行湿热交换，物料表面上的水分即水汽，通过表面的气膜向气流主体扩散；与此同时由于物料表面汽化的结果，使物料内部和表面之间产生水分梯度差，物料内部的水分因此以气态或液态的形式向表面扩散。这一过程对于物料而言是一个传热传质的干燥过程；但对于干燥介质，即热空气，则是一个冷却增湿过程。干燥介质既是载热体也是载湿体。

在湿物料的干燥过程中，同时发生了两个过程：一是湿分的汽化及其传递（质交换）；二是热量的传递（热交换）。湿物料的干燥，可以归纳为物料内部的质热传递和相界面上边界层中的质热传递。当热空气从湿物料表面稳定地流过时，由于空气与物料之间存在着传热推动力，空气将以对流方式把热量传递给物料。物料接收这项热量，用来汽化其中的水分。而由于水分的汽化，使在物料表面的薄层空气与气流主体之间形成推动力，所以蒸汽就由物料表面传递到气流主体，并不断被气流带走，而物料的湿含量也不断下降。当物料的湿含量降到平衡湿含量时，干燥过程结束。

干燥速度随时间变化可分为三个阶段，如图 7-1 干燥曲线（X-τ 图）和图 7-2 干燥速率曲线（U-X 图）表示，即增速干燥阶段、恒速干燥阶段和降速干燥阶段。其间的分界点 C 称为临界点，对应的物料湿含量称为临界湿含量，临界湿含量是区分恒速段与降速段的主要参数。临界点的出现是由于物料表面湿含量减少到最大吸湿湿含量 M_φ 的必然结果。物料厚度越厚，恒速段干燥速度越久，则物料表面湿含量与平均湿含量的差值就越大。相反，恒速段干燥较小，内部扩散速度较大，而物料又薄又细时，物料表面湿含量与平均湿含量的差值就很接近。所以，可以将 M_φ 设为下限，再对物料厚度、干燥速度、内部扩散速度做综合考虑，然后估计 C 的数值。

物料中瞬时含水率 X 为：$X=\dfrac{m-m_C}{m_C}$

式中，m 为物料质量；m_C 为绝干物料质量。

干燥速率为单位干燥面积（提供湿分汽化的面积）、单位时间内所除去的湿分质量，即：

$$U=\frac{\mathrm{d}W}{A\,\mathrm{d}\tau}=-\frac{m_C\,\mathrm{d}X}{A\,\mathrm{d}\tau}$$

式中，U 为干燥速率，又称干燥通量；A 为干燥表面积；W 为汽化的湿分量；τ 为干燥时间；m_C 为绝干物料的质量；X 为物料含水率；负号表示 X 随干燥时间的增加而减少。

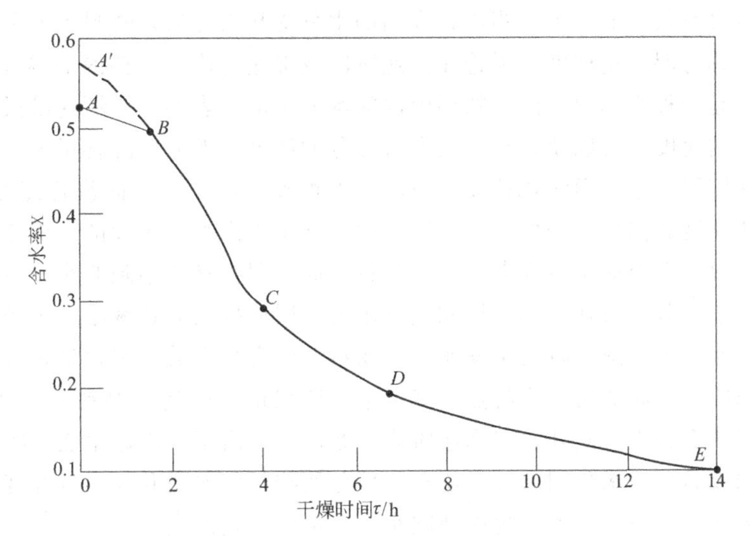

图 7-1 干燥曲线（X-τ 图）

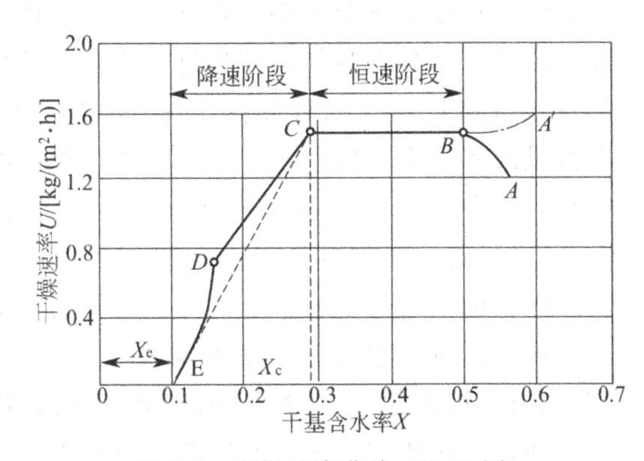

图 7-2 干燥速率曲线（U-X 图）

预热段。预热段见图 7-1 和图 7-2 中的 AB 段或 $A'B$ 段。物料在预热段中，含水率略有下降，温度则升至湿球温度 t_w，干燥速率可能呈上升趋势变化，也可能呈下降趋势变化。预热段经历的时间很短，通常在干燥计算中忽略不计，有些干燥过程甚至没有预热段。在此阶段有可能出现物料中心部位的湿度增加的现象，是由于温度梯度存在，并且温度梯度带来的导温性现象要比导湿性现象占优势。物料的增速干燥阶段时间实际上很短，主要是在恒速干燥阶段。

恒速干燥阶段。恒速干燥阶段见图中的 BC 段，该段物料水分不断汽化，含水率不断下降。但由于这一阶段去除的是物料表面附着的非结合水分，水分去除的机制与纯水的相同，故在恒定干燥条件下，物料表面始终保持为湿球温度 t_w，传质推动力保持不变，因而干燥速率也不变，如图 7-2 中，BC 段为水平线。只要物料表面保持足够湿润，物料的干燥过程中总处于恒速阶段。而该段的干燥速率大小取决于物料表面水分的汽化速率，亦即决定于物料外部的空气干燥条件，故该阶段又称为表面汽化控制阶段。

在整个恒速干燥段内物料表面的温度就等于空气的湿球温度 t_w。物料中心的温度则低于湿球温度，物料就存在着温差。在恒定干燥条件下，恒速阶段的推动力是定值，给热系数和传质系数也是定值，所以干燥速率是一个定值，与物料的湿含量无关。而且实验也证明，与物料的类别也没有很大的关系。当物料表面的水分受热汽化后，物料表面和中心必然出现湿含量的差别，称为湿含量梯度。无论在恒速阶段或降速阶段，物料内部都有湿含量梯度存在。湿含量梯度是一种推动力，能使物料内部的水分扩散至表面。在恒速阶段内，物料内部水分扩散到表面的速度，可以使物料表面保持充分的湿度，即表面湿含量大于最大吸湿湿含量，所以干燥速度取决于表面汽化速度。也就是说恒速阶段是受表面汽化速度控制的阶段。因此，提高汽化速度和温度，降低空气湿度就都有利于提高恒速阶段的干燥速度。

降速干燥阶段。在恒速阶段末期，如果物料表面的湿含量减小到略小于最大吸湿湿含量时，物料表面的蒸汽分压力就将小于饱和蒸汽压力，因而推动力就减小，干燥速率即开始下降。根据实验已经知道，降速阶段干燥速率与物料的湿含量有关，湿含量越低，干燥速率越小，这是与恒速阶段不同的第一个特点。降速干燥阶段的速率还与物料的厚度或直径有关，厚度越厚，干燥速率越小。此外，当降速阶段开始以后，由于干燥速率逐渐减小，空气传给物料的热量，除作为汽化水分用之外，还有一部分使物料的温度升高，且温度越来越高。在这期间，物料表面与中心的温度差也逐渐减小，有可能温差消失。

在降速干燥阶段，物料内部水分仍然扩散到表面，并且在表面汽化。随着物料湿含量的不断减小，内部水分扩散到表面的速度也逐渐减小，直到它小于表面速度时，物料的汽化区即开始从表面深入物料内部。这时，水分在物料内部先进行汽化，然后以蒸汽的形式扩散至表面。所以降速阶段的干燥速率完全取决于水分和蒸汽在物料内部的扩散速度。在降速阶段，提高干燥速率的关键不再是改善干燥介质的条件，而是如何提高物料内部湿分扩散速度的问题。随着干燥过程的进行，物料内部水分移动到表面的速度赶不上表面水分的汽化速率，物料表面局部出现“干区”，尽管这时物料其余表面的平衡蒸汽压仍与纯水的饱和蒸汽压相同，但以物料全部外表面计算的干燥速率因“干区”的出现而降低，此时物料中的含水率称为临界含水率，用 X_C 表示，对应图中的 C 点，称为临界点。过 C 点以后，干燥速率逐渐降低至 D 点，C 至 D 阶段称为降速第一阶段。干燥到点 D 时，物料全部表面都成为干区，汽化面逐渐向物料内部移动，汽化所需的热量必须通过已被干燥的固体层才能传递到汽化面，从物料中汽化的水分也必须通过这一干燥层才能传递到空气主流中。干燥速率因热、质传递的途径加长而下降。此外，在点 D 以后，物料中的非结合水分已被除尽。接下去所汽化的是各种形式的结合水，因而，平衡蒸汽压将逐渐下降，传质推动力减小，干燥速率也随之较快降低，直至到达点 E 时，速率降为零。这一阶段称为降速第二阶段。

降速阶段干燥速率曲线的形状随物料内部的结构而异，不一定都呈现前面所述的曲线 CDE 形状。对于某些多孔性物料，可能降速两个阶段的界限不是很明显，曲线好像只有 CD 段；对于某些无孔性吸水物料，汽化只在表面进行，干燥速率取决于固体内部水分的扩散速率，故降速阶段只有类似 DE 段的曲线。与恒速阶段相比，降速阶段从物料中除去的水分量相对少许多，但所需的干燥时间却长得多。

总之，降速阶段的干燥速率取决于物料本身结构、形状和尺寸，而与干燥介质状况关系不大，故降速阶段又称物料内部迁移控制阶段。

二、热风干燥的特点

在工业干燥生产中，热风干燥具有如下一些特点。

① 气固两相传热传质的表面积大。固体颗粒在气流中高度分散呈悬浮状态，这样使气固两相之间的传热传质表面积大大增加。由于采用较高气速，使得气固两相间的相对速度也较高，不仅使气固两相具有较大的传热面积，而且体积传热系数也相当高。由于固体颗粒在气流中高度分散，使得物料的临界湿含量大大下降。

② 热效率高，干燥时间长，处理量大。气流干燥采用气固两相并流操作，这样可以使用高温的热介质进行干燥，且物料的湿含量愈大，干燥介质的温度可以愈高。

③ 气流干燥器结构简单，生产能力大，操作方便。气流干燥器的设备投资费用较小，在气流干燥系统中，把干燥、粉碎、筛分、输送等单元过程联合操作，流程简化并易于自动控制。

热风干燥不足之处：热风干燥系统的流动阻力较大，必须选用高压或中压通风机，动力消耗较大。气流干燥所使用的气速高，流量大，经常需要选用尺寸大的旋风分离器和袋式除尘器，造成设备体积大，占地面积大。气流干燥对于干燥载荷很敏感，固体物料输送量过大时，气流输送就不能正常操作。

第二节 喷雾干燥

喷雾干燥是将原料液用雾化器分散成雾滴，并使雾滴直接与热空气（或其他气体）接触，从而获得粉粒状产品的一种干燥过程。该法能直接使溶液、乳浊液干燥成粉状或颗粒状制品，可省去蒸发、粉碎等工序。

图 7-3 是一个典型的喷雾干燥系统流程图。如图所示，原料液由储料罐 1 经原料液过滤器 2 由输料泵 3 输送到喷雾干燥器 11 顶部的雾化器 5 雾化为雾滴。新鲜空气由鼓风机 8 经

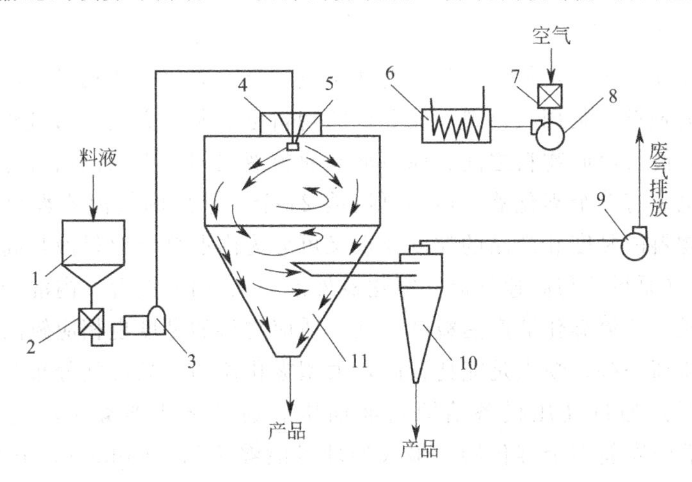

图 7-3 喷雾干燥系统流程图

1—储料罐；2—原料液过滤器；3—输料泵；4—空气分布器；5—雾化器；
6—空气加热器；7—空气过滤器；8—鼓风机；9—引风机；10—旋风分离器；11—喷雾干燥器

空气过滤器 7、空气加热器 6 送入喷雾干燥器 11 的顶部，与雾滴接触、混合，进行传热和传质，即进行干燥。干燥后的产品由塔底引出。夹带细粉尘的废气经旋风分离器 10 由引风机 9 排入大气。

一、喷雾干燥的过程

原料液雾化为雾滴；雾滴和干燥介质接触、混合及流动，即进行干燥；干燥产品与空气分离。

1. 喷雾干燥的第一阶段——原料液的雾化

原料液雾化为雾滴以及雾滴与热空气的接触、混合是喷雾干燥独有的特征。雾化的目的在于将原料液分散为微细的雾滴，具有很大的表面积，雾滴的大小和均匀程度对产品质量和收率影响很大，特别是对热敏性物料的干燥尤为重要。如果喷出的雾滴大小不均匀，就会出现大颗粒还没达到干燥要求而小颗粒却已干燥过度而变质的现象。因此，原料液雾化所用的雾化器是喷雾干燥的关键部件。目前常用的雾化器有气流式、压力式、声能式和旋转式，如图 7-4 所示。

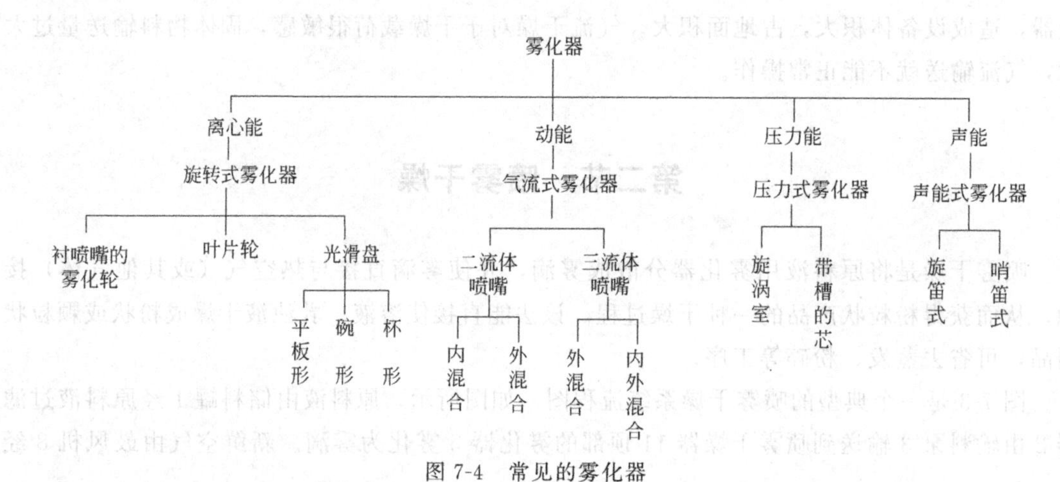

图 7-4 常见的雾化器

气流式雾化器在医药、染料、塑料工业使用较广泛。雾化器的孔径一般都较大，除适应溶液以外，含有大颗粒的浆糊状物料和较黏稠的物料也能顺利雾化。通过压缩空气在雾化器内产生高速气流，使气流同物料之间、原料液和原料液之间产生摩擦而被雾化。大型的气流式喷雾干燥塔内也装有多个雾化器，最多可以装 24 个。常用的气流式雾化器有二流、三流两种形式，根据物料的黏度和产品的粒度要求又可分为内混合（原料液与高速气流在雾化器内混合)、外混合（原料液与高速气流在雾化器外混合)、内外混合（内混合和外混合同时兼具）三种操作形式。三流雾化器产品粒度较细，适应物料的黏度也相应较高，同时消耗的能量也比二流雾化器高一些，缺点是能耗较高，大型雾化器的产品粒度分布宽。

压力式雾化器是通过高压设备给原料液加压后通过雾化器雾化，其压力一般在 2～20MPa。可以在塔内安装多个雾化器，最大处理量能够达到 2000kg/h。它对原料液的要求较高，在进雾化器前必须进行过滤，以防杂质堵塞雾化器。在常用的雾化器中，压力式雾化干燥器结构较紧凑，生产能力大，耗能最少，而且改变内部元件能改变不同的雾炬形状。调节雾化压力能调整产品粒度，主要缺点是在一定的雾化压力下喷雾量不能在线调节。

旋转式雾化器是利用水平方向作高速旋转的圆盘给予溶液以离心力，使其以高速甩出，形成薄膜、细丝或液滴。由于空气的摩擦、阻碍、撕裂的作用，液体随圆盘旋转产生的切向加速度与离心力产生的径向加速度，以合速度在圆盘上运动，自圆盘上抛出后，就分散成很微小的液滴。同时液滴又受到地心吸力而下落，由于喷洒出的液滴大小不同，因而它们飞行距离也就不同，在不同的距离落下的微粒形成一个以转轴中心对称的圆柱体。旋转式雾化器要想获得较均匀液滴，要求圆盘表面平整光滑，圆盘的圆周速率不宜过小，圆盘旋转时减少振动，同时进入圆盘液体数量在单位时间内保持恒定。

2. 喷雾干燥的第二阶段——雾滴和空气的接触

雾滴与空气的接触、混合及流动是同时进行的传热传质过程，即干燥过程。此过程在干燥塔内进行。在干燥塔内，雾滴与空气有并流、逆流及混合流。雾滴与空气的接触方式不同，对干燥塔内的温度分布、雾滴（或颗粒）的运动轨迹、雾滴（或颗粒）在干燥塔中的停留时间及产品性质等均有很大影响。雾滴的干燥过程也经历着恒速和降速阶段。研究雾滴的运动及干燥过程，主要是确定干燥时间和干燥塔的主要尺寸。

3. 喷雾干燥的第三阶段——干燥产品与空气分离

喷雾干燥的产品大多数都采用塔底出料，部分细粉夹带在排放的废气中，这些细粉在排放前必须收集下来，以提高产品收率，降低生产成本。排放的废气必须符合环境保护的排放标准，以防止环境污染。

二、喷雾干燥的特点

① 干燥进行迅速（一般不超过30s），虽然干燥介质的温度相当高，但物料不致发生过热现象。

② 干物料已经呈粉末状态，可以直接包装为成品。

③ 调节方便，可以在较大范围内改变操作条件以控制产品的质量指标，如粒度分布、湿含量、生物活性、溶解性、色、香、味等。

但是同时喷雾干燥也存在一些缺点，如容积干燥强度小，干燥室所需的尺寸大；将原料液喷成雾状的过程，消耗动力较大，热效率不高。

第三节 真空干燥

一、真空干燥原理

真空干燥的过程就是将被干燥物料放置在密闭的干燥室内，用真空系统抽真空的同时对被干燥物料不断加热，使物料内部的水分通过压力差或浓度差扩散到表面，水分子在物料表面获得足够的动能，在克服分子间的相互吸引后，逃逸到真空室的低压空间，从而被真空泵抽走的过程。

物料内水分在负压状态下熔点和沸点都随着真空度的提高而降低，同时辅以真空泵间隙抽湿降低水汽含量，使得物料内水等溶液获得足够的动能脱离物料表面。真空干燥由于处于负压状态下隔绝空气使得部分在干燥过程中容易发生氧化等化学变化的物料更好地保持原有的特性，也可以通过注入惰性气体后抽真空的方式更好地保护物料。常见的真空干燥设备有真空干燥箱、连续真空干燥设备等。

在真空干燥过程中，干燥室内的压力始终低于大气压力，气体分子数少，密度低，含氧量低，因而能干燥容易氧化变质的物料、易燃易爆的危险品等。对药品、食品和生物制品能起到一定的消毒灭菌作用，可以减少物料染菌的机会或者抑制某些细菌的生长。

因为水在汽化过程中其温度与蒸汽压是成正比的，所以真空干燥时物料中的水分在低温下就能汽化，可以实现低温干燥。这对于某些药品、食品和农副产品中热敏性物料的干燥是有利的。例如，糖液超过 70℃部分成分就会变成褐色，降低产品的商品价值；维生素 C 超过 40℃就分解，改变了原有性能；蛋白质在高温下变性，改变了物料的营养成分等。另外，在低温下干燥，对热能的利用率是合理的。

真空干燥可消除常压干燥情况下容易产生的表面硬化现象。常压热风干燥，在被干燥物料表面形成流体边界层，受热汽化的水蒸气通过流体边界层向空气中扩散，干燥物料内部水分要向表面移动，如果其移动速度赶不上边界层表面的蒸发速度，边界层水膜就会破裂，被干燥物料表面就会出现局部干裂现象，然后扩大到整个外表面，形成表面硬化。真空干燥物料内和表面之间压力差较大，在压力梯度作用下，水分很快移向表面，不会出现表面硬化，同时能提高干燥速率，缩短干燥时间，降低设备运转费用。

真空干燥能克服热风干燥所产生的溶质失散现象。热风干燥使被干燥物料内部和表面形成很大的温度梯度，促使被干燥物料中某些成分散发出去。尤其是食品，会散失香气，影响其味道。

真空干燥时物料内外温度梯度小，有逆渗透作用使得作为溶剂的水独自移动，克服了溶质散失现象。有些被干燥的物料内含有贵重的或有用的物质成分，干燥后需要回收利用；还有些被干燥物料内含有危害人类健康的有毒有害物质成分，干燥后废气不允许直接排放到环境中，需要集中处理。真空干燥能方便地回收这些有用和有害的物质，而且能做到密封性良好。从环境保护的意义上讲，有人称真空干燥为“绿色干燥”。

二、真空干燥设备

1. 真空箱式干燥器

真空箱式干燥器将被干燥物料置于真空条件下进行加热干燥。真空干燥适用于不耐高温、易于氧化的物质，以及一些经济价值较高的生物制品。它的优点在于干燥温度低、干燥速度快、干燥耗时短、产品质量高，特别是对于一些有毒、有价值的湿分进行干燥时还可以冷凝回收，与此同时该干燥器无扬尘现象，干燥小批量价值昂贵的物料更为经济。

真空箱式干燥器的结构如图 7-5 所示，钢制断面为保温外壳，内设多层空心隔板，隔板中通入加热蒸汽或热水，由 A、B 管分别通入蒸汽及冷凝水。将物料盘放于每层隔板之上，关闭箱门，即可用真空泵将箱内抽到所需要的真空度。

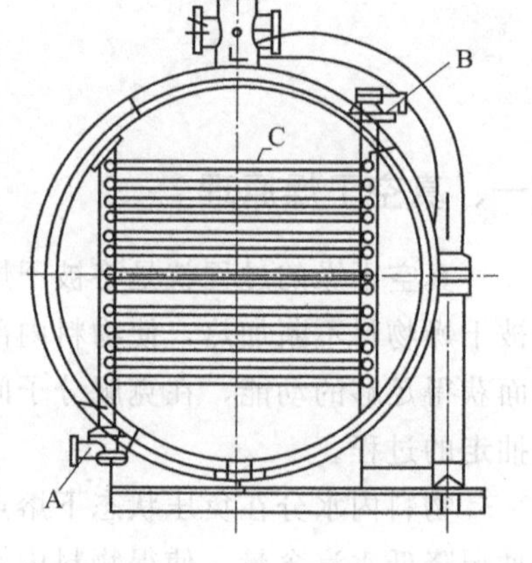

图 7-5 真空箱式干燥器的结构图

A—蒸汽入口；B—冷凝水入口；C—加热管

2. 双锥回转真空干燥机

双锥回转真空干燥机为双锥形的回转罐体，罐内在真空状态下，向夹套内通入蒸汽或热水进行加热，热量通过罐体内壁与湿物料接触，湿物料吸热后蒸发的水汽通过真空泵经真空排气管被抽走。由于罐体内处于真空状态，且罐体的回转使物料不断地上下内外翻动，故加快了物料的干燥速度，提高了干燥效率，达到均匀干燥的目的。其结构如图 7-6 所示。

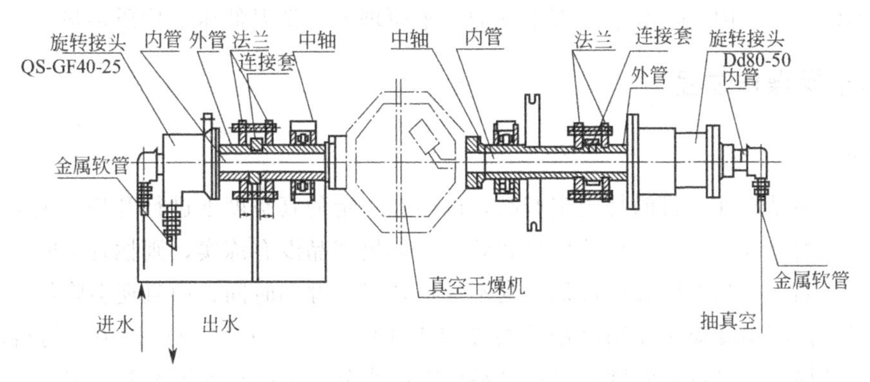

图 7-6 双锥回转真空干燥机结构图

第四节 冷冻干燥

冷冻干燥就是把含有大量水分的物质，预先进行降温冻结成固体，然后在真空的条件下使水分从固体直接升华变成气态排出，以除去水分而保存物质的方法。这样处理后既保持物料原有的形态，且制品复水性极好。相比其他干燥方法如烘干及真空干燥等方法，冷冻干燥法具有以下突出的优点：物品在低温下干燥，使物品的活性不会受到损害，例如疫苗、菌类、病毒、血液制品等的干燥保存；对于一些易挥发的物品宜采用冷冻干燥方法；物品干燥后体积、形状基本不变，物质呈海绵状无干缩，复水时能迅速还原成原来的形状；物品在真空下冷冻干燥，使易氧化的物质得到保护；除去了物品中 95%以上的水分，能使物品长期保存。由于冷冻干燥技术具有这些优点，因此它在各个领域的应用十分广泛。

一、冷冻干燥的原理

物质有固、液、气三态，物质的状态与其温度和压力有关，如图 7-7 所示为水的状态平衡图。图中 OA、OB、OC 三条曲线分别表示冰和水蒸气、冰和水、水和水蒸气两相共存时其压力和温度之间的关系，分别称为升华线、融化线和沸腾线。此三条曲线将图面分为固相区、液相区和气相区。曲线的顶端有一点其温度为 374℃，称为临界点。若水蒸气的温度高于其临界温度 374℃时，无论怎样加大压力，水蒸气也不能变成水。三曲线的交点 O，为固、液、气三相共存的

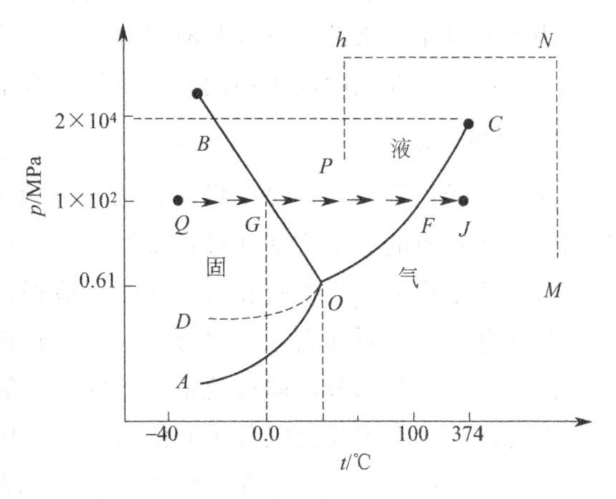

图 7-7 水的状态平衡图

状态，称为三相点。在三相点以下，不存在液相。若将冰面的压力保持低于610Pa，且给冰加热，冰就会不经液相直接变成气相，这一过程称为升华。

冷冻干燥就是在低温下抽真空，使冰面压强降低，水直接由固态变成气态从物质中升华出去，从而达到除去水分的目的。干燥过程是水的物态变化和移动的过程，这种变化和移动发生在低温低压下。因此，真空冷冻干燥的基本原理就是低温低压下传质传热。

二、冷冻干燥操作过程

1. 预冻

预冻是把制品冷冻，目的是固定产品，以便在一定的真空度下进行升华。预冻进行的程度直接关系到物品以后干燥升华的质量和效率。如果产品没有冻实，则抽真空时产品会沸腾并冒出瓶外；如果产品冷冻温度过低，则不仅浪费了能源和时间，而且还会降低某些活性物质的存活率。预冻温度应设在制品的共熔点以下10～20℃。在升华过程中，物料温度应维持在低于而又接近共熔点的温度，也指物料中游离水分完全冻结成冰晶时的温度。制品的冻结方法有两种：①低温快冻，低温快冻（10～15℃/min）对于保证质量有利，形成微结晶，得到的制品外观好、溶解速度也快，但形成微结晶则不利于加快冷冻干燥速度；②低温慢冻，低温慢冻（1℃/min）形成粗晶粒，对提高冷冻干燥效率有利，但慢冻一般对制品质量，特别是含活性的酶类或活菌、病毒等的存活率极为不利。对于采取哪一种预冻的方法应根据具体实验来定。

2. 升华干燥

将冻结后的产品置于密封的真空容器中加热，其冰晶就会升华成水蒸气逸出而使产品脱水干燥。干燥是从外表面开始逐步向内推移的，冰晶升华后残留下的空隙变成之后升华水蒸气的逸出通道。已干燥层和冻结部分的分界面称为升华界面。在生物制品干燥中，升华界面约以1mm/h的速度向下推进。当全部冰晶除去时，第一阶段干燥就完成了，此时约除去全部水分的90%。

制品在升温融化过程中，当达到某一温度时，固体中开始出现液态，此时的温度称为溶液的共熔点。冻干层的温度和升华界面的温度必须控制在产品共熔点以下，才不致使冰晶融化。为了使升华出来的水蒸气具有足够的推动力，使产品逸出，必须使产品内外形成较大的蒸汽压差，因此在此阶段中箱内必须维持高真空。水蒸气在冷凝器中凝结成冰。

3. 解析干燥

解析干燥也称第二阶段干燥。在第一阶段干燥结束后，产品内还存在10%左右的水分吸附在干燥物质的毛细管壁和极性基团上，这一部分的水是未被冻结的。当它们达到一定含量，就为微生物的生长繁殖和某些化学反应提供了条件。因此为了改善产品的储存稳定性，延长其保存期，需要除去这些水分。这就是解析干燥的目的。

由于这一部分水分是通过范德瓦耳斯力、氢键等弱分子力吸附在物料上的结合水，因此要除去这部分水，需要克服分子间的力，需要更多的能量。此时可以把制品温度加热到其允许的最高温度以下（产品的允许温度视产品的品种而定，一般为25～40℃，病毒性产品为25℃，细菌性产品为30℃，血清、抗生素等可高达40℃），维持一定的时间（由制品特点而定），使残余水分含量达到预定值，整个冷冻干燥过程结束。

4. 冷冻干燥曲线的制订

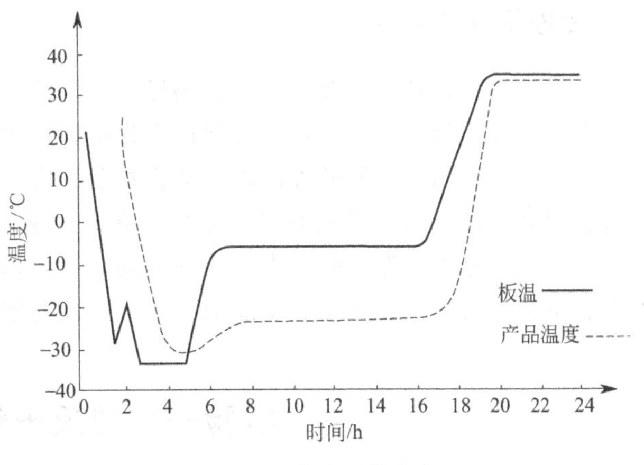

图 7-8　冷冻干燥曲线

冷冻干燥技术的关键是要对制品冷冷冻干燥燥过程的每一个阶段各个参数进行全面的控制，才能得到优质的干燥制品。冷冻干燥曲线就是冷冻干燥过程的基本依据，表示冷冻干燥过程中产品的温度、压力随时间变化的关系曲线。由于制品的温度与搁板温度或箱内温度有一定的依从关系，而且设备很难控制产品表面的压力，所以实践中冷冻干燥曲线用搁板的温度与时间的温度曲线来表示。为了检测冷冻干燥过程的主要参数，配有自动记录仪的冷冻干燥机会自动记下搁板的温度、制品温度、水汽凝结器温度、冷冻干燥箱压力四个参数和时间的曲线，这些均为冷冻干燥曲线，如图 7-8 所示。冷冻干燥曲线的形状与制品的性能、装量的多少、分装容器的种类、冷冻干燥机的性能等诸多因素有关。即使同一制品，生产厂家不同，其冷冻干燥曲线亦不完全一样。因此应根据各自的具体条件，用试验制订出最佳的冷冻干燥曲线。

冷冻干燥曲线制订过程根据所获取制品的共熔点温度、崩解温度、最佳预冻速率和残水含量等参数，以及所用冷冻干燥机的性能，初步拟订出搁板温度曲线和冷冻干燥箱的压力曲线，用此曲线在实验冷冻干燥机上试验。根据测量并记录的搁板温度、制品冻层温度、制品干层温度、冷冻干燥箱压力、冷阱温度等参数，随时修改冷冻干燥曲线中不合理部分。由检测和观察确定升华阶段结束和解析干燥结束的时间，冷冻干燥结束后，对产品质量和含水量进行检测。根据所得冷冻干燥过程参数的数据，重新拟订冷冻干燥曲线并进行试验，直到得到较为满意的曲线为止。结合生产用冷冻干燥机的性能，将上述曲线修改不合理部分，直到获得成熟的冷冻干燥曲线。图 7-9 为真空冷冻干燥机的整个操作过程。

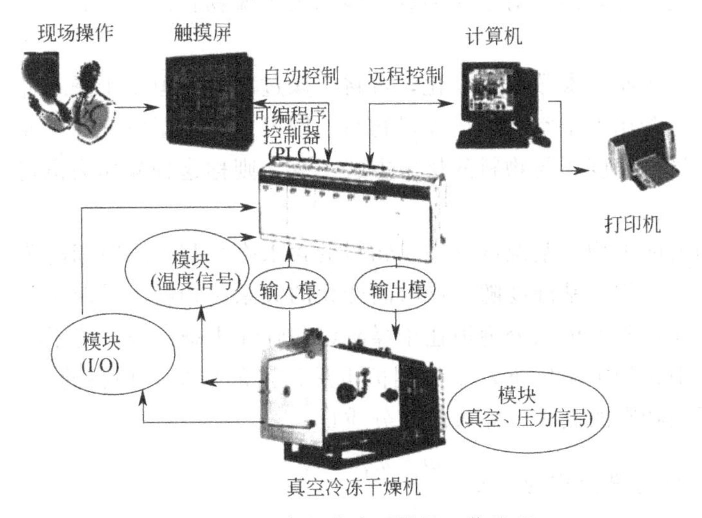

图 7-9　真空冷冻干燥机工作流程

三、冷冻干燥的应用

真空冷冻干燥技术主要应用于：热稳定性差的生物制品、生化类制品、血液制品、基因工程类制品等药物的冷冻干燥；为保持生物组织结构和活性，外科手术用的皮层、骨骼、角膜、心瓣膜等生物组织的处理；以保持食物色、香、味和营养成分以及能迅速复水的咖啡、调料、肉类、海产品、果蔬的冷冻干燥；在微胶囊制备、药品控释材料等方面的应用；人参、蜂王浆、龟鳖等保健品及中草药制剂的加工；超微细粉末功能材料，如光导纤维、超导材料、微波介质材料、磁粉以及能加速反应过程的催化剂的处理等。

实验一 热风干燥实验

一、实验目的

了解气流常压干燥设备的基本流程和工作原理；测定湿物料在恒定干燥情况下的干燥曲线及干燥速率曲线。

二、实验原理

热风干燥是现代干燥方法之一，是在烘箱或烘干室内吹入热风使空气流动加快的干燥方法。热风干燥以热空气为干燥介质，自然或强制的对流循环的方式与物料进行湿热交换。这一过程对于物料而言是一个传热传质的干燥过程。湿物料的干燥，可以归纳为物料内部的质热传递和相界面上边界层中的质热传递。物料接收热量，用来汽化其中的水分，而蒸汽就由物料表面传递到气流主体，并不断被气流带走，物料的湿含量也不断下降。当物料的湿含量降到平衡湿含量时，干燥过程结束。

在设计干燥器的尺寸或确定干燥器的生产能力时，被干燥物料在给定干燥条件下的干燥速率、临界湿含量和平衡湿含量等干燥特性数据是最基本的技术参数。由于实际生产中的被干燥物料的性质千变万化，因此对于大多数具体的被干燥物料而言，其干燥特性数据常常需要通过试验测定。

按干燥过程中空气状态参数是否变化，可将干燥过程分为恒定干燥条件操作和非恒定干燥条件操作两大类。若用大量空气干燥少量物料，则可以认为湿空气在干燥过程中温度、湿度均不变，再加上气流速度、与物料的接触方式不变，则称这种操作为恒定干燥条件下的干燥操作。

干燥曲线即物料的平均干基湿度（绝干物料的含水率）与干燥时间的关系曲线，它说明物料在干燥过程中，平均干基湿度随干燥时间变化的关系。物料干燥曲线的具体变化因物料性质及干燥条件而变，基本可以分为恒速干燥阶段和降速干燥阶段。绝干的物料质量是将物料放在恒温干燥箱中在指定温度下，干燥到恒重后称量的质量。物料的干燥速率 U 等于单位时间从单位被干燥物料的面积上除去的水分质量。

干基含水率 X 的计算公式为：$X=\dfrac{m-m_C}{m_C}$

式中，m 为物料质量；m_C 为绝干物料质量。

干燥速率 U 的计算公式为：

$$U=\frac{dW}{Ad\tau}=-\frac{m_C dX}{Ad\tau}$$

式中，U 为干燥速率，又称干燥通量；A 为干燥表面积；W 为汽化的湿分量；τ 为干燥时间；m_C 为绝干物料的质量；X 为物料含水率；负号表示 X 随干燥时间的增加而减少。

干燥速率 U 计算可以简化为 $\Delta W/\Delta\tau$。

三、仪器及试剂

仪器用具：鼓风干燥机、分析天平、干球温度计、时钟。

材料：水果、蔬菜等。

四、实验步骤

① 将食品物料切成标准的长、宽、厚切片，测出尺寸，并称重做好记录。

② 恒定干燥介质状态：干球温度为 80℃，湿球温度为 75℃。

③ 空气流动方向为水平穿过食品。

④ 将物料放入干燥箱内进行干燥，定时每隔 10min 测定物料的质量、物料表面的温度，并填入表 7-1 中，直到物料质量不变为止，此时为食品物料的平衡含水量。

⑤ 将物料放到烘箱中烘到恒重为止（控制烘箱内的温度低于物料分解温度），得绝干物料质量。

表 7-1 干燥实验数据记录及处理表

试样绝干质量 G_c：　g　　　　试样尺寸：　mm

干球温度：　℃　　　　湿球温度：　℃

序号	时间间隔 $\Delta\tau$/s	汽化的湿分量 W/kg	汽化量 ΔW/kg	物料含水率 X	干燥速率 U/[kg/(m^2·s)]
1					
2					
3					
4					
5					

五、作业

（1）绘出干燥曲线（X-τ 图）和干燥速率曲线（U-X 图）。

（2）简述干燥速率与哪些因素有关系。

实验二 喷雾干燥实验

一、实验目的

掌握喷雾干燥器的结构、操作、控制和调整；观察物料的实际喷雾干燥过程；测定喷雾干燥中的各种参数。

二、实验原理

喷雾干燥是采用雾化器将原料液分散为雾滴，并用热气体（空气、氮气或过热水蒸气）

干燥雾滴而获得产品的一种干燥方法。原料液可以是溶液、乳浊液、悬浮液。液体的雾化器将料液分散为雾滴，增大干燥过程的传热传质速率。雾化器是喷雾干燥的关键部件之一，目前常用的有3种，即压力式雾化器、离心式雾化器、气流式雾化器。

雾化的液体与热气流的接触表面积很大，它与较高温度的气流一接触就迅速进行传热传质，雾滴水分吸收热量后又迅速蒸发成水蒸气，空气既作载热体又作载湿体。在干燥初期，雾滴很小，物料内部湿含量的扩散传递而造成的干燥阻力几乎等于零，物料的温度一直处于物料的表面湿球温度，为恒速干燥阶段。在物料表面没有充足水分时，物料就开始升温并在内部形成温度梯度，为降速干燥阶段。若当温度梯度很大，物料内部的蒸汽压大于物料粒子表面内聚力时，粒子即会爆开，瞬时增大传质蒸发表面。因此喷雾干燥的粉末大多是非球形。

三、仪器及试剂

仪器用具：YC-1500（或YC-1800）气流式喷雾干燥器、胶体磨、均质机。

材料：鸡蛋、茶叶提取液。

四、实验步骤

1. 原料液的处理

（1）蛋黄液制备　鸡蛋→破壳→弃去蛋清→蛋黄加水→搅拌→胶体磨→均质→料液备用。

（2）茶叶提取液制备　可参照第二章实验一方法制备茶叶提取液，减压浓缩，所得到的茶汤浓缩液于12000r/min高速均质机高速分散后备用。

2. 喷雾干燥器使用及操作方法（YC-1800实验室喷雾干燥器操作规程见附录五）

① 检查喷头及管件连接是否正确、密封。

② 接通电源（指示灯亮）。

③ 根据需要设定空气进口温度、出口温度。

④ 打开鼓风机开关（调至所需的风速）。

⑤ 打开加热开关。

⑥ 当温度达到设定温度时，按下压缩泵按键。

⑦ 打开蠕动泵开关，开始进料液。

⑧ 通过调节压缩泵、蠕动泵和脉冲旋钮来调整料液喷雾速度的快慢和喷雾量的大小，喷雾干燥开始。

⑨ 当干燥结束时，关闭喷雾干燥器的操作应逆向进行。

⑩ 当仪器冷却后，取下接受瓶、各部组件及喷头，洗净，以备后用。

3. 参数设置（供参考）

（1）蛋黄液喷雾干燥参数　进风口温度在120～180℃，蛋黄液浓度在0.25～0.50g/mL，进料速度在7.4～14.8g/min时，可以达到稳定操作。进风口温度低于120℃时，会有湿粉产生，且粘壁。进风口温度高于180℃时，蛋粉颜色加深，物料在长时间的高温条件下容易降解变质。蛋液进料速度受进风口温度和蛋液浓度的双重制约，当蛋液浓度变低或进料速度变大时，进风口温度必须相应提高。抽气流量8～10L/min，抽气流量主要影响蛋粉引出速率和旋风分离效果，当抽气流量低于8L/min时，蛋粉引出速率变慢。

（2）茶叶提取液喷雾干燥参数　一般速溶茶的工业生产进料浓度为 20%～40%，进风温度为 120～200℃，而出风温度一般在 60～90℃。速溶绿茶粉进风温度为 170℃、出风温度为 75℃、茶汤可溶性固形物为 20%、进料速度为 700mL/h。当进风温度低于 170℃时，干燥不完全，发生粘壁现象，温度过高则导致颜色变深，出现焦糊味。进风温度高于 140℃会导致茶多酚含量缓慢下降，综合考虑进风温度选取 170℃；进料速度过慢，会使得茶粉粘在喷头上，速度太快茶粉会粘壁；随着茶汤可溶性固形物含量的增加，茶粉的收率增大，但茶多酚含量呈现先升后降的趋势，在 20%浓度时茶多酚含量最大，这是因为茶汤浓缩度越高，茶汤热敏性成分破坏越大，制得的茶粉颜色越深，感官评价降低，同时茶汤可溶性固形物含量适中，有助于在干燥过程中形成大的颗粒，增加茶粉的速溶性，因此选择可溶性固形物 20%的茶汤较为适宜。

五、作业

（1）确定喷雾干燥器的空气进口温度和空气出口温度。

（2）喷雾干燥参数的设定应该注意什么？

实验三　牛奶冷冻干燥

一、实验目的

掌握冷冻干燥的原理和应用；能熟练操作台式冷冻干燥机和真空泵；学习台式冷冻干燥机和真空泵的维护。

二、实验原理

冷冻干燥是将含水物料在较低温度下冻结成固态，然后在真空条件下，将物料中的水分由固相直接升华变成气态的干燥过程。冷冻干燥一般包括两个过程，预冻过程和升华干燥过程。预冻阶段的主要任务是将待干燥物料进行冻结，升华干燥阶段是通过抽真空和适当加热使冰升华的过程。冷冻干燥技术特别适合于稳定性较差、分子量较大、结构较复杂的生物大分子产物，比如疫苗、血液制品等的干燥。冷冻干燥技术得到的产品，能够最大限度地保留目标产物的活性，且产品具有较好的速溶性和复水性。

三、仪器及试剂

仪器用具：台式冷冻干燥机、低温冰箱、真空泵。

试剂：真空泵油、真空脂。

材料：盒装液体牛奶。

四、实验步骤

1. 设备安装

设备由主机和真空泵组成，如图 7-10 所示。主机包括冷阱、物料架、有机玻璃罩、保温盖、密封圈。真空泵和主机之间由抽真空耐压管连接，两端采用标准快速卡箍，卡箍里装有一橡胶密封圈，连接前在密封圈上涂适量真空脂，再将两端卡箍卡紧。主机后板上方安装有“总电源”插座，将电源线一端插入，另一端与有电源相连。在“总电源”一侧装有真空泵电源插座，将真空泵电源线插上即可。

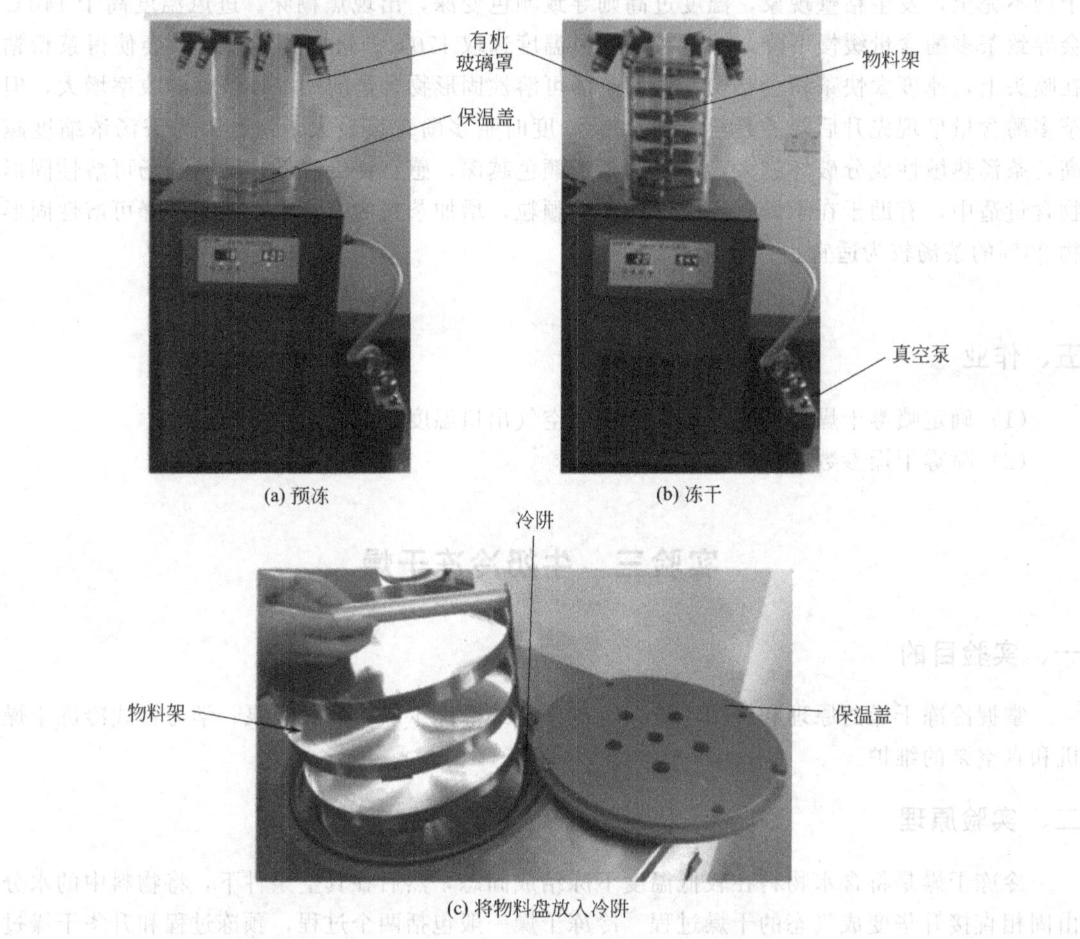

图 7-10 冷冻干燥机

2. 真空泵的准备

检查密封圈是否清洁，若不清洁应进行清洁，并涂上一层真空脂。检查真空泵，确认已加注真空泵油，切勿无油运转。油面不得低于油镜中线，油面约在油镜 2/3 处（空泵连续工作应每 200h 后换油一次）。去除真空泵排气孔上遮盖物，保持排气孔畅通。如图 7-11 所示。

3. 预冻操作

将牛奶倒入表面积较大的容器中在低温（-20℃以下）冰箱过夜冷冻。取出容器后去盖或倾斜盖让内外空气连通。将容器放于物料盘中，再将物料盘放于预冻架上，将预冻架放入冷阱中，盖上保温盖和有机玻璃罩，如图 7-10(a) 所示。

打开冷冻干燥机总电源，打开制冷装置。观察冷阱温度显示窗，数字开始下降即开始预冻。预冻时间为 4～6h，其间，记录温度和压力。

4. 冻干操作

将预冻好的物料盘从冷阱中取出，罩上保温盖，并将预冻架放置于保温盖上方，如图

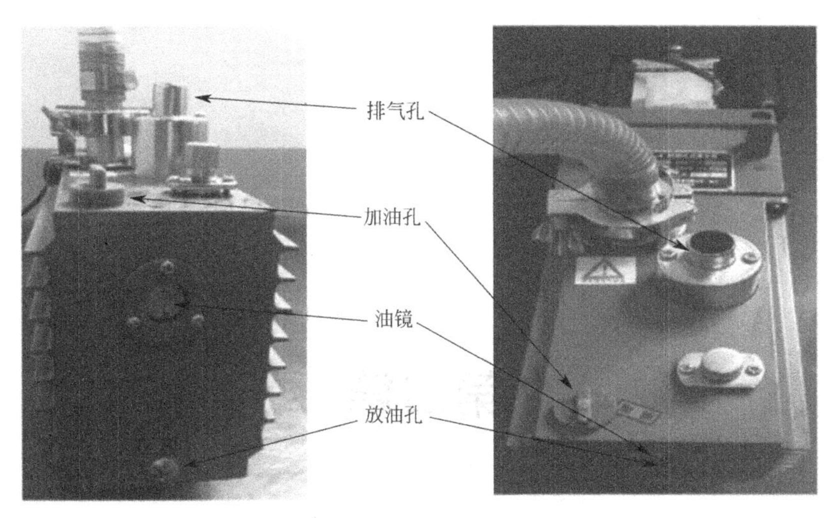

图 7-11 真空泵

7-10(c) 所示。然后罩上有机玻璃罩，保证罩下端与密封圈完全接触，如图 7-10(b) 所示。

注意：操作前应戴防护手套防止冻伤，操作要迅速。

打开真空阀和真空计，显示真空度为 110×10^3 Pa。启动真空泵，开始进行物料冻干。真空泵运转工作后，观察真空度显示窗数值开始下降，真空泵运转一段时间后真空度下降到 15Pa 以下为正常。冻干期间记录温度和压力。

冻干进行 24h 后，观察牛奶是否已经干燥。干燥后依次关闭真空阀、真空泵、真空计。取下有机玻璃罩，拿出物料。产品拿出后应及时进行检查、称重、包装，防止吸水和微生物污染。观察冻干产品的性状并记录，可以检查复水性。

5. 关机和维护

若干燥机有自动除霜装置，应开启除霜装置。待冷阱中凝霜融化后再关闭电源。若干燥机没有自动除霜装置，拿出物料后可关闭电源，待凝霜缓慢融化。

待冷阱中凝霜融化后，擦干冷阱内冷凝水，清洁物料架和有机玻璃罩，擦净密封圈上的真空脂。有机玻璃罩和密封圈接触处应注意保护，防止碰、划和损伤等。

真空泵长时间不工作应放出所有真空泵油（放油孔如图 7-11 所示）。长时间不用应盖上排气孔，防止灰尘进入。

五、作业

(1) 试述在整个冷冻干燥过程，温度和真空度应如何控制，为什么？

(2) 冷冻干燥时，是否真空度越高越好？为什么？

各 论

第八章
多肽、蛋白质和酶的分离纯化

【知识目标】

① 了解多肽、蛋白质和酶类物质的基本特性；
② 熟悉多肽、蛋白质和酶类物质的生产方法。

【技能目标】

① 能够针对不同蛋白质特性和含量选择合适的方法进行定量测定操作；
② 能够完成胸腺肽、免疫球蛋白、SOD、木瓜蛋白酶等重要的多肽、蛋白质和酶类药物的提取分离。

【必备知识】

从分子角度来看，多肽与蛋白质并无本质的区别，仅仅是分子结构大小不同而已。一般将组成化合物的氨基酸数目在50个以下的，称之为多肽，50个以上的称之为蛋白质。酶的本质是蛋白质（少数为RNA）。多肽、蛋白质和酶是存在于一切生物体内的重要物质，具有多种多样的生理生化功能，是一大类非常重要的生物活性物质，是生物医药产品中的重要组成部分。

第一节 多肽

自1953年人工合成了第一个有生物活性的多肽催产素以后，20世纪50年代都集中于脑垂体所分泌的各种多肽激素的研究。20世纪60年代，研究的重点转移到控制脑垂体激素分泌的各种多肽激素的研究。20世纪70年代，神经肽的研究进入高潮。生物胚层的发育渊源关系表明，很多脑活性肽也存在于肠胃组织中，从而推动了肠胃激素研究的进展。目前，活性多肽是生化药物中非常活跃的一个领域，生物体内已知的活性多肽主要是从内分泌腺、组织器官、分泌细胞和体液中产生或获得的。许多活性蛋白质、多肽都是由无活性的蛋白质前体，经过酶的加工剪切转化而来的，有共同的来源、相似的结构，保留着若干彼此所特有的生物活性。研究活性多肽结构与功能的关系及活性多肽之间结构的异同与其活性的关系，将有助于设计和研制新的活性多肽药物。

多肽在生物体内的浓度很低，在血液中一般为 $1\times10^{-16}\sim1\times10^{-12}$ mol/L，但生理活性很强，在调节生理功能方面起着非常重要的作用。多肽类药物（多肽类激素）是机体的特定腺体合成并释放的一种物质，通过与远程敏感细胞内或细胞表面的受体相互作用而使靶细胞发生变化，主要有以下生理功能和特性：①作为生理调节的活性分子，参与调节各种生理活动和生化反应。②多肽具有非常高的生物活性，1×10^{-7} mol/L 就可发挥活性，有的甚至在极低浓度下依然具有活性。如胆囊收缩素浓度在千万分之一就可以发挥作用。③分子小，结构易于改造，可通过化学合成的方法生产。如注射用生长抑素，主要成分为生长抑素，为人工合成的环状十四肽。④活性多肽往往是由蛋白质经加工剪切转化而来，许多多肽之间都具有共同的来源、相似的结构。

第二节 蛋白质

蛋白质是一切生命的物质基础，是构成生物体的一类最重要的有机含氮化合物，是塑造一切细胞和组织的基本材料。因为蛋白质是由氨基酸组成的，所以它有许多与氨基酸相类似的化学性质，如等电点、两性离子、双缩脲反应等，但它还有空间构型，分子量大，有胶体性质，有沉淀、凝固、变性等特点。

一、蛋白质的带电性质及等电点

蛋白质分子除了肽链两端有自由 α-NH_2 和 α-COOH 外，在侧链上还有许多解离基团，如 ε-NH_2、r-COOH、β-COOH、咪唑基、胍基等，在一定的 pH 条件下都能解离为带电基团而使蛋白质带电。因此蛋白质和氨基酸一样也是两性电解质，在水溶液中能解离，解离程度和生成的离子情况是由各种蛋白质分子中可解离的基团数和溶液的 pH 所决定的，在不同 pH 条件下分别成为阳离子、阴离子和两性离子。一般在酸性溶液中带正电荷，在碱性溶液中带负电荷。当某一 pH 时蛋白质颗粒上所带的正负电荷正好相等，在电场中既不向阴极也不向阳极移动，这时溶液的 pH 即为该蛋白质的等电点。当溶液的 pH 小于等电点时，蛋白质成阳离子并向阴极移动；溶液的 pH 大于等电点则蛋白质成阴离子而向阳极移动。

利用蛋白质在等电点状态容易产生沉淀的性质，在提取蛋白质时，通常调节蛋白质溶液的 pH 到该蛋白质的等电点，可以使该蛋白质从溶液中析出；或者在等电点状态的蛋白质溶液中加入有机溶剂，如乙醇或丙酮，它们与蛋白质争夺水分，使蛋白质更易沉淀。

蛋白质溶液的 pH 在等电点时，蛋白质的溶解度、黏度、渗透压、膨胀性及导电能力均最小，胶体溶液呈最不稳定状态。凡碱性氨基酸含量较多的蛋白质，等电点往往偏碱，如组蛋白和精蛋白。反之，含酸性氨基酸较多的蛋白质如酪蛋白、胃蛋白酶等，其等电点往往偏酸。由于各种蛋白质的等电点不同，在同一 pH 缓冲溶液中，各蛋白质所带电荷的性质和数量不同。在分离纯化工作中，我们多用此来鉴定某一蛋白质制剂的纯度，判断是否还有其他杂蛋白存在。

二、蛋白质的胶体性质

蛋白质是高分子化合物，分子量一般在 $1\times10^4\sim1\times10^6$ 之间，由于蛋白质分子量大，分散在溶液中所形成的颗粒直径为1～100mm，在水中容易形成胶体溶液，呈现出布朗运动、光散射现象、电泳现象、不能透过半透膜以及具有吸附能力等特征。

蛋白质分子表面含有很多亲水基团，如氨基、羧基、羟基、巯基、酰胺基等，能与水分子形成水化层，把蛋白质分子颗粒分隔开来。此外，蛋白质在一定pH溶液中都带有相同电荷，因而使颗粒相互排斥。水化层的外围，还可有被带相反电荷的离子所包围形成的双电层，这些因素都是防止蛋白质颗粒的互相聚沉，促使蛋白质成为稳定胶体溶液的因素。

在科研及生产中，常利用蛋白质不能透过半透膜的性质，选用一定孔径的半透膜，如羊皮纸、火棉胶、玻璃纸和肠衣等，可去掉蛋白质溶液中的小分子杂质，如NaCl、$(NH)_2SO_4$等盐类和核苷酸、氨基酸、辅酶等小分子有机物，以达到纯化目的。具体操作时，先把待透析的样品装入透析袋中，然后将透析袋放在流水中，小分子化合物就可不断地从透析袋中渗出，而大分子的蛋白质仍留在袋内，经过一定时间的处理，即可达到纯化目的，这种方法称为透析法。

三、蛋白质的变性与凝固

天然蛋白质受理化因素的作用，构象发生改变，导致蛋白质的理化性质和生物学特性发生变化，但并不影响蛋白质的一级结构，这种现象叫变性。变性的实质是次级键（氢键、离子键、疏水键等）断裂，而形成一级结构的主键（共价键）并不受影响。变性后的蛋白质称变性蛋白质，特点如下：蛋白质的亲水性减少，溶解度降低；在等电点的pH溶液中可发生沉淀，但仍能溶于偏酸或偏碱的溶液；生物活性丧失，如酶的催化功能消失，蛋白质的免疫性能改变等；变性蛋白质溶液的黏度往往增加；变性蛋白质容易被酶消化。

能使蛋白质变性的物理因素有加热（70～100℃），剧烈振荡，超声波、紫外线和X射线的照射，化学因素有强酸、强碱、尿素、去污剂、重金属盐、生物碱试剂、有机溶剂等。如果蛋白质变性仅影响三、四级结构，其变性往往是可逆的。如被盐酸变性的血红蛋白，再用碱处理可恢复其生理功能。胃蛋白酶加热到80～90℃时失去消化蛋白质的能力，如温度慢慢下降到37℃时，酶的催化能力又可恢复。

天然蛋白质变性后，所得的变性蛋白质分子互相凝聚或互相穿插结合在一起的现象称为蛋白质凝固。蛋白质凝固后一般都不能再溶解。蛋白质的变性并不一定发生沉淀，即有些变性蛋白质在溶液中不出现沉淀，凝固的蛋白质必定发生变性并出现沉淀，而沉淀的蛋白质不一定发生凝固。

第三节 酶

酶是由生物活细胞产生的具有特殊催化功能的一类生物活性物质，能在生物机体中十分温和的条件下高效率地催化各种生物化学反应，促进生物体的新陈代谢。生命活动中的消化、吸收、呼吸、运动和生殖都是酶促反应过程。酶是细胞赖以生存的基础，细胞新陈代谢包含的所有化学反应几乎都是在酶的催化下进行的。哺乳动物的细胞中就含有几千种酶，它们或是溶解于细胞液中，或是与各种膜结构结合在一起，或是位于细胞内其他结构的特定位置上，这些酶统称为胞内酶；另外，还有一些在细胞内合成后再分泌至细胞外的酶，这些统称为胞外酶。酶催化化学反应的能力叫酶活力（或称酶活性）。

酶可分为单纯酶和结合酶两类。单纯酶分子中只有氨基酸残基组成的肽链。结合酶分子中则除了多肽链组成的蛋白质，还有非蛋白质成分，如金属离子、铁卟啉或含B族维生素的小分子有机物。结合酶的蛋白质部分称为酶蛋白，非蛋白质部分统称为辅助因子，两者一起组成全酶，只有全酶才有催化活性，如果两者分开则酶活性消失。辅助因子可分为辅酶和辅基，两者的区别是与酶蛋白结合的紧密程度不同，辅酶以非共价键疏松结合酶蛋白，辅基则通过共价键牢固结合酶蛋白。辅酶与辅基在催化反应中作为氢或某些化学基团的载体，起传递氢或化学基团的作用。酶具有一般蛋白质的特性，包括酶可被蛋白酶水解而丧失活力，最终产物是氨基酸；酶是两性电解质，在 pI 时易沉淀，在电场中能像蛋白质一样泳动；酶是大分子化合物，具有不能通过半透膜等胶体性质；酶受紫外线、热、强酸、强碱、重金属盐、蛋白质沉淀剂等作用而变性失活等。

酶既具有一般催化剂的共性，又具有生物催化剂的特性，酶的特性主要有以下几方面：①高效性，酶的催化效率比无机催化剂更高，使得反应速率更快，只需要少量的酶制剂就能催化血液或组织中较低浓度的底物发生化学反应，从而高效发挥治疗作用。②专一性，酶对底物的结构具有严格的选择性，一种酶只能催化一种或一类底物，如蛋白酶只能催化蛋白质水解成多肽。③温和性，是指酶所催化的化学反应一般是在较温和的条件下进行的。大多数酶的最适pH在5～8之间，植物及微生物酶的最适pH多在4.5～6.5，动物细胞内酶的最适pH多在6.5～8，但也有例外，如胃蛋白酶的最适pH为1.5，肝中精氨酸酶的最适pH为9.0。④酶活力受多种因素的调节控制，酶对温度和pH条件具有高度敏感性，这也是酶最重要的特性。大多数酶在温度升高到30～40℃时活性已开始丧失，温度升高到50～60℃以上时酶活性会迅速丧失。酶的活力与 H^+ 浓度关系很大，同一种酶在不同pH条件下活力不同，常限于某pH范围内才表现出最大活力，此pH称最适pH，稍高或稍低于最适pH时，酶的活力都降低。

第四节　多肽、蛋白质和酶类物质的主要生产方法

多肽、蛋白质和酶类物质的主要生产方法包括化学合成法、天然动植物体及重组动植物体提取法、微生物及重组微生物发酵法等。

一、化学合成法

化学合成法只能生产少部分多肽。化学合成法借助化学催化剂，按一定的氨基酸序列顺序形成肽键。蛋白质类药物一般都具有复杂的空间结构，而且这些空间结构的形成还需要一些特殊的细胞因子参与起辅助作用，这些细胞因子是化学合成过程中无法提供的，所以化学合成法不能用于生产相对复杂的蛋白质类药物。酶类药物虽然也可以通过化学法合成，但由于各种因素的限制，目前药用酶的生产主要是直接从动植物中提取、纯化和利用微生物发酵生产。

多肽的合成法是从20世纪50年代开始，在有机溶剂中进行的均相反应，因此叫作液相合成法。此法在合成分子量不太大的多肽时是比较成功的，但在合成更大的蛋白质时，产物

还不能表现出全部活力且不能结晶。1962 年建立的固相合成的新方法，对小肽的合成是很成功的，对大分子的合成，如 124 肽的核糖核酸酶，还不能达到天然物质的全部活力。目前试图合成大分子的蛋白质以及建立快速简便的合成方法是多肽合成化学的特征。

二、天然动植物体及重组动植物体提取法

天然动植物体提取法生产多肽、蛋白质和酶就是通过生化工程技术从天然动植物体中分离纯化。由于天然动植物体中的有效成分含量过低，杂质太多，引起了人们对重组动植物体的重视。重组动植物体指的是通过基因工程技术的手段，将对应基因或对基因起调节作用的基因转导入动植物组织细胞，以提高动植物组织合成药用成分的能力，再经过生化分离，制得生物药品。

三、微生物及重组微生物发酵法

微生物发酵法是生产多肽、蛋白质和酶的主流，特别是通过基因工程发酵生产。1982 年美国礼来公司首先将重组胰岛素优泌林投放市场，标志着第一个重组蛋白质药物的诞生。重组蛋白质类分子具有纯度高、安全性强、易工业化生产的特点而应用广泛。蛋白质类药品多数属于人体特有的细胞因子、激素、蛋白质，这些蛋白质与动物体所含的存在结构上的差异。也就是说，通过从动植物体提取的方法生产该类药品，由于其结构与人的不同，临床上存在产生较大副作用的可能性。克服这一难题的最好方法就是通过基因工程技术的手段，把人体细胞内含有的合成某一多肽、蛋白质或酶的基因分离出来，再结合一定的载体，转入特定的微生物细胞，通过微生物细胞将对应的基因表达出来，以生产该类药品用于临床。目前，世界上生产的多肽、蛋白质和酶类药品，绝大多数是经过此方法生产。

第五节 蛋白质提取分离的一般步骤

在分离纯化蛋白质之前，要确定制备蛋白质的目的和要求，不同的实验目的对生物材料的选择、提取纯化方法及工艺的确定等具有重要的影响。蛋白质分离纯化的基本原理是以其性质为依据的，要了解目标蛋白质的分子量、等电点、溶解性及稳定性等基本性能，然后才能制订合理的分离纯化流程。但各种蛋白质的性质不同，不同生物组织所含蛋白质的种类、含量等也存在差异，因此，蛋白质的提取和纯化过程通常没有固定的技术路线。

一、生物材料的选择

蛋白质分离纯化的第一步应选择合适的生物材料。不同的蛋白质可以分别或同时来源于动物、植物和微生物。选择生物材料时，要保证目的蛋白含量丰富；稳定性好、新鲜、易保存；经济性好，具有综合利用价值；干扰成分少。同时，还应从科研和生产两个方面考虑材料的选择。

从科研工作的角度选材，只需考虑材料符合实验预定的目标要求即可，但应注意动物的年龄、性别、营养状况、遗传背景、生理状态等。动物在饥饿时，脂类和糖类含量相对减少，有利于蛋白质的提取分离。

从工业生产角度选择材料，应选择含量高、来源丰富、制备工艺简单、成本低的原料，但往往这几方面的要求不能同时具备，含量丰富但来源困难，或含量来源较理想，但材料的分离纯化方法繁琐，流程很长，反而不如含量低些但易于获得纯品的材料。

材料选定后要尽可能保持其新鲜，尽快加工处理，如暂不提取，应深度冷冻保存。动物组织要先除去结缔组织、脂肪等非活性部分，绞碎后在适当的溶剂中提取，如果所要求的成分在细胞内，则要先破碎细胞。

二、细胞的破碎

除了某些细胞外的多肽激素和某些蛋白质、酶以外，细胞内或生物组织中的各种生物大分子的分离纯化，都需要事先将细胞和组织破碎，使生物大分子充分释放到溶液中，并不丧失生物活性。不同的生物体或同一生物体不同部位的组织，其细胞破碎的难易程度不一，使用的方法也不相同。常用的细胞破碎方法有以下几种。

1. 机械处理

研磨。将剪碎的动物组织置于研钵或匀浆器中，加入少量石英砂研磨或匀浆，即可将动物细胞破碎，这种方法比较温和，适宜实验室使用。工业生产中可用电磨研磨。细菌和植物组织细胞的破碎也可用此法。

2. 反复冻融法

将待破碎的细胞冷冻至－20～－15℃，然后放于室温（或40℃）迅速融化，如此反复冻融多次，由于细胞内形成冰粒使剩余胞液的盐浓度增高而引起细胞溶胀破碎。但需要注意的是，反复冻融可能会降低酶的活力。

3. 超声波处理法

此法是借助超声波的振动力破碎细胞壁和细胞器。破碎细菌和酵母菌时，时间要长一些，处理的效果与样品浓度和超声波频率有关。操作时注意降温，防止过热。

4. 酶解法

利用各种水解酶（如溶菌酶、纤维素酶、蜗牛酶、酯酶等），于37℃，pH8处理15min，可以专一性地将细胞壁分解，释放出细胞内含物。此法适用于多种微生物。

5. 有机溶剂处理法

利用氯仿、甲苯、丙酮等脂溶性溶剂或SDS（十二烷基硫酸钠）、Triton X-100和NP-40等表面活性剂处理细胞，可将细胞膜溶解，从而使细胞破裂。

三、蛋白质的提取

提取多肽、蛋白质或酶的总体要求是最大限度地将目标成分提取出来，其关键是溶剂的选择。选择标准是对待制备的多肽、蛋白质或酶具有最大的溶解度，并在提取中尽可能减少一些不必要的成分。“提取”常被称为“抽提”，抽提液包括盐溶液、缓冲液、稀酸、稀碱、有机溶剂等。常见的抽提缓冲液有磷酸缓冲液、Tris-HCl缓冲液等。抽提时所选择的条件应有利于目的产物溶解。

1. 水溶液提取

水溶液的离子强度（即盐浓度）、pH、温度等对蛋白质的提取影响很大。稀盐溶液和缓冲液对蛋白质的稳定性有利，蛋白质在其中的溶解度大，是提取蛋白质和酶最常用的溶剂。通常使用0.02～0.05mol/L缓冲液或0.09～0.15mol/L NaCl溶液提取蛋白质。

蛋白质、酶的溶解度及稳定性与溶液pH有关。应尽量避免提取液过酸、过碱，一般控制在pH6～8，提取液的pH应在蛋白质和酶的稳定范围内，通常选择偏离等电点。为防止目的蛋白的变性和降解，提取具有活性的蛋白质和酶时，一般在0～5℃的低温，并加入蛋白酶抑制剂。对于少数对温度稳定的蛋白质和酶，也可采取提高温度使大量杂蛋白变性沉淀的方法提取。

2. 有机溶剂提取

一些与脂类结合比较牢固或分子中非极性侧链较多的蛋白质和酶难溶于水、稀盐、稀酸或稀碱中，常用不同比例的有机溶剂提取。常用的有机溶剂包括乙醇、丙酮、异丙醇、正丁醇等，这些溶剂可以与水互溶或部分互溶，同时具有亲水性和亲脂性，如正丁醇0℃时在水中的溶解度为10.5%，40℃时为6.6%，同时又具有较强的亲脂性。需要注意的是用有机溶剂提取目标蛋白应在低温下操作，防止蛋白失活。

四、蛋白质的分离纯化

蛋白质的分离纯化是将提取液中的目的蛋白质与其他非蛋白质杂质以及各种不同蛋白质分离开来的过程。由于各种蛋白质在性质方面存在差异，采用的纯化方法也各不相同，需要通过试验反复摸索才能建立行之有效的纯化技术路线。实际工作中往往需要采用两种或多种方法共同完成纯化。以分子大小和形态差异为依据的方法有差速离心、超滤、透析、凝胶过滤等。以溶解度的差异为依据的方法有盐析、萃取、分配色谱、选择性沉淀、结晶等。以电荷差异为依据的方法有电泳、电渗析、等电点沉淀、吸附色谱、离子交换色谱等。以生物学功能专一性为依据的方法有亲和色谱。

各种蛋白质在分离纯化流程中，前期和后期分离纯化方法的选择有明显不同。前期分离纯化特点包括：粗提取液中物质成分十分复杂；所制备的蛋白质浓度很低；物理化学性质相近的物质很多；希望能除去大部分与目的产物理化性质差异大的杂质等。可选用的方法包括吸附、萃取、沉淀法（热变性、盐析、有机溶剂沉淀等）、离子交换色谱、亲和色谱等。后期分离纯化可选用的方法包括吸附色谱、盐析、凝胶过滤、离子交换色谱、亲和色谱、等电聚焦电泳、HPLC等。

酶的纯化是一个十分复杂的工艺过程，不同的酶其纯化工艺可有很大不同。评价一种纯化工艺的好坏，主要参考两个指标，即酶比活力和总活力回收，在具体操作中要考虑如何将有关方法有机结合的同时提高酶比活力和总活力回收。

五、蛋白质的鉴定

蛋白质分离纯化过程中以及目的蛋白纯化后，都要对每一步的产物进行鉴定，包括定性鉴定和纯度鉴定、活性鉴定等内容。

1. 蛋白质的定性鉴定

蛋白质的定性通常作为纯化后的一项重要分析指标，一般比较复杂，方法也有很多种。蛋白质定性不能仅仅根据电泳等方法测定的分子量、等电点等信息，最直接和可信的方法是对其全部氨基酸序列或N-末端部分氨基酸序列进行分析，但该法需要蛋白质序列仪这样的大型分析设备，测定成本高。其他常用的方法包括蛋白质印迹（Western blotting）、肽谱分析（Peptide mapping）等。

2. 蛋白质的纯度鉴定

蛋白质的纯度检测方法很多，主要有电泳、色谱等。为保证检测结果的可靠性，蛋白质纯度一般用两种以上不同原理的分析方法进行检测确认。各种电泳方法均可用于蛋白质纯度的分析，目前一般采用聚丙烯酰胺凝胶电泳、等电聚焦（IEF）电泳、双向电泳（2D-PAGE）技术等。

高效液相色谱法是一种高度仪器化的分离手段，能在很高的压力条件下通过色谱柱分离蛋白质。分离的原理与色谱柱的填料有关，常用的包括反相的分离介质如C18、C8等，根据蛋白质的疏水性不同进行分离，HPLC则根据蛋白质的分子大小进行分离。分离后的蛋白质以色谱图的形式被记录下来，根据色谱峰确定蛋白质的纯度。

3. 蛋白质的活性鉴定

蛋白质在一定条件下都具有生物学活性，这是蛋白质最大的特点。许多时候蛋白质分离制备的目的最终是要获得具有活性的目的产品，因此，鉴定蛋白质制品是否具有生物活性是第一位的。生物活性测定的内容，因蛋白质的不同而不同。如果样品是酶，则主要是测定酶的活性反应；如果样品是激素，如猪的生长激素，则观察给大鼠注射样品后，大鼠体重是否增长；如果样品是细胞色素c，则需要放入人工呼吸链中观察是否具有传递电子的作用；如果样品是抗体，则要观察与抗原的免疫反应。

生物学活性的检测，在一些样品中，不仅是需要鉴定最终产品，而且是要贯穿在整个分离纯化的制备过程中，如制备酶时，需要测定分离纯化中每一步的活性及其比活性。比活性是观察酶制备过程中，随着杂蛋白的减少酶活力的变化。通过比活性可以及时了解到分离制备各阶段酶活性的情况。

六、纯化蛋白质的保存

提取分离过程中部分步骤会使样品稀释，为了便于保存和鉴定，常常需要对蛋白质样品进行浓缩。另外也常采用冷冻干燥技术将蛋白质干燥，便于长期保存。冷冻干燥法制得的产品具有疏松、溶解度好、能保持天然结构等优点，适用于各类生物大分子。

蛋白质溶液较长时间地保存需要－20℃以下的低温条件，如－80℃或更低。通常保存浓度较高的溶液，并进行分装，以减少后续分析时反复冻融处理对蛋白质的影响。

实验一 蛋白质含量测定技术

蛋白质定量测定的方法很多，基本上都是根据蛋白质的物理、化学或生物学特性建立的。目前，常用的方法有定氮法，比色法包括双缩脲法（Biuret法）、Folin-酚法（Lowry法）、考马斯亮蓝法（Bradford法）和紫外分光光度法。其中Folin-酚法和考马斯亮蓝法灵敏度最高，比紫外分光光度法灵敏10～20倍，比双缩脲法灵敏100倍以上。定氮法虽然比较复杂，但较准确，往往以定氮法测定的蛋白质作为其他方法的标准蛋白质。因此，主要介绍微量凯氏定氮法、Folin-酚法和考马斯亮蓝法。

微量凯氏定氮法

一、实验目的

掌握凯氏定氮法测定蛋白质含量的原理；学会使用凯氏定氮仪测定蛋白质浓度技术。

二、实验原理

凯氏定氮也称克氏定氮。样品与浓硫酸共热，含氮有机物即分解产生氨（消化），氨又与硫酸作用，变成硫酸铵。然后经强碱碱化使硫酸铵分解放出氨，借蒸气将氨蒸至酸液中，根据此酸液被中和的程度，即可计算得样品之含氮量，以甘氨酸为例，其反应式如下：

$$NH_2CH_2COOH+3H_2SO_4 \longrightarrow 2CO_2+3SO_2+4H_2O+NH_3 \tag{8-1}$$

$$2NH_3+H_2SO_4 \longrightarrow (NH_4)_2SO_4 \tag{8-2}$$

$$(NH_4)_2SO_4+2NaOH \longrightarrow 2H_2O+Na_2SO_4+2NH_3(\uparrow) \tag{8-3}$$

反应式 8-1、式 8-2 在凯氏烧瓶内完成，反应式 8-3 在凯氏蒸馏装置中进行，其特点是将蒸气发生器、蒸馏器及冷凝器三个部分融为一体。由于蒸气发生器体积小，节省能源，本仪器使用方便，效果良好。为了加速消化，可以加入 $CuSO_4$ 作催化剂（还可用硒汞混合物或钼酸钠作为催化剂），加硫酸钾以提高溶液之沸点，收集氨可用硼酸（加混合指示剂）溶液，氨与溶液中的氢离子结合生成铵离子，使溶液中氢离子浓度降低，指示剂颜色发生改变，然后用强酸滴定。

三、仪器及试剂

仪器用具：凯氏烧瓶、凯氏微量定氮蒸馏装置、酸式滴定管、漏斗、锥形烧瓶等。

试剂：浓硫酸、50%NaOH、10%$CuSO_4$、K_2SO_4 粉末、5%三氯乙酸、2%硼酸溶液、0.01mol/LHCl、混合指示剂（0.1%溴甲酚绿乙醇溶液 10mL 与 0.1%甲基红乙醇溶液 4mL 混合）。

材料：稀释血清（1∶10）。

四、实验步骤

1. 无蛋白血滤液的制备

取血清 0.4mL 于试管中，加 5% 三氯乙酸溶液 9.6mL，充分摇匀，静置约 5min，2500r/min 离心 10min，取上清液备用。

2. 消化

取凯氏烧瓶 3 只，分别标号，按表 8-1 分别加入试剂。

上述管各加 3～4 粒玻璃珠，置于电炉上加热，该步骤在通风柜中进行。几分钟后溶液呈黑色，且白烟甚多。此时在消化管上加一漏斗，其内放几粒玻璃珠，继续加热至溶液变澄清蓝绿色时，继续消化 10min 即可。断电冷却至室温后，小心沿瓶内壁加入蒸馏水约 2.0mL，以稀释消化液，避免冷却冻结。

表 8-1 消化所需试剂用量

试剂用量	1号	2号	3号
稀释血清用量/mL	1.0	—	—
无蛋白血滤液用量/mL	—	—	5.0
5%三氯乙酸用量/mL	—	4.0	—
10%硫酸铜用量/mL	0.5	0.5	0.5
硫酸钾用量/mg	0.2	0.2	0.2
浓硫酸用量/mL	0.1	0.1	0.1

3. 蒸馏

(1) 蒸馏器的准备　清洗蒸馏器，一般情况下重复洗涤两次。若蒸馏器内有氨存在，应在加入蒸馏水后，不加样品，先行蒸馏一次后方可使用。

(2) 氨的蒸馏　在125mL锥形烧瓶中，加入2%硼酸10mL和5滴混合指示剂（呈蓝紫色），然后将烧瓶管口浸于硼酸溶液中。

4. 滴定

用0.010mol/L HCl滴定锥形瓶中的溶液，至溶液的颜色由蓝色变为淡蓝紫色为滴定终点，记录HCl的用量。

5. 计算

$$1\text{mL } 0.010\text{mol/L HCl} \approx 0.14\text{mg 氮}$$

$$\text{总氮量(mg/mL)} = (A-B) \times 0.14/\text{血清用量}$$

$$\text{NPN(mg/mL)} = (C-B) \times 0.14/\text{血清用量}$$

$$\text{蛋白质含氮量(mg/mL)} = \text{总氮量} - \text{NPN}$$

$$\text{蛋白质含量(mg/mL)} = \text{蛋白质含氮量} \times 6.25$$

式中　A——滴定总氮管所用0.010mol/LHCl的量，mL；

B——滴定空白管所用0.010mol/LHCl的量，mL；

C——滴定NPN管所用0.010mol/LHCl的量，mL。

五、作业

(1) 计算样品中蛋白质的含量。

(2) 消化时加硫酸钾-硫酸铜混合物的作用是什么？

【注意事项】

① 2%硼酸溶液pH为4.8，故加混合指示剂后溶液应为蓝紫色。如呈红色，说明硼酸酸性过强，应用0.1mol/LNaOH调到蓝紫色。

② 消化阶段可用K_2SO_4、$KHSO_4$、钠盐或磷酸升高沸点，除硫酸铜外还可用汞、二氧化硒、亚硒酸铜等作催化剂。

③ 普通实验室中的空气，常含有少量氨，会影响实验结果，所以操作时应在单独的洁净室中进行。

Folin-酚试剂法

一、实验目的

学习和掌握Folin-酚试剂法测定蛋白质含量的原理和方法。

二、实验原理

Folin-酚试剂法（Lowry法）是测定蛋白质含量最灵敏的经典方法之一。Folin-酚试剂法所用试剂由两部分组成。其中，试剂A（双缩脲试剂）可以与蛋白质中的肽键反应而试剂B（磷钨酸和磷钼酸混合液）在碱性条件下极不稳定，易被酚类化合物还原而呈蓝色，其作用是增加显色效果（灵敏度）。由于蛋白质（或多肽），中含有带酚基的酪氨酸，故有此呈色反应，蓝色深浅与蛋白质浓度相关，在一定范围内呈线性关系，可用比色法测定。本方法的优点是灵敏度高，比双缩脲法灵敏得多，可检测的最低蛋白质量达5μg，通常测定范围是20～250μg。

三、仪器及试剂

仪器及用具：试管、试管架、吸管、洗耳球、漩涡混合器、分光光度计等。

试剂：Folin-酚试剂、标准牛血清白蛋白（BSA）100μg/mL的溶液。

材料：卵清蛋白质溶液。

四、实验步骤

1. 标准曲线绘制

取7支试管，按表8-2加入各试剂后立即摇匀，于30℃或室温下放置10min。以0号管为空白管，于500mm处比色。记下各管吸光度，制作吸光度-牛血清白蛋白浓度的标准曲线。

表8-2 制作吸光度-牛血清白蛋白浓度标准曲线数据记录

项目		试管						
		0	1	2	3	4	5	6
试剂用量	牛血清白蛋白量/mL	0	0.1	0.2	0.4	0.6	0.8	1.0
	蒸馏水量/mL	1.0	0.9	0.8	0.6	0.4	0.2	0.0
	Folin-酚试剂A量/mL	5.0	5.0	5.0	5.0	5.0	5.0	5.0
	混匀，室温下放置10min							
	Folin-酚试剂B量/mL	5.0	5.0	5.0	5.0	5.0	5.0	5.0
实验数据结果	每管蛋白质含量/μg	0	10	20	40	60	80	100

2. 样品测定

另取一支试管，准确吸取0.2mL样品蛋白质溶液，加入0.8mL蒸馏水，再加入

Folin-酚试剂A 5.0mL混匀，室温下放置10min后再加Folin-酚试剂B 135.0mL。从标准曲线上查出其样品蛋白的浓度。

五、作业

（1）计算样品中蛋白质的实际含量。
（2）Folin-酚法测定蛋白质含量的原理是什么？
（3）有哪些因素可干扰Folin-酚法测定蛋白质含量？

【注意事项】

① Folin-酚试剂B仅在酸性条件下稳定，但是该还原反应是在pH10的情况下发生的，因此加Folin-酚试剂B要特别小心。当Folin-酚试剂B加到碱性铜-蛋白质溶液中时必须立即摇匀，以便在磷钨酸-磷钼酸试剂被破坏之前还原反应能发生。

② Folin-酚试剂法灵敏度高，样品中蛋白质含量高于5μg即可迅速地测知。但因不同蛋白质中酪氨酸和色氨酸含量不同，显色程度也有所差异。

③ 本法测定原理主要是利用还原反应，故大部分具有还原性的物质均有干扰作用。

④ 本法也适用于酪氨酸和色氨酸的定量测定。

附：试剂的配制方法

（1）Folin-酚试剂A　称取1g碳酸钠溶于50mL 0.1moL/L氢氧化钠中，另称0.5g硫酸铜（$CuSO_4 \cdot 5H_2O$）溶于100mL酒石酸钾（或酒石酸钠）溶液。临用前，将前者与后者按50∶1的比例进行混合。混合后一日内使用有效。

（2）Folin-酚试剂B　将100g钨酸钠（$Na_2WO_4 \cdot 2H_2O$）、25g钼酸钠（$Na_2MoO_4 \cdot 2H_2O$）、700mL蒸馏水、50mL 85%磷酸及100mL浓盐酸置于1500mL磨口回流瓶中充分混匀后回流10h；回流完毕，再加入150g硫酸锂、50mL蒸馏水及数滴液体溴，开口煮沸15min，除去过量的溴（在通风橱内进行）。冷却后，用蒸馏水稀释至1000mL，过滤。溶液如显绿色，可加溴水数滴使之氧化至溶液呈淡黄色。置于棕色试剂瓶中暗处保存；使用前用标准氢氧化钠溶液滴定，以酚酞为指示剂，标定该试剂的酸度，一般为2.0mol/L左右（由于滤液为浅黄色，滴定时滤液需稀释100倍）。使用时适当稀释（约1倍），使最后溶液为浓度1.0mol/L的酸。

考马斯亮蓝结合法

一、实验目的

掌握考马斯亮蓝结合法测定蛋白质浓度的基本原理和操作方法。

二、实验原理

植物体内常含有许多酚类物质和游离氨基酸，这些物质能与Folin-酚试剂产生颜色反应，这使得测定值会高于实际含量。此法简单快捷，且不受游离氨基酸和酚类物质的影响，适合于大量样品的分析。考马斯亮蓝G-250在酸性溶液中呈茶棕色，在465nm有最大吸收峰。当与蛋白质结合后，其转变成深蓝色，吸收峰移至595nm。在一定蛋白质浓度范围内，蛋白质浓度与吸光度成正比，可做定量分析。

三、仪器及试剂

仪器用具：漩涡混合器、分光光度计、电子分析天平等。

试剂：0.9% NaCl 溶液、标准蛋白液牛血清白蛋白（0.1mg/mL）、染液考马斯亮蓝 G-250(0.01%）等。

材料：牛血清白蛋白（0.1mg/mL）溶液，用0.9%NaCl稀释至一定浓度。

四、实验操作

1. 标准曲线的绘制

取7支干净试管，按表8-3进行编号并加入试剂。混匀，室温静置3min，以第1管为空白，于波长595nm处比色，读取吸光度，以吸光度为纵坐标，各标准液浓度（μg/mL）作为横坐标作图得标准曲线。

表 8-3　考马斯亮蓝结合法标准曲线制备实验设计

项目		试管						
		1(空白)	2	3	4	5	6	7
试剂用量	标准蛋白液用量/mL	0	0.1	0.2	0.4	0.4	0.6	0.8
	0.9%NaCl 用量/mL	1.0	0.9	0.8	0.7	0.6	0.4	0.2
	考马斯亮蓝染液用量/mL	4.0	4.0	4.0	4.0	4.0	4.0	4.0
实验数据结果	蛋白质浓度/(μg/mL)	0	10	20	30	40	60	80
	A_{595nm}							

2. 样液测定

取一支试管，吸取1.0mL样品液，加入4.0mL考马斯亮蓝染液，摇匀，室温静置3min，以1号管调零点，读取595nm处的吸光度，从标准曲线上查出蛋白质的浓度。

五、作业

（1）计算样品中的蛋白质含量。

（2）考马斯亮蓝结合法测定蛋白质的含量有哪些优缺点？

【注意事项】

① 本法操作简便、快速且灵敏度高，能测出纳克（ng）水平的蛋白质，而样品只需50～100μL。染料与蛋白质结合反应快，显色稳定，可保持1h。重现性好。

② 许多天然或化学合成物质对本法无干扰，许多干扰 Lowry 法测定的物质对本法无影响。

③ 染料对不同蛋白质反应性有差异，这是因为蛋白质显色基团在不同蛋白质中含量不一样，且分子量也不同。

实验二 谷胱甘肽的提取和含量测定

一、实验目的

学习和掌握采用热水抽提提取谷胱甘肽的操作方法；学习还原型谷胱甘肽含量的测定原理和方法。

二、实验原理

谷胱甘肽（GSH）是由谷氨酸（Glu）、半胱氨酸（Cys）、甘氨酸（Gly）组成的一种生物活性三肽，以还原型和氧化型两种形态广泛存在于动物、植物和微生物中，其中以酵母，谷物种子，胚芽，人体和动物的心脏、肝脏、肾脏、红细胞和眼睛晶状体中含量较高。在生物体内起作用的主要是还原型谷胱甘肽，其是细胞内主要的还原性物质，能保护细胞免受氧化性、毒害性化合物和辐射的伤害，还是酶的辅助因子。还原型谷胱甘肽为体内重要的抗氧化剂和自由基清除剂，如与自由基、重金属等结合，把机体内有害的毒物转化为无害的物质，排出体外。谷胱甘肽具有保护肝细胞膜、促进肝脏酶活性、抗氧化、解毒等作用，是人体细胞内的主要代谢调节物质。GSH 在临床上是重要的解毒药物。

GSH 的提取方法包括热水抽提、甲酸抽提、乙醇抽提、三氯乙酸抽提、有机酸混合抽提和低温抽提等。其中，用热水抽提法从酵母中提取 GSH 的效率最高、耗时较少，经济环保。

谷胱甘肽能和 2-硝基苯甲酸（DTNB）反应产生 2-硝基-5-巯基苯甲酸和谷胱甘肽二硫化物（GSSG），2-硝基-5-巯基苯甲酸为一种黄色产物，在波长 412nm 处具有最大光吸收。因此，利用分光光度计法可测定样品中谷胱甘肽的含量。

三、仪器及试剂

仪器及用具：恒温水浴锅、恒流泵、pH 计、2.6cm×20cm 色谱柱、吸管、试管、量筒、烧杯等。

试剂：732 强酸性阳离子交换树脂、2mol/L 及 0.2mol/L NaOH、2mol/L 和 1mol/L 及 0.2mol/L HCl、GSH 标准液（10μg/mL）、0.2mol/L 磷酸缓冲液（pH 7.0）、蒸馏水、DTNB 试剂［取 0.198g DTNB 用 50mmol/L Na_2HPO_4（pH 7.0）配制成 50mL 溶液，存放于棕色瓶中，于暗处避光低温保存备用］。

材料：安琪活性酵母。

四、实验步骤

1. 谷胱甘肽的提取

提取操作流程见图 8-1。

（1）树脂的预处理　取一定量的 732 强酸性阳离子交换树脂，用自来水反复清洗，除去机械杂质（3～5 次），用 2mol/L NaOH 洗出杂质（约浸泡 2h），用去离子水将树脂洗至中性，再用 2mol/L HCl 溶液转型（约浸泡 2h），之后用去离子水将树脂洗至中性，抽滤，待用。

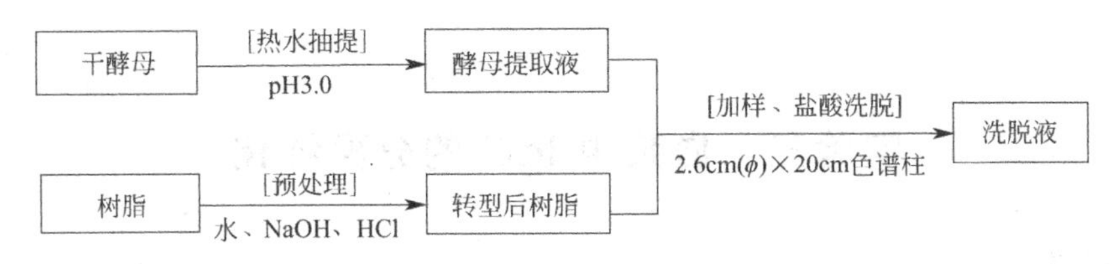

图 8-1 谷胱甘肽提取操作流程

(2) 热水抽提 GSH 取 100g 干酵母，与 300mL 蒸馏水充分混合后倒入 500mL 沸腾的水中，再用 100mL 水洗涤烧杯后一并倒入。将混合液在 95～100℃保持 10min，放至冰水中速冷，用 0.2mol/L 盐酸调节至 pH3.0。

(3) 加样与洗脱 将处理好的 80g 树脂装入色谱柱中，将 800mL 酵母提取液用 0.2mol/L 盐酸调 pH 3.0 左右，以 0.5BV/h（柱床体积/小时）上柱吸附，再以 1BV 蒸馏水洗柱，再用 1.0mol/L 盐酸 1.0BV/h 洗脱，最后洗脱液用 0.2mol/L 氢氧化钠中和至 pH 2.0～3.0。

2. 谷胱甘肽的含量测定

(1) 制作标准曲线 取 7 只干净的试管编号，按表 8-4 加入各试剂，反应 20min 后在 412nm 下用分光光度计测其吸光度，制作标准曲线。

表 8-4 谷胱甘肽标准曲线绘制实验设计

项目		试管						
		1(空白)	2	3	4	5	6	7
试剂用量	GSH 标准液/(10μg/mL)	0	0.1	0.2	0.4	0.6	0.8	1
	蒸馏水/mL	2	1.9	1.8	1.6	1.4	1.2	1
	磷酸缓冲液(pH7)/mL	4	4	4	4	4	4	4
	DTNB 试剂/mL	0.4	0.4	0.4	0.4	0.4	0.4	0.4
实验数据结果	GSH 浓度/(μg/2mL)	0	1	2	4	6	8	10
	A_{412nm}							

(2) 样品测定 取上述洗脱液 2mL 显色，操作同标准曲线。

结果计算：GSH 含量=$(C_x \times V_t)/(F_w \times V_s)$

式中，C_x 为 2mL 样品中 GSH 含量，μg，即每管中 GSH 的含量；V_t 为样品提取液总体积，mL；V_s 为显色时所取样的体积，mL；F_w 为样品鲜重，g。

五、作业

(1) 离子交换树脂储存及使用过程中有哪些注意事项？

(2) 查阅相关资料，比较热处理、冰冻处理、酸处理、有机溶剂处理等方法抽提谷胱甘肽的优缺点。

【注意事项】

① 待测定的谷胱甘肽提取液置 4℃冰箱保存，防止氧化。

② 在提取样品时，最好沉淀出去蛋白质，以防蛋白质中所含巯基及相关酶对测定结果

的影响。

实验三 血浆中 IgG 的分离纯化

一、实验目的

了解蛋白质分离纯化的一般方法；掌握硫酸铵盐析、凝胶过滤、DEAE-纤维素离子交换色谱等技术的原理与方法。

二、实验原理

血浆（清）蛋白质多达 70 余种，免疫球蛋白（immunoglobulin，Ig）是血浆球蛋白的一种，免疫球蛋白 G（immunoglobulinG，IgG）又是免疫球蛋白的主要成分之一。IgG 的分子量为 15 万～16 万，沉降系数约为 7S。要从血浆中分离出 IgG，首先要尽可能除去血浆中的其他蛋白质成分，提高 IgG 在样品中的比例，即进行粗分离，然后再精制纯化而获得 IgG。IgG 作为被动免疫制剂，在临床上具有广泛的应用价值。

许多中性盐都能使蛋白质盐析，如硫酸铵、硫酸钠、硫酸镁、氯化钠和磷酸盐等。最常用的为硫酸铵，因它具有溶解度高且受温度影响较小的优点，在室温或冰箱（4℃）内均可进行。一般认为在 pH 7.0 时，50%硫酸铵饱和度可将所有的免疫球蛋白都沉淀出来。33%饱和度时，大部分 IgG 可沉淀出来。40%饱和度时，沉淀物的得率最高，但含 IgM、IgA 等 β 球蛋白部分增多。中性盐沉淀法是抗体分离和纯化的首选方法，但利用盐析法提取免疫球蛋白，不能得到纯净的免疫球蛋白。欲获得较纯净产品，还需要结合其他方法，如凝胶过滤、离子交换色谱、亲和色谱、区带电泳等进行进一步分离纯化。本实验采用硫酸铵盐析、凝胶过滤脱盐及 DEAE-纤维素离子交换色谱等方法，从动物血浆中分离纯化 IgG。

三、仪器及试剂

仪器用具：天平，离心机，恒流泵，核酸蛋白检测仪，记录仪，部分收集器，离心管，1.5cm×20cm 色谱柱，黑、白比色瓷盘，微量加样器等。

试剂：饱和硫酸铵溶液，0.01mol/L、pH 7.0 的磷酸盐缓冲溶液，0.0175mol/L、pH6.7 的磷酸盐缓冲溶液，DEAE-纤维素（DE32 或 52），20%磺基水杨酸，Sephadex G-25（或 Sephadex G-50），奈氏试剂（用碘化钾、碘、汞、氢氧化钠、蒸馏水配制）。

材料：新鲜的动物血浆。

四、实验步骤

1. 用盐析法制备血浆 IgG 粗制品

① 在 1 支离心管中加入 5mL 血浆和 5mL 0.01mol/L（pH7.0）的磷酸盐缓冲液，混匀。用胶头滴管吸取饱和硫酸铵溶液，边搅拌边滴加于血浆溶液中，使溶液中硫酸铵的最终饱和度为 20%。加完后，应在 4℃放置 15min，使之充分盐析（蛋白质样品量大时，应放置过夜）。然后以 3000r/min 离心 10min，弃去沉淀（沉淀为纤维蛋白原），上清液为清蛋白与球蛋白。

② 在量取上清液的体积后，置于另一离心管中，用滴管继续向上清液中滴加饱和硫酸铵溶液，使溶液的饱和度达到 50%。加完后，在 4℃放置 15min，然后以 3000r/min 离心

10min，上清液为清蛋白，沉淀为球蛋白。弃去上清液，留下沉淀部分。

③ 将所得的沉淀再溶于 5mL 0.01mol/L（pH7.0）的磷酸盐缓冲液中。滴加饱和硫酸铵溶液，使溶液的饱和度达 35%。加完后，4℃放置 20min，以 3000r/min 离心 15min，上清液中为 α 与 β 球蛋白，沉淀为 IgG。弃去上清液，即获得粗制的 IgG 沉淀。

为了进一步纯化，该操作步骤可重复 1～2 次。将获得的粗品 IgG 沉淀溶解于 0.0175mol/L（pH6.7）的磷酸盐缓冲液 2mL 中，备用。

2. IgG 粗制品凝胶过滤法脱盐

① Sephadex G-25（或 Sephadex G-50）的溶胀（水化）。商品葡聚糖凝胶和聚丙烯酰胺凝胶均为干燥颗粒，使用前必须水化溶胀。商品琼脂糖凝胶呈悬浮胶体可直接用。

凝胶溶胀有两种方法，一种是将所需葡聚糖凝胶浸入蒸馏水中于室温下溶胀，另一种是置于沸水浴中溶胀。两种方法中，沸水浴溶胀不但节省时间，还可以杀灭凝胶中的细菌，并排出凝胶网眼中的气体。

一支色谱柱中可装入的干胶量用下法推算。称取 1g 所需型号的葡聚糖干胶，放在 5mL 量筒中，用室温溶胀的方法充分溶胀，观察溶胀后凝胶的体积。然后在色谱柱中加水到所需柱床高度，将水倒出，量取柱床体积。根据 1g 干胶溶胀后的体积和所需柱床体积，即可推算出干胶的需要量。

称取所需质量的 Sephadex G-25（或 Sephadex G-50），加约 200mL 蒸馏水充分溶胀（在室温下约需 6h，而在沸水浴中需 2h）。凝胶溶胀后，用蒸馏水洗涤几次，每次应将沉降缓慢的细小颗粒随水倾倒出去，以免在装柱后产生阻塞现象，降低流速。洗后将凝胶浸泡在洗脱液中待用。

② 取色谱柱 1 支（1.5cm×20cm），垂直固定在支架上，关闭下端出口。将已经溶胀好的 Sephadex G-25（或 Sephadex G-50）中的水倾倒出去，加入 2 倍体积的 0.0175mol/L（pH 6.7）磷酸盐缓冲液，并搅拌成悬浮液，然后灌注入柱，打开柱的下端出口，继续加入搅匀的 Sephadex G-25（或 Sephadex G-50），使凝胶自然沉降高度到 17cm 左右，关闭出口。待凝胶柱形成后，在洗脱瓶中加入 0.0175mol/L（pH6.7）磷酸盐缓冲液，以 3 倍柱床体积的磷酸盐缓冲液流过凝胶柱，以平衡凝胶。

③ 凝胶平衡后，用胶头滴管除去凝胶柱面的溶液，将盐析所得全部 IgG 样品轻轻加到凝胶柱表面（注意不要破坏柱床面），打开柱下口，控制流速让 IgG 样品溶液慢慢浸入凝胶内。凝胶柱面上加一层 0.0175mol/L（pH 6.7）磷酸盐缓冲液，并用此缓冲液洗脱，控制流速为 0.5mL/min 左右。用试管收集洗脱液，每管 10 滴。也可用核酸蛋白检测仪检测，同时用部分收集器收集洗脱液。

④ 在开始收集洗脱液的同时检查蛋白质是否已开始流出。为此，由每支收集管中取出 1 滴溶液置于黑色比色盘孔中，加入 1 滴 20%磺基水杨酸，若出现白色絮状沉淀，即证明已有蛋白质出现，直到检查不出白色沉淀时，停止收集洗脱液（注意在检测时，用胶头滴管吸取管中溶液后应及时洗净，再吸取下一管，以免造成相互污染）。若使用核酸蛋白检测仪，合并与峰值相对应的收集管中洗脱液即可。

⑤ 从经检查含有蛋白质的每管，各取 1 滴溶液，放于白色比色盘孔中，各加入 1 滴奈氏试剂，若出现棕黄色沉淀说明它含有硫酸铵。合并检查后不含硫酸铵的各管收集液，即为“脱盐”后的 IgG。

⑥ 收集 IgG 后，凝胶柱可用洗脱液继续洗脱，并用奈氏试剂检测，当无棕黄色沉淀出

现时，证明硫酸铵已洗脱干净。这时 Sephadex G-25（或 Sephadex G-50）柱即可重复使用或回收凝胶。

凝胶暂时不使用可浸泡在溶液里，存放在4℃冰箱中。若放在室温保存应加入0.02%叠氮化钠（NaN_3）等防腐剂，以防发霉，用时以水洗去防腐剂即可使用。凝胶长期不用，可用水洗净，分次加入百分浓度递增的乙醇溶液，每次停留一段时间，使之平衡，再换下一浓度的乙醇，让凝胶逐步脱水，再用乙醚除乙醇，抽干即可。或将凝胶洗净后抽干，在表面皿上30℃逐步烘干后保存。

3. DEAE-纤维素离子交换色谱纯化 IgG

（1）DEAE-纤维素的活化　称取1g DEAE-32或52，放入5mL量筒中，加蒸馏水浸泡过夜，观察溶胀后的体积。根据所用色谱柱的柱床体积计算所需DEAE的用量。称取所需DEAE量，用蒸馏水浸泡过夜，其间，换几次水，每次除去细小颗粒，抽干。改用0.5mol/L NaOH溶液浸泡1h，抽干（可用布氏漏斗），用无离子水漂洗，使pH至8左右（用pH试纸检测）。再改用0.5mol/L HCl溶液浸泡1h，去酸溶液，用无离子水洗至pH 6左右。静置后倾去上层清液，再改用0.0175mol/L（pH 6.7）的磷酸盐缓冲液浸泡平衡。

（2）装柱　将0.0175mol/L（pH6.7）的经磷酸盐缓冲溶液平衡好的DEAE-纤维素轻轻搅匀，沿玻璃棒匀速灌入色谱柱中，直至纤维素柱床高约17cm为止。柱床形成后，在洗脱瓶装入0.0175mol/L（pH 6.7）的磷酸盐缓冲溶液，接在色谱柱上口，打开柱下端出口，使磷酸盐缓冲溶液流过纤维素，直至流出液的pH与磷酸盐缓冲溶液的pH完全相同（用pH试纸不断检测）为止。

（3）上样　上述平衡过程完毕后，关闭柱下口。用滴管吸去纤维素柱面上的溶液（但不能低于柱床面）。用吸管吸取经 Sephadex G-25（或 Sephadex G-50）脱盐的 IgG 样品，轻轻加在柱床面上（注意不要破坏柱床面），打开柱下口，控制流速使样品慢慢进入纤维素内，待全部样品进入柱后，在柱床面上轻轻加一层0.0175mol/L（pH 6.7）的磷酸盐缓冲溶液，开始洗脱。

（4）洗脱　连接洗脱瓶，打开柱下口开始洗脱。控制流速为0.5mL/min，用试管收集洗脱液，每管10滴。从每管中取1滴收集液放在黑色比色盘孔中，加入1滴20%磺基水杨酸溶液，检查是否产生白色沉淀。在此条件下，在收集液中首先出现的蛋白质即为纯化的IgG。因此，从洗脱开始就应收集洗脱液，直至收集液中无蛋白质出现为止（加磺基水杨酸检查不呈白色沉淀），合并含有蛋白质的各管收集液即为纯化的IgG溶液。可用SDS-PAGE检测其纯化效果。

（5）柱内DEAE-纤维素经再生转型后可再使用　使用过的离子交换剂可以反复使用，使其恢复原状的方法称为“再生”。再生并非每次用酸、碱反复处理，通常只要“转型”处理即可。所谓转型就是使交换剂带上所希望的某种离子，如希望阳离子交换剂带上NH_4^+，则可用$NH_3 \cdot H_2O$浸泡，如希望阴离子交换剂带上Cl^-，则用NaCl溶液处理。在本实验中，由于DEAE-纤维素使用后带有大量的杂蛋白，所以再生时，先用0.5mol/L NaOH溶液浸洗1h以上，抽干后（可用布氏漏斗），再用无离子水漂洗，使pH至8左右（用pH试纸检测），然后再用0.0175mol/L（pH 6.7）的磷酸盐缓冲溶液浸泡（以HPO_4^{2-}取代DEAE中的OH^-）即可转型，转型后即可再使用。

五、作业

（1）分离纯化免疫球蛋白为什么尽可能在低温条件下进行？

(2) 凝胶过滤法脱盐的原理是什么?

(3) DEAE-纤维素纯化 IgG 的原理是什么?

(4) 如果本实验中改用动物的血清，实验步骤应该如何改动?

【注意事项】

① 在进行盐析时，为了防止硫酸铵一次性加入或搅拌不均匀造成的局部过饱和影响盐析的效果，一定要边滴加边搅拌。也不能过于剧烈，以免产生过多泡沫，致使蛋白质变性。

② 柱色谱时，装柱的质量是成功分离和纯化样品的关键。柱子要装得均匀，不能分层，不能有气泡。在整个过程中千万不能干柱。如果出现上述情况，必须重新装柱。

③ 所添加的硫酸铵应为化学纯或更高纯度，否则夹带的杂质会使硫酸铵的浓度不准确，甚至引起蛋白质和酶的变性。添加硫酸铵后，要使其充分溶解，至少放置 30min 以上，待蛋白质沉淀完全，然后将沉淀分离。

④ 由于高浓度的盐溶液对蛋白质有一定的保护作用，所以盐析操作一般可在室温下进行。而某些对热特别敏感的酶，则应在低温条件下进行。

⑤ 在盐析条件相同的情况下，蛋白质浓度越高越容易沉淀。但浓度过高容易引起其他杂蛋白的共沉作用。因此必须选择适当的蛋白质浓度。

实验四 SOD 的制备和活力测定

一、实验目的

掌握细胞的破碎、SOD 的提取和固液分离、有机溶剂沉淀蛋白质、热处理操作；能熟练完成 SOD 的酶活测定和样品蛋白质浓度测定操作。

二、实验原理

超氧化物歧化酶（superoxide dismutase，SOD）是生物体内重要的抗氧化酶，广泛存在于动物、植物和微生物中。在生物体内，它是一种重要的自由基清除剂，能消除超氧阴离子自由基（$O_2^-\cdot$）。SOD 催化自由基 $O_2^-\cdot$ 发生歧化作用生成 O_2 和 H_2O_2，H_2O_2 又能被体内其他抗氧化酶清除，所以 SOD 是体内防止自由基损伤的第一道防线。作为清除 $O_2^-\cdot$ 最有效的抗氧化酶之一，SOD 可以延缓由于自由基造成的机体衰老现象。注射 SOD 可以治疗骨关节和类风湿关节炎，使用 SOD 漱口可以治疗牙周炎、口腔溃疡和牙龈炎。据报道，SOD 还可用于治疗和预防癌症、治疗眼科疾病、防治心脑血管疾病和治疗自身免疫疾病等。

SOD 按其所含金属离子不同，分为铜锌超氧化物歧化酶（Cu・Zn-SOD）、锰超氧化物歧化酶（Mn-SOD）和铁超氧化物歧化酶（Fe-SOD）三种。铜锌超氧化物歧化酶是最常见的一种，动物呈蓝绿色，植物呈白色，主要存在于真核细胞的细胞浆内。锰超氧化物歧化酶呈粉红色，主要存在于原核细胞体、真核细胞的细胞浆和线粒体内。铁超氧化物歧化酶呈黄褐色，主要存在于原核细胞中。

在大蒜蒜瓣和悬浮培养的大蒜细胞中含有较丰富的 Cu・Zn-SOD，分子量约为 32000，pI 为 6.8，易溶于水，不溶于丙酮。SOD 是一种热稳定性很好的酶，当温度低于 80℃时，短时间的热处理酶活力不会有明显的变化，而一般杂蛋白在高于 55℃时就易变性沉淀，可以利用该性质纯化 SOD。

将大蒜蒜瓣进行组织破碎后，用 pH8.2 的缓冲液提取，得到粗酶液。粗酶液用低浓度的氯仿-乙醇处理沉淀杂蛋白，离心后弃沉淀取上清，接着用丙酮将 SOD 沉淀析出。采用丙酮沉淀蛋白质时，要求在低温下操作，且要尽量缩短处理时间，避免蛋白质变性。最后利用 SOD 的热稳定性去除杂蛋白，离心后得到含有 SOD 的上清液。

由于超氧自由基为不稳定自由基，寿命极短，测定 SOD 活力一般用间接方法，并利用各种呈色反应来测定 SOD 的活力。在氧化物质的存在下，核黄素可被光还原，被光还原的核黄素在有氧条件下极易再氧化而产生超氧自由基，超氧自由基可将氮蓝四唑还原为蓝色的甲腙，后者在 560nm 波长下有最大吸收。而 SOD 可清除超氧自由基，从而抑制了甲腙的形成。于是光还原反应后，反应液蓝色越深，说明酶活力越低，反之酶活力越高。据此可以计算出酶活力的大小。

三、仪器及试剂

仪器用具：组织捣碎机、高速冷冻离心机、恒温水浴锅、紫外分光光度计、石英比色皿、微量进样器、荧光灯（反应试管处照度为 4000lx）、试管或指形管数支等。

试剂：磷酸盐缓冲液（0.05mol/L，pH 8.2）、3∶5 的氯仿-乙醇混合溶剂、10mmol/L HCl、130mmol/L 甲硫氨酸（Met）溶液（称 1.9399gMet，用磷酸缓冲液定容至 100mL）、750μmol/L 氮蓝四唑溶液（称取 0.06133g NBT，用磷酸缓冲液定容至 100mL，避光保存）、100μmol/L EDTA-Na_2 溶液（称取 0.03721g EDTA-Na_2，用磷酸缓冲液定容至 1000mL）、20μmol/L 核黄素溶液（称取 0.0753g 核黄素用蒸馏水定容至 1000mL，避光保存）。

材料：大蒜蒜瓣、碎冰。

四、实验步骤

1. SOD 提取

（1）组织和细胞破碎　称取 10g 大蒜蒜瓣，切碎后用组织捣碎机处理。

（2）SOD 提取加入 2～3 倍体积约 20mL（40mL）0.05mol/L、pH 为 8.2 的磷酸盐缓冲液，继续研磨 20min。4℃下，8000r/min 离心 15min。弃沉淀，得粗酶液。准确测量粗提取液体积，并准确量取 1mL 留样于 1.5mL EP 管中，0～4℃冰箱保存。

（3）除杂蛋白　在剩余粗酶液中加入 0.25 倍体积的氯仿-乙醇混合溶剂搅拌 15min。4℃下，8000r/min 离心 15min，弃沉淀，得上清液，准确测量体积。

（4）丙酮沉淀　上清液中加入等体积的冷丙酮（预冷到 4℃），充分混匀后在冰浴中放置 15min。4℃下，8000r/min 离心 15min，弃上清液，得到 SOD 沉淀粗品。

2. SOD 的测活和纯化效果评价

（1）热处理　将 SOD 沉淀溶于 0.05mol/L 磷酸盐缓冲液（pH7.8）中，于 55～60℃热处理 15min，得到 SOD 酶液。

（2）显色反应　取 5mL 指形管（要求透明度好）3 支，1 支为测定管，另 2 支为对照管。按表 8-5 加入各试剂。混匀后将 1 支对照管置于暗处，其他各管于 4000lx 日光下反应 20min（要求各管受光情况一致，温度高时时间缩短，低时延长）。至反应结束后，以不照光的对照管作空白，分别测定其他各管的吸光度。

表 8-5　显色反应各试剂用量

试剂用量	测定管	对照管 1	对照管 2	终浓度/比色时浓度
SOD 酶液用量/mL	0.05	0	0	—
0.05mol/L 磷酸盐缓冲液用量/mL	1.5	1.55	1.55	—
130mmol/L Met 溶液用量/mL	0.3	0.3	0.3	13mmol/L
750μmol/L NBT 溶液用量/mL	0.3	0.3	0.3	75μmol/L
100μmol/L Na_2-EDTA 溶液用量/mL	0.3	0.3	0.3	10μmol/L
20μmol/L 核黄素溶液用量/mL	0.3	0.3	0.3	2.0μmol/L
蒸馏水用量/mL	0.25	0.25	0.25	—
总体积/mL	3.0	3.0	3.0	—

已知 SOD 活力单位以抑制 NBT（氮蓝四唑）光化还原的 50%为一个酶活力单位表示，按下式计算 SOD 活力。

$$\text{SOD 总活力}=(A_{ck}-A_E)V/(A_{ck}\times 0.5\times W\times a)$$

式中，SOD 为总活力单位，以 U/g 表示；A_{ck} 为对照管的吸光度；A_E 为样品管的吸光度；V 为样品溶液总体积，mL；a 为测定时样品的用量，mL；W 为样品的鲜重，g。

五、作业

（1）计算 SOD 活性。

（2）为什么酶液提取时要在低温下操作？

【注意事项】

① 核黄素产生超氧阴离子自由基，NBT 还原为蓝色的化合物都与光密切相关，因此，测定时要严格控制光照的强度和时间。

② 植物中的酚类对测定有干扰，制备粗酶液时可加入聚乙烯吡咯烷酮（PVP），尽可能除去植物组织中的酚类等次生代谢物质。

③ 测定 SOD 活性时加入的酶量，以能抑制反应的 50%为佳。

实验五　木瓜蛋白酶的分离纯化

一、实验目的

学习和掌握木瓜蛋白酶制备的原理及基本步骤，了解离心分离、萃取等实验技术。

二、实验原理

木瓜蛋白酶（papain）简称木瓜酶，又称为木瓜酵素，是从植物番木瓜中分离与纯化而得的一种混合酶。木瓜蛋白酶为白色或淡褐色无定形粉末或颗粒，略溶于水、甘油，不溶于乙醚、乙醇和氯仿。水溶液无色至淡黄色，有时呈乳白色。最适 pH 值为 5.0～8.0，微吸湿，有硫化氢臭。最适温度为 65℃，易变性失活。木瓜蛋白酶等电点为 9.6。

木瓜蛋白酶是一种巯基蛋白酶，其专一性较差，能分解比胰脏蛋白酶更多的蛋白质。半胱氨酸、硫化物、亚硫酸盐和EDTA是木瓜蛋白酶激活剂，巯基试剂和过氧化氢是木瓜蛋白酶的抑制剂。木瓜蛋白酶广泛存在于番木瓜的根、茎、叶和果实内，其中以成熟的果实乳汁中含量最高，约占乳汁干重的40%，其是提取木瓜蛋白酶的主要原料来源。

木瓜蛋白酶在医药方面，主要用于治疗胃炎、消化不良以及用于肉赘摘除、伤痕处理、脱毛、清洁皮肤和新近的裂腭整形及用木瓜凝乳蛋白酶注射剂治疗脊骨盘脱出症等。木瓜蛋白酶最大的用途是在食品工业方面，如在防止啤酒冷藏混浊、嫩化肉类、生产调味品、烘烤面包、乳酪制品及谷类和速溶食品的蛋白质强化生产等方面都有应用。在动物饲料加工方面，木瓜蛋白酶用于鱼蛋白浓缩物和油籽饼处理，能提高氮的可溶性指数和蛋白质的可分散指数。少量用作皮革工业方面的软化剂、纺织工业中用作丝织品脱胶清洁剂和废胶卷回收等。

由于木瓜蛋白酶中的各种酶与酪蛋白作用生成的产物是一致的，蛋白酶在一定条件下不仅能够水解蛋白质中的肽键，也能够水解酰胺键和酯键，因此可用蛋白质或人工合成的酰胺及酯类化合物作为底物来测定蛋白酶的活力。酪蛋白经蛋白酶作用后，降解成分子量较小的肽和氨基酸，在反应混合物中加入三氯乙酸溶液，分子量较大的蛋白质和肽就沉淀下来，分子量较小的肽和氨基酸仍留在溶液中，溶解于三氯乙酸溶液中的肽的数量正比于酶的数量和反应时间。在275nm波长下测定溶液吸光度，就可计算酶的活力。

三、仪器及试剂

仪器用具：高速组织捣碎机、水浴箱、精确pH计、紫外分光光度计、高速冷冻离心机、精密电子天平、低温冰箱等。

试剂：无水乙醇、0.05mol/L磷酸氢二钠、0.1mol/L HCl、乙二胺四乙酸二钠、氢氧化钠、酪蛋白、半胱氨酸、氯化钠、三氯乙酸（TCA）、硫酸铵、乙酸钠、冰乙酸、EDTA等。

材料：未成熟的番木瓜。

四、实验步骤

1. 木瓜蛋白酶提取工艺

（1）粗提　将木瓜乳汁（100g）、硅藻土（50g）和筛选过的沙子（75g）混匀，在室温下加100～150mL半胱氨酸溶液（0.04mol/L，pH 5.7），在研钵中充分磨匀，静置后倾出上清液，再用150mL半胱氨酸溶液重复研磨和洗提，然后用半胱氨酸溶液定容到500mL（粗体积），用布氏漏斗过滤（0.5cm厚高岭土）。

以下几步尽量在冰浴中进行。

（2）除不溶物　上述滤液在搅拌下慢慢加入1mol/L NaOH溶液，调pH值至9.0，离心（4℃，8000r/min，10min）弃去沉淀，取上清液。

（3）$(NH_4)_2SO_4$分级分离　在上清液中加$(NH_4)_2SO_4$，至溶液硫酸铵饱和度为40%，静置2h，离心（4℃，8000r/min，10min）弃上清液取沉淀，用200～250mL饱和$(NH_4)_2SO_4$溶液先沉淀一次。

（4）NaCl分级沉淀　将上述沉淀溶于300mL半胱氨酸溶液（0.02mol/L，pH7.0）中，慢慢加入30g固体NaCl，静置1h，离心（4℃，8000r/min，20min）弃上清液取沉淀。

（5）结晶　将上述沉淀在室温下溶于200mL半胱氨酸溶液（0.02mol/L，pH 5.7）中，立即调节pH值至6.5，静置30min，置于4℃下过夜，在4℃下离心（8000r/min，25min）。收集结晶。

（6）重结晶　将上述结晶在室温下溶于少量蒸馏水（蛋白酶浓度约1%）。在搅拌下慢慢加入饱和NaCl溶液（10mL/300mL蛋白质溶液），当约75%的溶液加入后，木瓜蛋白酶开始结晶，置于4℃下过夜，收集结晶，真空60℃干燥得木瓜蛋白酶成品。

2. 木瓜蛋白酶的活力测定

（1）样品处理　精确称取0.05g的木瓜蛋白酶干粉于研钵中，加入少量石英砂和几滴酶稀释液研磨15min，将酶液用蒸馏水少量多次洗入500mL容量瓶（不要将石英砂带入），定容，摇匀。取样液5mL，加入酶激活剂10mL，混匀盖严。将酶激活15min以上（激活时半胱氨酸的浓度要高于0.03mol/L，而且要当天配制，激活的酶最好在2h内测完），备用。

（2）活力测定　取1.0mL已激活的酶液于带塞试管中，置于37℃水浴中保温10min。吸取预热至37℃的酪蛋白液5.0mL，加入此管，在37℃反应10min，立即加入50mL TCA，摇匀，过滤。另取样液（已激活）1.0mL置于另一带塞试管中，加入5.0mL TCA，37℃保温10min后立即加入预热至37℃的酪蛋白液5.0mL，摇匀过滤。以后管为对照，测前管滤液在275nm处的吸光度（A）。另取酪氨酸标准液，以蒸馏水作空白对照，测定275nm处的吸光度（A_s）。木瓜蛋白酶活力定义公式如下：

$$\text{木瓜蛋白酶活力(U/g)}=\frac{\frac{A}{A_s}\times 50\times(500\times 3)}{m}\times\frac{1}{10}\times 11$$

式中，A_s为50μg/mL酪氨酸的吸光度；A为1mL激活酶作用于底物所得产物的吸光度；50为标准酪氨酸的量，μg/mL；500为酶第一次稀释倍数（定容体积）；3为激活时酶液的稀释倍数；m为木瓜蛋白酶干粉的质量，g；10为反应时间，min；11为测定时酶液的稀释倍数。

五、作业

（1）根据所得结果计算所得木瓜蛋白酶产品的酶活力及比活力。

（2）在一般提取的基础上，木瓜蛋白酶还可以通过哪些方法进一步纯化？

实训　黄花菜抗肿瘤活性蛋白的分离纯化

【任务描述】

从一些植物中提取的天然产物具有抗肿瘤特性，且副作用小。黄花菜是一种百合科萱草属多年生的草本植物，营养丰富，含有蛋白质、糖类、维生素、无机盐等多种人体所需的生物活性物质，具有安神、止血、抗炎抗氧化、消食、清热、抗抑郁的功效。研究表明，从黄花菜提取的一种蛋白是含有血红素辅基的过氧化物酶，具有抗肿瘤活性。

通过采用磷酸盐缓冲液抽提、丙酮沉淀法对黄花菜的蛋白进行粗提取，然后进一步采用饱和硫酸铵沉淀法，并通过两次阳离子交换色谱柱对得到的粗蛋白进行进一步的分离纯化，获得一种抗肿瘤活性蛋白。用不同浓度的黄花菜提取蛋白分别处理正常人肝细胞和肝癌细胞，经 MTT 法检测其对细胞生存活力的影响。用不同浓度的黄花菜提取蛋白分别处理正常人肝细胞和肝癌细胞，经细胞存活实验（MTT 法）检测其对细胞生存活力的影响。进一步采用细胞克隆形成实验检测黄花菜提取蛋白对肝癌细胞增殖的影响，检测黄花菜提取蛋白的抗肿瘤活性。

【任务实施】

一、实验材料的准备

1. 实验材料

黄花菜，人肝癌细胞 HepG2 和 Bel-7402，人正常肝细胞 HL7702。

2. 试剂

细胞培养基、胰蛋白酶、PBS 缓冲液、Tris 缓冲液、丙酮、硫酸铵、醋酸、氯化钠、DMSO、MTT 溶液、0.02mol/L 的磷酸缓冲液、0.50mol/L 的愈创木酚、2%的 H_2O_2、HcBP 的新鲜培养基、甲醇、0.1%的结晶紫等。

3. 仪器

CO_2 培养箱、细胞渐冻盒、细胞超净工作台、倒置显微镜、荧光倒置显微镜、高速冷冻离心机、阳离子交换色谱柱、血细胞计数器、酶标仪、紫外分光光度计、冰箱、磁力搅拌器等。

二、操作过程

1. 黄花菜粗蛋白的提取

取干黄花菜，用剪刀剪碎加入 PBS 缓冲液，在 4℃冰箱中过夜浸泡，其中黄花菜与 PBS 的料液比为黄花菜∶PBS=1∶4，用纱布将黄花菜的浸泡液与残渣分离后，将黄花菜浸泡液放于离心管中，在 4℃下，11000r/min 离心 10min 后，取上清，重复离心步骤 2～3 次直至将黄花菜滤渣都除掉后，向得到的黄花菜浸泡液中边搅拌边加入预冷的丙酮，其中黄花菜浸泡液与丙酮体积之比约为黄花菜浸泡液∶丙酮=1∶2，该过程需要在磁力搅拌器上缓慢进行，会产生大量絮状沉淀，然后 4℃下反应 20min，离心（4℃，11000r/min，10min），去上清，重复离心步骤直至将所有液体离心完，将得到的沉淀蛋白置于-20℃冰箱挥发 2h，将残余的丙酮挥发完，用适量的 Tris 缓冲液将沉淀重新悬起来，得到的即为黄花菜的粗蛋白提取液。

2. 黄花菜抗肿瘤活性蛋白的纯化

（1）沉淀　将黄花菜粗提液进行硫酸铵沉淀，选择 0～60%的硫酸铵饱和度，黄花菜粗提取液中加入适量的硫酸铵粉末，4℃下静置 40min，离心后得到的沉淀为蛋白质。

（2）透析　将 $P_{0\sim60\%}$（0～60%硫酸铵饱和度沉淀得到的蛋白）溶解后过夜透析，直至将溶液中的 NH_4^+、SO_4^{2-} 透析干净，离心后，将沉淀用 Tris 缓冲液溶解，得到的即为蛋白质（P 0～60%）溶液。然后用 50mmol/L 的醋酸（HAC）将得到的 $P_{0\sim60\%}$ 的蛋白质溶液的 pH 调为 5.2 左右，在 4℃下，12000r/min 离心 10min 取上清。

（3）色谱　先将 SP-Sepharose 阳离子交换柱进行预平衡后，把 $P_{0\sim60\%}$ 蛋白质加到 SP-

Sepharose 交换柱中进行分离纯化，收集穿透液后，用 Tris-HCl 缓冲液洗脱至无蛋白，再用 0.02mol/L 和 0.04mol/L 的 NaCl 溶液洗脱后，收集洗脱液。将上述洗脱液浓缩后，再次过 SP-Sepharose 交换柱，用 Tris-HCl 缓冲液洗脱到无蛋白后，用 0.02mol/L 和 0.04mol/L 的 NaCl 溶液洗脱，收集洗脱液，然后浓缩即为黄花菜抗肿瘤活性蛋白。

3. 细胞复苏、培养及冻存

（1）细胞复苏　液氮罐中取出细胞，置于 37℃ 水浴锅中，摇晃至细胞解冻后，向冻存管中加入 1mL 培养基，离心，在超净工作台中轻轻倒掉上清，再加入 1mL 相应培养基，悬起细胞后置于细胞瓶中。

（2）细胞培养　将肿瘤细胞置于培养基中进行培养，然后将培养基放于 CO_2 培养箱中进行培养。

（3）细胞冻存　选择生长状态良好的细胞，用胰酶将其消化后，离心，用冻存液将细胞沉淀重悬，装入冻存管中，放入冰箱保存。

4. 细胞生存活力的测定（MTT 法）

选择生长状态良好细胞，将该细胞重悬后用血细胞计数器进行细胞计数，然后铺于 96 孔板中，过夜培养后，将过滤后浓度为 0μg/mL、2.5μg/mL、5μg/mL、20μg/mL、50μg/mL、100μg/mL、150μg/mL、200μg/mL 粗蛋白提取液加入 96 孔板中，在 CO_2 培养箱中继续培养 24h 后，吸出培养液向每孔加入 20μL MTT 溶液，培养 4h 后，吸出 MTT 溶液，向每孔加入 150μL DMSO，摇床上振荡 5min 使溶液与细胞充分接触，用酶标仪测量 570nm 波长处的吸光值。根据细胞存活率（%）＝实验组 A_{570nm}/对照组 A_{570nm} ×100%来计算细胞的存活率。

5. 细胞克隆形成实验

选用生长状态良好的 HepG2 和 Bel-7402 细胞，每孔 1000 个细胞铺于 12 孔板中，在 CO_2 培养箱中过夜培养使细胞贴壁，次日用浓度为 2.5μg/mL 的 HcBP 处理细胞，中途第 3～4 天更换加 HcBP 的新鲜培养基，7d 后观察到每孔中单个细胞的克隆数大于 50 为止，吸出培养基，用预冷的 PBS 清洗每孔中的细胞，吸出 PBS 后加入-20℃预冷的甲醇，每个孔 500μL，固定 5min 后，吸出甲醇，加 PBS 清洗细胞后，加入 0.1%的结晶紫，每个孔 500μL，染色 10min 后，将 0.1%的结晶紫吸出后，用 ddH_2O 清洗每个孔中的细胞数次，最后将 12 孔板晾干后，用显微镜观察细胞克隆数。根据克隆形成率＝（克隆数/接种细胞数）×100%来计算克隆细胞率。

6. 抗肿瘤活性蛋白酶活力测定

酶活力测定：反应体系为 3.00mL，包括 0.02mol/L 磷酸缓冲液 2.75mL，0.50mol/L 愈创木酚 100μL、2% H_2O_2 100μL 和 200μg/L 酶液 50μL。对照组中无 H_2O_2，加入酶液后迅速放入 34℃水浴锅中反应 30s，在 470nm 波长下测量吸光度。根据酶活力＝$\Delta A/(0.01\times\Delta t)$ 来计算抗肿瘤活性蛋白的酶活力。

三、思考题

（1）在抗肿瘤活性蛋白酶活力测定中，加入 H_2O_2 的作用是什么？

（2）影响黄花菜抗肿瘤活性蛋白的提取的因素有哪些？

第九章

核酸的分离纯化

【知识目标】

① 了解核酸类物质的分类和性质；

② 熟悉核酸类物质的生产方法和步骤。

【技能目标】

① 能够完成核酸类物质的含量测定与计算；

② 能够完成 DNA、RNA、ATP 等重要核酸类物质的提取分离。

【必备知识】

核酸（RNA、DNA）是由核苷酸单体聚合而成的生物大分子，其由磷酸、核糖和碱基三部分组成，是生物细胞最基本和最重要的成分。1868 年，F. Mischer 从细胞核中分离得到一种酸性物质，即现在被称为核酸的物质。核酸在生物的遗传、变异、生长发育以及蛋白质合成等方面起重要作用，是生物遗传信息的贮藏所和传递者。在疾病的发病过程中，核酸功能的改变是发病的重要因素，临床上的利用核酸治疗危害人类健康的各种疾病越来越广泛。核酸类药物对防治恶性肿瘤、放射病、病毒的致病作用和遗传性疾病都有着重大的意义。

第一节　核酸的分类

核酸分为核糖核酸（RNA）和脱氧核糖核酸（DNA）两大类。这两类核酸有某些共同的结构特点，但生物功能不同。DNA 贮存遗传信息，在细胞分裂过程中复制，每个子细胞接受与母细胞结构和信息含量相同的 DNA；RNA 主要在蛋白质合成中起作用，负责将 DNA 的遗传信息转变成特定蛋白质的氨基酸序列。

DNA 是指四种核苷酸（dAMP、dCMP、dGMP、dTMP）按照一定的排列顺序，通过磷酸二酯键连接形成的多核苷酸。DNA 通常以两条相同的多聚脱氧核苷酸链反向结合的形式存在，两条脱氧核苷酸链通过氢键形成稳定的 DNA 双螺旋结构，双螺旋 DNA 进一步扭曲盘绕则形成超螺旋。处于生物体内的DNA称为天然DNA，包括染色体DNA、病毒DNA（噬菌体DNA）、质粒DNA、线粒体DNA和叶绿体DNA等，有的以线形存在，有的以环状存在。几乎所有真核生物的染色体DNA都是线形DNA，部分原核生物的染色体DNA也是以线形存在的。而大部分原核生物的染色体DNA和全部线粒体DNA、叶绿体DNA及细菌的质粒DNA全是环状DNA分子。病毒和噬菌体中有的含线形DNA，有的含环状DNA。

RNA不同于DNA之处在于其核苷酸组成成分之一不是脱氧核糖而是核糖，组成RNA的4种碱基中，胸腺嘧啶（T）被尿嘧啶（U）所替代。RNA分子在生物体内一般是单链的，但是往往通过碱基配对原则形成一定的二级结构乃至三级结构来行使生物学功能。在生物体内的RNA主要有基因组DNA转录产生的信使RNA（mRNA）、核糖体RNA（rRNA）和转运RNA（tRNA）。此外，生物体内还有不均一核RNA（HnRNA）、小核RNA（SnRNA）和小核仁RNA（SnoRNA）等。一切细胞的细胞质和细胞核中都含有RNA。此外，在部分病毒和一些噬菌体中也存在RNA，作为它们的遗传物质。

第二节 核酸的理化性质

RNA和核苷酸的纯品都呈白色粉末或结晶，DNA则为白色类似石棉样的纤维状物。除肌苷酸、鸟苷酸具有鲜味外，核酸和核苷酸大都呈酸味。DNA、RNA和核苷酸都是极性化合物，一般都溶于水，不溶于乙醇、氯仿等有机溶剂。它们的钠盐比游离核酸易溶于水，RNA钠盐在水中溶解度可达40g/L，DNA钠盐在水中为10g/L，呈黏性胶体溶液。在酸性溶液中，DNA、RNA易水解，在中性或弱碱性溶液中较稳定。不同构象的核酸密度不同、沉降速度不同。天然状态的DNA是以脱氧核糖核蛋白（DNP）形式存在于细胞核中。从细胞中提取DNA时，要先把DNP抽提出来，再把蛋白质除去，再除去细胞中的糖、RNA及无机离子等，最后从中分离DNA。

在一定条件下，DNA双螺旋可以彻底地解链，分离成两条互补的单链，这种现象称为DNA变性。而分开的两条单链还可以重新形成双螺旋DNA，称为复性。变性温度范围与DNA样品均一性有关，分子种类愈单一，长度愈一致，其变性温度范围愈窄，反之则变性温度范围愈宽。DNA热变性后缓慢冷却处理过程称退火。DNA加热变性后，若经骤然降温，互补链碱基之间来不及配对互补，形成氢键联系，两链维持分离状态。当不同来源的核酸变性后一起复性时，只要这些核酸分子中含有相同序列的片段，即可形成碱基配对，出现复性现象，形成杂种核酸分子，或称杂化双链，该过程称核酸分子杂交。

第三节 核酸的生产方法

一、直接提取法

直接提取法是直接从动物、植物或微生物材料中提取核酸，操作的关键是去杂质，可通过多次溶解、沉淀制得精品。

二、水解法

RNA 主要存在于微生物中，如啤酒酵母、纸浆酵母以及多种抗生素的菌丝体；DNA 主要存在于动物内脏等。经酶、碱、酸水解生成核苷酸，然后分离提取制备各种核苷酸的方法称水解法。根据用催化剂的不同，分为酶水解、碱水解和酸水解等。

（1）酶水解法　在酶的催化下水解称酶水解法。如用 5′-磷酸二酯酶可将 DNA 或 RNA 水解成 5′-核苷酸，可用来制备混合 5′-（脱氧）核苷酸。如可利用双酶法生产肌苷酸和鸟苷酸（I+G），呈味核苷酸的主要品种是肌苷酸钠和鸟苷酸钠，用核酸酶 P_1 降解 RNA 可获得 GMP 和 AMP，其中 AMP 脱氨生成 IMP。

（2）碱水解法　在稀碱条件下，可以将 RNA 水解成为单核苷酸，产物为 2′-核苷酸和 3′-核苷酸的混合物。

（3）酸水解法　用 1mol/L 的盐酸溶液在 100℃下加热 1h，RNA 会被水解成为嘌呤碱和嘧啶碱核苷酸的混合物，DNA 的嘌呤碱也可以被水解下来。

三、化学合成法

化学合成法是指利用化学方法将原料逐步合成为目的产物。例如腺嘌呤可以次黄嘌呤或丙二酸二乙酯为原料合成。

四、半合成法

半合成法即微生物发酵法和化学合成法并用的方法。例如由发酵法先制成 5-氨基-4-甲酰胺咪唑核糖核苷酸，再用化学合成法制成鸟苷酸。

五、酶合成法

此法是利用酶系统和模拟生物体条件制备目的产物。

六、直接发酵法

此法是根据生产菌的特点，采用营养缺陷型菌株或营养缺陷型兼结构类似物抗性菌株，通过控制适当的发酵条件，打破菌体对核酸类物质的代谢调节控制，使其发酵生产大量目的核苷或核苷酸。

第四节　核酸提取分离的一般步骤

一、生物材料的选择

核酸属于天然大分子、结构复杂的一类物质，大多数是以生物材料为原料，经预处理、提取纯化等工艺生产。由于 DNA、RNA 广泛天然存在于各类动物、植物及微生物中，因此原则上各种生物材料均可作为核酸类的原料。特别是可以选用一些动物的特定脏器或组织生产特定的核酸，如从兔肌肉中提取 ATP；以脱脂大豆粕、芝麻、绿豆、赤小豆、大米及蘑菇等为原料，经过细胞、细胞核裂解，可获得 DNA、RNA 的纯化制品；或利用酒厂生产的废酵母生产核酸及多核苷酸、单核苷酸等。

二、细胞的裂解

(1) 机械方法　有超声波处理法、研磨法、匀浆法。关于超声波处理法，要设定好超声波时间和间隙时间，一般超声波时间不超过5s，间隙时间最好大于超声波时间。

(2) 化学试剂法　用含SDS或CTAB的溶液处理细胞，在一定的pH环境和变性条件下，细胞破裂，蛋白质变性沉淀，核酸被释放到水相。pH环境则由加入的强碱（NaOH）或缓冲液（TE、STE等）提供，表面活性剂或强离子剂可使细胞裂解、蛋白质和多糖沉淀，缓冲液中的一些金属离子螯合剂（EDTA等）可螯合对核酸酶活性所必需的金属离子Mg^{2+}、Ca^{2+}，从而抑制核酸酶的活性，保护核酸不被降解。

(3) 反复冻融法　将细胞在－20℃以下冰冻，室温融解，反复几次，由于细胞内冰粒形成和剩余细胞液的盐浓度增高引起溶胀，使细胞结构破碎。一般情况，37℃、3min，液氮下3min，反复三次即可。

(4) 酶解法　加入溶菌酶或蜗牛酶、蛋白酶K等，都可使细胞壁破碎，核酸释放。蛋白酶还能降解与核酸结合的蛋白质，促进核酸的分离。其中溶菌酶能催化细菌细胞壁的蛋白多糖N-乙酰葡糖胺和N-乙酰胞壁酸残基间的β-（1，4）键水解。蛋白酶K能催化水解多种多肽键，其在65℃及有EDTA、尿素（1～4mol/L）和去污剂（0.5% SDS或1% Triton X-100）存在时仍保留酶活性，这有利于提高对高分子量核酸的提取效率。

在实际工作中，酶作用、机械作用、化学作用经常联合使用。具体选择哪种或哪几种方法可根据细胞类型、待分离的核酸类型及后续实验目的来确定。

裂解液的用量要确保能彻底裂解样品，同时使裂解体系中核酸的浓度适中。浓度过低，将导致沉淀效率低，影响得率；浓度过高，去除杂质的过程复杂且不彻底，导致纯度下降。另外，裂解液的用量是以样品中蛋白质的含量为基准的，而不是以核酸含量为基准。

三、核酸的分离提取

从细胞中提取核酸后，仍混杂着蛋白质、多糖和各种大小分子核酸同类物。除去这些“杂质”的过程，即为核酸提纯过程。在核酸的分离纯化时，须在0～4℃的低温条件下操作，以防止核酸大分子的变性降解。

1. 酚抽提法

细胞裂解后，向细胞裂解液中加入等体积的酚：氯仿：异戊醇（25：24：1，体积比）混合液。依据应用目的，两相经漩涡振荡混匀或简单颠倒混匀后离心分离。用苯酚处理匀浆液时，由于蛋白质与DNA连接键已断，蛋白质分子表面又含有很多极性基团，与苯酚相似相溶，因此，蛋白质分子溶于酚相，而DNA溶于水相。利用核酸不溶于醇的性质，用乙醇沉淀DNA。此法的特点是使提取的DNA保持天然状态。苯酚在使用时要注意国内出售的多为结晶酚，应在120℃用空气冷凝管进行重蒸馏，以去除氧化物。同时，苯酚具有很强的结合水的能力，因此必须对苯酚用10mmol/L的pH 8.0 Tris-HCl饱和，加入抗氧化剂β-巯基乙醇和8-羟基喹啉后，方可使用。混合液中的氯仿密度大，能加速有机相与水相分层，减少残留在水相中的酚，同时氯仿具有去除植物色素和蔗糖的作用，进而提高提取效率。混合液中的异戊醇则可减少操作过程中产生的气泡。

2. 乙醇沉淀法

核酸是水溶性的多聚阴离子，它的钠盐和钾盐在多数有机溶剂包括乙醇-水混合物中不溶，在中等浓度的单价阳离子（Na^+、$NH_4{}^+$）下也不会被有机溶剂变性。因此，常用乙醇、异丙醇等有机溶剂作为核酸的沉淀剂，然后利用离心并按所需浓度重溶于适当的缓冲液中。用无水乙醇沉淀DNA，这是实验中最常用的沉淀DNA的方法。乙醇的优点是可以任意比和水相混溶，乙醇与核酸不会起任何化学反应，对盐类沉淀少，是理想的沉淀剂。

3. 去污剂处理法

去污剂主要分为阴离子型去污剂、阳离子型去污剂和非离子型去污剂三类。近年来又出现了双性离子型去污剂。去污剂的作用主要是溶解细胞膜、使蛋白质变性与溶解、对RNase（核糖核酸酶）和DNase（脱氧核糖核酸酶）有一定的抑制作用和作为乳化剂使用。由于细胞中DNA与蛋白质之间常借静电引力或配位键结合，而阴离子去污剂恰好能破坏这种价键，因此常选用阴离子去污剂提取DNA。常用的阴离子去污剂主要包括十二烷基硫酸钠（SDS）、十二烷基硫酸钼（LDS）、脱氧胆酸钠、4-氨基水杨酸钠、萘-1，5-二磺酸钠、二异丙基萘磺酸钠等。

四、核酸的精制纯化

核酸分离与纯化的方法很多，要根据具体生物材料的性质、起始量、待分离核酸的性质与用途而采取不同的方法。核酸分离与纯化总的原则是要保证核酸一级结构的完整性、尽量排除杂质，保证核酸样品的纯度。

1. 密度梯度离心

双链DNA、单链DNA、RNA和蛋白质具有不同的密度，因此可通过密度梯度离心形式，形成不同密度的纯样品区带。此法适用于大量核酸样本的制备，其中氯化铯-溴化乙锭梯度平衡离心法是纯化大量质粒DNA的首选方法。

2. 柱色谱

柱色谱是以固体吸附剂为固定相，以有机溶剂或缓冲液为流动相构成柱的一种色谱分离方法。将裂解液过柱，核酸被吸附介质选择性吸附；洗涤去除残留的杂质后，用水或者合适的低盐缓冲液将核酸从介质上洗脱下来。

3. 琼脂糖凝胶电泳

核酸是两性电解质，在pH3.5时，整个核酸分子带正电荷，在电场中向负极泳动；在pH8.0～8.3时，核酸分子带负电荷，向正极泳动，可采用相应浓度的凝胶介质作为电泳支持物，使得不同分子大小和构象的核酸分子的泳动率出现较大差异，从而达到分离的目的。目前琼脂糖凝胶电泳法已成为核糖核酸和脱氧核糖核酸检测、分离和性质研究的标准方法。

五、核酸的溶解和保存

① 纯化后的核酸，其中RNA以水溶解为主，DNA则多以弱碱性的Tris或者TE溶解为主。经典的DNA溶解方法多提倡使用TE溶解，其中原因是有人认为EDTA可以减少DNA被可能残留下来的DNase降解的风险；如果操作过程控制得当，DNase的残留几乎是可以忽略的，完全可以直接使用Tris或者水溶解DNA。

② 核酸在保存中的稳定性，与温度成反比，与浓度成正比。一般选择－20℃或－70℃下保存。如果温度不合适，保存中核酸发生降解或者消失，首要原因是酶残留导致的酶解，或者保存核酸溶液的pH不合适导致的水解，其中RNA在弱酸性条件下更稳定，而DNA

在弱碱性条件下更合适。

实验一　核酸定量测定技术

核酸定量测定技术包括紫外吸收法、定磷法、定糖法等。紫外吸收法是一种方便、准确、快捷的最常用方法，采用紫外吸收法可以测定核酸的浓度和纯度，有微量紫外分光光度计可供使用。定磷法可测定磷酸从而计算核酸的含量，定糖法通过测定核糖或脱氧核糖可测出 DNA 或 RNA 的含量。

紫外吸收法

一、实验目的

掌握紫外吸收法测定核酸含量的原理；掌握利用紫外分光光度计测定核酸含量的方法。

二、实验原理

核酸、核苷酸及其衍生物的碱基都具有共轭双键系统，具有紫外线吸收的特征。RNA 和 DNA 的紫外吸收峰在 260nm 波长处，一般 1μg/mLRNA 溶液在 1cm 光径比色皿中的光吸收值约为 0.022，1μg/mL DNA 溶液的光吸收值为 0.020。因此测定未知浓度 RNA 或 DNA 溶液在 260nm 的光吸收值即可计算出其中核酸的含量。此法操作简便，迅速。若样品内混杂有大量的核苷酸或蛋白质等能吸收紫外线的物质，则测定误差较大，应预先除去。

三、仪器及试剂

仪器用具：分析天平、离心机、紫外分光光度计、吸管、容量瓶、洗耳球、冰浴容器。

试剂：5%～6%氨水、钼酸铵-高氯酸试剂（0.5g 钼酸铵溶于 7mL 70%高氯酸中，用蒸馏水定容至 200mL）。

材料：待测核酸样品。

四、实验步骤

① 用分析天平准确称取待测的核酸样品 0.5g，加少量蒸馏水调成糊状，再加入少量的蒸馏水稀释。然后用 5%～6%氨水调至 pH 7.0，定容至 50mL。

② 取两支离心管，向第一支管内加入 2mL 样品溶液和 2mL 蒸馏水，向第二支管内加入 2mL 样品溶液和 2mL 沉淀剂（以除去大分子核酸）作为对照。混匀，在冰浴或冰箱中放置 30min 后 4000r/min 离心 15min。从第一管和第二管中分别吸取 0.5mL 上清液，用蒸馏水定容至 50mL。用光程为 1cm 的石英比色杯在紫外分光光度计上测其 260nm 波长处吸收值（记为 A_1 和 A_2）。

③ 结果处理。按下式计算样品核酸含量：

$$\text{DNA(RNA)含量}(\%)=[(A_1-A_2)/0.020(\text{或 }0.022)]/\text{样品浓度}\times100\%$$

式中，样品浓度为 50μg/mL。

五、作业

（1）计算样品中核酸的含量。

（2）使用紫外分光光度计时应该注意什么？

（3）如果测定核酸含量时，样品中混有大量的核苷酸或蛋白质等吸收紫外线的物质，是否需要预处理实验？

【注意事项】

① 如果已知待测的核酸样品不含酸溶性核苷酸或可透析的低聚多核苷酸，即可将样品配制成一定浓度的溶液（20～50μg/mL）在紫外分光光度计上直接测定。

② 蛋白质含有能吸收紫外线的芳香族氨基酸，其吸收高峰在280nm处，而在260nm处的吸收值仅为核酸的1/10或更低，因此核酸样品中蛋白质含量较低时对核酸的紫外测定影响不大。RNA在260nm与280nm处的吸收比值在2.0以上，DNA则在1.9左右，当样品中蛋白质含量较高时吸收比值会下降。

③ 由于降解和水解作用导致核酸的吸收系数可以增高约40%，即为增色效应。在大分子的核酸中，氢键和π键相互作用改变了碱基的共振行为，因此核酸的吸光值低于构成它的核苷酸的吸光值，即为减色效应。

定磷法

一、实验目的

学习并掌握定磷法测定核酸含量的原理和方法。

二、实验原理

核酸分子结构中含有固定比例的磷（RNA含磷量为8.5%～9.0%，DNA含磷量约为9.2%），测定其含磷量即可求出核酸的量。核酸分子中的有机磷经强酸消化后形成无机磷，在酸性条件下，无机磷与钼酸铵结合成黄色磷钼酸铵沉淀，生成的化合物为黄色，称为磷钼黄。当还原剂存在时，钼从+6价被还原为+4价，+4价的钼再与试剂中其他MoO_4^{2-}结合成$Mo(MoO_4)_2$或Mo_3O_8，呈蓝黑色，称为钼蓝。钼蓝最大的光吸收在650～660nm波长处，在一定浓度范围内，蓝色的深浅与磷含量成正比，可用比色法测定，进而计算核酸的含量。如果核酸样品中有无机磷存在，应设置对照（未消化样品）以消除其影响。

三、仪器及试剂

仪器用具：分光光度计、吸管、容量瓶、洗耳球、恒温水浴、硬质玻璃试管、玻璃珠。

试剂：标准磷溶液、定磷试剂、5%氨水、27%硫酸。

材料：粗核酸。

四、实验步骤

1. 磷标准曲线的绘制

取干试管 6 支，按表 9-1 编号加入试剂。

表 9-1 磷标准曲线绘制实验设计

项目		试管					
		0	1	2	3	4	5
试剂用量	标准磷溶液量/mL	0	0.05	0.1	0.2	0.3	0.4
	双蒸水用量/mL	3.0	2.95	2.9	2.8	2.7	2.6
	定磷试剂用量/mL	3.0	3.0	3.0	3.0	3.0	3.0
实验数据结果	A_{660nm}						

上述试剂加完后，充分混匀，在 45℃水浴中保温 10min，冷却，以 0 号管调零点，于 660nm 处测吸光度，以磷含量为横坐标，吸光度为纵坐标作图。

2. 样品中总磷的测定

称粗核酸 0.1g，用少量水溶解（若不溶，可滴加 5%氨水至 pH 7.0），待全部溶解后移至 50mL 容量瓶中，加水至刻度（此溶液含样品 2mg/mL），即配成核酸溶液。

消化吸收上述核酸溶液 1.0mL，置硬质大试管中，加入 2.5mL 27%硫酸及一粒玻璃珠，于通风橱内直火加热至溶液透明（切勿烧干），表示消化完成。冷却后取下，将消化液移入 100mL 容量瓶中，以少量蒸馏水洗硬质试管两次，洗涤液一并倒入容量瓶，再加蒸馏水至刻度，混匀后吸取 3mL 溶液置试管中，加 3mL 定磷试剂，45℃水浴保温 10min 后取出，测 A_{660nm}。

3. 样品中无机磷的测定

吸取核酸溶液 1mL，置于 100mL 容量瓶中，加水至刻度，混匀后吸取 3.0mL 溶液置硬质试管中，加定磷试剂 3.0mL，45℃水浴中保温 10min，取出测 A_{660nm}。

4. 结果处理

按如下公式计算核酸含量：有机磷 A_{660nm} = 总磷 A_{660nm} − 无机磷 A_{660nm}

由标准曲线查得有机磷的质量（μg），再根据测定时的取样数，求得有机磷的质量浓度（μg/mL）。按下式计算样品中核酸的质量分数：

$$w = CV \times 11 / m \times 100\%$$

式中 w——核酸的质量分数，%；

C——有机磷的质量浓度，μg/mL；

V——样品总体积，mL；

11——因核酸中含磷量为 9%左右，1μg 磷相当于 11μg 核酸；

m——样品质量，μg。

五、作业

（1）计算样品中核酸的含量。

（2）在实验过程中，如何减少人为误差和仪器误差？

【注意事项】

① 保温时间、样品及定磷试剂的吸取量都应十分准确，消化液应转移完全。

② 由于定磷试剂中含有抗坏血酸，极易被氧化失效，应当日配制。

③ 应做空白管，消除硫酸中磷的干扰。如使用的硫酸含磷量极微，可省略不做。

④ 由于钼蓝反应极为灵敏，微量杂质的磷、硅酸盐、铁离子以及酸度偏高或偏低都会影响测定的结果，因此实验用的器皿需要特别清洁，所用试剂必须用双蒸水（或去离子水）配制。

附：试剂的配制方法

（1）标准磷溶液　将磷酸氢二钾（AR）于10℃烘至恒重，准确称取0.8775g溶于少量双蒸水中，转移至500mL容量瓶中，加入5mol/L硫酸溶液5mL及氯仿数滴，用双蒸水稀释至刻度。此溶液每毫升含磷400μg，使用前准确稀释10倍作为工作液（40μg/mL）。

（2）定磷试剂　①17%硫酸：17mL浓硫酸缓缓加入到83mL双蒸水中。②2.5%钼酸铵溶液：2.5g钼酸铵溶于100mL水中。③10%抗坏血酸溶液：10g抗坏血酸溶于100mL水中，并储存于棕色瓶中，溶液呈淡黄色尚可使用，呈深黄甚至棕色即失效。使用前将上述3种溶液与水按比例混合。①：②：③：双蒸水=1：1：1：2（体积比）。

（3）27%硫酸　27mL硫酸（AR）缓缓倒入73mL双蒸水中。

苔黑酚法

一、实验目的

掌握用苔黑酚法测定RNA含量的原理和方法。

二、实验原理

在酸性条件下，RNA分子中的核糖基转变成α-呋喃甲醛，后者与苔黑酚（3,5-二羟甲苯）作用生成绿色复合物，可用比色法测定。当核糖核酸浓度在10～100μg/mL范围内，其浓度与吸光度呈线性关系。

三、仪器及试剂

仪器用具：分光光度计、吸管、容量瓶、洗耳球、恒温水浴锅、试管等。

试剂：100μg/mL RNA标准液、苔黑酚-三氯化铁试剂。

材料：粗制RNA（10～100μg/mL）。

四、实验操作

1. 标准曲线的绘制

取试管6支，按表9-2编号并加入试剂。

表 9-2 各试剂用量

项目	试管					
	0	1	2	3	4	5
RNA 标准液量/mL	0	0.4	0.8	1.2	1.6	2.0
蒸馏水量/mL	2.0	1.6	1.2	0.8	0.4	0
苔黑酚试剂量/mL	2.0	2.0	2.0	2.0	2.0	2.0

加毕，混匀，置沸水中加热 45min，冷却，测定各管 A_{670nm}。以 A_{670nm} 为纵坐标，RNA 量（μg）为横坐标作图。

2. 样品的测定

取 1.0mL 样液置试管内，加蒸馏水 1.0mL 及苔黑酚试剂 2.0mL，沸水浴保温 45min，冷却，测定其 A_{670nm}。根据标准曲线求得 RNA 的质量（μg）。

$$w=m_1/m_2\times100\%$$

式中，w 为 RNA 的质量分数,%；m_1 为样液中测得的 RNA 的质量，μg；m_2 为样液中样品的质量，μg。

五、作业

(1) 计算样品中核酸的含量。

(2) 如果样品中混有蛋白质和酚时，如何纯化?

【注意事项】

① 测定 RNA 浓度时，要确保比色杯无 RNase 污染。为此可用 0.1mol/LNaOH-1mmol/L EDTA 液清洗比色杯，然后以无 RNase 的蒸馏水淋洗。

② 如在 280nm 有强吸收则 A_{290nm}/A_{280nm} 比值降低，表明有污染物（如蛋白质）存在，270～275nm 有强吸收，提示有污染的酚存在。

附：试剂配制方法

(1) 标准 RNA 溶液　准确称取 RNA10.0mg，用少量蒸馏水溶解（如不溶，可滴加浓氨水，调 pH 7.0)，定容至 10.0mL，此母液每毫升含 RNA 1mg。取母液 1.0mL，置 10mL 容量瓶中，用蒸馏水稀释至刻度，此溶液为 100μg/mL RNA 标准液。

(2) 苔黑酚-三氯化铁试剂　将 100mg 苔黑酚溶于 100mL 浓盐酸中，再加入 100mg $FeCl_3 \cdot 6H_2O$，现配现用。

二苯胺法

一、实验目的

① 学习二苯胺测定 DNA 含量的原理。

② 了解二苯胺测定 DNA 含量的方法。

二、实验原理

DNA分子中2-脱氧核糖残基在酸性溶液中加热降解，产生2-脱氧核糖并形成羟基-γ-酮基戊醛，后者与二苯胺试剂反应产生蓝色化合物。此蓝色化合物在595nm处有最大吸收，且DNA在40～400μg范围内时，吸光度与DNA浓度成正比。在反应液中加入少量乙醛，可以提高反应灵敏度。

三、仪器及试剂

仪器用具：恒温水浴锅、分光光度计、试管、试管架、吸管、洗耳球、容量瓶。

试剂：200μg/mL DNA标准溶液、二苯胺试剂。

材料：100μg/mL DNA样品。

四、实验步骤

1. 标准曲线的绘制

取干燥试管6支，按表9-3加入试剂。加毕，混匀，于60℃恒温水浴中保温1h，冷却后于595nm处比色测定，以零号管调零点，绘制标准曲线。

表9-3 二苯胺法绘制标准曲线

项目		试管					
		0	1	2	3	4	5
试剂用量	DNA标准液用量/mL	0	0.4	0.8	1.2	1.6	2.0
	蒸馏水用量/mL	2.0	1.6	1.2	0.8	0.4	0
	二苯胺试剂用量/mL	4.0	4.0	4.0	4.0	4.0	4.0
实验数据结果	每支试管中DNA含量/μg	0.0	80	160	240	320	400
	A_{595nm}						

2. 样品液测定

另取试管一支为样品管，加2.0mL样液及4.0mL二苯胺试剂，60℃保温1h，冷却后于595nm处比色测定，以零号管调零点。

3. 结果处理

根据样品测得的吸光度，从标准曲线上查出相应吸光度的DNA含量，按下式计算DNA百分含量。

DNA含量(%)＝样品液中测得的DNA量(μg)/DNA样品的量(μg)×100%

五、作业

(1) 计算样品中核酸的含量。

(2) 如果样品中混有蛋白质和酚时，如何纯化？

【注意事项】

① 其他糖及糖的衍生物、芳香醛、羟基醛和蛋白质等，对此反应有干扰，测定前应尽

量除去。

② 该反应灵敏度较低，但方法简便，目前仍广泛使用。

附：试剂的配制方法

（1）DNA 标准溶液　准确称取小牛胸腺 DNA 10mg，以 0.1mol/L NaOH 溶液溶解，转移至 50mL 容量瓶中，用 0.1mol/L NaOH 溶液稀释至刻度，浓度为 200μg/mL。

（2）二苯胺试剂　使用前称取 1.0g 结晶二苯胺，溶于 100mL 分析纯冰醋酸中，加 60%过氯酸 10mL 混匀。临用前加入 1mL 1.6%乙醛溶液。此溶剂应为无色。

实验二　动物肝脏中 DNA 的提取

一、实验目的

学习和掌握用浓盐法从动物组织中提取 DNA 的原理与技术。

二、实验原理

核酸和蛋白质在生物体中以核蛋白的形式存在，其中 DNA 主要存在于细胞核中，RNA 主要存在于核仁及胞质中，在制备核酸时应防止过酸、过碱及其他能引起核酸降解的因素的作用。全部操作过程应在低温下（4℃）进行，必要时还要加入酶抑制剂。如柠檬酸、氰化物、砷酸盐、乙二胺四乙酸（EDTA）等可以抑制 DNA 酶活性，皂土可抑制 RNA 酶活性，同时 SDS 或苯酚等蛋白质变性剂也可使核酸降解酶破坏。

动植物的 DNA 核蛋白能溶于水及高浓度的盐溶液（如 1mol/LNaCl），但在 0.14mol/L 的盐溶液中溶解度很低，而 RNA 核蛋白则溶于 0.14mol/L 盐溶液，可利用不同浓度的氯化钠溶液，将脱氧核糖核蛋白和核糖核蛋白从样品中分别抽提出来。将抽提得到的脱氧核糖核蛋白用 SDS（十二烷基硫酸钠）处理，DNA 即与蛋白质分开，可用氯仿-异戊醇将蛋白质沉淀除去，而 DNA 则溶解于溶液中。向含有 DNA 的水相中加入冷乙醇，DNA 即呈纤维状沉淀出来。

三、仪器及试剂

仪器用具：分光光度计、匀浆器、冷冻离心机、组织捣碎机、离心管、吸管、试管及试管架等。

试剂：0.1mol/L NaCl-0.05mol/L 柠檬酸钠溶液（pH6.8）、0.015mol/L NaCl-0.0015mol/L 柠檬酸三钠溶液、95%乙醇、固体 NaCl、5%SDS 溶液、氯仿、氯仿：异戊醇=20：1 混合液。

材料：猪肝（或小白鼠的肝脏）。

四、实验步骤

① 称取猪肝 8g，用匀浆器磨碎（冰浴），加入相当于 2 倍肝重的 0.1mol/L NaCl-0.05mol/L 柠檬酸钠缓冲液，研磨三次，然后倒出匀浆物，匀浆物在 4000r/min 下离心 10min，沉淀中再加入 25mL 缓冲液，于 4000r/min 离心 20min 取沉淀。

② 在上述沉淀中加入 40mL 0.1mol/L NaCl-0.05mol/L 柠檬酸钠缓冲液、21mL 氯仿-异戊醇混合液、4mL 5%SDS 使其终浓度为 0.41%，振摇 30min，然后缓慢加固体 NaCl，使其终浓度为 1mol/L（约 3.6g）。将上述混合液在 3500r/min 离心 20min，取上清水相。

③ 在上述水相溶液中加入等体积 95%冷乙醇，边加边用玻璃棒慢慢搅动，将缠绕在玻棒上的凝胶状物用滤纸吸去多余的乙醇，即得 DNA 粗品。用蒸馏水溶解并定容至 50mL，用二苯胺法测定 DNA 含量（参见本章实验一）。

④ 提纯。将上述所得的 DNA 粗品置于 20mL 0.015mol/L NaCl-0.0015mol/L 柠檬酸三钠溶液中，加入 1 倍体积的氯仿-异戊醇混合液，振摇 10min，离心（4000r/min，10min），倾出上层液（沉淀弃去），加入 1.5 倍体积 95%乙醇，DNA 即沉淀析出。离心，弃去上清液，沉淀（粗 DNA）按本操作步骤重复一次。最后所得沉淀用无水乙醇洗涤 2 次，真空干燥。

五、作业

（1）如何才能获得尽可能完整的动物组织 DNA?

（2）提取的 DNA 干燥后会呈现不同的颜色，试分析其可能的原因。

（3）提取的动物 DNA 都有哪些用途?

【注意事项】

① 防止脱氧核糖核酸酶（DNase）的作用。当细胞破碎时，细胞内的脱氧核糖核酸酶（DNase）立即开始降解 DNA，必须立即采取抑制酶活性的措施。如在本实验中加入柠檬酸盐、EDTA 等螯合剂，以去掉 DNase 必需的 Mg^{2+}，使 DNase 活性降低，并要求整个分离制备过程均在 4℃以下进行。最后加入 SDS 使所有的蛋白质（包括 DNase）变性。

② 如果希望获得更大分子的 DNA 时，则在细胞破碎后，及时加入 SDS 使蛋白质（包括 DNase）变性，并加入蛋白酶 K，降解所有的蛋白质。

③ DNA 可在高盐浓度条件下以液体状态保存，但应防止 DNase 污染。干燥后的固体 DNA 性质稳定，可长期保存。

④ 生物体内各部位的 DNA 是相同的，但取材时以含量丰富的部位为主，如动物的肝脏、脾、肾、精子等。所有材料最好新鲜并及时使用，也可放入－20℃冰箱或液氮中冷冻保存。

实验三 酵母 RNA 的分离及组分鉴定

一、实验目的

学习和掌握稀碱法提取酵母 RNA 的原理和方法；了解核酸的组分，并掌握鉴定核酸组分的方法。

二、实验原理

酵母核酸中 RNA 含量较多，DNA 则少于 2%。RNA 可溶于碱性溶液，在碱提取液中加入酸性乙醇溶液可以使解聚的核糖核酸沉淀，由此即得到 RNA 的粗制品。

RNA含有核糖、嘌呤碱、嘧啶碱和磷酸各组分。加硫酸煮沸可使其水解，从水解液中可以测出上述组分的存在。

三、仪器及试剂

仪器用具：乳钵、150mL锥形瓶、水浴锅、量筒、吸管、洗耳球、漏斗、滴管、试管、试管架、烧杯、离心机、滤纸、试管夹、电子天平。

试剂：0.04mol/L氢氧化钠溶液、酸性乙醇溶液（将0.3mL浓盐酸加入30mL的乙醇中）、95%乙醇、无水乙醚、1.5mol/L硫酸溶液、浓氨水、0.1mol/L硝酸银溶液、三氯化铁-浓盐酸溶液、6%苔黑酚-乙醇溶液、定磷试剂。

材料：酵母粉。

四、实验步骤

1. RNA提取

将20g酵母粉悬浮于120mL 0.04mol/L氢氧化钠溶液中，并在乳钵中研磨均匀。将匀浆液转移至150mL锥形瓶中。在沸水浴上加热30min后，冷却。3000r/min离心15min，将上清液缓缓倾入40mL酸性乙醇溶液中。注意要一边搅拌一边缓缓倾入。待核糖核酸沉淀完全后，3000r/min离心3min。弃去上清液。用95%乙醇洗涤沉淀两次，每次10mL。乙醚洗涤沉淀一次后，再用乙醚将沉淀转移至漏斗中过滤。沉淀即为粗RNA，可在空气中干燥，或转移至布氏漏斗中进行抽滤而去除乙醚。其可作鉴定或测定含量用。

2. 鉴定

取200mg提取的RNA，加入1.5mol/L硫酸溶液10mL，在沸水浴中加热10min制成水解液并进行组分的鉴定。

（1）嘌呤碱　取水解液1mL加入过量浓氨水，然后加入约1mL 0.1mol/L硝酸银溶液，观察有无嘌呤碱的银化合物沉淀。

（2）核糖　取一支试管加入水解液1mL、三氯化铁-浓盐酸溶液2mL和苔黑酚-乙醇溶液0.2mL。放沸水浴中10min。注意溶液是否变成绿色，说明核糖是否存在。

（3）磷酸　取一支试管，加入水解液1mL和定磷试剂1mL。在沸水浴中加热10min，观察若溶液变成蓝色，说明有磷酸存在。

五、作业

（1）记录现象并解释。

（2）在实验过程中，三氯化铁的作用是什么？

（3）RNA提取过程中，应注意哪些操作？为什么？

【注意事项】

① 用95%乙醇洗涤沉淀时可用玻棒小心搅动沉淀，然后采用离心法进行，即3000r/min离心10min。

② 从乙醚洗涤中获得的沉淀，可以进行滤纸过滤或转移至布氏漏斗中进行抽滤而去除乙醚。

附：试剂的配制方法

（1）三氯化铁-浓盐酸溶液　2mL 10%六水三氯化铁溶液加入到400mL浓盐酸中。

（2）定磷试剂

① 17%硫酸溶液。将17mL浓硫酸缓缓加入到83mL水中。

② 2.5%钼酸铵溶液。将2.5g钼酸铵溶于100mL水中。

③ 10%抗坏血酸。将10g抗坏血酸溶于100mL水中，储于棕色瓶保存。

临用时将上述3种溶液与水按比例混合。17%硫酸溶液：2.5%钼酸铵溶液：10%抗坏血酸：水＝1：1：1：2（体积分数）。

实验四　三磷酸腺苷（ATP）的提取分离

一、实验目的

本实验要求掌握采取兔肌肉为材料，提取分离ATP。

二、实验原理

三磷酸腺苷（ATP）是体内广泛存在的辅酶，是体内组织细胞所需能量的主要来源，蛋白质、脂肪、糖和核苷酸的合成都需ATP参与。ATP经腺苷酸环化酶催化形成环磷酸腺苷（cAMP），是细胞内的生物活性物质，对细胞许多代谢过程有重要的调节作用。临床上用于进行性肌肉萎缩、脑出血后遗症、心功能不全、心肌疾患及肝炎等的辅助治疗。

ATP为蛋白质、糖原、卵磷脂、尿素等的合成提供能量，促使肝细胞修复和再生，增强肝细胞代谢活性，对治疗肝病有较大针对性。ATP为白色粉末，易溶于水，难溶于有机溶剂。在水中的溶解度为氢型＞钠盐＞钡盐＞汞盐的顺序，在碱性溶液（pH 10.0）及低温下比较稳定。三磷酸腺苷二钠是两性化合物，能与可溶性汞盐和钡盐形成不溶于水的沉淀物，利用这种性质可分离。

三、仪器及试剂

仪器用具：4号垂熔漏斗、玻璃棒、量筒、色谱柱、五氧化二磷干燥器、布氏漏斗。

试剂：冷蒸馏水、0.03mol/L及1mol/L氯化钠溶液、95%乙醇、硅藻土、活性炭、无水乙醇、乙醚、6mol/L盐酸、717强碱型阴离子交换树脂（氯型）、DEAE-C薄板。

材料：兔肌肉。

四、实验步骤

操作流程见图9-1。

1. 兔肉松的制备

将无骨的兔肌肉冷冻后剁碎，于捣碎机中破碎3min成兔肉糜，加等体积95%的冷乙醇，搅拌均匀后静置30min，迅速升温至100℃，煮沸5min，迅速冷却至20～25℃，用尼龙布过滤，留取肉饼，剁碎后于10℃以下冷风吹干，得兔肉松备用。

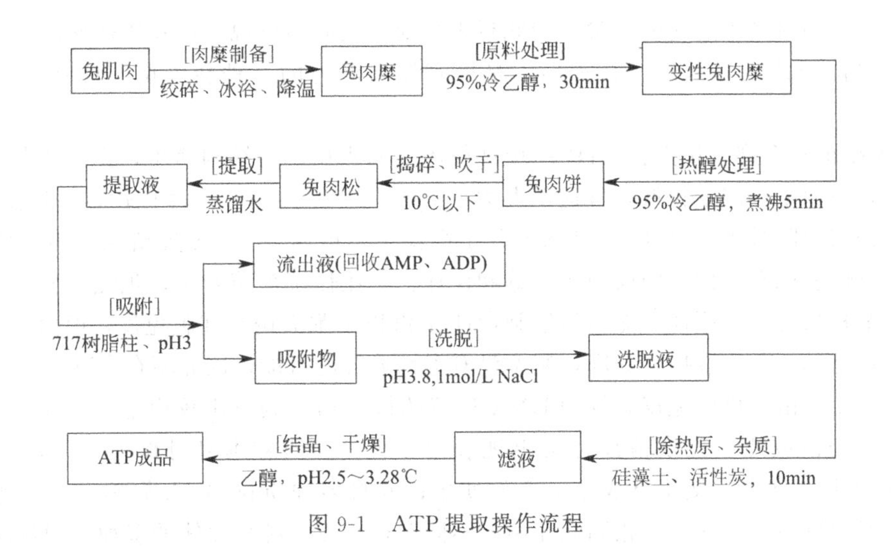

图 9-1 ATP 提取操作流程

2. 提取

取肉松加入 4 倍量冷蒸馏水，搅拌提取 30min，过滤后再提取 1 次。合并 2 次滤液，冷处静置 3h，经布氏漏斗过滤至澄清，得提取液。

3. 装柱、上样

取处理好的氯型阴离子交换树脂装入色谱柱，用 pH3 的水将柱平衡。提取液上柱，流速控制在 0.6mL/(cm^2 · min) 左右，吸附 ATP。上柱过程中用 DEAE-C 薄板检查有核苷酸流出为止。

4. 洗脱、收集

用 pH 3 的 0.03mol/L 氯化钠溶液洗涤柱上滞留的 AMP、ADP 及无机盐等，流速控制在 1mL/(cm^2 · min)，用 DEAE-C 薄板检查无核苷酸流出为止。再用 pH 3.8 的 1mol/L 氯化钠溶液洗脱 ATP，操作温度在 0～10℃，流速控制在 0.3mL/（cm^2 · min)，收集洗脱液，用 DEAE-C 薄板检查无核苷酸流出为止。

五、作业

(1) 提取 ATP 时，哪些措施可以防止三磷酸腺苷酶的作用?

(2) 提取过程中影响 ATP 产量的因素有哪些?

实训 质粒 DNA 疫苗的分离纯化

【任务描述】

DNA 疫苗又称基因疫苗或核酸疫苗，是近年来基因治疗研究中所衍生并发展起来的一个新的研究领域。它是将编码外源性抗原的基因插入到含真核表达系统的质粒上，然后将质粒直接导入人或动物体内，让其在宿主细胞中表达抗原蛋白，诱导机体产生免疫应答。抗原基因在一定时限内持续表达，不断刺激机体免疫系统，达到防病的目的。该疫苗既具有减毒疫苗的优点，同时又无逆转的危险，因此越来越受到人们的重视，被看作是继传统疫苗及基因工程亚单位疫苗之后的第三代疫苗，是极有发展潜力的一种新疫苗，具有广阔的发展前景。

DNA 疫苗具有许多优点：①DNA 接种载体（如质粒）的结构简单，提纯质粒 DNA 的工艺简便，因而生产成本较低，且适于大批量生产；②DNA 分子克隆比较容易，使得 DNA 疫苗能根据需要随时进行更新；③DNA 分子很稳定，可制成 DNA 疫苗冻干苗，使用时在盐溶液中可恢复原有活性，因而便于运输和保存；④比传统疫苗安全，虽然 DNA 疫苗具有与弱毒疫苗相当的免疫原性，能激活细胞毒性 T 淋巴细胞而诱导细胞免疫，但由于 DNA 序列编码的仅是单一的一段病毒基因，基本没有毒性逆转的可能，因此不存在减毒疫苗毒力回升的危险，而且由于机体免疫系统中 DNA 疫苗的抗原相关表位比较稳定，因此 DNA 疫苗也不像弱毒疫苗或亚单位疫苗那样会出现表位丢失；⑤质粒本身可作为佐剂，因此使用 DNA 疫苗不用加佐剂，既降低成本又方便使用；⑥将多种质粒 DNA 简单混合，就可将生化特性类似的抗原（如来源于相同病原菌的不同菌株）或一种病原体的多种不同抗原结合在一起，组成多价疫苗，从而使一种 DNA 疫苗能够诱导产生针对多个抗原表位的免疫保护作用，使 DNA 疫苗生产的灵活性大大增加。

本实验以基因工程菌发酵液为原料，采用碱法裂解对质粒 DNA 进行提取，对提取液采用凝胶过滤色谱和亲和色谱进行纯化，依据 RNA 和质粒 DNA 分子量的差别采用凝胶过滤色谱将两者分开，依据亲和色谱对超螺旋 DNA（CccDNA）和开环 DNA（ocDNA）亲和力的差别将 ocDNA 去除，可得到超螺旋质粒 DNA，最后采用去内毒素凝胶脱除内毒素。

通过对基因工程菌发酵液质粒 DNA 的提取纯化，学习并掌握细胞破碎、沉淀法、凝胶过滤色谱法、亲和色谱法、离心等分离技术的原理及操作方法，掌握采用琼脂糖凝胶电泳法进行过程监控及产品检测技术。

【任务实施】

一、实验材料的准备

1. 材料

琼脂糖凝胶 6B FF，DNA 纯化琼脂糖凝胶 FF，去内毒素凝胶 FF，含质粒载体的基因工程菌发酵液，滤器，0.45μm 滤膜。

2. 试剂

葡萄糖，三羟甲基氨基甲烷（Tris），乙二胺四乙酸（EDTA），氢氧化钠，盐酸，十二烷基硫酸钠（SDS），乙酸钾，冰乙酸，异丙醇，硫酸铵，无水乙醇，磷酸氢二钠，磷酸二氢钠，脱氧胆酸钠等。

溶液Ⅰ：50mmol/L 葡萄糖、25mmol/L Tris-HCl（pH8.0）、10mmol/L EDTA（pH8.0）。溶液配制好后于 121℃灭菌 15min，贮存于 4℃。

溶液Ⅱ：0.2mol/L 氢氧化钠（用 10mol/L 贮存液现用现稀释）、1% SDS。溶液Ⅱ需要现用现配，室温使用。

溶液Ⅲ：5mol/L 乙酸钾 60mL、冰乙酸 11.5mL、水 28.5mL。所配成的溶液中钾离子的浓度为 3mol/L，乙酸根离子的浓度为 5mol/L，保存于 4℃，用时置于冰浴中。

3. 仪器

冷冻高速离心机、离心管、制冰机、冰箱、摇床、色谱柱、恒流泵、核酸蛋白检测仪、记录仪、自动部分收集器、高压蒸汽灭菌锅、超净工作台、量筒、天平、烧杯、玻璃棒、容量瓶等。

二、操作过程

操作流程见图 9-2。

发酵液 $\xrightarrow{\text{离心}}$ 收集菌体 $\xrightarrow{\text{碱法裂解}}$ 质粒 DNA 粗提液 $\xrightarrow{\text{预处理}}$ 凝胶柱上样液 ⟶ 琼脂糖凝胶 6B FF 除 RNA ⟶ DNA 纯化琼脂糖凝胶 FF 除 ocDNA ⟶ 琼脂糖凝胶 6B FF 除盐 ⟶ 去内毒素凝胶 FF 去除内毒素 ⟶ 电泳鉴定

图 9-2　质粒 DNA 疫苗提取操作流程

1. 收集菌体

将 500mL 发酵液以 6000r/min 离心 20min，倒掉上清液，收集菌体。

2. 碱法裂解抽提质粒

① 将菌体悬浮于 18mL 溶液Ⅰ中，加入 40mL 新鲜配制的溶液Ⅱ。盖上离心管盖，轻轻颠倒数次，彻底混匀，室温下放置 5～10min。

② 加 20mL 冰预冷的溶液Ⅲ。盖上离心管盖，轻轻但完全地振荡混匀几次（此时应不再有分离的两个液相）。将离心管在冰上放置 10min。

③ 在 4℃以 10000r/min 离心 20min，无需制动，让转头自然停止。将上清液轻轻移入量筒中，弃去离心管中的沉淀。

④ 量取上清液的体积，将其连同 0.6 倍体积异丙醇一起移入一只洁净的离心管中，并将其充分混匀，室温下放置 10min。

⑤ 在室温下以 8000r/min 离心 15min，回收核酸沉淀。

3. 核酸沉淀预处理

（1）样品准备　将抽提后用异丙醇沉淀的质粒样品称重，然后用玻棒轻轻搅碎以便充分溶解，按照 25mL/g 的量加入 TE 溶液，在摇床上 4℃回旋 5h。溶解的样品按每克 9.9g 的量加入固体 $(NH_4)_2SO_4$，然后再用 TE 溶液定容到 30mL/g，使最终 $(NH_4)_2SO_4$ 的浓度为 2.5mol/L。

（2）提取　样品以 12000r/min 离心 20min，收集上清，然后上琼脂糖凝胶 6B FF 柱。

4. 凝胶过滤除 RNA

色谱柱：1.6cm×70cm，琼脂糖凝胶 6B FF 100mL。

流速：1mL/min。

TE 缓冲液：10mmol/L EDTA，100mmol/L Tris-HCl，pH8.0。

（注：上样体积应小于 0.2 倍柱体积，收取第一个峰。凝胶过滤操作具体方法步骤参见第六章实验一凝胶过滤色谱法分离牛血清白蛋白和溶菌酶）

5. 亲和色谱除开环 DNA (ocDNA)

样品：经凝胶过滤除去 RNA 的样品 V_1（mL），加入固体硫酸铵 m_1（g）（m_1＝132.14×2.5×1.2V_1），溶解后，用 TE 缓冲液定容到 1.2V_1（mL），按 100∶1 的体积比加入无水乙

醇，用 0.45μm 滤膜过滤。

色谱柱：0.9cm×20cm、DNA 纯化琼脂糖凝胶 6B FF 10mL。

流速：0.5mL/min。

平衡缓冲液：2.5mol/L $(NH_4)_2SO_4$、10mmol/L EDTA、100mmol/L Tris-HCl（pH8.0），按 100∶1 的体积比加入无水乙醇。

洗脱缓冲液：1.5mol/L $(NH_4)_2SO_4$、10mmol/L EDTA、100mmol/L Tris-HCl（pH8.0）。

6. 凝胶过滤除盐

色谱柱：1.6cm×70cm，琼脂糖凝胶 6B FF 100mL。

流速：1mL/min。

上样量：体积应小于 0.3 倍柱体积。

缓冲液：20mmol/L、pH7.0 磷酸盐缓冲液。

7. 去除内毒素

将去内毒素琼脂糖凝胶 FF 在滤器中用 5 倍填料体积的再生缓冲液分 3 次抽洗，再用 50 倍填料体积的注射用水分 10 次抽洗。按照一定的比例加入到样品中，4℃下 140r/min 振荡 44h，无菌过滤。

再生缓冲液：1% 脱氧胆酸钠，20mmol/L 磷酸盐缓冲液，pH 7.0。配制：称取 $Na_2HPO_4 \cdot 12H_2O$ 2.43g、$NaH_2PO_4 \cdot 2H_2O$ 0.25g、NaCl 4.5g、脱氧胆酸钠 5.0g，加注射用水溶解并定容到 500mL。

（注：所用滤器、0.45μm 滤膜应于 121℃高压灭菌 30min）

8. 琼脂糖凝胶电泳检测

采用琼脂糖凝胶电泳法进行过程监控及产品检测，同第六章实验四。

三、思考题

（1）根据凝胶电泳图分析分离效果的好坏，讨论影响分离效果的因素？

（2）基因工程疫苗相对于传统疫苗有什么好处？又有什么不足之处？

第十章

糖类的分离纯化

【知识目标】

① 了解糖类的分类、性质；
② 熟悉糖类主要分离方法。

【技能目标】

① 能够独立完成糖类分离的具体操作；
② 能够完成糖类含量测定与计算。

第一节　糖类分类

糖是多羟基醛或多羟基酮及其衍生物、聚合物的总称。糖的分子中含有碳、氢和氧三种元素，大多数糖分子中的氢和氧的比例为2∶1，分子通式为$C_m(H_2O)_n$（m，$n \geqslant 3$），被称为碳水化合物。可根据其能否水解和分子量的大小分为单糖、寡糖和多糖。

一、单糖

单糖一般是含有3～6个碳原子的多羟基醛或多羟基酮。最简单的单糖是甘油醛和二羟基丙酮。单糖是构成各种糖分子的基本单位，天然存在的单糖一般都是D型。单糖既能以环式结构形式存在，也能以开链形式存在。自然界已发现的单糖主要是戊糖和己糖，戊糖以多糖或苷的形式存在于动植物中，常见的戊糖有核糖、脱氧核糖、木糖和阿拉伯糖。己糖以游离或结合的形式存在于动植物中，常见的己糖有葡萄糖、甘露糖、半乳糖和果糖。

二、寡糖

寡糖又可称低聚糖，寡糖是指由2～10个糖苷键聚合而成的化合物，糖苷键是一个单糖的苷羟基和另一单糖的某一羟基缩水形成的。它们常常与蛋白质或脂类共价结合，以糖蛋白或糖脂的形式存在。寡糖通过糖苷键将2～4个单糖连接而成小聚体，它包括功能性低聚糖和普通低聚糖。最常见的低聚糖是二糖，亦称双糖，是两个单糖通过糖苷键结合而成的。

三、多糖

多糖又称多聚糖，是由 10 个以上的单糖分子通过糖苷键聚合而成，分子量较大，一般由几百个甚至几万个单糖分子组成，如淀粉、纤维素等，能被水解为多个单糖。已失去一般单糖的性质，一般无甜味，也无还原性。

多糖可根据来源分类，分为植物多糖、动物多糖、菌多糖和海洋多糖。常见的植物多糖为淀粉和纤维素等，这些多糖均为葡萄糖的高聚糖，大都无生物活性，通常把他们作为杂质除去。黏液质是植物种子、果实、根、茎和海藻中存在的一类黏多糖。果聚糖在高等植物以及微生物中均有存在，树胶是植物在其被伤害或被毒菌类侵袭后分泌的物质，干后呈半透明块状。菌类多糖是从真菌子实体、菌丝体和发酵液中分离出的一类可以控制细胞分裂、调节细胞生长和衰老的活性多糖，一般都是由 10 个分子以上的单糖通过糖苷键连接而成的高分子多聚体。真菌多糖根据功能不同可分为结构多糖和活性多糖。动物多糖主要有肝素、甲壳素、透明质酸和硫酸软骨素等，在结构上氨基已糖和糖醛酸构成重复单元的称酸性黏多糖。

多糖也可根据水溶性分类分为水溶性多糖和水不溶性多糖。水溶性多糖如动、植物体内贮藏的营养物质和植物体内的初生代谢物，多糖有直糖链分子，但多数为支糖链分子。水不溶性多糖在动、植物体内主要起支撑组织的作用，如植物中的半纤维素和纤维素，动物甲壳中的甲壳素等，分子呈直糖链分子。

多糖也可根据组成成分分为同聚多糖、杂聚多糖、糖胺聚糖和结合糖。同聚多糖又称为均一多糖，由一种单糖缩合而成，如淀粉、糖原、纤维素、几丁质等。杂聚多糖又称为不均一多糖，由不同类型的单糖缩合而成，如肝素、透明质酸、大黄多糖、当归多糖、茶叶多糖等。糖胺聚糖曾称黏多糖，是一类含氮的不均一多糖，通常为糖醛酸及氨基已糖或其衍生物，有的还含有硫酸，如透明质酸、肝素、硫酸软骨素等。结合糖也称糖复合物或复合糖，是指糖和蛋白质、脂质等非糖物质结合的复合分子。

第二节 多糖的药理作用

多糖与免疫功能的调节、细胞间物质的运输、细胞与细胞的识别、癌症的诊断与治疗等，均有着密切的关系，其具有的抗肿瘤、抗凝血、降血糖、免疫调节和抗病毒等活性，引起了医药界的高度重视，多糖研究已成为当今生命科学研究的热点之一。美国在 2001 年就启动了“功能糖组学计划”，日本也开展了“糖工程前沿计划”，以阐明糖链的生物学功能，设计并研制出治疗心血管疾病、癌症、感染性疾病等的多糖类药物。

一、调节免疫功能作用

免疫功能能防止病原体进入机体，抑制其发展，消灭和清除病原体，以保持机体的正常生命活动。多糖对免疫功能有重要的调节作用，主要通过激活单核巨噬细胞系统、补体系统和 T 细胞，增强自然杀伤性细胞的活性，促进机体的免疫功能。大部分多糖均具有调节免疫功能作用，如淫羊藿多糖是重要的免疫刺激剂，能够增加白细胞和淋巴细胞的数目，提高淋巴细胞转化率和巨噬细胞活性，并增强 T 细胞和 B 细胞的免疫功能，刺激细胞免疫应答，对免疫器官、免疫细胞、免疫因子等均具有调节作用；香菇多糖是典型的 T 细胞激活剂，体内外研究都表明它能增强正常或免疫功能低下小鼠的迟发型超敏反应（DTH），促进细胞毒性T细胞（CTL）的产生，增强CTL的杀伤活力，增强依赖抗体的细胞毒性（ADDC）。另外，当归多糖、裂褶菌多糖、海带硫酸多糖等多种多糖均具有免疫促进活性。

二、抗肿瘤作用

多糖的抗肿瘤活性多数是通过增强免疫细胞的活性，调节机体的免疫功能而实现的。多糖能通过多条途径、多个层面对免疫系统发挥调节作用，如促进网状内皮系统的吞噬功能、增强自然杀伤（NK）细胞的活性、活化巨噬细胞、诱导免疫调节因子表达等。研究发现，猪苓多糖、香菇多糖、灵芝多糖、双歧杆菌多糖、糙皮侧耳多糖等均具有抗肿瘤作用。

三、抗病毒作用

病毒是危害人类机体健康的主要病原体之一，目前常见的危害性较强的病毒包括艾滋病病毒（HIV）、肝炎病毒、流感病毒等，多糖可通过免疫调节机制增强宿主功能，以抵抗病毒的侵害。如从甘草残渣中分离得到的水溶性中性多糖（甘草多糖），对牛艾滋病病毒、腺病毒Ⅲ型和柯萨奇病毒均有较明显的拮抗作用。另外，灰树花多糖、裂褶菌多糖、灵芝多糖等已被证明具有抗HIV的作用。

四、降血糖作用

高血糖可诱发胰腺功能衰竭、失水、电解质紊乱、营养缺乏、抵抗力下降、肾功能受损、神经病变、眼底病变等疾病。目前发现一些多糖具有明显的降血糖作用，如茶多糖能降低糖尿病小鼠血糖，改善糖尿病症状，其降血糖的机制与其提高肝脏抗氧化能力、增强肝葡萄糖激酶的活性有关。从灵芝中提取得到的两种灵芝多糖低剂量下对正常小鼠和四氧嘧啶糖尿病小鼠有明显的降低血糖作用。

五、抗溃疡作用

多糖主要通过降低胃酸、抑制胃蛋白酶以及隔离溃疡面与胃酸等物质接触发挥抗溃疡作用。由4分子甘露糖和1分子葡萄糖组成的白芨胶，是临床上治疗胃肠道溃疡和轻度胃肠出血的药物的主要成分。白芨胶可以与胃肠道的肠道液迅速作用形成胶浆，在胃肠薄膜形成保护膜，阻止胃酸、胃蛋白酶等物质与溃疡面接触，以促进溃疡的愈合。除此之外，人参果胶与鹿茸多糖可降低胃酸，抑制胃蛋白酶活性。

多糖除了以上作用外，还具有降血脂、抗衰老、抗辐射、促进血小板凝集等多种生物学活性。

第三节 多糖类物质的性质

由于多糖的种类不同，同一种类的多糖，其糖苷键、分子量、一些基团（如乙酰基等）的含量等也不相同，因此各种多糖都有其特殊的性质。但是，多糖亦有一些共同的性质。

一、多糖的溶解性

多糖类物质由于其分子中含有大量的极性基团，因此对于水分子具有较大的亲和力，但是一般多糖的分子量相当大，其疏水性也随之增大。因此分子量较小、分支程度低的多糖类物质在水中有一定的溶解度，加热情况下更容易溶解，而分子量大、分支程度高的多糖类物质在水中溶解度低。正是由于多糖类物质对于水的亲和性，导致多糖类化合物在食品中具有限制水分流动的能力，而又由于其分子量较大，又不会显著降低水的冰点。

二、多糖溶液的黏度与稳定性

由于多糖在溶解性能上的特殊性，导致了多糖类化合物的水溶液具有比较大的黏度甚至形成凝胶。多糖溶液具有黏度是因为多糖分子在溶液中以无规则线团的形式存在，其紧密程度与单糖的组成和连接形式有关。当这样的分子在溶液中旋转时需要占有大量的空间，这时分子间彼此碰撞的概率提高，分子间的摩擦力增大，因此具有很高的黏度，甚至浓度很低时也有很高的黏度。

当多糖分子的结构情况有差别时，其水溶液的黏度也有明显的不同。高度支链的多糖分子比具有相同分子量的直链多糖分子占有的空间体积小得多，因而相互碰撞的概率也要低得多，溶液的黏度也较低；带电荷的多糖分子由于同种电荷之间的静电斥力，导致链伸展、链长增加，溶液的黏度大大增加。

大多数亲水胶体溶液的黏度随着温度的升高而降低，这是因为温度升高导致水的流动性增加。而黄原胶是一个例外，其在0～100℃内就能保持基本不变。

多糖形成的胶状溶液，其稳定性与分子结构有较大的关系。不带电荷的直链多糖由于形成胶状溶液后分子间可以通过氢键而相互结合，随着时间的延长，缔合程度越来越大，因此在重力的作用下就可以沉淀或形成分子结晶。支链多糖胶状溶液也会因分子凝聚而变得不稳定，但速度较慢；带电荷的多糖由于分子间相同电荷的斥力，其胶状溶液具有相当高的稳定性。食品中常用的海藻酸钠、黄原胶及卡拉胶等即属于这样的多糖类化合物。

第四节 糖类的提取方法

游离单糖及小分子寡糖易溶于冷水及温乙醇，单糖、双糖类、三糖类、四糖类以及多元醇类可以用水或在中性条件下以50%乙醇为提取溶剂，也可以用82%乙醇在70～78℃下回流提取。植物材料磨碎经乙醚或石油醚脱脂，拌加碳酸钙（药材中拌入碳酸钙或氢氧化钡，以防止酶和有机酸的影响），以50%乙醇温浸，用中性乙酸铅除去杂蛋白及其他杂质，铅离子可通 H_2S 除去，再浓缩。醇液经活性炭脱色、浓缩、冷却，滴加乙醇，或置于硫酸干燥器中旋转，析出结晶。单糖或寡糖也可以在提取后，用吸附色谱法或离子交换色谱法进行纯化。

提取多糖时，一般需先进行脱脂，以便多糖释放。方法是将材料粉碎，用甲醇或1∶1乙醇-乙醚混合液，加热搅拌1～3h，也可用石油醚脱脂。动物材料可用丙酮脱脂、脱水处理。

多糖的提取方法主要有以下几种。

（1）难溶于冷水、热水，可溶于稀碱液者 用冷水浸润材料后，用0.5mol/L NaOH 提取，如在稀碱中仍不溶出者可加入硼砂，对甘露聚糖、半乳聚糖等能形成硼酸络合物的多糖，此法可得相当纯的物质。

（2）易溶于温水，难溶于冷水和乙醇者 材料用冷水浸过，用热水提取，必要时可加热至80～90℃搅拌提取，提取液用正丁醇与三氯甲烷混合液除去杂蛋白（或用三氯乙酸除去杂蛋白），透析后用乙醇沉淀得多糖。

（3）糖胺聚糖 因大部分糖胺聚糖与蛋白质结合于细胞中，因此需用酶解法或碱裂解法使糖与蛋白质间的结合键断裂，促使多糖释放。碱裂解法可以防止糖胺聚糖分子中硫酸基的水解破坏，也可以同时用酶解法处理组织。常用的酶制剂有胰蛋白酶、木瓜蛋白酶和链霉菌蛋白酶等，也有使用复合酶制剂的。

第五节 糖类的分离纯化方法

多糖的纯化方法很多，但必须根据目的物质的性质及条件选择合适的纯化方法。一种方法不易得到理想的结果，因此必要时应考虑几种方法合用。

一、乙醇沉淀法

乙醇沉淀法是制备糖胺聚糖的最常用方法。乙醇的加入，改变了溶液的极性，导致糖溶解度下降。如使用过量的乙醇，糖胺聚糖浓度低于0.1%也可以沉淀完全。

向溶液中加入一定浓度的盐，如乙酸钠、乙酸钾、乙酸铵或氯化钠有助于使糖胺聚糖从溶液中析出，盐的最终浓度5%即足够。乙酸盐的优点是在乙醇中其溶解度更大，即使在乙醇过量时，也不会发生这类盐的共沉现象。加完乙醇，搅拌数小时，以保证多糖完全沉淀。沉淀物可用无水乙醇、丙酮、乙醚脱水，真空干燥即可得疏松粉末状产品。

二、分级沉淀法

不同多糖在不同浓度的甲醇、乙醇或丙酮中溶解度不同，因此可用不同浓度的有机溶剂分级沉淀分子量大小不同的糖胺聚糖。

用乙醇进行分级分离是分离糖胺聚糖混合物的经典方法，并且目前仍然用于大规模分离。此方法既可用于不同性质的糖胺聚糖的分级分离，又可用于同一种类的糖胺聚糖不同分子量组分的分级分离。例如，在肝素纯化过程中，用42%的乙醇可沉淀得到平均分子量为17000的商品肝素，进一步将乙醇浓度提高到80%，可沉淀得到平均分子量为11000的低抗凝活性肝素。每次加乙醇时，其浓度的递增情况，取决于要分离的混合物的性质。但应注意，如果乙醇浓度递增小于5%，则不会产生明显的分级效果，所以一般采用大幅度提高浓度的办法。虽然乙醇分级分离为一种很有用的方法，但也有其弱点，即对一组差异较小的多种成分的分级分离不能达到完全。在Ca^{2+}、Zn^{2+}等二价金属离子的存在下，采用乙醇分级分离糖胺聚糖可以获得最佳效果。

三、季铵盐络合法

糖胺聚糖的聚阴离子与一些阳离子表面活性剂，如十六烷基氯化吡啶、十六烷基三甲基溴化铵等形成季铵盐络合物，这些络合物在低离子强度水溶液中不溶解。在高离子强度的溶液中，这些络合物可以解离并溶解。因此，向低离子强度的糖胺聚糖溶液中加入季铵盐沉淀糖胺聚糖，使糖胺聚糖与非糖胺聚糖分开，将获取的沉淀用高离子强度溶液解离溶解，再用乙醇沉淀即可获得纯糖胺聚糖。不同的糖胺聚糖聚阴离子电荷密度不同，使其络合物溶解时所需盐的浓度也不同，因而可用于进行分级分离。应用季铵盐沉淀多糖是分级分离复杂糖胺聚糖的最有效的方法之一。

季铵盐络合法除了在糖胺聚糖的分级分离中有应用价值外，还用于从组织消化液和其他溶液中回收糖胺聚糖。由于生成的络合物溶解度低，可用于0.01%或更稀溶液中的糖胺聚糖回收。

四、离子交换色谱法

糖胺聚糖由于具有酸性基团如糖醛酸和各种硫酸基，在溶液中以聚阴离子形式存在，因而可用阴离子交换剂进行交换吸附，可选用的阴离子交换树脂D-254、DEAE-纤维素凝胶、DEAE-Sephadex A-25等。糖胺聚糖通常是以其水溶液上柱的，为了交换吸附较完全，一般用含低浓度盐（如0.05～0.5mo l/L NaCl）溶液。阴离子交换树脂还可用于静态吸附，即将树脂与糖胺聚糖溶液混合，待交换吸附完成后滤出树脂，再行洗脱，本法特别适用于大批量的制备，如用D-254型大孔强碱性阴离子交换树脂从猪小肠黏膜提取液中分离肝素就是一个成功的例子。洗脱可用逐步提高盐浓度（梯度洗脱）或分步提高盐浓度（阶段洗脱）的办法来进行。

五、凝胶过滤法

凝胶过滤法可根据多糖分子量大小不同选用合适的具有分子筛性质的凝胶，如葡聚糖凝胶、聚丙烯酰胺凝胶、琼脂糖凝胶等进行分级分离。其中最常用的是葡聚糖凝胶，例如用Sephadex G-75分级分离低分子肝素。

六、超滤

利用超滤进行分级分离也是基于糖胺聚糖分子量大小的不同，选用具有合适的分子量截留值的膜。这种方法的优点是适用于大规模生产，并可使存在于截留液中的糖胺聚糖得到浓缩和除去小分子杂质，但这种方法的分级分离效果不如凝胶过滤法好，往往在以某一分子量范围为主的组分中还含有一定的分子量或高或低的组分。另外，超滤膜分子量截留值是以球蛋白的分子量标定的，而糖胺聚糖一般为线性分子，将这一参数直接应用糖胺聚糖的分离会有较大差异，应根据具体的试验结果选用超滤膜。

实验一 总糖含量测定

一、实验目的

掌握蒽酮法测定植物总糖含量的原理和方法，熟悉植物可溶性糖的一种提取方法。

二、实验原理

糖类在较高温度下可被浓硫酸作用而脱水生成糠醛或羟甲基糖醛后，与蒽酮（$C_{14}H_{10}O$）

脱水缩合，形成糠醛的衍生物，呈蓝绿色。该物质在620nm处有最大吸收，在150μg/mL范围内，其颜色的深浅与可溶性糖含量成正比。

这一方法有很高的灵敏度，糖含量在30μg左右就能测定，所以可作为微量测糖之用。一般样品少的情况下，采用这一方法比较合适。

三、仪器及试剂

仪器用具：电热恒温水浴锅、分光光度计、电子天平、容量瓶、刻度吸管等。

试剂：葡萄糖标准液（100μg/mL）、浓硫酸、蒽酮试剂（0.2g蒽酮溶于100mL浓H_2SO_4中，当日配制使用）。

材料：马铃薯淀粉。

四、实验步骤

1. 葡萄糖标准曲线的制作

取7支试管，按表10-1数据配制一系列不同浓度的葡萄糖溶液。

表10-1 葡萄糖标准曲线制作各试剂用量

项目	1	2	3	4	5	6	7
葡萄糖标准液用量/mL	0	0.1	0.2	0.3	0.4	0.6	0.8
蒸馏水用量/mL	1	0.9	0.8	0.7	0.6	0.4	0.2
葡萄糖含量/μg	0	10	20	30	40	60	80

在每支试管中立即加入蒽酮试剂4.0mL，迅速浸于冰水浴中冷却，各管加完后一起浸于沸水浴中，管口加盖，以防蒸发。自水浴重新煮沸起，准确煮沸10min取出，用冰浴冷却至室温，在620nm波长下以第一管为空白，迅速测其余各管吸光值。以标准葡萄糖含量（μg）为横坐标、吸光值为纵坐标，做标准曲线。

2. 植物样品中总糖的提取

精确称取马铃薯淀粉0.5g，置于50mL三角瓶中，加水15mL、盐酸10mL，沸水浴20min，定容至100mL，得提取液。取10mL滤液定容至100mL。

3. 测定

吸取1mL已稀释的提取液于试管中，加入4.0mL蒽酮试剂，平分三份；空白管以等量蒸馏水取代提取液。以下操作同标准曲线制作。根据A_{620nm}平均值在标准曲线上查出葡萄糖的含量（μg）。

4. 结果处理

$$样品含糖量(\%)=\frac{C\times V_{总}\times D}{m\times V_{测}\times 10^6}\times 100$$

式中 C——在标准曲线上查出的糖含量，μg；

$V_{总}$——提取液总体积，mL；

$V_{测}$——测定时取用体积，mL；

D——稀释倍数；

m——样品质量，g；

10^6——样品质量单位由 g 换算成 μg 的倍数。

五、作业

（1）测定所取得马铃薯淀粉中总糖的含量。

（2）蒽酮法总糖含量的测定时制作标准曲线要注意哪些问题，该方法还可测定哪些糖类？

实验二 香菇多糖的提取及含量测定

一、实验目的

了解香菇多糖的基本性质，熟悉香菇多糖的主要分离方法。

二、实验原理

香菇多糖（Lentinan，LNT）是从香菇中分离纯化的一种葡聚糖，是以增强 T 细胞和巨噬细胞功能为主的免疫增强剂。香菇多糖分子式 $(C_{42}H_{72}O_{36})_n$，分子量 $(1152.9995)_n$，密度 1.88g/cm^3，沸点 1472℃；溶于碱溶液或甲酸，微溶于热水或二甲亚砜，不溶于冷水、醇、乙醚、氯仿、吡啶或六甲基磷酰胺；对硫酸和盐酸稳定。香菇多糖具有激活细胞免疫、调节多种体液免疫因子、诱导 α-干扰素生成、调节机体免疫应答反应、诱导白细胞对肿瘤浸润，导致肿瘤部位血管扩张、出血、坏死，阻止病毒与宿主细胞的结合，提高 SOD（超氧化物歧化酶）活性，抑制 MDA（丙二醛）生成，抗脂质氧化，降低胆固醇，调节糖代谢、改善糖耐量、扩张胃肠道产生饱腹感而减轻食欲，降低血糖等功能。香菇多糖的提取方法有：热水浸提法、酸（碱）浸提法、微波提取法、超声波提取法、复合酶解法等，其中热水浸提法为实验室最常见的提取工艺。

三、仪器及试剂

仪器用具：粉碎机、圆底烧瓶、旋转蒸发器、烧杯、玻璃棒等。

试剂：氯仿、正丁醇、医用纱布、工业酒精、Sevage 试剂（取三氯甲烷和正丁醇，4∶1 混合）、苯酚、硫酸等。

材料：干香菇 500g。

四、实验步骤

1. 香菇多糖的提取

将干燥的香菇子实体粉碎；加入 10 倍的蒸馏水，用沸水提取 2h，用纱布过滤；将滤液倒入圆底烧瓶中，在旋转浓缩仪上进行浓缩至一定体积；将浓缩液 4000r/min 离心 5min，将上清液转入另一烧杯，除去残渣；上清液中加入等体积的 Sevage 试剂，搅拌 5min，静置 30min；将混合液体在 4000r/min 下离心 5min，分离水相；在水相中加入无水乙醇至酒精终浓度为 80%，搅拌均匀，静置 10min，4000r/min 下离心 5min；取出沉淀物，放入已称重的干燥表面皿中，在真空干燥箱中 80℃下真空干燥；干燥后，称重，得香菇多糖。

2. 香菇多糖分析检测

定性分析：采用苯酚-硫酸法。香菇多糖1.0mg，加水溶解，定量转移入100mL容量瓶中，加水至刻度，摇匀。取1mL的样品溶液加入20mL烧杯中，再加入2mL 5%的苯酚、6mL浓硫酸，观察是否有棕红色化合物出现。

定量测定：取香菇多糖1.0mg按上述方法溶解后按本章实验一蒽酮法测定含量。

五、作业

（1）计算所测干香菇多糖的含量。

（2）为什么苯酚-硫酸法进行香菇多糖定性分析时，当加入浓硫酸后测定溶液都变成了黑色，该如何处理才能得到棕红色结果？

实验三　茯苓多糖类成分的提取、分离与鉴定

一、实验目的

掌握多糖类成分的常用提取方法；熟悉多糖类成分的性质。

二、实验原理

茯苓为多孔菌科真菌茯苓（*Poria cocos*）的干燥菌核，具有渗湿利尿、和胃健脾、宁心安神、增加机体抗病能力的功效。主要含有β-茯苓聚糖即茯苓多糖、茯苓糖，三萜类化合物茯苓酸，此外尚含有组氨酸、胆碱、葡萄糖等其他成分。其主要药理活性成分，具有抗肿瘤、提高免疫功能的作用。

传统提取水溶性茯苓多糖的方法主要有水浸提-有机溶剂沉淀法、酶＋热水浸提法。第一种方法得率低，有机溶剂消耗量大，耗时长，成本高；酶＋热水浸提法得率仍较低，但相对而言，操作简便，加酶能明显提高水溶性多糖得率；微波辅助提取法能显著提高茯苓多糖的提取率，而且微波辅助提取法能保持茯苓原有营养成分，并且提取速度快、操作便捷；超声波辅助提取法降低了能量的消耗，从而提取率更高、提取时间更短。

三、仪器及试剂

仪器用具：电炉、天平、烘箱、离心机、索式提取器、圆底烧瓶（500mL）、烧杯（500mL）、容量瓶（500mL、1000mL）。

试剂：乙酸乙酯、95%乙醇、无水乙醇、丙酮、乙醚、纤维素酶、盐酸等。

材料：茯苓。

四、实验步骤

1. 水浸提-醇沉淀法

称取20g茯苓粉，按图10-1所示流程图进行水浸提-醇沉淀法提取。

酯类提取检测：索氏提取器下端用毛玻璃板接取一滴提取液，如无油斑则表明提取完毕。

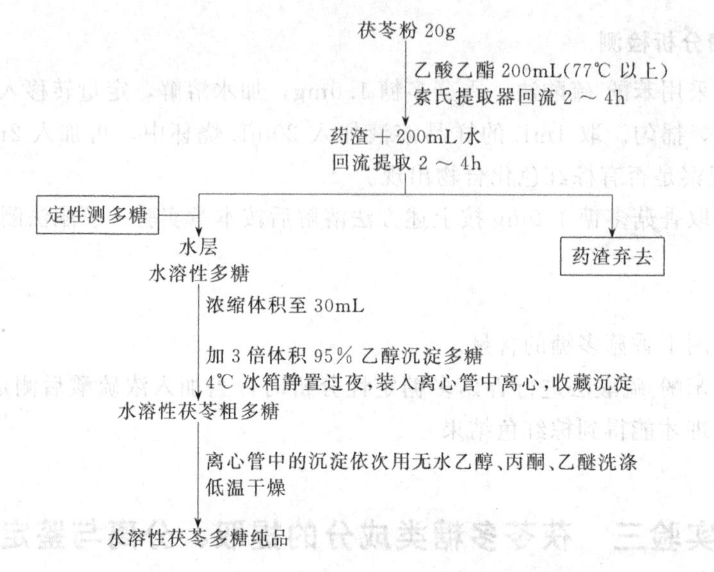

图 10-1 茯苓多糖提取流程图（水浸提-醇沉淀法）

2. 酶解法

称取 20g 茯苓粉，按上述水提法先除酯类，取药渣，加入 10 倍量的水溶解，再按 200μg/g 的用酶量加入适量的纤维素酶提取，先 60～70℃保持 40min，后在沸水 100℃中提取 1h，离心，分出上清液，药渣再用 10 倍量水提取一次，合并两次提取液（定性测多糖），减压浓缩至 30mL，用 3 倍量 95%乙醇沉淀多糖，于冰箱中静置过夜，离心，收集沉淀物，低温干燥得茯苓粗多糖。将获得的茯苓粗多糖依次用无水乙醇、丙酮、乙醚洗涤，低温干燥，即得水溶性茯苓多糖纯品。

3. 超声波辅助提取多糖

茯苓粉碎（至 20 目）20g→200mL 乙酸乙酯除酯类→药渣用 100～200mL 水溶解→超声波处理（60℃、500 W，15min）→离心取上清液→药渣再用 100～200mL 水溶解再次超声波提取，重复 1～2 次，合并几次的提取液（定性测多糖）→溶液减压浓缩至 30mL→用 3 倍量 95%乙醇沉淀多糖，于冰箱中静置过夜，离心，收集沉淀物，真空干燥得茯苓粗多糖。将获得的茯苓粗多糖依次用无水乙醇、丙酮、乙醚洗涤，低温干燥，即得水溶性茯苓多糖纯品。

4. 微波辅助提取多糖

准确称取 20g 茯苓样品干粉，200mL 乙酸乙酯除酯后药渣放入烧杯（加盖），加入 100～200mL 蒸馏水，按一定条件（540W、提取 5min、液固比为 30∶1）在微波炉内浸提（防止沸腾蒸干），离心取上清液，药渣再用 100～200mL 水溶解再次微波提取，重复 1～2 次，合并几次的提取液（定性测多糖），减压浓缩至 30mL，用 3 倍量 95%乙醇沉淀多糖，于冰箱中静置过夜，离心，收集沉淀物，低温干燥得茯苓粗多糖。将获得的茯苓粗多糖依次用无水乙醇、丙酮、乙醚洗涤，低温干燥，即得水溶性茯苓多糖纯品。

五、作业

（1）按表 10-2 填写各茯苓多糖提取方法的比较。

表 10-2 各茯苓多糖提取方法比较

比较项目	水浸提-醇沉淀法	酶解法	超声波辅助提取	微波辅助提取
提取率				
提取时间长短				
成本				
操作繁简				

（2）分析四种茯苓多糖提取方法，比较各方法的优劣及适应场合。

实验四 硫酸软骨素的提取分离

一、实验目的

了解硫酸软骨素的基本性质，熟悉动物多糖的主要分离、纯化方法，掌握苯酚-硫酸法测定多糖含量的方法。

二、实验原理

硫酸软骨素为酸性黏多糖，白色粉末，无臭，无味，易吸湿，易溶于水，不溶于乙醇和丙酮等有机溶剂，遇水即膨胀或成黏浆，对热较不稳定。其分子式为（$C_{14}H_{21}NO_{14}S$）$_n$。软骨素是由 D-葡萄糖醛酸和 N-乙酰-D-半乳糖组成的糖胺聚糖。硫酸软骨素是软骨素的硫酸酯，是构成结缔组织的主要成分，具有澄清脂质作用。硫酸软骨素具有广泛的药理、生理作用，如可调节血脂而防治动脉粥样硬化，对神经有营养和保护作用，可用于神经痛和防治链霉素引起的听觉障碍，硫酸软骨素亦广泛地用于关节病的防治。硫酸软骨素广泛存在于人和动物软骨组织中。其药用制剂主要含有硫酸软骨素 A 和硫酸软骨素 C 两种异构体，是由动物喉骨、鼻中隔、气管等软骨组织提取制备。不同物种、不同年龄动物的软骨及不同部位的软骨中硫酸软骨素的含量不同。

本次实验利用酶法提取硫酸软骨素，鸡软骨经除杂粉碎后加酶浸提，活性炭脱色，乙醇沉淀分离后可制得硫酸软骨素粗品，再利用金属阳离子 Na^+ 与阴离子结合成沉淀除去杂质，进一步精制得硫酸软骨素纯品。

本实验采用苯酚-硫酸法测定多糖含量。多糖在浓硫酸作用下，水解生成单糖，并迅速脱水生成糖醛衍生物，然后与苯酚缩合成橙黄色化合物，且颜色稳定，在波长 490 nm 处和一定的浓度范围内，其吸光度与多糖含量呈正比线性关系，从而可以利用分光光度计测定其吸光度，并利用标准曲线定量测定样品的多糖含量，本方法可用于多糖、单糖含量的测定。

三、仪器及试剂

仪器用具：烧杯、布氏漏斗、抽滤瓶、分液漏斗、量筒、离心机、水浴锅、透析纸、滤纸、捣碎机、不锈钢锅、消化罐。

试剂：2%氢氧化钠溶液、6moL/L 盐酸、活性白土、活性炭、胰酶、95%乙醇、无水乙醇、苯酚、浓硫酸、甲苯胺、CTAB（十六烷基三甲基溴化铵）、葡萄糖标准品、α-萘酚、NaCl。

材料：鸡软骨。

四、实验步骤

1. 提取

将鸡软骨洗净煮沸，除去脂肪和其他结缔组织，捣碎机粉碎后，加入4倍量的2%氢氧化钠溶液搅拌提取2h，过滤。滤渣再用2倍量的2%氢氧化钠溶液提取12h，过滤，合并两次提取液。

2. 酶解

将提取液置消化罐中，搅拌下用6moL/L盐酸调pH 8.5～9.0，并加热至50℃，加入适量胰酶保温酶解4～5h。

3. 脱色

用盐酸调pH6.8～7.0，加入活性白土、1%活性炭适量搅拌吸附1h，过滤。

4. 沉淀

滤液调pH 6.0，加入乙醇使醇含量为20%。静置，上清液澄清时，弃上清液，下层沉淀脱水干燥得硫酸软骨素粗品。

5. 纯化

将上述粗品按10%左右浓度加水溶解，并加入1%氢氧化钠、1%胰酶，调pH 8.5～9.0、60℃条件下酶解4～5h，然后升温至100℃，过滤至澄清。滤液冷却后用盐酸调pH 2.0～3.0，过滤，滤液用氢氧化钠溶液调pH至6.5，然后用乙醇沉淀，无水乙醇脱水，真空干燥得硫酸软骨素精制品。

6. 多糖的鉴定和含量测定

（1）定性测定　同本章实验二，采用苯酚-硫酸法对所得多糖进行定性检测。

（2）定量测定　苯酚-硫酸法。①标准曲线的绘制：准确称取标准葡萄糖20mg于500mL容量瓶中，加水至刻度，分别吸取0.2mL、0.4mL、0.6mL、0.8mL、1.0mL、1.2mL、1.4mL、1.6mL及1.8mL，各以水补至2.0mL，配成4mg/L、8mg/L、12mg/L、16mg/L、20mg/L、24mg/L、28mg/L、32mg/L、36mg/L系列浓度的溶液，然后加入5%苯酚1.0mL及浓硫酸5.0mL，静置10min，摇匀，室温放置20min后，于490nm测吸光度，以2.0mL水按同样显色操作为空白，以多糖含量为横坐标，纵坐标为吸光度值，得标准曲线。②硫酸软骨素含量的测定：精确称取提取的粗多糖8mg，溶于20mL蒸馏水中，取2mL配制好的多糖溶液按上述步骤操作，测吸光度，根据标准曲线计算稀释样品中多糖的含量。然后根据公式换算待测样品中多糖的含量。多糖含量＝糖含量（经吸光度值换算）/0.8×100%。

五、作业

（1）计算所测鸡软骨硫酸软骨素多糖的含量。

（2）在硫酸软骨素制备中加入胰酶有何作用？

（3）苯酚-硫酸法与蒽酮法测定多糖含量有何异同？

实训　灵芝多糖的提取和精制

【任务描述】

灵芝多糖是由三股单糖链构成、具有螺旋状立体构型（三级结构）的葡聚糖，其立体构型与脱氧核糖核酸（DNA）、核糖核酸（RNA）相似，是一种大分子化合物，其分子量从数千到数十万，是一种从灵芝孢子粉或灵芝中提取的物质。灵芝多糖存在于灵芝的细胞壁内壁。灵芝多糖中除含有葡萄糖外，大多还含有阿拉伯糖、木糖、半乳糖、岩藻糖、甘露糖、鼠李糖等单糖，但含量较少。单糖间糖苷键连接有1,3、1,4和1,6数种方式。大多为β-型结构，少数为α-型结构。α-型多糖没有药理活性（药效）。多数多糖链有分支，部分多糖链含有小分子肽链。多糖链分支密度高或含有肽链的其药理活性也高。

灵芝多糖不溶于高浓度的乙醇，微溶于低浓度的乙醇及冷水，在热水中能全部溶解。因此，根据多糖的溶解性质，通常实验室均采用热水提取，即以水为溶剂于90～100℃加热提取，将提取液浓缩后，加入数倍量乙醇使多糖沉淀析出。所得多糖因含蛋白质杂质，实验室常用Sevag法（氯仿∶正丁醇＝5∶1）除去游离蛋白质。其方法是将氯仿＋正丁醇混合液加入粗多糖水溶液中，多次振摇，使蛋白质变性，在乳化层中除去，反复多次操作，除尽游离蛋白质，并用透析法除去小分子杂质，再加乙醇使多糖沉淀为灵芝总多糖（粗多糖）。

【任务实施】

一、实验材料的准备

1. 灵芝子实体

取新鲜、无霉变的适量灵芝子实体，捣碎成粉末，80目筛过筛待用。

2. 试剂

石油醚、乙醚、蒸馏水、氯仿、2%十六烷基三甲基溴化铵（CTAB）、2moL/L氯化钠、α-萘酚、0.5%甲苯胺乙醇溶液、氨硝酸银试剂、水合茚三酮试剂、浓硫酸、1%活性炭、蒽酮、乙醇、葡萄糖标准品。

3. 仪器

分液漏斗、抽滤瓶、抽真空旋转蒸发仪、透析袋、滤纸、DEAE-C薄板、色谱缸、分光光度计、组织捣碎机。

二、操作过程

1. 灵芝多糖的提取

称取粉碎、过筛待用的灵芝100g经石油醚（1∶5）回流脱脂2次，每次2h，用80%乙醚（1∶5）浸泡8h。回流提取2次，每次2h，将药渣再加蒸馏水2 L，90℃浸提1h，滤液经减压浓缩至300mL。浓缩液加3倍量95%乙醇，搅拌均匀后，4000r/min离心10min。沉淀用无水乙醇洗涤2次，乙醚洗涤1次，50℃以下真空干燥，得灵芝多糖粗品，并称重。

2. 精制

取灵芝多糖粗品1g，溶于100mL水中，溶解后离心除去不溶物。滤液加2% CTAB至沉淀完全，摇匀，静置 2h，4000r/min 离心 10min，沉淀用 80℃热水洗涤 3 次，加 100mL 2moL/L 氯化钠溶液于 60℃解离 4h，4000r/min 离心 10min，上清液装入透析袋，流水透析 10h，得透析液。透析液于 80℃浓缩，加 3 倍量 95%乙醇搅匀，4000r/min 离心 10min，沉淀用无水乙醇、乙醚洗涤，50℃以下真空干燥，得精品灵芝多糖。

3. 灵芝多糖的鉴定和含量测定

(1) 多糖的定性鉴定

① 取透析液 1mL 加入试管中，加入 α-萘酚乙醇溶液（α-萘酚 5g 溶于 95mL 95%乙醇）2 滴，摇匀，将试管倾斜，沿试管壁缓缓加入浓硫酸 1.5mL（勿振动），观察硫酸层与糖溶液界面处颜色变化。

② 取透析液的浓缩液点于滤纸上，0.5% 甲苯胺乙醇溶液染色，观察样品颜色反应。

③ 取透析液的浓缩液 2mL，加入 2% CTAB 溶液 2～4 滴，观察现象。

(2) 灵芝多糖总糖含量测定 采用蒽酮比色法，同本章实验一。

(3) 灵芝多糖薄层色谱

① 固定相：DEAE-C 薄板。

② 展开剂：正丁醇：无水乙醇：水＝3.5：3：3。

③ 点样：分别将灵芝多糖粗品和精品配制成 0.5%水溶液，各取 20μL 进行点样。

④ 展开：用展开剂展开，吹干。

⑤ 染色：氨硝酸银试剂喷雾、烘烤、显色，出现褐色斑为灵芝多糖；另用水合茚三酮试剂喷雾，烘烤，未出现紫色斑表明多糖中蛋白质（或肽类）已分离除去。

⑥ 结果：作图，计算灵芝多糖粗品和精品的 R_f 值。

三、思考题

(1) CTAB 络合法与乙醇沉淀法分离灵芝多糖有何异同？

(2) 为什么在灵芝多糖制备全流程中温度不能超过 80℃？

第十一章

小分子活性物质的分离纯化

【知识目标】

① 掌握常见几类主要小分子活性成分的定性试验方法和操作；
② 熟悉小分子活性定性试验结果的判断。

【技能目标】

能够完成几类主要小分子活性成分的定性判断和含量测定。

第一节 小分子活性物质分类

从天然植物资源中寻找利于人们身体健康的保健品和新型药品是现代植物化学的主要研究方向之一。据资料报道，在天然植物中具有药理活性的化合物分子量基本在1000以下，这种物质被称为小分子活性物质，包括低分子量多糖、萜类、甾体类、黄酮类、生物碱、醌/酮类、苯丙素类、脂肪油类、鞣质类、皂苷类等。

一、低分子量多糖

多糖是单糖的聚合物，一般10个分子以下的为低分子多糖（low molecule weight polysaccharide)。研究发现，有些多糖的生物活性与其分子量密切相关，低分子量多糖在某些生物活性方面要明显优于高分子量多糖。此外，某些具有特定分子量区段的多糖能够有效控制某一类疾病及其并发症，因此低分子量多糖在某些特定的方面应用前景较好。

二、萜类

萜类（terpenoids）是最大的一类天然植物活性物质，是指以异戊二烯聚合而成的一系列化合物及其衍生物，至今已从植物中分离出超过2万种。萜类化合物根据分子中异戊二烯单元互相连接的方式及单元数目不同，分为单萜、倍半萜、二萜、三萜及多萜等。挥发油通常是由单萜、倍半萜组成，还含有小分子的芳香化合物、脂肪族化合物等。

三、甾体

甾体（steroid）是具有甾核（即环戊烷多氢菲碳骨架）的化合物群的总称。其分子母体结构中都含有环戊烷骈多氢菲（cyclopentano-perhydrophenanthrene）碳骨架，此骨架又称甾核（steroid nucleus）。

四、黄酮

黄酮（flavones）是一类具有 C_6-C_3-C_6 基本母核的天然化合物，其中 C_3 部分可以是脂链，也可以与 C_6 部分形成六元或五元氧杂环。根据 C_3 部分的成环、氧化和取代方式的差别，黄酮又可分为黄酮类、黄酮醇类、异黄酮、查尔酮、橙酮、花青素及上述各类的二氢氧化物。黄酮为天然色素，大多以糖苷形式存在，广泛地分布于各种植物，既可作为花瓣中花色苷的辅助色素，也是许多高等植物叶子的色素物质。目前已发现的黄酮类化合物达 5000 多种，20%以上植物药物中含有黄酮类化合物成分。

五、生物碱

生物碱（akaloid）是一类具有复杂氮杂环结构的含氮有机化合物，有类似碱的性质，氮素多包含在环内，有显著的生物活性，是生物活性物质中重要的有效成分之一。有些不含碱性而来源于植物的含氮有机化合物，有明显的生物活性，故仍包含在生物碱的范围内。而有些来源于天然的含氮有机化合物，如某些维生素、氨基酸、肽类，习惯上又不属于“生物碱”。已知生物碱种类很多，在 10000 种左右，应用于临床的有 80 多种。

六、醌/酮类

醌类（quinones）化合物是一大类色素物质，主要是指分子内具有不饱和环二酮结构（醌式结构）的物质，其色泽绝大多数为黄、橙、红、紫等颜色，其历史上作为天然染料在染料工业中占有重要地位。近年来，醌类作为中药的生理活性成分或药效成分已越来越多地被发现，至今已明确了至少 1000 种结构。醌类可分为苯醌类、萘醌类、菲醌和蒽醌类，通常具有一定的刺激性，在生物体内既有游离形式的化合物存在，也有与糖基相结合的结合态存在。

酮类（ketones）指羰基与两烃基相连的化合物，一般泛指很多含羰基的化合物，在结构母体难以归类时，可暂纳于此。据分子中烃基的不同，酮可分脂肪酮、脂环酮、芳香酮、饱和酮和不饱和酮。

七、苯丙素类

苯丙素（phenylpropanoid）是天然存在的一类苯环与三个直链碳连接（C_6-C_3 基团）构成的化合物。一般具有苯酚结构，是酚性物质。苯丙素类化合物包括简单苯丙素、香豆素、木脂素和木质素类等，这类成分中不少具有较强的生物活性。

八、油脂类

油脂（oils and fats grease）是烃的衍生物，是一种特殊的酯，自然界中的油脂是多种物质的混合物。油脂类天然活性成分种类很多，不少油脂成分都具有很强的生理活性，是新药开发的重要目标，如多不饱和脂肪酸（指结构中含两个以上双键的脂肪酸）系列中的亚油酸（linoleic acid）、α-亚麻酸（α-linolenic acid ）、γ-亚麻酸（γ-linolenic acid）、花生四烯酸（arachidonic acid）、二十二碳六烯酸（docosahexaenoic acid，DHA）、二十碳五烯酸（eicosapentaenoic acid，EPA）等，这些成分均具有降血脂、抗衰老等活性。

九、鞣质类

鞣质（tannins）又称单宁或鞣酸，是由没食子酸（或其聚合物）的葡萄糖（或其他多元酚）酯、黄烷醇（或其衍生物的聚合物），以及两者共同组成的一类结构复杂的植物多元酚类化合物。根据鞣质的结构可将鞣质分为两类，一类为水解鞣质，具有酯式或苷式结构，大多数由没食子酸（gallicacid）或其衍生物与葡萄糖结合而成，糖上的每一个醇羟基都与没食子酸上的一个羟基结合成酯，可被酸、碱、酶水解。另一类是缩合鞣质，一般由儿茶素（catechin）组成，结构复杂，不能水解，加酸加热能产生一种缩合物质——鞣酐（或名鞣红），中草药中的鞣质多数属于缩合鞣质。

十、皂苷类

皂苷（saponin）是苷元为三萜或螺旋甾烷类化合物的一类糖苷，主要分布于陆地高等植物中，也少量存在于海星和海参等海洋生物中。根据皂苷水解后生成苷元的结构，可分为三萜皂苷（triterpenoidal saponins）与甾体皂苷（steroidal saponins）两大类。皂苷由皂苷配基与糖、糖醛酸或其他有机酸组成。组成皂苷的糖常见的有 D-葡萄糖、L-鼠李糖、D-半乳糖、L-阿拉伯糖、L-木糖。常见的糖醛酸有葡萄糖醛酸、半乳糖醛酸，常与皂苷元 C_3 位的—OH 连接成苷。

第二节 小分子活性物质的提取、分离

在许多植物与中草药中陆续发现众多具有抗氧化、抗肿瘤、细胞毒性和保护神经系统等药理功效的小分子活性物质。如何采用物理、化学、物理化学相结合、色谱等现代分离纯化方法将它们温和地提取分离出来是现代新药开发的基础，也是新型保健品研制的关键点。天然产物小分子活性物质的分离、纯化可分为经典方法和色谱分离方法，其中经典方法是色谱分离方法的基础。

一、经典方法

沉淀法。沉淀法是利用有机化合物在溶剂中的溶解特点进行分离的一种方法。最典型的应用为采取水提醇沉法提取大分子多糖和蛋白质。这种方法操作简单，过程温和，环境友好，成本低廉，且适合处理大量样品，目前已被广泛使用。

液相萃取法（LLE）。液相萃取法是指使用有机溶剂，利用天然产物小分子活性物质的极性差异，在含小分子活性物质的溶液中加入适当有机萃取溶剂，快速、准确地将所需小分子活性物质萃取到加入的有机溶剂萃取剂中，从而实现物质的分离。

固相萃取法（SPE）。固相萃取法是利用固体吸附剂吸附混合液中目标化合物，再利用洗脱液将其洗脱下来，达到分离、富集目标物质的一种方法。

膜分离法。膜分离法的基本原理类似于“分子筛”，通过调整膜孔径大小可分离不同分子

大小的有机化合物，根据膜孔径可将膜分离分为超滤和纳滤。膜分离技术不使用有机溶剂，操作过程中化学环境温和，环保，故在天然活性产物的分离筛选上将会得到更加广泛的应用。

二、色谱分离方法

根据分离机制可分为吸附色谱、分配色谱、凝胶过滤色谱、离子交换色谱、亲和色谱、化学键合相色谱、毛细管电色谱和毛细管电泳，其中亲和色谱主要用于分离纯化蛋白质等生物大分子生化样品，而毛细管电泳法在生命科学中应用广泛。天然产物化学中生物小分子分离主要使用的有大孔树脂、Sephadex LH20、RP-8 和正相硅胶色谱等。

大孔树脂。大孔树脂是人工合成的高分子化合物。它不溶于酸、碱或有机溶剂且对热稳定，可有效地对有机化合物进行浓缩、分离。影响其吸附、分离效果的因素主要有树脂结构、化合物结构和洗脱剂。在天然产物的分离提取中，大孔树脂主要用来对化合物的极性、大小进行划段，为后续分离、纯化工作做准备。

凝胶过滤色谱。凝胶过滤色谱本质上是一种体积排阻色谱。它具有“分子筛”功能，其网状结构使得小分子物质可以进入凝胶内部而大分子物质被排阻开来。在凝胶过滤色谱中，Sephadex LH20 在生物小分子分离纯化中具有举足轻重的地位。对于 Sephadex LH20，分子量大于 5000 的生物分子将随流动相直接流出而不被色谱柱保留，且这种凝胶不受溶剂系统限制，所以它特别适合生物碱、联苄类、菲类、萜类等小分子活性物质的分离制备，既可以用作初步划段又可以用作最终的精制测定。

硅胶色谱。硅胶色谱不溶于任何溶剂，化学性质稳定，除强碱、氢氟酸外与任何物质均呈惰性，常用的规格有 100～300 目，目数不同，上样量也不同，并且目数越细，上样量越大，流速越小，但是耗费时间较长。由于硅胶柱具有死吸附的特点，在使用过程中要注意把握时间和规格，以防微量活性物质损耗过大而分离不出来。

第三节 小分子活性物质的含量测定

小分子活性物质种类较多，测定一定供试样本中某类或某种小分子活性物质含量的方法主要有重量法、化学法、分光光度法（比色分析法）、酶法和色谱法。

一、重量法

重量法为通过一定的方法和程序，从供试样本中提取、纯化出某一类或某一种成分，求出其在样本中所占比例的分析法。

二、化学法

化学法为根据物质间的化学反应，按照等物质的量规则建立的分析方法。如酸碱滴定法、氧化还原滴定法、络合滴定法等。

三、分光光度法

分光光度法是利用物质所特有的吸收光谱来测定其含量的一项技术，其基本依据是朗伯-比尔定律。紫外分光光度法是小分子活性物质含量测定中最常采用的技术（灵敏度高、操作简便、精确、快速，对于复杂的组分系统，不需分离即可检测出其中所含的微量组分)，涉及各种生物物质的分析及酶活性的测定。

四、酶法

利用酶的特点，以酶作为分析工具或分析试剂，通过酶的特异性反应来测定样品中小分子活性物质的含量称为酶法，包括直接测定法和间接测定法。酶法选择性强，不受体系中共存物质的干扰；灵敏度高，可测 10^{-10}g 级的微量物质。

五、色谱法

色谱法常见的方法有纸色谱法、柱色谱法、薄层色谱法、气相色谱法、高效液相色谱法等。其本质是利用不同物质在不同相态的选择性分配，以流动相对固定相中的混合物进行洗脱，混合物中不同的物质会以不同的速度沿固定相移动，最终得以分离、测定。薄层色谱法、薄膜色谱法等通常用于定性分析；而高效液相色谱法、气相色谱法等则可做到短时间准确完成生物物质的分离和定量分析。

各种分析方法均有其利弊，如酸碱滴定法与紫外分光光度法简单易行但选择性差；高效液相色谱法准确度高，分离效果好，能同时测定几种化学成分的含量，但所用流动相有时酸碱性较强，易破坏色谱柱固定相。如今高效液相色谱法的应用最为活跃，而一些超高效液相色谱法、液质联用技术、高效毛细管电泳技术等新技术、新方法因其独特的优势已在小分子活性物质的含量测定中显示了良好的应用前景。

实验一　小分子活性物质的定性实验

一、实验目的

掌握常见中草药几类主要天然生物活性成分的预试验方法和操作；熟悉预试验结果的判断。

二、实验原理

常见中草药中含有多种天然生物活性成分，在深入研究之前应首先了解其中有哪些类型的化学成分。利用各类成分的颜色反应，对常见中草药的提取液进行检查可以初步判断其中的化学成分。本实验应用试管预试验法检测以下几类成分：①皂苷；②酚类；③黄酮类；④蒽醌类；⑤生物碱；⑥糖类。

三、仪器及试剂

仪器用具：圆底烧瓶（500mL)、烧杯（500mL)、容量瓶（500mL、1000mL)。

试剂：95%乙醇、蒸馏水、三氯化铁、三氯化铝、锌粉（镁粉)、NaOH、醋酸镁、硅钨酸、碘化铋钾、碘化汞钾、α-萘酚等。

材料：红参、茶叶、黄芪、巴戟天、麻黄、大豆。

四、实验步骤

1. 样品的制备

(1) 水提取液　称取待试材料（上述实验材料）粗粉 10g，加去离子水（或蒸馏水）

100mL，在50～60℃水浴上加热30min，过滤，滤液检查糖类、皂苷、酚类。

(2) 乙醇提取液　称取待试材料（上述实验材料）粗粉10g，加95%乙醇100mL，水浴上回流30min，过滤，滤液检查黄酮类、蒽醌类、生物碱。

2. 各类成分的检查

(1) 皂苷的检查　泡沫试验：取2mL水提取液，置于试管内，激烈振荡1min，如产生多量蜂窝状泡沫，放置10min，泡沫无显著消失，表明可能含有皂苷。

(2) 酚类的检查　三氯化铁试验：样品水溶液若为酸性，可取1mL直接进行检查，若为碱性，可加醋酸酸化后再滴加1%三氯化铁溶液数滴，如呈现绿、蓝或暗紫色，表明可能含有酚类成分。

(3) 黄酮类的检查

① 盐酸-镁粉或锌粉试验：取乙醇提取液1mL，加入适量镁粉或锌粉，振荡，加盐酸数滴（1次加入）。在沸水浴中加热2～3min，如呈现红色或紫红色，表明可能含有黄酮类。

② 2%三氯化铝试验：取试样乙醇提取液点于滤纸片上，喷雾三氯化铝试剂，干燥后，如呈现黄色斑点，并于紫外灯下观察，有明显荧光，表明可能含有黄酮类成分。

(4) 蒽醌类的检查

① 碱性试验：取乙醇提取液1mL，加10%NaOH呈红色，如再加酸使其呈酸性，则红色退去，表明可能含有蒽醌类。

② 醋酸镁试验：取乙醇提取液1mL，加1%醋酸镁甲醇溶液数滴，如产生红、紫等颜色，表明可能含有蒽醌类。

(5) 生物碱的检查　取乙醇提取液15～20mL，在水浴上蒸干加5mL 5%盐酸溶液。溶解残渣，过滤，滤液分成三份，置试管内，分别滴加下列3种试剂。

① 硅钨酸试剂：如生成浅黄色或白色沉淀，表明可能含有生物碱。

② 碘化铋钾试剂：加1～2滴碘化铋钾试剂，如生成浅黄色或棕红色沉淀，表明可能含有生物碱。

③ 碘化汞钾试剂：加1～2滴碘化汞钾试剂，如有白色或浅黄色沉淀生成，表明可能含有生物碱，注意加入试剂不能过多，否则沉淀可能被溶解。

(6) 糖类的检查　α-萘酚试验（Molish）反应：取醇浸液1mL，加10% α-萘酚醇液1滴，摇匀，沿管壁缓慢加入浓硫酸10滴，不振摇，观察两液界面间是否出现紫红色。

五、作业

(1) 将各药材检测结果填写下表（表11-1）。

表11-1　各药材检测结果

名称	皂苷	酚类	蒽醌类	生物碱	黄酮类	糖类
红参						
茶叶						
黄芪						
巴戟天						
麻黄						
大豆						

（2）比较不同活性成分提取方法的差异，适合水提的有哪些？适合醇提的是哪些？

附：试剂的配制

① 三氯化铝试剂：2%的三氯化铝乙醇或甲醇溶液。

② 硅钨酸试剂：取硅钨酸 5g 溶于 100mL 水中，加浓盐酸少量使其呈酸性（pH2.0）。

③ 碘化铋钾试剂：取次硝酸铋 8g，溶于 17mL30%硝酸（相对密度 1.18）中，搅拌下慢慢滴加到含有碘化钾 27.2g 的 20mL 水溶液中。静置一夜，取上层清液，加蒸馏水稀释到 100mL。

④ 碘化汞钾试剂：取氯化汞 1.36g 和碘化钾 5g 分别溶于 60mL 和 30mL 水中，然后将两液混合均匀，再加水稀释到 100mL。

⑤ α-萘酚（Molisch）试剂：甲液，α-萘酚 1g，加 75%乙醇至 10mL；乙液，浓硫酸。

实验二　分光光度法测定茶多酚含量

方法 1　酒石酸亚铁分光光度测定

一、实验目的

① 掌握分光光度计的使用方法和原理。

② 学会酒石酸亚铁分光光度计测定茶多酚含量的具体方法。

二、实验原理

茶多酚的主要成分是表儿茶素和表没食子儿茶素类。用酒石酸亚铁为显色剂，与茶多酚中的邻位羟基和连位羟基官能团作用，形成蓝紫色络合物，在一定的浓度下，复合物的吸光度与茶多酚的浓度成正比。

没食子酸丙酯可代表儿茶素多种酚类，故可用它作为标准品，在 pH 7.5、波长 540nm、1cm 比色皿条件下，与显色剂酒石酸亚铁作用，制作标准曲线。

1mg 没食子酸丙酯的吸光度相当于 1.5mg 茶多酚的吸光度，换算系数为 1.5。

三、仪器及试剂

仪器用具：电子天平、分光光度计（可见光）、比色皿、酸度计、烧杯、量筒和容量瓶等。

试剂：没食子酸丙酯、茶多酚纯品（含量大等于 98%）、硫酸亚铁、酒石酸钾钠、磷酸氢二钠、磷酸二氢钾。

材料：茶多酚提取液。

四、实验步骤

1. 溶液配制

（1）没食子酸丙酯标准溶液的配制 准确称取 0.2500g 没食子酸丙酯，用蒸馏水溶解后，移入 250mL 的容量瓶中并稀释至刻度，摇匀，配成1mg/mL 的没食子酸丙酯标准溶液。

（2）酒石酸亚铁溶液的配制 准确称取 0.1g 硫酸亚铁（$FeSO_4 \cdot 7H_2O$）和 0.5g 酒石酸钾钠（$KNaC_4H_4O_8 \cdot 4H_2O$），将其混合，用蒸馏水溶解后，移入 100mL 的容量瓶中并稀释至刻度，摇匀。

（3）pH 7.5 磷酸盐缓冲液的制备

① 磷酸氢二钠（$Na_2HPO_4 \cdot 2H_2O$）：准确称取分析纯磷酸氢二钠 2.969g，用蒸馏水溶解，移入 250mL 的容量瓶中，加水稀释至刻度，摇匀，该溶液称为 A 液。

② 磷酸二氢钾（KH_2PO_4）：准确称取分析纯磷酸二氢钾 2.2695g，用蒸馏水溶解，移入 250mL 的容量瓶中，加水稀释至刻度，摇匀，该溶液称为 B 液。

2. 标准曲线的制作

分别吸取 0mL、0.25mL、0.50mL、0.75mL、1.0mL、1.25mL 的没食子酸丙酯标准溶液于一系列 25mL 的容量瓶中，加入蒸馏水 4mL，再加入酒石酸亚铁溶液 5mL，用 pH 7.5 的磷酸缓冲液稀释至刻度，摇匀，用分光光度计（可见光）在540 nm 波长处，1cm 比色皿比色，分别测定吸光度。空白参比操作同标准溶液，但不放没食子酸丙酯标准溶液。以容量瓶中没食子酸丙酯的绝对量（mg）为横坐标、吸光度 A 为纵坐标，绘制标准曲线，做线性回归。

也可不用没食子酸丙酯，直接用茶多酚纯品，按上述相同方法制作标准曲线。

3. 样品测定

吸取适量的样品于 25mL 容量瓶中，加入 4mL 蒸馏水，再加入酒石酸亚铁溶液 5mL，用 pH7.5 的磷酸缓冲液稀释至刻度，摇匀，用分光光度计（可见光）在 540nm 波长处，1cm 比色皿比色，测定吸光度 A。根据标准曲线，算出没食子酸丙酯绝对量（mg），并乘以换算系数 1.5，然后求得茶多酚的含量（mg/mL）。

五、作业

（1）简述分光光度法测定茶多酚的原理。

（2）将比色测定的操作过程及结果列成表格，做标准曲线，并做线性回归，得出线性回归方程。

（3）分析实验误差的原因。

方法 2 Folin-酚法测定

一、实验目的

① 掌握分光光度计的使用方法和原理。

② 学会 Folin-酚法测定茶多酚含量的具体操作。

二、实验原理

茶多酚中的—OH 基团被 Folin-酚氧化后生成蓝色化合物，在波长为 765 nm 处有最大吸收峰。以没食子酸为校正标准物，可以测定样品中茶多酚的含量。

三、仪器及试剂

仪器用具：电子天平、可见分光光度计、比色皿、20mL 刻度试管等。

主要试剂：没食子酸（GA，分子量 188.14）、Folin-酚试剂（酸度为 1mol/L，10×工作浓度；直接购买，测定茶多酚专用）、双蒸水、碳酸钠。

材料：茶多酚提取液。

四、实验步骤

1. 试剂配制

（1）10%Folin-酚试剂　取 20mL Folin-酚试剂，用双蒸水定容至 200mL 并摇匀。现配现用。

（2）质量浓度为 0.075kg/L Na_2CO_3　称取 37.50g 碳酸钠，双蒸水溶解后定容至 500mL，摇匀备用。室温存放，一个月内可用。

（3）没食子酸标准液（1000μg/mL）　称取 0.100g 没食子酸标准品，用双蒸水溶解后定容至 100mL 并摇匀。现配现用。

2. 没食子酸标准曲线制作

准确移取 1.0mL、2.0mL、3.0mL、4.0mL、5.0mL 没食子酸标准液（1000μg/mL），用双蒸水定容至 100mL，摇匀，即得到浓度分别为 10μg/mL、20μg/mL、30μg/mL、40μg/mL、50μg/mL 的工作液。取 6 支干净的 20mL 刻度试管并编号，准确移取双蒸水和各浓度没食子酸工作液各 1.0mL 到 20mL 刻度试管中，再加入 5.0mL Folin-酚试剂，迅速摇匀室温反应 5min。然后，加入 4.0mL 0.075kg/L Na_2CO_3 溶液至各管中，加双蒸水定容至刻度后摇匀，室温放置 60min。以 1 号管为对照，用 10mm 比色皿，在 765nm 处测定各管中样品的吸光度。以没食子酸浓度为横坐标、吸光度为纵坐标作图，绘制标准曲线，线性回归得标准曲线方程。

3. 样品测定

取测试的茶多酚提取液 1.0mL 用双蒸水稀释定容至 100mL（具体稀释倍数可依据样品实际浓度进行调整），摇匀后得测试样品。取 10mL 该测试样品加入刻度试管，按照标准曲线测定方法，以空白管为对照，用 10mm 比色皿，在 765nm 处测定样品管吸光度 A，代入标准曲线公式，计算茶多酚提取液中茶多酚的含量。

实验三　甘草皂苷类成分的提取、分离与鉴定

一、实验目的

掌握甘草中甘草酸的提取原理和方法；熟悉皂苷的性质和鉴定方法。

二、实验原理

甘草属于豆科甘草属，以根和根茎入药。甘草在我国集中分布于“三北”地区（东北、华北和西北各地），而以新疆、内蒙古、宁夏和甘肃为中心产区。甘草是常用和重要的中药

之一，有较强的解毒作用，用于清热解毒调和诸药，此外尚有类皮质激素、抗炎、抗胃溃疡、镇咳祛痰、解痉等方面的药理作用。甘草属植物中三萜皂类成分具有量高、生理活性强的特点，甘草的许多药理作用都与这类成分有直接关系。至今在甘草属植物中已鉴定得到61种三萜类化合物，其中苷元45个。这些三萜类化合物其苷元均为3β-羟基齐墩果烷型化合物的衍生物；皂苷一般为3β-羟基上的氧苷，糖原多为D-葡萄糖酸或D-葡萄糖。甘草酸一直被认为是甘草中最重要的三萜类化合物，《中国药典》把甘草酸的量作为评价甘草药材及其制品质量的重要指标，通常要求不低于2%。

甘草酸（或称甘草皂苷）是甘草的根及根茎和光果甘草的根及根茎中的主要成分，也是有效成分，在甘草中的含量为7%～10%，味极甜，故又称甘草甜素。甘草酸由冰醋酸中结晶出来的为白色柱状结晶，易溶于热水、热稀乙醇、丙酮，不溶于乙醇、乙醚等。在加热、加压及稀酸作用下，可水解为甘草次酸及2分子葡萄糖醛酸。甘草酸的提取精制原理是：甘草酸在原料中以钾盐或钙盐形式存在，其盐易溶于水，因此用水温浸，提出甘草酸盐，再加硫酸，而析出游离的甘草酸。甘草酸可溶于丙酮，加氢氧化钾后，生成甘草酸三钾盐结晶，此结晶极易吸潮，不便保存，加冰醋酸后，转变为甘草酸单钾盐，具有完好的晶形，易于保存。

三、仪器及试剂

仪器用具：圆底烧瓶、加热回流装置、水浴锅、抽滤装置、硅胶G板。
试剂：硫酸、氢氧化钾、冰醋酸。
材料：甘草。

四、实验步骤

1. 甘草酸的提取

取甘草粗粉20g，加水150mL，于水浴上温浸30min，脱脂棉过滤，药渣再用100mL水温浸30min，脱脂棉过滤。合并滤液，水浴浓缩至40mL，滤除沉淀物，放冷加入浓H_2SO_4并不断搅拌，至不再析出甘草酸沉淀为止。放置，倾出上清液，下层棕色黏性沉淀用水洗涤4次，室温放置干燥，磨成细粉，为甘草酸粗品。

2. 甘草酸的精制

将粗制甘草酸置圆底烧瓶中，用50mL乙醇回流1h，过滤，残渣再用30mL乙醇回流30min，过滤，合并滤液，浓缩至20mL，放冷，在搅拌下加入20% KOH乙醇溶液至不再析出沉淀，此时溶液pH为8，静置，抽滤，沉淀为甘草酸三钾盐结晶，于干燥器内干燥，称重。再将甘草酸三钾盐置小烧杯中，加15mL冰醋酸，水浴上加热溶解，热过滤，再用少量热冰醋酸淋洗滤纸上吸附的甘草酸，滤液放冷后，有白色的结晶析出，抽滤，用无水乙醇洗涤，得乳白色甘草酸单钾盐。

3. 性质实验及色谱检查

（1）泡沫实验　取甘草酸单钾盐水溶液2mL，置试管中用力振摇，放置10min后观察泡沫。

（2）醋酐-浓硫酸反应（Liebermann-Barchard反应）　取甘草酸单钾盐少量，置白瓷板上，加醋酐2～3滴使其溶解，再加半滴浓硫酸观察颜色变化。

（3）氯仿-浓硫酸反应　取甘草酸单钾盐少量，加 1mL 氯仿，再沿试管壁滴加浓硫酸 1mL，观察两层的颜色变化及荧光。

（4）薄层色谱鉴定

样品：甘草酸单钾盐标准品、甘草酸单钾盐 70%乙醇液。

吸附剂：硅胶 G 板 100℃活化半小时。

展开剂：正丁醇-醋酸-水（6∶1∶3，上层）。

显色剂：磷钼酸。

五、作业

（1）计算甘草粗粉中甘草酸粗品、甘草酸单钾盐的最终得率分别是多少？

（2）概括描述甘草中甘草酸的提取、分离、鉴定过程。

（3）描述甘草酸在薄层色谱上的斑点位置情况。

附：总皂苷的测定（以齐墩果酸计）

1. 溶液配制

香草醛-冰醋酸溶液（测试液）配制：精密称取 25mg 香草醛，加冰醋酸定容至 5mL，即制成 5mg/mL 香草醛-冰醋酸测试液。

样品液配制：将待检测的样品用甲醇溶解，配成约 5mg/mL 的样品液。具体浓度视样品的溶解度而定，但是必须有精确的数据。

齐墩果酸标准品溶液配制：精密称取齐墩果酸 1mg，加甲醇定容至 5mL，配成 0.2mg/mL 齐墩果酸标准品溶液（也可以使用其他的皂苷物质，如人参皂苷 Rg3，但必须是纯的化合物）。

高氯酸：分析纯试剂。

冰醋酸：即纯的无水乙酸（分析纯）。

2. 检测方法与实验流程

检测方法及实验流程见图 11-1。

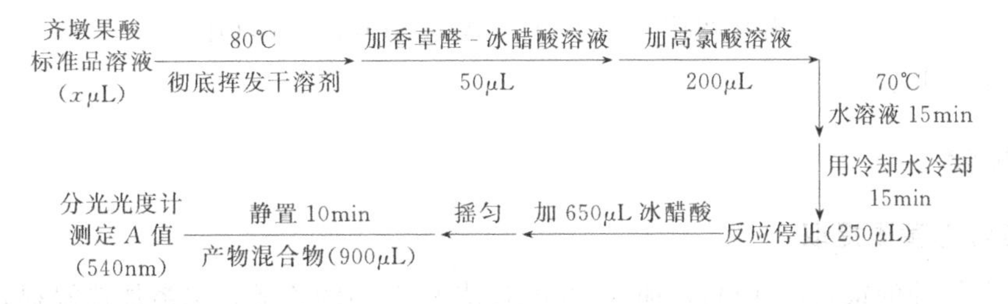

图 11-1　检测方法及实验流程

3. 标准曲线绘制

取上述齐墩果酸溶液 $x\mu$L（x=0μL，40μL，80μL，120μL，160μL，200μL），依图 11-1，在 70℃水浴 15min 后呈桃红色。以第一份溶液（x=0μL）作为空白对照，测 540nm 吸光值 A_{540nm}。以“产物混合物”时的齐墩果酸的质量为横坐标，A_{540nm} 值为纵坐标，绘制标准曲线。以此标准曲线计算，得线性回归方程。

4. 样品液的测定

将上述图 11-1 中的“齐墩果酸标准品溶液”换成样品液，进行实验，并测定其 A_{540nm}

值。将此 A_{540nm} 代入线性回归方程，即可计算出其总皂苷的含量（以齐墩果酸计）。

实验四 银杏叶黄酮类成分的提取、分离与含量测定

一、实验目的

① 掌握黄酮类化合物的提取原理和方法。

② 熟悉黄酮类成分的主要性质。

二、实验原理

银杏树（*Ginkgo biloba* L.）又称白果树、公孙树，是我国古老的树种之一，具有“活化石”的美称。由于其生长规律特殊、抗病能力强而受到国内外的重视。有关银杏叶有效成分及疗效的研究日益受到重视，已开发出保健品、化妆品、药品等达 100 多种，形成国际市场上销售额 20 多亿美元的新兴产业。银杏叶的化学成分有黄酮类、萜类、内酯类、酚酸类以及生物碱、聚异戊二烯等化合物。黄酮类为银杏叶的主要有效成分之一，含量随品种、产地、树龄、不同的采摘时间而不同。黄酮类化合物因优异的抗氧化、抗病毒、防治心血管疾病、增强免疫力等作用而受世人瞩目。药学研究表明，有 40 多种黄酮类化合物从银杏叶中分离出来，其中黄酮类化合物主要有 3 类：黄酮（醇）及其苷 28 种，如槲皮黄酮等；黄烷醇类，如儿茶素等 4 种；双黄酮，如白果双黄酮等 6 种（儿茶素）。本实验根据银杏黄酮类成分易溶于稀乙醇的性质，以 60% 乙醇水溶液加热提取。

三、仪器及试剂

仪器用具：索式提取器、电炉、烧杯（500mL）、容量瓶（500mL、1000mL）、超滤膜、DS-1 型高速组织捣碎机、电热恒温水浴锅、紫外可见分光光度计、高速冷冻离心机、真空浓缩仪。

试剂：乙醇（95%）、大孔树脂、$NaNO_2$、$Al(NO_3)_3$、NaOH。

材料：银杏叶。

四、实验步骤

1. 银杏叶总黄酮提取

称取干燥粉碎的银杏叶 100g，加入 900mL 浓度 70% 的乙醇，水浴加热浸提，水浴温度控制在 70～75℃，间隔搅拌浸提 2h，纱布过滤。滤渣再加入 600mL 70% 浓度的乙醇水浴加热浸提 2h，纱布过滤，合并浸提液，抽滤，残渣弃之。真空减压蒸馏回收乙醇，得浓缩液 200mL。浓缩液加 3 倍量的蒸馏水自然沉降 5h，离心分离（12000r/min，15min），得澄清透明离心液，沉降残渣可下批套用再次沉降。

为使提取物中黄酮含量进一步提高，采用大孔树脂对离心液进行分离精制，按树脂体积的 4 倍量取离心液过柱，待离心液流过后，用蒸馏水过柱洗涤，至流出液清亮为止，再加入 25% 乙醇洗涤，用量与树脂体积等同，流干洗涤液，然后用 80% 乙醇洗脱。收集颜色较深部分，洗脱液减压浓缩，真空低温干燥，得到淡黄色产品。

2. 分光光度法测定黄酮含量

以芦丁为标准样品测定银杏叶提取黄酮含量，步骤如下：将 1g 样品加 10mL 蒸馏水溶解，置于 10mL 容量瓶中，用 30%乙醇补充至 5mL，加入 0.3mL $NaNO_2$（1∶20），摇匀，放置 5min 后加入 0.3mL $Al(NO_3)_3$（1∶10），6min 后再加入 2mL 1moL/L NaOH，混匀，用 30%乙醇稀释至刻度，10min 后于波长 510nm 处进行比色测定，试剂为空白参比。

五、作业

（1）计算银杏叶中黄酮的粗提取和纯化后产品的提取率分别是多少？

（2）本实验中溶剂提取法提取黄酮有什么优点和缺点？

实验五　石斛中生物碱的分离纯化

一、实验目的

了解生物碱化合物的基本性质；掌握总生物碱含量的测定方法。

二、实验原理

石斛属（*Dendrobium* Sw.）是兰科植物中一个较大的属，全世界有 1500 多种，广泛分布于亚洲、欧洲和大洋洲等热带及亚热带地区。我国有 80 多种，主要分布于西南、华东及华南地区。在我国传统医学中，石斛为常用贵重药材，药用历史悠久。该属植物的化学成分主要有生物碱、菲类、联苄类、香豆素、倍半萜、多糖及挥发油等。生物碱（alkaloid）是存在于生物体（主要为植物）中的一类含氮碱性有机化合物，大多数有复杂的环状结构，氮素多包含在环内，有显著的生物活性，是中草药中重要的有效成分之一。生物碱类成分是最早从石斛属植物中分离得到的化合物。目前，从石斛属植物中共分离得到 34 种生物碱，其中倍半萜类生物碱 19 种、四氢吡咯类生物碱 3 种、苯酞-四氢吡咯类生物碱 3 种、菲吲哚联啶生物碱 5 种、咪唑类生物碱 2 种、其他新型 2 种。石斛生物碱的药理作用主要表现在抗肿瘤，对心血管、胃肠道抑制作用及止痛退热等作用。

游离态的生物碱一般不溶于或难溶于水，易溶于乙醇、丙醇、乙醚、氯仿等有机溶剂。生物碱与酸结合成盐溶于水，再遇碱又变成不溶于水的游离态生物碱。生物碱的盐与生物碱相反，大部分易溶于水和乙醇，而难溶于其他有机溶剂。利用此性质可进行生物碱的提取、分离和精制。

三、仪器及试剂

仪器用具：恒温水浴锅、恒温电热鼓风干燥箱、回流装置、烧杯、容量瓶、圆底烧瓶、分液漏斗、强酸性阳离子交换树脂（HD-8）、分光光度计等。

试剂：邻苯二甲酸氢钾、氢氧化钠、溴甲酚绿、无水乙醇、甲醇、氨水。

材料：石斛。

四、实验步骤

1. 材料的预处理

石斛茎干燥后通过粉碎机粉碎过 60 目筛，放置于干燥烧杯中储藏使用。

2. 石斛生物碱提取

精密称取铁皮石斛粉末（过 60 目）2.0g 于磨口三角瓶中，用适量 10% 氨水润湿后，加入 50mL 甲醇并密闭静置 30min，于 85℃下进行 2h、4h 水浴回流提取，趁热过滤，滤液于 65℃下旋转蒸发至干后，用 5mL 甲醇溶解并定容，即为石斛生物碱提取溶液。

3. 石斛生物碱的纯化

（1）样品制备　取 10.0mL 石斛生物碱提取液于分液漏斗中，加入 10.0mL 稀硫酸，振摇 3min，取上清液备用。

（2）上样洗脱　将处理好的上清液 10.0mL 定量上柱，上样速度为 10mL/3h，上柱完毕后，用水洗涤柱子至中性，用 50mL 氨水（1mol/L）定量洗脱，洗脱速度为 50mL/4h，最佳收集段为洗脱液流出 20～30mL。洗脱液经氯仿萃取后，即得纯的石斛生物碱溶液。

4. 石斛生物碱的含量测定

（1）标准曲线绘制　精密吸取石斛碱 1.00mg 置 100mL 容量瓶中加甲醇至刻度。精密量取 1mL、2mL、3mL、4mL、5mL 分别置分液漏斗中，然后用甲醇准确稀释至 10.0mL 加入 pH 4.5 的缓冲溶液 5.0mL 和 0.04% 溴甲酚绿溶液 1.0mL，剧烈振荡 3min，静置 30min，溶液经甲醇浸泡处理并干燥后的药棉过滤，取滤液 6.0mL 加 0.01mol/L 氢氧化钠无水乙醇液 1.0mL 摇匀。以甲醇 10.0mL 同样操作，做空白对照。于波长 620nm 处分别测得吸光度。以石斛碱量为横坐标、吸光度为纵坐标，制作标准曲线。石斛生物碱量在 1～5μg/mL 范围内符合比尔定律。

（2）样品测定　精密吸取样品试剂 10.0mL，加入 pH 4.0～6.0 缓冲液 5.0mL、0.04% 溴甲酚绿 1.0mL，显色测定同标准曲线操作，测吸光度，按标准品对照法计算总生物碱的含量（以石斛碱计算）计算公式如下：

$$总生物碱含量=(A_{样品}/A_{标准品})\times(c_{标准品}/m_{样品量})\times100\%$$

式中，A 表示吸光度；c 表示物质的量浓度；m 表示样品质量。

五、作业

测定石斛前后提取、纯化溶液中的总生物碱含量，计算石斛生物碱纯化效率。

实验六　黄花蒿中青蒿素的提取、分离与鉴定

一、实验目的

学习从青蒿中提取、分离并鉴定青蒿素的方法；了解青蒿素的基本理化性质。

二、实验原理

青蒿素是从黄花蒿中提取分离得到的天然化合物，为具有抗疟疾活性的有过氧桥结构的新型倍半萜内酯，是中国科研工作者在深入研究抗疟疾中草药的基础上从中药青蒿中提取分离得到的抗疟疾单体，尤其对脑型疟疾和抗氯喹疟疾具有速效和低毒的特点。1967 年，中国的一个研究小组从传统治疗方剂中寻找新型抗疟疾药物，并发现中药青蒿乙醚提取物的中性部分对老鼠和猴子具有抗疟疾活性。1972 年，从青蒿中分离到这个活性物质的单体，产

率为0.01%～0.55%。1979年，首次报道了这个单体的结构。

青蒿素分子式$C_{12}H_{22}O_5$，分子量282.33，熔点156～157℃；物理性状为无色针状晶体，味苦；在丙酮、乙酸乙酯、氯仿、苯及冰醋酸中易溶，在乙醇和甲醇、乙醚及石油醚中可溶解，在水中几乎不溶。

青蒿素是低极性的倍半萜过氧化物，因此可以用低沸点的溶剂如二氯甲烷、氯仿、乙醚、丙酮和石油醚（30～60℃）来提取。然后应用色谱和重结晶的方法来分离纯化青蒿素。

三、仪器及试剂

仪器用具：色谱柱、旋转蒸发仪、硅胶薄层板、展开缸、显色试剂喷瓶、电吹风机、锥形瓶（50mL）。

试剂：乙腈、70～230目硅胶、石油醚、氯仿、乙酸乙酯 、二氯甲烷、正己烷、5%香草醛-浓硫酸（硫酸：无水乙醇=4：1）。

材料：干燥的黄花青蒿叶。

四、实验步骤

1. 原材料处理

将干燥的黄花青蒿叶研磨成细粉。

2. 提取

取干燥后的青蒿细粉200g，用沸点30～60℃石油醚提取48h，回收浓缩后得到棕黑色浆状物。再用20mL氯仿溶解后，加入180mL的乙腈。过滤除去不溶部分，滤液减压浓缩得到胶质状残渣。

3. 色谱分离

将获得的残渣用200g 70～230目硅胶进行柱色谱分离，用7.5%乙酸乙酯-氯仿作为洗脱剂。从洗脱剂流下来200mL之后开始收集流分，每瓶流分用薄层色谱板进行检测。每瓶流分体积为40mL。收集流分体积约300mL后，青蒿素被洗脱下来，为白色结晶。

4. 重结晶

用二氯甲烷-正己烷（1：4）重结晶可得到青蒿素纯品。

5. 薄层色谱鉴定

样品：青蒿素的氯仿（或二氯甲烷）溶液。

展开剂：石油醚：乙酸乙酯（8：2）。

显色剂：1%香草醛-浓硫酸。

结果评定：青蒿素开始为黄色斑点，加热后变成紫红色斑点（$R_f=0.66$）

五、作业

（1）计算干燥后的青蒿细粉中获得纯青蒿素的得率是多少？

（2）提取时为何使用乙腈，其在青蒿素提取时具有什么作用？

（3）描述青蒿素的提取分离及薄层色谱鉴定的过程。

实验七 紫草中紫草素的提取、分离与鉴定

一、实验目的

学习紫草中紫草素的不同提取方法；掌握 CO_2 超临界流体萃取的原理及方法；熟悉紫草素等蒽醌类物质的基本性质及含量测定方法。

二、实验原理

紫草始载于《神农本草经》，为《中国药典》收载的常用中药，具有凉血、活血、解毒、透疹之功效。近代药理学研究证明紫草具有抗菌、抗炎、抗肿瘤等作用，临床用于抗肿瘤。紫草油和紫草膏用于烧烫伤的治疗，紫草素还可用于食品添加剂和化妆品。紫草的来源有三种，本试验用的紫草为紫草科植物新疆紫草（Arnebia Root）的干燥根，亦称软紫草。

紫草的主要有效成分有紫草素及其衍生物。紫草素（shikonin）是一种有机物，化学式为 $C_{16}H_{16}O_5$，具有不溶于水，溶于乙醇、有机溶剂和植物油，易溶于碱水，遇酸又沉淀析出的性质。其系由天然植物紫草根中所提取的紫红色萘醌类天然色素，主要成分是紫草醌及其衍生物，包括紫草素、乙酰紫草素、β,β'-二甲基丙烯酰紫草素（β,β'-Dimethylacryl Shikonin）、β-羟基异戊酰紫草素（β-Hydaro-xyisovaleryl shikonin）、异戊酰紫草素（isovaleryl shikonin）、去氧紫草素（deoxy shikonim）等。经试验证明紫草中萘醌类色素成分具有对热不稳定性。紫草素在加热 60℃以上颜色由红色变成紫黑色，随温度升高变化速度加快，薄层色谱法检查斑点消失，提示紫草素被破坏。

目前紫草中紫草素的常用提取方法有：①溶剂萃取法。由于提取物中常含有微量有机溶剂，加之成本较高，多适于少量单体化合物的提取分离。②在多种提取条件下以用 95%乙醇 60℃以下浸提法为最佳。③CO_2 超临界流体萃取。该技术是近年来发展起来的新型提取技术。该方法既克服了溶剂残留的缺点，又避免了热不稳定性问题。因此，CO_2 超临界流体萃取技术被誉为 21 世纪的萃取技术。本实验比较紫草两种不同提取方法。

三、仪器及试剂

仪器用具：20 目筛、回流提取装置、过滤装置、干燥箱、容量瓶（50mL）、CO_2 超临界流体萃取设备、离心机、分光光度计。

试剂：糊精、95%乙醇等。

材料：新疆紫草。

四、实验步骤

1. 紫草的预处理

取紫草去除杂质，粉碎成粗粉，过 20 目筛，备用。

2. 95%乙醇提取

取过筛后的紫草粗粉 1000g，于 95%乙醇 60℃回流提取 3 次。第 1 次用 5 倍量提取 4h，

第2～3次分别用4倍量提取2h，合并三次醇提取液，过滤，滤液减压回收乙醇至稠膏状，加入糊精200g，55℃干燥，称重，用于含量测定。

3. CO_2超临界流体萃取

取紫草粗粉1000g，用CO_2超临界流体萃取。萃取釜压力为25MPa，分离釜压力1.0MPa；温度为35℃，CO_2流量为$40m^3/L$，萃取时间为3h。取萃取物称重，加入糊精200g，搅拌均匀，55℃干燥，称重，用于含量测定。

4. 含量测定

采用紫外分光光度法。精密称取提取物0.1g，95％乙醇溶解，定容在50mL容量瓶中，吸取1mL，移至另外一个50mL容量瓶中，95％乙醇定容。用分光光度计，在520nm处测定吸光度A值，按紫草素的吸光系数（E＝242）计算两种方法所提取紫草素的含量。

五、作业

（1）测定两种方法所提取紫草素的含量，并对比分析两种方法提取得率的差异。

（2）相比于其他提取方法，使用CO_2超临界流体萃取技术提取紫草素等天然生物成分具有什么优缺点，其主要应用前景如何？

实验八 大蒜挥发油类成分的提取、分离与鉴定

一、实验目的

掌握挥发油的水蒸汽蒸馏提取法；熟悉挥发油的双向色谱分离。

二、实验原理

大蒜含有挥发油成分约2％，其中有大蒜辣素、蒜氨酸、大蒜新素、多种烯丙基及丙基和甲基组成的硫醚化合物等。利用大蒜挥发油的挥发性质，可采用水蒸汽蒸馏法提取。

挥发油的各种成分极性各不相同，一般不含氧的烃和萜烯类极性较小，在薄层色谱时可被石油醚较好地展开；而含氧的烃和萜烯类极性较大，不易被石油醚展开，但可被石油醚-乙酸乙酯混合溶剂较好地展开，为使挥发油各组分能在一块薄层板上完全分离展开，本实验采用双向色谱，以获得较好的色谱效果。

双向色谱，第一次展开方向与第二次展开方向互为90°。第一次展开后，挥去溶剂，再将薄层板转换至另一边（刚好与第一次展开边呈90°），用第二种展开剂再展开一次，极性不同的成分在二次展开后能更好地分离，达到在同一块薄层板上实现极性大小不同的成分都得到较好分离的目的。

三、仪器及试剂

仪器用具：蒸馏设备、薄层色谱缸、烧杯、喷壶、下口瓶等。

试剂：乙醇（95％）、石油醚、乙酸乙酯、精制食盐、浓硫酸、香草醛。

材料：大蒜。

四、实验步骤

1. 大蒜挥发油的提取

将250g大蒜碎泥收集投入蒸馏瓶中，加入适量水，安装蒸馏装置，加热，进行水蒸汽蒸馏。收集蒸馏液，至无挥发油芳香味时，停止蒸馏，将收集的蒸馏液集中于下口瓶中，加入精制食盐，使含盐量达2%～3%，使溶液混合均匀，密盖瓶塞静置过夜（12h）。待挥发油全部聚集于液面时，放出水层，收取挥发油，干燥即得（第一天蒸馏，静置过夜；第二天取挥发油，制薄层色谱板）。

2. 薄层色谱分离

取10cm×10cm硅胶-CMC板一块，沿着起始线的右侧1.5cm处点样（上述方法获得的挥发油），先在石油醚中做第一次展开，当展开至终端时取出薄层板，挥尽溶剂，再将薄层板调转90°，置于石油醚：乙酸乙酯（85：15）展开剂中做第二次展开至终端，取出薄层板，挥去溶剂，用香草醛-浓硫酸显色剂显色，仔细观察各个斑点的位置，计算R_f值[R_f=(斑点中心与原始样点之间的距离)/(溶剂前沿与原始样点之间的距离)]，推测各组成成分（查各组分的R_f值，推测成分）。

五、作业

（1）计算250g大蒜碎泥中获得的挥发油的含量。

（2）描述大蒜挥发油薄层色谱分离各个斑点位置代表的组成成分。

（3）讨论除了水蒸汽蒸馏法，还有哪些方法可以用于挥发油的提取，各有什么优缺点？

（4）水蒸汽蒸馏提取天然生物活性物质对所提取物质有什么要求？双向色谱为什么展层时要用两种溶剂系统？

实训　大孔吸附树脂精制茶多酚

【任务描述】

大孔吸附树脂是一种非离子型共聚物，在合成过程中没有引入离子交换功能基团，只有多孔的骨架，简称大孔吸附树脂，又称大网格吸附树脂或吸附树脂。大孔吸附树脂能够借助范德瓦耳斯力从溶液中吸附各种有机物质。吸附树脂的吸附能力与树脂的化学结构和物理性质及溶液的性质有关。由于树脂的化学结构不同，可分为非极性、中等极性和极性三大类。根据类似物容易吸附类似物的原则，一般非极性吸附剂适宜从极性溶剂（如水）中吸附非极性物质。相反，极性吸附剂适宜从非极性溶剂中吸附极性物质。而中等极性的吸附剂则对上述两种情况都有吸附能力。

非极性吸附剂从极性溶液中吸附时，溶质分子的憎水性部分先被吸附，亲水性部分在水相中定向排列。相反，中等极性吸附剂从非极性溶剂中吸附时，溶质分子以亲水性部分吸附在吸附剂上，而当它从极性溶剂中吸附时，则可同时吸附溶质分子的极性和非极性部分。

本实验通过选用适合的大孔吸附树脂对茶多酚提取液进行吸附除杂、洗脱富集多个工艺步骤，获得精制的茶多酚成品。要求了解大孔吸附树脂吸附分离物质的原理等知识，掌握大孔吸附树脂的预处理和再生及填装色谱柱的方法，掌握大孔吸附树脂吸附纯化茶多酚的具体工艺包括上样、吸附、除杂、洗脱收集及浓缩干燥等过程。先导实验技术为溶剂萃取法和分光光度法检测技术。

【任务实施】

一、实验材料的准备

1. 茶叶

取市售干燥散茶适量，粉碎机粉碎成粉末，80 目筛过筛待用。

2. 试剂

大孔吸附树脂 D-101、乙醇、丙酮、去离子水、酒石酸亚铁溶液、pH 7.5 磷酸盐缓冲液。

3. 仪器

超声波清洗机、粉碎机、电子天平、色谱柱（1cm×20cm）、储液瓶、恒流泵、旋转蒸发仪、循环水真空泵、干燥箱（或真空干燥箱）、真空冷冻干燥箱、抽滤瓶、分光光度计、表面皿、布氏漏斗、锥形瓶、量筒、烧杯、置物篮、刻度试管等。

二、操作过程

1. 茶多酚的提取

选用优化的提取工艺从茶叶中提取茶多酚。取 10g 粉碎后的茶叶，置于 250mL 具塞三角烧瓶中，按优化的提取工艺，加入适量适当的提取溶剂提取茶多酚。提取液用布氏漏斗抽滤得滤液，收集滤液于旋转蒸发仪减压浓缩，去除有机溶剂，得浓缩水相。然后用水稀释至一定浓度，过滤得滤液备用。

2. 树脂的预处理和再生

新树脂孔内含有合成树脂时残留的致孔剂等杂质，故应预处理除去。首先在烧杯中用 95%乙醇（或丙酮）浸泡树脂，倾去上浮的杂质，然后湿法装柱；在柱内加入约柱体积 1/4 的乙醇，将树脂小心沿管壁倒入柱中，注意不能产生气泡。旋紧顶盖，通入乙醇，控制流速，每分钟为树脂床层体积的 1/25，洗至流出液与纯净水混合澄清为止。再用纯净水洗至流出液无醇味时即可，最后用水浸泡备用（此步骤可以整大组统一用大柱一起准备）。

用过的树脂应再生后继续使用，方法为用 95%乙醇洗树脂柱，直至流出液变为无色，再用水洗至无醇味后即可再度利用。树脂反复使用后，颜色变深，吸附效果下降，用 1mol/L NaOH 浸泡 12h 后，用水洗至中性即可（或者直接用碱性乙醇洗涤）。

3. 吸附

用量筒量取 15mL 树脂湿法装柱（玻璃色谱柱），通入水平衡柱，结束后，将柱内液面控制至树脂面上。量取一定量茶多酚提取液的滤液，大部分置于储液瓶（与色谱柱配套）中，其他少量滤液加到树脂柱顶端。吸附过程中应保持一小段液柱，防止流干。通过色谱柱下端活塞控制流速，保持每分钟流速在树脂床层体积的 1/30～1/25，流出液用量筒收集并不断取样分析，直至流出液中茶多酚含量与进料液基本相等，说明树脂已达到饱和，即可停止吸附。通完料液后，再通入约 2 倍床层体积的去离子水洗涤树脂，流速相同，流出液收集在同一只量筒中。最后，量流出液的总体积，混合均匀，分析茶多酚含量。同时，确定通入柱的料液体积。按下式求树脂的吸附容量：

$$吸附容量(g/mL,树脂)=\frac{C_1 \times V_1 - C_2 \times V_2}{V}$$

式中，V_1 和 C_1 分别为通入柱的滤液体积（mL）和茶多酚含量（g/mL）；V_2 和 C_2 分别为流出合并液的体积（mL）和茶多酚含量（g/mL）；V 为柱中树脂的体积（mL）。

4. 洗脱

先通入 5%乙醇洗涤树脂，除去杂质（如咖啡因等），用量为树脂床层体积的 2～3 倍，流速同上。流出液弃去。然后用 70%乙醇洗脱茶多酚，流速控制在每分钟为树脂床层体积的 1/50，用量约为树脂床层体积的 5 倍（根据实际洗脱情况可能不需要），收集此部分洗脱液。量取体积并取样分析茶多酚含量。根据吸附容量计算洗脱收率：

$$洗脱收率=\frac{C_3 \times V_3}{吸附容量 \times V}$$

式中，V_3 和 C_3 分别为洗脱液的体积（mL）和茶多酚含量（g/mL）。

5. 浓缩

将乙醇洗脱液放置于旋转蒸发仪中，真空度 0.095MPa，水浴温度 65℃，乙醇蒸完为止。

6. 干燥

将浓缩液倒入预先已称量过的表面皿中，45℃干燥箱烘干（或置于真空干燥箱烘干，或使用真空冷冻干燥仪干燥），得茶多酚干品。称茶多酚干品质量。

7. 分析干品中茶多酚的含量

在小烧杯中精确称取 25mg 左右的干成品（精确至 0.0001g），加入蒸馏水溶解，并移入至 25mL 容量瓶中定容，摇匀，配制成一定浓度的样品液。然后，按酒石酸亚铁分光光度法测定茶多酚浓度，推算干品中茶多酚的含量（mg/mg）。

三、思考题

（1）采用大孔吸附树脂除杂纯化时，工艺优化需要考虑哪些参数？如何确定参数？

（2）如果实际使用大孔吸附树脂精制茶多酚，上样是否一定要等到树脂吸附饱和后才结束，为什么？

第十二章

抗生素和维生素的分离纯化

【知识目标】

① 熟悉抗生素和维生素类药物的分类及特点；

② 掌握抗生素和维生素类药物的提取方法。

【技能目标】

① 能熟练运用适当的提取方法对抗生素和维生素类药物进行提取，并能对分离提取方法进行评价；

② 熟知维生素类药物提取的一般工艺流程，在操作过程中能有效控制药物的提取质量及收率。

【必备知识】

抗生素与维生素类药物都属于微生物药物。微生物药物是指由微生物在其生命活动过程中产生的生理活性物质及其衍生物，除上述两种以外，还包括氨基酸、核苷酸、酶、激素、免疫抑制剂等，是人类控制感染等疾病、保障身体健康以及用来防治动植物病害的重要生化药物。

第一节　抗生素类药物的提取分离

抗生素是青霉素、链霉素、红霉素等一类化学物质的总称。它是生物（包括微生物、植物和动物）在其生命活动过程中所产生，并能在低微浓度下有选择性地抑制或杀灭其他微生物或肿瘤细胞的有机物质。

抗生素的生产目前主要用微生物发酵法进行生物合成。很少数抗生素如氯霉素、磷霉素等亦可用化学合成法生产。此外还可将生物合成法制得的抗生素用化学或生化方法进行分子结构改造而制得各种衍生物，称半合成抗生素（如氨苄青霉素就是半合成青霉素的一种）。随着对抗生素合成机制和微生物遗传学理论的深入研究，明确了大部分抗生素属于微生物的次级代谢产物。

一、抗生素药物的分类

目前从自然界中获得了4000多种抗生素，其中微生物来源的就有3000种以上，为了便于研究，需要将抗生素进行分类。不同领域的科学家按不同的需要进行分类，提出了多种分类方法。各种分类方法虽有其一定的优点和适用范围，但某些分类方法的缺点也是很明显的。

(1) 按抗生素的生物来源分类 微生物是产生抗生素的主要来源，其中以放线菌产生得最多，真菌次之，细菌又次之。除此之外，还有来源于植物、动物和海洋生物的抗生素。

① 放线菌产生的抗生素。放线菌中以链霉菌属（或称链丝菌属）产生的抗生素最多，诺卡菌属较少。近年来在小单胞菌属中寻找抗生素的工作也受到了重视。放线菌产生的抗生素主要有氨基糖苷类（链霉素、新霉素、卡那霉素等）、四环素类（四环素、金霉素、土霉素等）、放线菌素类（放线菌素D等）、大环内酯类（红霉素、阿奇霉素、竹桃霉素等）和多烯大环内酯类（制霉菌素、曲古霉素等）等。放线菌产生的抗生素有酸性的、碱性的、中性的和两性的，以碱性化合物为多。

② 真菌产生的抗生素。真菌的四个亚门中，藻菌亚门及子囊菌亚门产生的抗生素较少，担子菌亚门稍多，而不完全亚门的曲霉菌属、青霉菌属、镰刀菌属和头孢菌属则产生一些较重要的抗生素。真菌产生的抗生素是脂环芳香类或简单的氧杂环类，多数为酸性化合物。

③ 细菌产生的抗生素。细菌产生抗生素的主要来源是多黏杆菌、枯草杆菌（芽孢杆菌）、短芽孢杆菌等。这一类抗生素如多黏菌素、枯草菌素、短杆菌素等，是由肽键将多种不同氨基酸结合而成，是环状或链环状多肽类物质，具有复杂的化学结构，含有自由氨基，其化学性质一般为碱性。这类抗生素多数对肾脏有毒害作用。

④ 其他生物（动物、植物、海洋生物等）产生的抗生素。地衣和藻类植物产生的地衣酸和绿藻素；从被子植物（如蒜和番茄等植物）的组织或果实中制得的蒜素和番茄素；裸子植物（如银杏、红杉等）也能产生抗生素物质；中药中有不少能抑制细菌，已提纯的物质有常山碱、小檗碱、白果酸及白果醇等。植物产生的抗生素主要是杂环及脂环类物质。动物的多种组织和分泌物能产生溶菌酶或一些抗生素，如从动物的心、肺、脾、肾、眼泪、涎水中可提出色素，有抗菌及抗病毒等作用。

按照生物来源进行抗生素的分类，对寻找新抗生素有一定帮助。应注意的是某些抗生素能由多种生物产生，不但同一属的生物能产生同一抗生素，不同属甚至不同门的生物也能产生同一抗生素。例如，能产生青霉素的菌种很多，其中不少是属于青霉菌属的，也有属于曲霉菌属或头孢菌属的。此外，一种菌株可以产生许多不同的抗生素，如灰色链霉菌能产生链霉素，也能产生放线菌酮。

(2) 按医疗作用对象分类 按照抗生素的临床作用对象分类便于医师应用时参考。某些抗生素的抗菌谱较广，例如四环素和氯霉素等能抑制几类微生物，链霉素和新霉素等能抑制几种细菌；而有些抗生素的抗菌谱较窄，如青霉素只对革兰氏阳性菌有效。所以，了解不同抗生素的抗菌谱，便于合理用药，提高疗效。

① 抗感染抗生素。此类抗生素又可按其作用的对象分为抗细菌抗生素、抗真菌抗生素、抗寄生虫抗生素、广谱抗生素、抗革兰氏阳性菌抗生素、抗革兰氏阴性菌抗生素。

② 抗肿瘤抗生素，如丝裂霉素、博来霉素等。

③ 降血脂抗生素，如新霉素、洛伐他汀等。

（3）按作用性质分类　按照抗生素作用性质分类，有助于掌握临床用药配伍禁忌，便于临床合理安全用药。按照抗生素应用范围分类，有利于对不同应用范围的抗生素进行质量监控。

① 繁殖期杀菌作用的抗生素，如青霉素、头孢菌素等。

② 静止期杀菌作用的抗生素，如链霉素、多黏菌素等。

③ 速效抑菌作用的抗生素，如四环素、红霉素等。

④ 慢效抑菌作用的抗生素，如环丝氨酸等。

（4）按应用范围分类

① 医用抗生素，如头孢菌素及其衍生物、红霉素及其衍生物等。

② 农用抗生素，如春雷霉素、庆丰霉素、放线菌酮等。

③ 畜用抗生素，如四环素、土霉素等。

④ 食品贮藏用抗生素。

⑤ 工农业产品防霉防腐用抗生素。

⑥ 实验试剂专用抗生素。

（5）按作用机制分类　经过化学家和药理学家多年的共同努力已经证明的抗生素的作用机制有以下五类：

① 抑制或干扰细胞壁合成的抗生素，如青霉素类和头孢菌素类。

② 抑制或干扰蛋白质合成的抗生素，如链霉素、红霉素等。

③ 抑制或干扰 DNA、RNA 合成的抗生素，如丝裂霉素、博来霉素、阿霉素等。

④ 抑制或干扰细胞膜功能的抗生素，如多黏菌素、两性霉素 B、制霉菌素等。

⑤ 作用于能量代谢系统的抗生素，如 5-氟尿嘧啶、5-氟脱氧尿苷等。

按作用机制分类，对理论研究具有重要的意义。但此种分类的缺点是作用机制已经清楚的抗生素还不多。一种抗生素可以有多种作用机制，而不同种类的抗生素也可以有相同的作用机制。如氨基糖苷类抗生素和大环内酯类抗生素都能抑制蛋白质合成等。

（6）按抗生素获得途径分类

① 天然抗生素（发酵工程抗生素），如四环素类抗生素、大环内酯类抗生素等。

② 半合成抗生素，如氨苄西林、头孢菌素等。

③ 生物转化与酶工程抗生素。

④ 基因工程抗生素。

此分类方法有利于对制备工艺进行研究。

（7）按抗生素的生物合成途径分类　抗生素是微生物的次级代谢产物，而次级代谢过程较初级代谢复杂，因此抗生素的生物合成途径也是各种各样的。按生物合成途径分类，便于将生物合成途径相似的抗生素互相比较，以寻找它们在合成代谢方面的相似之处，引出若干抗生素生源学（即抗生素在生产菌体内的功能）的推论。这种分类方式与其他分类方式是有联系的。相同类型的微生物，通常能够产生由相同代谢途径形成的化学结构相似的抗生素。因此，研究抗生素的结构、代谢途径和生产菌之间的关系，可为找新菌种提供方向。

据生物合成途径，可将临床上使用的那些抗生素分为下列几个类别。

① 氨基酸、肽类衍生物

a. 简单的氨基酸衍生物：如环丝氨酸、偶氮丝氨酸。

b. 寡肽抗生素：如青霉素、头孢菌素等。

c. 多肽类抗生素：如多黏菌素、杆菌肽等。

d. 多肽大环内酯抗生素：如放线菌素等。

e. 多嘌呤和嘧啶碱基的抗生素：如曲古霉素、嘌呤霉素等。

② 糖类衍生物

a. 糖苷类抗生素：如链霉素、新霉素、卡那霉素和巴龙霉素等。

b. 与大环内酯连接的糖苷抗生素：如红霉素、卡波霉素等。

③ 以乙酸、丙酸为单位的衍生物

a. 乙酸衍生物：如四环素类抗生素、灰黄霉素等。

b. 丙酸衍生物：如红霉素等。

c. 多烯和多炔类抗生素：如制霉菌素、曲古霉素等。

这种分类方法的缺点是很多抗生素的生物合成途径还没有研究清楚。有时不同的抗生素可以有相同的合成途径。

(8) 按化学结构分类 根据化学结构，能将一种抗生素和另一种抗生素清楚地区别开来。化学结构决定抗生素的理化性质、作用机制和疗效，例如对于水溶性碱性氨基糖苷类或多肽类抗生素，含氨基越多，碱性越强，抗菌谱逐渐移向革兰氏阴性菌；大环内酯类抗生素对革兰氏阳性、革兰氏阴性球菌和分枝杆菌有活性，并有中等毒性和副作用；多烯大环内酯类抗生素对真菌有广谱活性，而对细菌一般无活性；四环素类抗生素对细菌有广谱活性。结构上微小的改变常会引起抗菌能力的显著变化。

由于抗生素的化学结构很复杂，几乎涉及整个有机化学领域，因此合理的分类方法，不仅应考虑化学构造，还应着重考虑活性部分的化学构造。以下的分类方法比较详尽、合理，为大家所接受。

① β-内酰胺类抗生素，这类抗生素分子的结构特点是都有一个β-内酰胺的四元环，它们的共同功能是抑制细菌细胞壁主要成分肽聚糖的合成，β-内酰胺类抗生素又可根据其化学特性分成几个子类，如青霉素类、头孢菌素类、碳青霉烯类及单环β-内酰胺类。

② 氨基糖苷类抗生素，目前属于该类且在临床实际应用的共有50多种抗生素，其中包括链霉素、双氢链霉素、新霉素、卡那霉素、庆大霉素、春雷霉素和有效霉素（井冈霉素）等。它们的结构特点是都含有一个六元脂环，环上有羟基及氨基取代物，分子中既含有氨基糖苷，也含有氨基环醇结构，故称为氨基糖苷或氨基环醇类抗生素。这类抗生素都具有抑制核糖体的功能。

③ 大环内酯类抗生素，这类抗生素的结构特点是含有一个大环内酯的配糖体，以苷键和1～3个分子的糖相连。其功能是通过与细菌核糖体的结合抑制蛋白质的合成。其中在医疗上比较重要的有红霉素、竹桃霉素、麦迪霉素、制霉菌素等。另外蒽沙大环内酯抗生素虽然并不含有大环内酯，但由于它们含有脂肪链桥，其立体化学结构和大环内酯很相似，故也并入此类，也称为环桥类抗生素。此外，还有一类分子结构中也有一个大的内酯环且环上有一系列的共轭双键，这类抗生素的作用是干扰真核细胞膜中甾醇的合成，如两性霉素B。

④ 四环素类抗生素，这类抗生素是以氢化并四苯为母核，包括金霉素、土霉素和四环素等。由于含四个稠合的环，也称为稠环类抗生素。其共同的功能是在核糖体水平抑制蛋白质合成。

蒽环类抗生素的结构与此类似，也可归入四环素类，典型的有阿霉素、柔红霉素等。但是它们的作用机制是在DNA水平干扰拓扑异构酶功能，因此常用于抗肿瘤的治疗。

⑤ 多肽类抗生素，这类抗生素多由细菌，特别是产生于孢子的杆菌产生。它们含有多种氨基酸，经肽键缩合成线状、环状或带侧链的环状多肽类化合物。其中较重要的有多黏菌素、放线菌素和杆菌肽等。

⑥ 多烯类抗生素，化学结构特征不仅有大环内酯，而且内酯中有共轭双键，属于这类抗生素的有制霉菌素、两性霉素 B、曲古霉素、球红霉素等。

⑦ 苯羟基胺类抗生素，属于这类抗生素的有氯霉素、甲砜霉素等。

⑧ 其他抗生素，凡不属于上述七类者均归其他类，如磷霉素、创新霉素等。

二、抗生素的应用

（1）在医疗上的应用

① 控制细菌感染性疾病，抗生素的应用使细菌感染基本得到控制，死亡率大幅度下降，人类寿命明显延长。

② 抑制肿瘤生长，抗肿瘤抗生素如阿霉素、博来霉素、丝裂霉素等，在肿瘤化疗中占有重要地位。

③ 调节人体生理功能，除杀菌、抗肿瘤作用以外，某些抗生素的其他生理活性功能正在临床医疗中日益发挥作用，如 HMG-CoA 还原酶抑制剂洛伐他汀等他汀类药物的应用，可有效地降低心血管患者的血脂。

④ 在器官移植中的作用，免疫抑制剂环孢素的使用，使异体器官移植得以顺利进行。

⑤ 目前，感染性疾病仍然是发病率较高并且是造成死亡的重要疾病之一。虽然目前临床上绝大多数感染性疾病可被控制，但深部真菌感染的治疗仍缺乏毒副反应低的有效杀菌药物，更需要确切有效的防治病毒感染的抗生素。在各种抗病毒抗生素的化学结构中，以核苷类、醌类及大环内酯类较多，其他糖苷类及芳香族衍生物类也不少，说明微生物是筛选抗菌物质的主要来源。

（2）在农业上的应用

① 用于植物保护。抗生素越来越广泛地应用于植物保护，防治粮食、蔬菜、水果的病害，处理种子，促进生产，并可减少因使用化学农药造成的环境污染。我国在研究抗生素防治作物病害方面取得了一定的成绩，如：用链霉素防治柑橘溃疡病；链霉素与代森锌（一种化学农药）合用防治白菜软腐病、霜霉病和孤丁病；链霉素和硫酸铜混合使用防治黄瓜霜霉病，同时对白菜和黄瓜有刺激生长的作用，产量显著提高。抗生素比有机合成农药喷洒浓度低且疗效高，并易被土壤微生物分解，不导致污染环境，对食品的危害性小，不会在人体内积累，所以很有发展前景。

② 促进或抑制植物生长，有些抗生素可用作植物生长激素，如赤霉素等；有些具有选择性除草作用，如茴香霉素、丰加霉素等。

我国已能生产的农用抗生素有有效霉素（井冈霉素）、春雷霉素、杀稻瘟菌素 S、多氧霉素、杀粉蝶素、沙利霉素、庆丰霉素和赤霉素等。世界各国都十分重视研究开发高效低毒的农用抗生素与植物生长激素。

（3）在畜牧业上的应用　用于畜禽感染性疾病控制，绝大部分医用抗生素也能有效地用于治疗畜禽的感染性疾病，如青霉素、链霉素、金霉素、土霉素、四环素、杆菌肽、多黏菌素、卡波霉素与红霉素等用于治疗细菌、立克次体性疾病。

（4）在食品保藏中的应用　用于肉、鱼、蔬菜、水果等食品的保鲜；用于罐装食品的防腐。为避免耐药菌产生，现已趋向于少用或不用医用抗生素作为食品的保鲜剂和防腐剂。

在食品保藏中，用作保鲜剂与防腐剂的条件为：①非医用抗生素；②易溶于水，对人体无毒；③不损害食品外观与质量。

（5）在工业上的应用

① 工业制品的防霉，防止纺织品、塑料、精密仪器、化妆品、图书、艺术品等发霉变质。

② 提高特定发酵产品的产量，如向谷氨酸发酵液中，加入适量青霉素，可提高细菌细胞膜的渗透性，有利于胞内谷氨酸的渗出，提高谷氨酸发酵的产酸水平。

（6）在科学研究中的应用

① 用作生物化学与分子生物学研究的重要工具，如用于干扰或切断蛋白质、RNA、DNA 等在特定阶段的合成；抑制特定的酶系反应等。

② 用于建立药物筛选与评价模型，如利用链脲霉素建立糖尿病动物试验模型等。

③ 其他试验应用，用于防止细胞培养、组织培养的污染；用于动物精液、组织液等的保存等。

总之，微生物药物不仅是人类战胜疾病的有力武器，而且在国民经济的许多领域中都有重要用途，随着微生物药物科学不断发展，它将发挥越来越大的作用。

三、抗生素生产的工艺过程

现代抗生素工业生产过程如下：

菌种 → 孢子制备 → 种子制备 → 发酵 → 发酵液预处理 → 提取精制 → 成品包装

（1）菌种　来源于自然界土壤等，获得能产生抗生素的微生物，经过分离、选育、纯化和鉴定后即称为菌种。菌种可用冷冻干燥法制备后，以超低温，即在液氮冰箱（−196～−190℃）保存。所谓冷冻干燥是用脱脂牛奶或葡萄糖液等和孢子混在一起，经真空冷冻干燥后，在真空下保存。如条件不足时，则沿用砂土管在0℃冰箱内保存的老方法，但如需长期保存时不宜用此方法。一般生产用菌种经多次移植往往会发生变异而退化，故必须经常进行菌种选育和纯化以提高其生产能力。

工业上常用的菌种都是经过人工选育、具备工业生产要求、性能优良的菌种。一个优良的菌种应具备以下条件：

① 生长繁殖快，发酵单位高；

② 遗传性能稳定，在一定条件下能保持持久的、高产量的抗生素生产能力；

③ 培养条件粗放，发酵过程易于控制；

④ 合成的代谢副产物少，生产抗生素的质量好。

（2）孢子制备　生产用的菌种需经纯化和生产能力的检验，若符合规定，才能用来制备孢子。制备孢子时，将保藏的处于休眠状态的孢子，通过严格的无菌操作，将其接种到经灭菌过的固体斜面培养基上，在一定温度下培养 5～7d 或 7d 以上。这样培养出来的孢子数量还是有限的，为获得更多数量的孢子以供生产需要，可进一步在固体培养基（如小米、大米、玉米粉或麸皮）上扩大培养。

（3）种子制备　其目的是使孢子发芽、繁殖以获得足够数量的菌丝，并接种到发酵罐中。种子制备可用摇瓶培养后再接入种子罐进行逐级扩大培养，或直接将孢子接入种子罐后逐级放大培养。种子扩大培养级数的多少，取决于菌种的性质、生产规模的大小和生产工艺的特点。种子扩大培养级数通常为二级。摇瓶培养是在锥形瓶内装入一定数量的液体培养基，灭菌后以无菌操作接入孢子，放在摇床上恒温培养。在种子罐中培养时，接种前有关设备和培养基都必须经过灭菌，接种材料为孢子悬浮液或来自摇瓶的菌丝。以微孔差压法或打开接种口在火焰保护下接种。接种量视需要而定，如用菌丝，接种盘一般相当于0.1%～0.2%（接种量的百分数，即对种子罐内的培养基而言）。从一级种子罐接入二级种子罐接种量一般为5%～20%，培养温度一般在25～30℃，如菌种是细菌，则在32～37℃培养。在罐内培养过程中，需要搅拌和通入无菌空气，控制罐温、罐压，并定时取样做无菌试验，观察菌丝形态，测定种子液中发酵单位和进行生化分析等，并观察有无染菌，待种子质量合格后方可移种到发酵罐中。

（4）培养基的配制　在抗生素发酵生产中，由于各菌种的生理生化特性不同，采用的工艺不同，所需的培养基组成也不同，即使同一菌种，在种子培养阶段和不同发酵时期，其营养要求也不完全一样。因此需根据其不同要求来选用培养基的成分与配比，其主要成分包括碳源、氮源、无机盐类和微量元素、前体等。

① 碳源。主要用以供给菌种生命活动所需的能量并构成菌体细胞及代谢产物。有的碳源还参与抗生素的生物合成，是培养基中主要组成之一。常用碳源包括淀粉、葡萄糖和油脂类。对有的品种，为节约成本也可用玉米粉作碳源以代替淀粉。使用葡萄糖时，在必要时采用流加工艺，以有利于提高产量。油脂类往往还兼用作消泡剂，个别的抗生素发酵中也有用麦芽糖、乳精或有机酸等作碳源的。

② 氮源。主要用以构成菌体细胞物质（包括氨基酸、蛋白质、核酸）和含氮代谢物，亦包括用以生物合成含氮抗生素。氮源可分成两类：有机氮源和无机氮源。有机氮源中包括黄豆饼（粉）、花生饼（粉）、棉籽饼（粉）、米浆、蛋白胨、尿素、酵母粉、鱼粉、蚕蛹粉和菌丝体等。无机氮源中包括氨水（氨水既作为氮源，也可用于调节pH）、硫酸铵、硝酸盐和磷酸氢二铵等。在含有机氮源的培养基中菌丝生长速度较快，菌丝量也较多。

③ 无机盐和微量元素。抗生素生产菌和其他微生物一样，在生长、繁殖和产生生物产品的过程中，需要某些无机盐类和微量元素。如硫、磷、镁、铁、钾、钠、锌、铜、钴、锰等，其浓度对菌种的生理活性有一定影响。因此，应选择合适的配比和浓度。此外，在发酵过程中可加入碳酸钙作为缓冲剂以调节pH。

④ 前体。在抗生素生物合成中，菌体利用一些小分子物质构成抗生素分子中的一部分而其本身又没有显著改变的物质，称为前体。前体除直接参与抗生素生物合成外，在一定条件下还控制菌体合成抗生素的方向并增加抗生素的产量。如苯乙酸或苯乙酰胺可用作青霉素发酵的前体，丙醇或丙酸可作为红霉素发酵的前体。前体的加入量应当适度，如过量则往往有毒性，会增加生产成本；如不足，则发酵单位降低。

此外，有时还需要加入某种促进剂或抑制剂，如在四环素发酵中加入促进剂M和抑制剂溴化钠，以抑制金霉素的生物合成并增加四环素的产量。

培养基的质量应严格控制，以保证发酵水平。可以通过化学分析，并在必要时做摇瓶试验以控制其质量。应注意培养基的储存条件对培养基质量的影响。此外，如果在培养基灭菌过程中温度过高、受热时间过长，也能引起培养基成分的降解或变质。培养基在配制时调节其pH也要严格按规程执行。

（5）发酵　发酵的目的是使微生物合成大量抗生素。在发酵开始前，有关设备和培养基也必须先经过灭菌后再接入种子。接种量一般为10%或10%以上，发酵周期视抗生素品种和发酵工艺而定。在整个发酵过程中，需不断通无菌空气和搅拌以维持一定罐压或溶解氧，在罐的夹层或蛇管中需通冷却水以维持一定罐温。此外，还要加入消泡剂以控制泡沫，必要时还应加入酸、碱以调节发酵液的pH。对有的品种在发酵过程中还需加入葡萄糖、铵盐或前体，以促进抗生素的产生，对其中一些主要发酵参数可以用计算机进行反馈控制。在发酵期间每隔一定时间应取样进行生化分析、镜检和无菌试验，分析或控制的参数有菌丝形态和浓度、残糖量、氨基氮、抗生素含量、溶解氧、pH、通气量、搅拌转速和液面控制等。其中有些项目可以在线控制（在线控制指不需取样而直接在罐内测定，然后予以控制）。

(6) 发酵液的过滤和预处理　发酵液的过滤和预处理目的不仅在于分离菌丝，还需将杂质除去。尽管多数抗生素品种当发酵结束时存在于发酵液中，但也有个别品种当发酵结束时抗生素大量残存在菌丝之中，在此情况下，发酵液的预处理应当包括使抗生素从菌丝中析出，使其转入发酵液。

(7) 抗生素的提取　提取的目的是从发酵液中制取高纯度的符合《中国药典》规定的抗生素成品。在发酵滤液中抗生素浓度很低，杂质的浓度相对较高，杂质中有无机盐、残糖、脂肪、各种蛋白质及其降解物、色素、热原及有毒性物质等。此外，还可能有一些杂质，其性质和抗生素很相似，这就增加了提取和精制的难度。

由于多数抗生素不是很稳定，且发酵液易被污染，故整个提取过程要求：时间短、温度低、pH选择在抗生素较稳定的范围内、清洗和消毒环境（包括厂房、设备、管路并注意死角）。

常用的抗生素提取方法包括溶媒萃取法、离子交换法和沉淀法等。

① 溶媒萃取法。利用抗生素在不同pH条件下以不同的化学状态（游离酸、游离碱或盐）存在时，在水及与水互不相溶的溶媒中溶解度不同的特性，使抗生素从一种液相（如发酵滤液）转移到另一种液相（如有机溶媒）中去，以达到浓缩和提纯的目的。利用此原理就可借助于调节pH的方法使抗生素从一个液相中转移到另一液相中去。所选用的溶媒与水应是互不相溶或仅小部分互溶，同时所选溶媒在一定的pH下对于抗生素应有较大的溶解度和选择性，这样用较少量的溶媒就能提取完全，并在一定程度上分离掉杂质。目前一些重要的抗生素，如青霉素、红霉素和林可霉素等均采用此法进行提取。

② 离子交换法。利用某些抗生素能解离为阳离子或阴离子的特性，使其与离子交换树脂进行交换，将抗生素吸附在树脂上，然后再以适当的条件将抗生素从树脂上洗脱下来，以达到浓缩和提纯的目的。应选用对抗生素有特殊选择性的树脂，使抗生素的纯度通过离子交换有较大的提高。由于此法成本低、设备简单、操作方便，已成为提取抗生素的重要方法之一，如链霉素、庆大霉素、卡那霉素、多黏菌素等均可采用离子交换法。此法也有缺点，如生产周期长、对某些产品质量不够理想。此外，在生产过程中pH变化较大，故不适用于在pH大幅度变化时，稳定性较差的抗生素的提取。

③ 沉淀法。由于近年来许多抗生素发酵单位大幅度提高，提取方法亦相应适当简化，如直接沉淀法就是提取抗生素的方法中最简单的一种，如四环素类抗生素的提取即可用此法。发酵液在用草酸酸化后，加亚铁氰化钾、硫酸锌，过滤后得滤液，然后以脱色树脂脱色后，直接将其pH调至等电点后使其游离碱析出，必要时将此碱转化成盐酸盐。

(8) 抗生素的精制　这是抗生素生产的最后工序，对产品进行精制、烘干和包装的阶段要符合《药品生产质量管理规范》（即 GMP）的规定。如其中规定产品质量检验应合格，技术文件应齐全，生产和检验人员应具有一定素质，设备材质不能与药品起反应并易清洗，空调应按规定的级别要求，各项原始记录、批报和留样应妥善保存，对注射剂应严格按无菌操作等。

抗生素精制中可选用的步骤如下。

① 脱色和去热原。脱色和去热原是精制注射用抗生素中不可缺少的一步，它关系到成品的色级等质量指标。色素往往是在发酵过程中所产生的代谢产物，它与菌种和发酵条件有关。热原是在生产过程中被污染后由杂菌所产生的一种内毒素，各种杂菌所产生的热原反应有所不同，革兰氏阴性菌产生的热原反应一般比革兰氏阳性菌强。热原注入体内引起恶寒高热，严重的引起休克。它是磷脂、脂多糖和蛋白质的结合体，为大分子有机物质，能溶于水；在 120℃加热 4h 被破坏 90%，180～200℃加热 0.5h 或 150℃加热 2h 能被彻底破坏，也能被强酸、强碱、氧化剂（如高锰酸钾）等破坏。它能通过一般滤器，但能被活性炭、石棉等滤材所吸附。生产中常用活性炭脱色去除热原，但需注意脱色时 pH、温度、活性炭用量及脱色时间等因素，还应考虑它对抗生素的吸附问题，否则影响收率。此外，也可用脱色树脂去除色素（如酚醛树脂），对某些产品可用超微过滤办法去除热原，还应重点加强生产过程中的环境卫生以防止热原的产生。

② 结晶和重结晶。抗生素精制常用此法来制得高纯度成品。常用的几种结晶方法如下。

a. 改变温度结晶。利用抗生素在溶剂中的溶解度随温度变化而显著变化的这一特性来进行结晶，如制霉菌素的浓缩液在 5℃条件下保持 4～6h 后即结晶完全，分离掉母液，洗涤、干燥、磨粉后即得到制霉菌素成品。

b. 等电点结晶。当将某一抗生素溶液的 pH 调到等电点时，它在水溶液中溶解度最小，则沉淀析出，如 6-氨基青霉烷酸（6-APA）水溶液当 pH 调至等电点 4.3 时，APA 即从水溶液中沉淀析出。

c. 加成盐剂结晶。在抗生素溶液中加成盐剂（酸、碱或盐类）使抗生素以盐的形式从溶液中沉淀结晶。如在青霉素 G 或头孢菌素 C 的浓缩液中加入乙酸钾，即生成钾盐析出。

d. 加入溶剂结晶。利用抗生素在不同溶剂中溶解度大小的不同，在抗生素某一溶剂的溶液中加入另一溶剂使抗生素析出，如巴龙霉素具有易溶于水而不溶于乙醇的性质，在其浓缩液中加入 10～12 倍体积的 5% 乙醇，并调 pH 7.2～7.3，使其结晶析出。

重结晶是将晶体溶于溶剂或熔融以后又重新从溶液或熔体中结晶的过程，是进一步精制较高纯度抗生素的有效方法。

③ 其他精制方法

a. 共沸蒸馏法。如青霉素可用丁醇或乙酸丁酯共沸蒸馏进行精制。

b. 柱色谱法。如丝裂霉素 A、丝裂霉素 B、丝裂霉素 C 三种组分可以通过氧化铝色谱来分离。

c. 盐析法。如在头孢噻吩水溶液中加入氯化钠使其饱和，其粗晶即被析出，然后进一步精制。

d. 中间盐转移法。如四环素碱与尿素能形成复合盐沉淀后再将其分解，使四环素碱析出，用此法除去 4-差向四环素等异物，以提高四环素质量和纯度。又如红霉素能与草酸或乳酸盐形成复合盐沉淀等。

e. 分子筛。如青霉素粗品中常含聚合物等高分子杂质，可用葡聚糖凝胶 G-25（粒度 20～80μm）将杂质分离掉。此法仅用于小型试验。

第二节 维生素类药物的提取分离

维生素是一类性质各异的低分子有机化合物，是维持人体正常生理生化功能不可缺少的营养物质。它们不能被人和动物的组织合成，必须从外界摄取。

维生素与人体的生长发育和健康有着密切的关系，缺乏不同类别的维生素，会引起相应的维生素缺乏症，如维生素 A 缺乏会引起夜盲症，维生素 B_1 缺乏会患脚气病，维生素 C 缺乏会引起维生素 C 缺乏症。最近发现某些维生素能防治癌症和冠心病等，引起了人们对维生素的重视。

1. 维生素的分类及功能

维生素可分为脂溶性维生素和水溶性维生素两大类，其生理功能、来源及缺乏症分别列于表 12-1 和表 12-2 中。

表 12-1 脂溶性维生素的生理功能、来源及缺乏症

名称	主要生理功能	来源	缺乏症
维生素 A(抗干眼病维生素、视黄醇)	①构成视紫红质 ②维持上皮组织结构健全与完整 ③参与糖蛋白合成 ④促进生长发育，增强机体免疫力	肝、蛋黄、鱼肝油、奶汁、绿叶蔬菜、胡萝卜、玉米等	夜盲症、干眼病、皮肤干燥
维生素 D(抗佝偻病维生素、钙化醇)	①调节钙磷代谢，促进钙磷吸收 ②促进成骨作用	鱼肝油、肝、蛋黄、日光照射皮肤可制造维生素 D_3	儿童佝偻病、成人软骨病
维生素 E(抗不育维生素、生育酚)	①抗氧化作用，保护生物膜 ②与动物生殖功能有关 ③促进血红素合成	植物油、莴苣、豆类及蔬菜	人类未发现缺乏症。临床用于习惯性流产
维生素 K(凝血维生素)	与肝脏合成凝血因子Ⅰ、Ⅶ、Ⅸ和Ⅹ有关	肝、鱼、肉、苜蓿、菠菜等，肠道细菌可以合成	偶见于新生儿及胆管阻塞患者，表现为凝血时间延长或血块回缩不良

表 12-2 水溶性维生素的生理功能、来源及缺乏症

名称	主要生理功能	来源	缺乏症
维生素 B_1（硫胺素、抗脚气病维生素）	①α-酮酸氧化脱羧酶的辅酶 ②抑制胆碱酯酶活性	酵母、豆类、瘦肉、谷类外皮及胚芽	脚气病、多发性神经炎
维生素 PP（烟酸、烟酰胺、抗癞皮病维生素）	构成脱氢酶辅酶成分，参与生物氧化体系	在酵母、肝、瘦肉、牛乳、大豆中含量较多；在谷类皮层及胚芽中含量也很丰富。人、动物和细菌能利用色氨酸合成烟酸，在体内烟酸可转变为烟酰胺	癞皮病

2. 维生素类药物的一般生产方法

维生素类药物的化学结构各不相同，决定了它们生产方法的多样性，在工业上大多数维

生素是通过化学合成法获得的，近年来发展起来的微生物发酵法代表着维生素生产的发展方向。目前维生素类药物生产方法主要有 3 种。

（1）化学合成法　化学合成法是根据已知维生素的化学结构，采用有机化学合成原理和方法，制造维生素的方法。在化学合成过程中，常与酶促合成、拆分等结合在一起，以改进工艺条件、提高收率和经济效益。用化学合成法生产的维生素有烟酸、叶酸、维生素 B_1、硫辛酸、维生素 B_6、维生素 D、维生素 E、维生素 K 等。

（2）发酵法　用微生物方法生产各种维生素，整个生产过程包括菌种培养、发酵、提取和纯化。目前完全采用微生物发酵法或生物转化法制备维生素的有维生素 B_{12}、维生素 B_2、维生素 C、生物素和维生素 A 原（β-胡萝卜素）等。

（3）生物提取法　主要从生物组织中，采用缓冲液抽提、有机溶剂萃取等方法，如从槐花米中提取芦丁，从提取链霉素的废液中提取维生素 B_{12} 等。

在实际生产中，有的维生素既用合成法又用发酵法，如维生素 C、叶酸、维生素 B_2 等，也有既用生物提取法又用发酵法的，如维生素 B_{12} 等。

实验一　多元萃取体系萃取发酵液中林可霉素

一、实验目的

掌握多元萃取体系萃取生物活性物质的萃取和反萃取过程的机制和方法；进一步了解 pH 对生物萃取体系的萃取分配系数的影响及规律；通过了解用 Y-参比法测定发酵液中林可霉素的含量，掌握显色反应监测生物产品浓度的方法。

二、实验原理

1. 萃取原理

利用不同的溶质在两相中分配平衡的差异实现萃取分离。分配定律是萃取的理论基础，即在恒温恒压下，溶质在互不相容的两相中达到分配平衡时，如果其在两相中的分子量相等，则在两相的浓度之比为一常数 K，称为分配常数（$K=C_0/C_A$）。但是在实际操作中测量的是分配系数，即两相中溶质的总浓度之比 $D=C_{0,t}/C_{A,t}$。根据许多生物物质是弱电解质，水相 pH 对弱电解质分配系数具有显著的影响，从而确定萃取和反萃取 pH 和其他操作参数。

2. Y-参比法测定林可霉素浓度的原理

林可霉素与 $PdCl_2$ 在酸性条件下可以形成有色的配合物，而发酵液中除林可霉素外其他组分不与 $PdCl_2$ 形成有色配合物。有色配合物随林可霉素的浓度增大颜色加深，最佳测定波长为 380nm，配合反应时间为 30min，浓度为 0.02mol/L 的显色剂最佳用量为 0.5mL，林可霉素浓度在 20～300μg/mL 范围内吸光度 A 与林可霉素浓度 C 有线性关系：

$$A=kC+b$$

式中，A 为林可霉素吸光度；C 为林可霉素浓度，μg/mL。

因此，可以用分光光度法定量测定发酵液中林可霉素的浓度。

三、仪器试剂

1. 仪器

水浴振荡器、5100BPC 型紫外分光光度计、pH 计、移液器、锥形瓶、离心管（10mL、15mL）、容量瓶。

2. 试剂

氯化钯（$PbCl_2$）、林可霉素、盐酸、正丁醇。

四、实验步骤

1. 标准曲线制作

分别取 1mL 1.0g/L、0.8g/L、0.6g/L、0.4g/L、0.2g/L、0.1g/L 林可霉素溶液，加入 0.5mL $PdCl_2$，定容至 5mL，配合反应 30min，在波长 380nm 下测定吸光度，并绘制林可霉素浓度标准曲线。

2. 萃取

锥形瓶中倒入一定量的林可霉素溶液，分别调 pH 为 2、3、4、5、6、7、8、9、10、11，取出 10mL 放入离心管中，并加入 20mL 正丁醇，水浴振荡 30min，2500r/min，离心 3min，分相。

3. 检测

用移液器从分层的水相取 1mL，分别加入 0.5mL $PdCl_2$，以 1.0mol/L 盐酸定容至 5mL，络合 30min，用 5100 BPC 型紫外分光光度计在 380nm 测定其吸光度。

参比：0.5mL $PdCl_2$，以 1.0mol/L HCl 定容至 5mL。

4. 实验数据及计算

以表格的形式记录萃取分配系数实验数据和计算结果；以 pH 为横坐标、分配系数为纵坐标，绘制 pH 对林可霉素分配系数影响的曲线。

五、作业

(1) 萃取操作中分配常数 K 和分配系数 D 有何区别？

(2) 解释 pH 对林可霉素分配系数影响的规律及机制。

(3) 在实验过程中可以用别的方法测定林可霉素的浓度吗？请提出几种测定方法。

实验二 青霉素的萃取与萃取率的计算

一、实验目的

掌握有机溶剂萃取技术的原理和应用；熟练完成从料液中萃取、精制青霉素的操作流程；掌握萃取率的计算方法。

二、实验原理

萃取是利用物质在互不相溶的两相中分配系数不同从而实现分离和浓缩的技术。当含有生化目的产物的料液与互不相溶的另一相接触，条件选择合适时，生化物质在两相中重新分配后主要分配于萃取剂中，而杂质留在原料液相，这样就能达到某种程度的提纯和浓缩。

当料液 pH1.8～2.2 时，青霉素以游离酸的形式存在，易溶于有机溶剂（通常为醋酸丁酯）。当料液 pH 为碱性时，青霉素以盐的形式存在，易溶于极性溶剂，特别是易溶于水溶液中。青霉素的提取和精制就是基于以上原理进行的，通过萃取和反萃取使得青霉素在水相和有机相反复转移，去除大部分杂质并得到浓缩，最后利用结晶技术可得到纯度在 98%以上的青霉素。

三、仪器及试剂

仪器用具：恒温水浴锅、电子天平、分液漏斗、小烧杯、移液管、容量瓶、量筒、玻璃棒、精密 pH 试纸等。

试剂：6%硫酸、醋酸丁酯、2%碳酸氢钠、无水硫酸钠、50%醋酸钾乙醇溶液。

材料：待提取料液（注射用 80 万单位青霉素钠 1 瓶，用 80mL 蒸馏水溶解）。

四、实验步骤

1. 醋酸丁酯萃取

（1）酸度调节　将待提取料液用 6%硫酸调节 pH 至 1.8～2.2，然后倒至分液漏斗中。

（2）萃取　向分液漏斗中加入 30mL 醋酸丁酯，振摇 20min，静置 10～15min，弃去水相。

2. 水相反萃取

向得到的酯相中加入 2%碳酸氢钠 35mL，振荡 20min，静置 10～15min，分出水相，弃去酯相，收集水相。

3. 醋酸丁酯再萃取

（1）酸度调节　用 6%硫酸调节水相 pH 至 1.8～2.2，然后倒至分液漏斗中。

（2）萃取　向分液漏斗中加入 25mL 醋酸丁酯，振摇 20min，静置分层，弃去水相，收集酯相。

4. 过滤

向得到的酯相中加入少量无水硫酸钠，振摇片刻，过滤。

5. 精制

滤液中加入 50%醋酸钾乙醇溶液 1mL，在 36℃水浴中搅拌 10min，析出青霉素钾盐。

6. 干燥称重

过滤得青霉素钾盐，干燥后称重，计算萃取率。

萃取率＝青霉素钾盐体积/发酵液体积×100%

五、作业

（1）计算青霉素的萃取率。

（2）简述溶剂萃取的机制和应用。

实训一 青霉素的分离

【任务描述】

青霉素是一族抗生素的总称，当发酵培养基中不加侧链前体时，会产生多种 *N*-酰基取代的青霉素的混合物，它们合称为青霉素类抗生素。目前已知的天然青霉素的结构和生物活性见表 12-3，由青霉素类的基本结构式（图 12-1）可见，青霉素可看作是由半胱氨酸和缬氨酸结合而成的，结构式中 R 代表侧链，不同类型的青霉素侧链不同。其中的青霉素 G 类疗效最好，应用最广，通常所说的青霉素即指青霉素 G，因其不耐酸，在胃酸中会被破坏，故只能注射给药。

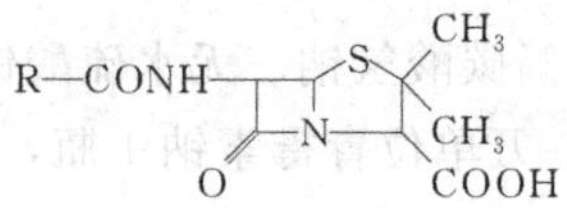

R—CONH—　S　CH_3　N　CH_3　O　COOH

图 12-1 青霉素基本结构

表 12-3 天然青霉素的结构和生物活性

青霉素	侧链取代基(R)	分子量	生物活性/(U/mg)
青霉素 G	$C_6H_5CH_2$—	334.38	1667
青霉素 X	(p)$HOC_6H_4CH_2$—	350.38	970
青霉素 F	$CH_3CH_2CHCHCH_2$—	312.37	1625
青霉素 K	$CH_3(CH_2)_6$—	342.45	2300
双氢青霉素 F	$CH_3(CH_2)_4$—	314.40	1610
青霉素 V	$C_6H_5OCH_2$—	350.38	1595

青霉素结构中含有羧基，是弱酸性物质，在水中溶解度很小，易溶于有机溶剂如乙酸丁酯、苯、氯仿、丙酮和乙醚中。青霉素 G 钾盐、钠盐易溶于水和甲醇，可溶于乙醇，但在丙醇、丁醇、丙酮、乙酸乙酯、吡啶中难溶或不溶。如普鲁卡因青霉素 G 易溶于甲醇，难溶于丙酮和氯仿，微溶于水。

青霉素遇酸、碱或加热都易分解而失去活性，分子中最不稳定的部分是 β-内酰胺环，而其抗菌能力取决于 β-内酰胺环，故青霉素的降解产物几乎都不具有活性。青霉素在近中性（pH 6～7）水溶液中较为稳定，酸性或碱性溶液均使之分解加速。青霉素的盐对热稳定，故将药品多制成青霉素 G 钾盐或钠盐。

青霉素 G 生产可分为菌种发酵和提取精制两个步骤。菌种发酵是将产黄青霉菌接种到固体培养基上，在 25℃下培养 7～10d，即可得青霉菌孢子培养物。用无菌水将孢子制成悬浮液，接种到种子罐内已灭菌的培养基中，通入无菌空气，搅拌，在 27℃下培养 24～28h，然后将种子培养液接种到发酵罐内已灭菌的含有苯乙酸前体的培养基中，通入无菌空气，搅拌，在 27℃下培养 7d。在发酵过程中需补入苯乙酸前体及适量的培养基，培养基主要成分有葡萄糖、花生饼（粉）、麸质粉、尿素、硝酸铵、硫代硫酸钠、碳酸钙等。目前工业上提取精制青霉素多用溶剂萃取法，利用青霉素与碱金属所生成的盐类在水中溶解度很大，而青霉素游离酸易溶解于有机溶剂中这一性质，将青霉素在酸性溶液中转入有机溶剂（乙酸丁酯、氯仿等）中，然后再转入中性水相中，经过这样反复几次萃取，就能达到提纯和浓缩的目的。由于青霉素的性质不稳定，整个提取和精制过程应在低温、稳定的pH值范围内快速进行。

本次实训重点是采用溶剂萃取法从青霉素G的发酵液中提取精制青霉素G，并将其转化为青霉素G的钾盐，方便保存。

【任务实施】

一、实验材料的准备

1. 材料

青霉素发酵液。

2. 试剂

10% H_2SO_4、0.1%十五烷基溴代吡啶（PPB）溶液、活性炭、硅藻土、乙醇-乙酸钾溶液、10%碳酸氢钠、pH7.0碳酸缓冲液、丁醇、乙酸丁酯（BA）。

3. 仪器

板框过滤机、萃取器、真空干燥箱。

二、操作过程

操作流程见图12-2。

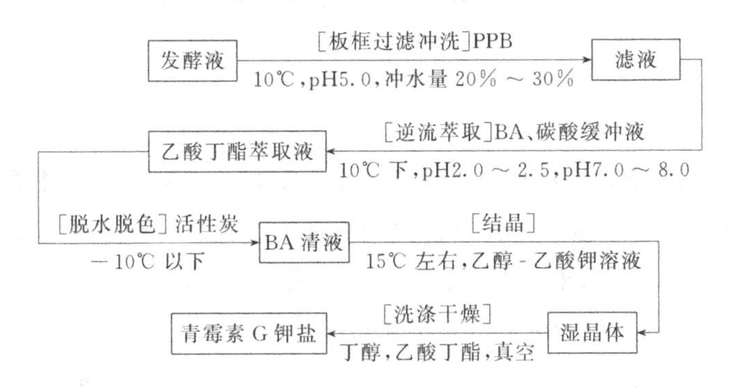

图12-2　溶剂萃取法提取分离青霉素的操作流程

1. 发酵液预处理和过滤

发酵液放罐后，快速冷却至10℃下，用10% H_2SO_4，调pH至5.0，加入发酵液量1%的硅藻土及0.1%的十五烷基溴代吡啶（PPB）溶液，搅拌5min后用板框过滤机将菌体及杂质滤出，滤渣用发酵液体积20%～30%的水冲洗2～3次，合并滤液和洗液作为滤液。

2. 萃取

取滤液放入萃取器内，降温至10℃以下，用10% H_2SO_4 调pH至2.0～2.5，加入滤液体积1/3的乙酸丁酯和0.1%的十五烷基溴代吡啶（PPB）溶液后，进行多级逆流萃取，得第一次乙酸丁酯萃取液。用10%碳酸氢钠调萃取液pH至7.0～8.0，加入萃取液体积1/3的pH 7.0碳酸缓冲液。搅拌10min，静置30min，留水相反萃液，再用10% H_2SO_4 调pH至2.0～2.5，加入反萃液体积1/3的乙酸丁酯逆流萃取，得第二次乙酸丁酯萃取液，如此萃取2～3次，得到被浓缩10倍左右的乙酸丁酯萃取液。

3. 脱色和脱水

用乙酸丁酯萃取液体积 1/3 的水洗涤乙酸丁酯萃取液 2 次，加 0.3% 活性炭，搅拌 10min 后抽滤，用 −20～−18℃冷盐水冷却，使水成为冰而析出，在 −10℃以下抽滤，得澄清的乙酸丁酯萃取液（BA 清液）。

4. 结晶

将 BA 清液加温至 15℃左右，加入乙醇-乙酸钾溶液，边加边搅拌，至出现结晶后停止，静置 1h 以上，抽滤，得青霉素 G 钾湿晶体。

5. 洗涤干燥

挖出湿晶体放入洗涤罐，根据晶体量及可能效价，计算丁醇（4～6 L/10 亿单位）和乙酸丁酯（2 L/10 亿单位）用量，分别量取丁醇及乙酸丁酯，依次洗涤晶体，抽滤后，真空干燥，得青霉素 G 钾盐。

三、思考题

（1）在提取青霉素时，加入乙醇-乙酸钾溶液有何作用？

（2）提取青霉素时为什么要调 pH？

实训二　维生素 B_2 的提取分离

【任务描述】

维生素 B_2 又称核黄素，广泛存在于动植物中，酵母、麦糠及肝脏中含量最多。维生素 B_2 参与机体氧化还原过程，在生物代谢过程中有递氢作用，可促进生物氧化，是动物发育和微生物生长的必需因子。临床上用于治疗体内因缺乏维生素 B_2 所致的各种黏膜和皮肤的炎症，如角膜炎、结膜炎、口角炎和各种消化道溃疡等。

维生素 B_2 在自然界中多数与蛋白质相结合而存在，被称作核黄素蛋白。纯品维生素 B_2 为黄或橙黄色针状结晶，味微苦。熔点约 280℃（分解）。在碱性溶液中呈左旋性。其微溶于水，极易溶于碱性溶液，饱和水溶液的 pH 值为 6 左右，在此 pH 值下该化合物不分解，呈黄绿色荧光，在波长 565 nm 处有特征吸收峰。

【任务实施】

一、实验材料的准备

1. 材料

阿舒假囊酵母生产菌种。

2. 试剂

麦芽汁琼脂培养基、米糠油、玉米浆、骨胶、鱼粉、KH_2PO_4、NaCl、$CaCl_2$、$(NH)_2SO_4$、硫酸锌、三水亚铁氰化钾（黄血盐）、3-羟基-2-萘甲酸钠、盐酸、氨水、氢氧化钠、葡萄糖、生物素。

3. 仪器

茄子瓶、灭菌柜、通气搅拌式种子罐、通气搅拌式发酵罐、真空干燥箱、板框压滤机等。

二、操作过程

操作流程见图 12-3、图 12-4。

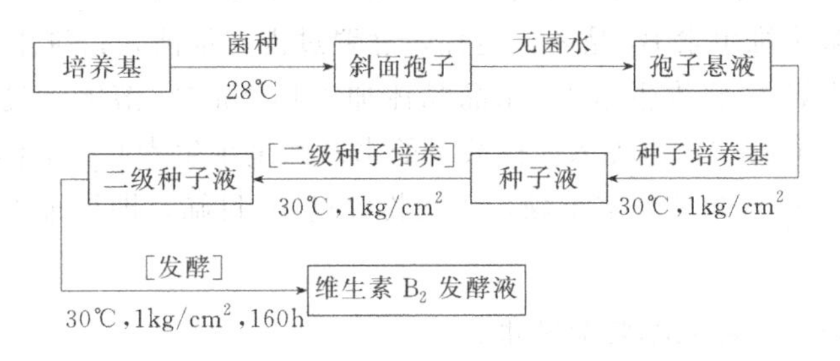

图 12-3 维生素 B_2 发酵操作流程

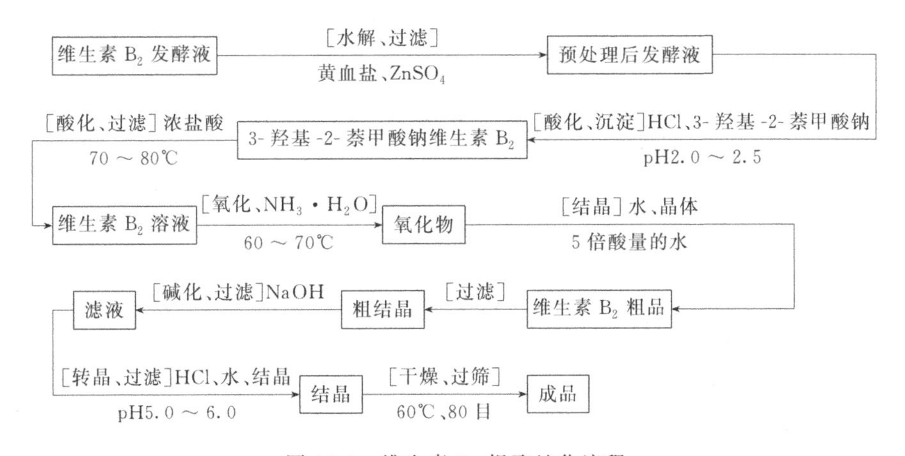

图 12-4 维生素 B_2 提取纯化流程

1. 维生素 B_2 发酵

（1）菌种的培养　按麦芽汁琼脂培养基比例配制好斜面培养基后，接种阿舒假囊酵母菌，于 28℃培养 72h，得斜面孢子。

（2）培养基的配制　按米糠油 4%、玉米浆 1.5%、骨胶 1.8%、鱼粉 1.5%、KH_2PO_4 0.1%、NaCl 0.2%、$CaCl_2$ 0.1%、$(NH_4)_2SO_4$ 0.02%的比例配制种子培养基和发酵培养基，并对种子罐、发酵罐及其管路进行空消、实消等灭菌操作，保证无菌。

（3）维生素 B_2 发酵　采用三级发酵，将在 28℃培养成熟的维生素 B_2 生产菌斜面孢子用无菌水制成孢子菌悬液，接种到实消好的种子培养罐中，温度 30℃，罐压 1kg/cm²，时间 30～40h。将检查培养合格的种子液移种到实消好的二级种子培养罐中扩大培养，温度 30℃，罐压 1kg/cm²，时间 20h。将检查培养合格的二级种子液移种到实消好的发酵罐中，温度 0℃，罐压 1kg/cm²，测 pH 的变化、溶氧的大小，发酵培养 40h 后开始连续流加葡萄糖溶液，发酵液的 pH 控制在 5.4～6.2，发酵终点时间约为 160h，得到维生素 B_2 发酵液。

2. 维生素 B_2 提取纯化

（1）发酵液的预处理　取维生素 B_2 发酵液，用等体积稀盐酸水解 30min，然后加少量黄血盐和硫酸锌，搅拌15min，抽滤，弃去沉淀，得预处理后的发酵液。

(2) 维生素B_2提取　向预处理后的发酵滤液中加3-羟基-2-萘甲酸钠，边加边搅拌，然后加稀盐酸调pH至2.0～2.5，静置35min，抽滤，得3-羟基-2-萘甲酸钠维生素B_2复合盐沉淀。

(3) 还原、氧化、沉淀　将复合盐沉淀加入浓盐酸溶解，使维生素B_2还原，加热至70～80℃，保温30min，抽滤，得维生素B_2溶液。然后加氨水，60～70℃保温30min，加入5倍酸量的水及微量维生素B_2晶体，搅拌，静置过夜，抽滤，得维生素B_2粗品晶体。

(4) 重结晶、干燥　将维生素B_2粗品晶体加入稀NaOH溶解，过滤出不溶物。滤液加稀盐酸调pH至5.0～6.0，再加入5倍酸量的水及微量维生素B_2晶体，搅拌，静置过夜，抽滤得湿晶体。湿晶体于60℃真空干燥，干品粉碎过80目筛，即得维生素B_2原料药成品。

三、思考题

(1) 在发酵过程中应控制哪些关键步骤？

(2) 提取纯化维生素B_2还可以采用哪些方法？

附录

附录一　常用药品及其主要性质

1. 蛋白质

部分常用蛋白质的基本理化性质见附表1。

附表1　部分常用蛋白质的基本理化性质

蛋白质	分子量	pI	备注
B-半乳糖苷酶	116000	4.5～6.0	单肽链,高分子量标准参照物;用于酶联免疫检测;作为表达基因
牛血清白蛋白(BSA)	66200	4.7	单肽链,高分子量标准参照物
人血红蛋白	67000(亚基15300)	7.1	四聚体,蛋白质的pI标准物
过氧化氢酶	57000	5.4	单肽链,高分子量标准参照物
碳酸酐酶	31000	6.0	单肽链,中分子量标准参照物,蛋白质的pI标准物
溶菌酶	14400	10.5	单肽链,低分子量标准参照物
细胞色素c	16900	9.6	蛋白质的pI标准物
胰岛素	5800	5.3	—
核糖核酸酶A	13700	9.5	—
胰蛋白酶	26600	6.1	—

2. 核酸类

部分常见核酸的长度及分子量见附表2。

附表2　部分常见核酸的长度及分子量

核酸	核苷酸数	分子量
λDNA	48502(dsDNA)	3.0×10^{7}
pBR322 DNA	4363(dsDNA)	2.8×10^{6}
28S rRNA	4800	1.6×10^{6}
23S rRNA	3700	1.2×10^{6}
18S rRNA	1900	6.1×10^{5}
16S rRNA	1700	5.5×10^{5}
5S rRNA	120	3.6×10^{5}
tRNA(E. *coli*)	75	2.5×10^{4}

3. 常用酸碱百分浓度、密度和当量浓度的关系

常用酸碱百分浓度、密度和当量浓度的关系见附表 3。

附表 3 常用酸碱百分浓度、密度和当量浓度的关系

试剂	分子量	密度/(g/cm³)	物的量浓度/(mol/L)	质量百分比/%	配置 1L 1mol/L 加入的体积/mL
氨水	35.0	0.90	14.8	28.0	67.6
NaOH	40.0	1.53	—	—	—
冰醋酸	60.05	1.05	17.4	99.7	57.5
盐酸	36.5	1.19	11.9	36.5	86.2
硝酸	63.02	1.42	15.8	70.0	62.5
高氯酸	100.5	1.67	11.6	70.0	108.7
磷酸	80.0	1.69	14.6	85.0	55.2
硫酸	98.1	1.84	17.8	95.0	55.6

4. 常用有机溶剂的基本理化性质见附表 4。

附表 4 常用有机溶剂的基本理化性质

试剂	常压下的沸点/℃	常压、共沸物为水时的沸点/℃	分子量	介电常数
苯	80.2	69.3	78.11	2.29
乙醚	34.5	34.2	74.11	4.34
氯仿	61.2	—	119.38	4.81
乙酸乙酯	77.1	70.4	88.11	6.02
吡啶	115	—	79.10	12.3
正丁醇	117.8	92.4	74.12	17.8
丙酮	56.5	—	58.08	20.7
乙醇	78.4	78.1	46.07	26
甲醇	64	—	32.04	33.6
乙腈	82	—	41.06	37.5
甲酸	102	107.3	46.03	58.5

附录二 常用缓冲液的配制

1. 甘氨酸-盐酸缓冲液 (0.05mol/L, pH2.2~3.6, 25℃)

首先配制 0.2mol/L 甘氨酸溶液，然后量取 25mL 0.2mol/L 甘氨酸溶液 + xmL 0.2mol/L 盐酸溶液，加蒸馏水稀释至 100mL。

0.2mol/L 甘氨酸溶液的配制：称取 15.01g 甘氨酸（分子量=75.05）溶解后定容至 1L。

不同 pH 的甘氨酸-盐酸缓冲液兑制配方见附表 5。

附表 5 甘氨酸-盐酸缓冲液（0.05mol/L，pH2.2～3.6，25℃）兑制配方

pH	0.2mol/L 盐酸溶液用量/mL	pH	0.2mol/L 盐酸溶液用量/mL
2.2	22.0	3.0	5.7
2.4	16.2	3.2	4.1
2.6	12.1	3.4	3.2
2.8	8.4	3.6	2.5

2. 磷酸氢二钠-柠檬酸缓冲液（pH2.6～7.6，25℃）

首先配制 0.1mol/L 柠檬酸溶液和 0.2mol/L 磷酸氢二钠，然后按附表 6 比例兑制即可。

附表 6 磷酸氢二钠-柠檬酸缓冲液（pH2.6～7.6，25℃）兑制配方

pH	0.1mol/L 柠檬酸溶液用量/mL	0.2mol/L Na_2HPO_4 溶液用量/mL	pH	0.1mol/L 柠檬酸溶液用量/mL	0.2mol/L Na_2HPO_4 溶液用量/mL
2.6	89.10	10.90	5.2	46.40	53.60
2.8	84.15	15.85	5.4	44.25	55.75
3.0	79.45	20.55	5.6	42.00	58.00
3.2	75.30	24.70	5.8	39.55	60.45
3.4	71.50	28.50	6.0	36.85	63.15
3.6	67.8	32.20	6.2	33.90	66.10
3.8	64.5	35.50	6.4	30.75	69.25
4.0	61.45	38.55	6.6	27.25	72.75
4.2	58.60	41.40	6.8	22.75	77.25
4.4	55.90	44.10	7.0	17.65	82.35
4.6	53.25	46.75	7.2	13.05	86.95
4.8	50.70	49.30	7.4	9.15	90.85
5.0	48.50	51.50	7.6	6.35	93.65

0.1mol/L 柠檬酸溶液的配制：称取 21.01g $C_6H_8O_7 \cdot H_2O$（分子量＝210.11）溶解后定容至 1 L。

0.2mol/L 磷酸氢二钠溶液的配制：称取 21.01g $Na_2HPO_4 \cdot 2H_2O$（分子量＝78.05）溶解后定容至 1 L。

3. 柠檬酸-柠檬酸钠缓冲液（0.1mol/L，pH3.0～6.2）

首先配制 0.1mol/L 柠檬酸溶液和 0.1mol/L 柠檬酸钠，然后按附表 7 比例兑制即可。

附表 7 柠檬酸-柠檬酸钠缓冲液（0.1mol/L，pH 3.0～6.2）兑制配方

pH	0.1mol/L 柠檬酸溶液用量/mL	0.1mol/L 柠檬酸钠溶液用量/mL	pH	0.1mol/L 柠檬酸溶液用量/mL	0.1mol/L 柠檬酸钠溶液用量/mL
3.0	82.0	18.0	4.8	40.0	60.0
3.2	77.5	22.5	5.0	35.0	65.0
3.4	73.0	27.5	5.2	30.0	69.5
3.6	68.5	31.5	5.4	25.5	74.5
3.8	63.5	36.5	5.6	21.0	79.0
4.0	59.0	41.0	5.8	16.0	84.0
4.2	54.0	46.0	6.0	11.0	88.5
4.4	49.5	50.5	6.2	8.5	92.0
4.6	44.5	55.5	—	—	—

0.1mol/L 柠檬酸溶液的配制：称取 21.01g $C_6H_8O_7 \cdot H_2O$（分子量＝210.1）溶解后定容至 1 L。

0.1mol/L 柠檬酸钠溶液的配制：称取 29.41g $C_6H_5Na_3O_7 \cdot 2H_2O$（分子量＝294.1）溶解后定容至 1 L。

4. 醋酸-醋酸钠缓冲液（0.2mol/L，pH3.7～5.8，18 ℃）

首先配制 0.2mol/L 醋酸溶液和 0.2mol/L 醋酸钠，然后按附表 8 比例兑制即可。

附表 8 醋酸-醋酸钠缓冲液（0.2mol/L，pH3.7～5.8，18℃）兑制配方

pH	0.2mol/L 醋酸溶液用量/mL	0.2mol/L 醋酸钠溶液用量/mL	pH	0.2mol/L 醋酸溶液用量/mL	0.2mol/L 醋酸钠溶液用量/mL
3.7	90.0	10.0	4.8	41.0	59.0
3.8	88.0	12.0	5.0	30.0	70.0
4.0	82.0	18.0	5.2	21.0	79.0
4.2	73.5	26.5	5.4	14.0	86.0
4.4	63.0	37.0	5.6	9.0	91.0
4.6	51.0	49.0	5.8	6.0	96.0

0.2mol/L 醋酸溶液的配制：量取 11.7mL 冰醋酸（分子量＝60.0），用蒸馏水稀释，定容至 1 L。

0.2mol/L 醋酸钠溶液的配制：称取 27.22g $CH_3COONa \cdot 3H_2O$（分子量＝136.1），溶解后定容至 1L。

5. 磷酸盐缓冲液（pH5.8～8.0，25℃）

（1）磷酸氢二钠-磷酸二氢钠缓冲液（0.2mol/L，pH 5.8～8.0，25℃）首先配制 0.2mol/L 磷酸氢二钠溶液和 0.2mol/L 磷酸二氢钠，然后按附表 9 比例兑制即可。

附表 9 磷酸氢二钠-磷酸二氢钠缓冲液（0.2mol/L，pH5.8～8.0，25℃）兑制配方

pH	0.2mol/L Na_2HPO_4 溶液用量/mL	0.2mol/L NaH_2PO_4 溶液用量/mL	pH	0.2mol/L Na_2HPO_4 溶液用量/mL	0.2mol/L NaH_2PO_4 溶液用量/mL
5.8	8.0	92.0	7.0	61.0	39.0
6.0	12.3	87.7	7.2	72.0	28.0
6.2	18.5	81.5	7.4	81.0	19.0
6.4	26.5	73.5	7.6	87.0	13.0
6.6	37.5	62.5	7.8	91.5	8.5
6.8	49.5	51.0	8.0	94.7	5.3

0.2mol/L 磷酸氢二钠溶液的配制：称取 35.61 g $Na_2HPO_4 \cdot 2H_2O$（分子量＝178.05）溶解后定容至 1L。或称取 71.64 g $Na_2HPO_4 \cdot 12H_2O$（分子量＝358.22）溶解后定容至1L。

0.2mol/L 磷酸二氢钠溶液的配制：称取 31.21g $NaH_2PO_4 \cdot 2H_2O$（分子量＝156.03）溶解后定容至 1 L。或称取 27.6g $NaH_2PO_4 \cdot H_2O$（分子量＝138.0）溶解后定容至 1 L。

（2）磷酸氢二钠-磷酸二氢钾缓冲液（1/15mol/L，pH5.0～8.6） 首先配制 1/15mol/L（0.067mol/L）磷酸氢二钠溶液和 1/15mol/L（0.067mol/L）磷酸二氢钾，然后按附表 10 比例兑制即可。

附表 10 磷酸氢二钠-磷酸二氢钾缓冲液（1/15mol/L，pH5.0～8.6）兑制配方

pH	1/15mol/L Na_2HPO_4 溶液用量/mL	1/15mol/L KH_2PO_4 溶液用量/mL	pH	1/15mol/L Na_2HPO_4 溶液用量/mL	1/15mol/L KH_2PO_4 溶液用量/mL
4.92	1.0	99.0	6.98	60.0	40.0
5.29	5.0	95.0	7.17	70.0	30.0
5.91	10.0	90.0	7.38	80.0	20.0
6.24	20.0	80.0	7.73	90.0	10.0
6.47	30.0	70.0	8.04	95.0	5.0
6.64	40.0	60.0	8.34	97.5	2.5

1/15mol/L 磷酸氢二钠溶液的配制：称取 11.876g $Na_2HPO_4 \cdot 2H_2O$（分子量＝

178.05）溶解后定容至1 L。

1/15mol/L磷酸二氢钾溶液的配制：称取9.078g $KH_2PO_4 \cdot 2H_2O$（分子量=136.09）溶解后定容至1 L。

（3）磷酸钾缓冲液（0.1mol/L，pH5.8～8.0）

0.1mol/L磷酸二氢钾溶液的配制：称取13.609g $KH_2PO_4 \cdot 2H_2O$（分子量=136.09）溶解后定容至1 L。

0.1mol/L磷酸氢二钾溶液的配制：称取22.822g $K_2HPO_4 \cdot 3H_2O$（分子量=228.22）溶解后定容至1 L。

不同pH的缓冲液按附表11给的比例兑制即可。

附表11 磷酸钾缓冲液（0.1mol/L，pH5.8～8.0）兑制配方

pH	0.1mol/L K_2HPO_4 溶液用量/mL	0.1mol/L KH_2PO_4 溶液用量/mL	pH	0.1mol/L K_2HPO_4 溶液用量/mL	0.1mol/L KH_2PO_4 溶液用量/mL
5.8	8.5	91.5	7.0	61.5	38.5
6.0	13.2	86.8	7.2	71.7	28.3
6.2	19.2	80.8	7.4	80.2	19.8
6.4	27.8	72.2	7.6	86.6	13.4
6.6	38.1	61.9	7.8	90.8	9.2
6.8	49.7	50.3	8.0	94.0	6.0

6. 磷酸二氢钾-氢氧化钠缓冲液（0.05mol/L，pH5.8～8.0，20℃）

首先配制0.2mol/L磷酸二氢钾溶液和0.2mol/L NaOH溶液，然后按附表12兑制并稀释至20mL即可。

附表12 磷酸二氢钾-氢氧化钠缓冲液（0.05mol/L，pH5.8～8.0，20℃）兑制配方

pH	0.2mol/L KH_2PO_4 溶液用量/mL	0.2mol/L NaOH 溶液用量/mL	pH	0.2mol/L KH_2PO_4 溶液用量/mL	0.2mol/L NaOH 溶液用量/mL
5.8	5	0.372	7.0	5	2.963
6.0	5	0.570	7.2	5	3.500
6.2	5	0.860	7.4	5	3.950
6.4	5	1.260	7.6	5	4.280
6.6	5	1.780	7.8	5	4.520
6.8	5	2.365	8.0	5	4.680

0.2mol/L磷酸二氢钾溶液的配制：称取27.218 g $KH_2PO_4 \cdot 2H_2O$（分子量=136.09）溶解后定容至1000mL。

0.2mol/L氢氧化钠溶液的配制：称取8.0 g氢氧化钠（分子量=40）溶解后定容至1000mL。

7. 巴比妥-盐酸缓冲液（pH6.8～9.6，18℃）

首先配制0.04mol/L巴比妥钠溶液100mL，然后按附表13与一定体积的0.2mol/L盐酸混合即可。0.04mol/L巴比妥钠溶液的配制：称取0.825g巴比妥钠（分子量=206.17）

溶解后定容至1000mL。

附表13 巴比妥-盐酸缓冲液（pH6.8～9.6，18℃）兑制配方

pH	0.2mol/L HCl 溶液用量/mL	pH	0.2mol/L HCl 溶液用量/mL	pH	0.2mol/L HCl 溶液用量/mL
6.8	18.4	7.8	11.47	8.8	2.52
7.0	17.8	8.0	9.39	9.0	1.65
7.2	16.7	8.2	7.21	9.2	1.13
7.4	15.3	8.4	5.21	9.4	0.70
7.6	13.4	8.6	3.82	9.6	0.35

8. Tris-盐酸缓冲液（0.05mol/L，pH 7.1～8.9，25℃）

首先配制0.1mol/L三羟甲基氨基甲烷（Tris）溶液50mL，然后按附表14与一定体积的0.1mol/L盐酸混合，定容至100mL即可。

附表14 Tris-盐酸缓冲液（0.05mol/L，pH7.1～8.9，25℃）兑制配方

pH	0.1mol/L HCl 溶液用量/mL	pH	0.1mol/L HCl 溶液用量/mL	pH	0.1mol/L HCl 溶液用量 mL
7.10	45.7	7.80	34.5	8.50	14.7
7.20	44.7	7.90	32.0	8.60	12.4
7.30	43.4	8.00	29.2	8.70	10.3
7.40	42.0	8.10	26.2	8.80	8.5
7.50	40.3	8.20	22.9	8.90	7.0
7.60	38.5	8.30	19.9	—	—
7.70	36.6	8.40	17.2	—	—

注：Tris溶液可从空气中吸收CO_2，使用时要将瓶盖密封紧。

0.1mol/L Tris溶液的配制：称取12.11g Tris（分子量＝121.14）溶解后定容至1 L。

9. 甘氨酸-氢氧化钠缓冲液（0.05mol/L，pH8.6～10.6，25℃）

首先配制0.2mol/L甘氨酸溶液50mL，然后按附表15与一定体积的0.2mol/L NaOH混合，加水稀释至200mL即可。

附表15 甘氨酸-氢氧化钠缓冲液（0.05mol/L，pH8.6～10.6，25℃）兑制配方

pH	0.1mol/L NaOH溶液用量/mL	pH	0.1mol/L NaOH溶液用量/mL
8.6	4.0	9.6	22.4
8.8	6.0	9.8	27.2
9.0	8.8	10.0	32.0
9.2	12.0	10.4	38.6
9.4	16.8	10.6	45.6

0.2mol/L甘氨酸溶液的配制：称取15.01g甘氨酸（分子量＝75.07）溶解后定容至1 L。

0.2mol/L NaOH溶液的配制：称取8.0g NaOH（分子量＝40.0）溶解后定容至1 L。

10. 碳酸钠-碳酸氢钠缓冲液（0.10mol/L，pH9.2～10.8）

首先配制0.1mol/L碳酸钠溶液和0.1mol/L碳酸氢钠溶液，然后按附表16比例兑制即可。

附表 16 碳酸钠-碳酸氢钠缓冲液（0.10mol/L，pH9.2～10.8）兑制配方

pH		0.1mol/L Na_2CO_3 溶液用量/mL	0.1mol/L $NaHCO_3$ 溶液用量/mL	pH		0.1mol/L Na_2CO_3 溶液用量/mL	0.1mol/L $NaHCO_3$ 溶液用量/mL
20℃	4℃			20℃	4℃		
9.2	8.8	10	90	10.1	9.9	60	40
9.4	9.1	20	80	10.3	10.1	70	30
9.5	9.4	30	70	10.5	10.3	80	20
9.8	9.5	40	60	10.8	10.6	90	10
9.9	9.7	50	50	—	—	—	—

注：有 Ca^{2+}、Mg^{2+} 时不能使用。

0.1mol/L 碳酸钠溶液的配制：称取 28.62g $Na_2CO_3 \cdot 10H_2O$（分子量＝286.2）溶解后定容至 1L。

0.1mol/L 碳酸氢钠溶液的配制：称取 8.4g $NaHCO_3$（分子量＝84.0）溶解后定容至 1L。

附录三　一些常用数据表

1. 真空度及换算

某一相对密闭体系的真空度一般指相对真空度，指被测体系的压力与测量地点大气压（atm）的差值，可用压力真空表测量。在没有真空的状态下，真空表的初始值为“0”，即表示 101325Pa。当测量真空度时，它的值介于 0 和-101325 Pa（或 0.1MPa）之间，均为负值。

1atm＝760mm Hg＝101325Pa≈14.5PSI

1kPa＝10mbar＝0.01 bar

1mm Hg＝1.32mbar

在进行冷冻干燥时，油泵形成的真空度一般低于 10Pa。某一体系的真空度与压力换算如附表 17 所示。

附表 17 某一体系的真空度与压力换算

相对真空度		绝对压力/Pa	备注
水银计显示数/mmHg 柱	真空表示数/MPa		
0	0	101325	760mmHg 柱
−10	—	100000	750mmHg 柱
−85	−0.01	90000	675mmHg 柱
−160	−0.02	80000	600mmHg 柱
−385	−0.05	50000	375mmHg 柱
685	−0.09	10000	75mmHg 柱
—	−0.095	5000	—
−753	−0.099	1000	—
—	0.0995	500	—
−759	0.0999	133.3	1mmHg 柱
—	0.09995	50	—
—	0.09999	10	—

2. 离心机的离心因子与转速、离心半径的关系

使用说明：在具体的使用过程中，相对离心强度能够更为准确地表示离心强度，因为在相同转速的情况下，转子半径对相对离心力的影响很大，半径越大，离心强度越大，沉淀效果越好。如附图 1 所示，斜虚线显示半径、转速、相对离心强度之间的关系，在半径为 5.5 cm、1 820 r/min 时，相对离心强度为 200g；半径为 5.5 cm、18200 r/min 时，相对离心强度为 20000g ，若转子半径发生改变，想达到同样的相对离心强度 20000g，此时只需要固定斜虚线与相对离心力柱的交叉点，自由转动该虚线即可，虚线与转子速度柱的交叉点即为所需要的转速。

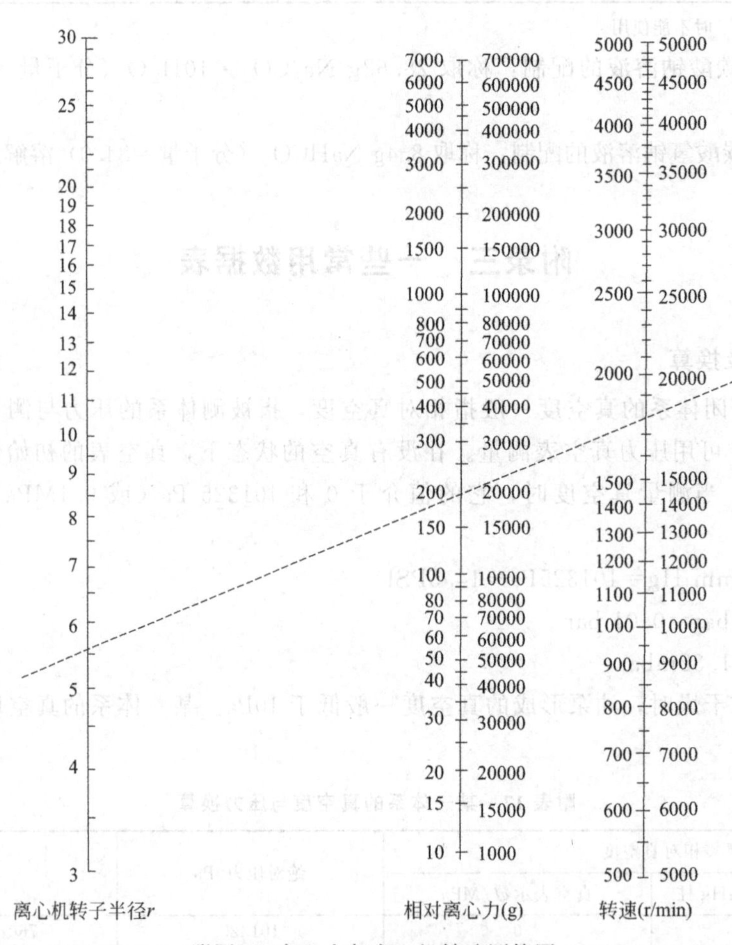

附图 1 离心力与离心机转速测算图

3. 盐析 (硫酸铵) 饱和度换算表

盐析（硫酸铵）饱和度（0℃）换算如附表 18 所示。

4. 颗粒大小的表示与筛网的筛孔孔径 (目数) 的关系

筛分粒度就是颗粒可以通过筛网的筛孔尺寸，以 1 英寸（25.4 mm）宽度的筛网内的筛孔数表示，因而称之为“目数”，网目数与对应的颗粒直径如附表 19 所示。目前在国内外尚未有统一的粉体粒度技术标准，各个企业都有自己的粒度指标定义和表示方法。国内常用的样筛、孔径（药典）与对应的目数如附表 20 所示。

附表 18 盐析(硫酸铵)饱和度换算表

		在0℃时硫酸铵的终浓度，饱和度/%																
		20	25	30	35	40	45	50	55	60	65	70	75	80	85	90	95	100
		每1000mL溶液中所需要加入的固体硫酸铵的数量/g																
硫酸铵初始浓度，饱和度/%	0	106	134	164	194	226	258	291	326	361	398	436	476	516	559	603	650	697
	5	79	108	137	166	197	229	262	296	331	368	405	444	484	526	570	615	662
	10	53	81	109	139	169	200	233	266	301	337	374	412	452	493	536	581	627
	15	26	54	82	111	141	172	204	237	271	306	343	381	420	460	503	547	592
	20	0	27	55	83	113	143	175	207	241	276	312	349	387	427	469	512	557
	25		0	27	56	84	115	146	179	211	245	280	317	355	395	436	478	522
	30			0	28	56	86	117	148	181	214	249	285	323	362	402	445	488
	35				0	28	57	87	118	151	184	218	254	291	329	369	410	453
	40					0	29	58	89	120	153	187	222	258	296	335	376	418
	45						0	29	59	90	123	156	190	226	263	302	342	383
	50							0	30	60	92	125	159	194	230	268	308	348
	55								0	30	61	93	127	161	197	235	273	313
	60									0	31	62	95	129	164	201	231	279
	65										0	31	63	97	132	168	205	244
	70											0	32	65	99	134	171	209
	75												0	32	66	101	137	174
	80													0	33	67	103	139
	85														0	34	68	105
	90															0	34	70
	95																0	35
	100																	0

注：本表只显示硫酸铵在0℃时在水中溶解后的饱和度。硫酸铵在水中的溶解度在0～30℃范围内，随温度的升高，溶解度升高，有较好的线性关系；在0℃、100%饱和情况下，硫酸铵的物质的量浓度为3.90mol/L。在0℃、1L水或稀溶液中加入约700g硫酸铵使之饱和后，溶液体积扩大到约1.36L。

附表 19 网目数与对应的颗粒直径

网目数	对应的颗粒直径/μm	网目数	对应的颗粒直径/μm
10	1700	250	58
50	270	300	48
100	150	325	45
150	106	400	38
200	75	—	—

附表 20 国内常用的样筛、孔径（药典）与对应的目数

筛号	对应的颗粒直径/μm	网目数	筛号	对应的颗粒直径/μm	网目数
1	2000±70	10	6	150±6.6	100
2	850±29	24	7	125±5.8	120
3	355±13	50	8	90±4.6	150
4	250±9.9	65	9	75±4.1	200
5	180±7.6	80	—	—	—

注：目前国际上比较流行用等效体积颗粒的计算直径来表示粒径，以 μm 或 mm 为单位。

附录四 常用的生化分离介质

1. 吸附剂

在进行某些生物小分子的分离操作时，常用吸附剂进行吸附、富集或分离，该过程借助极性或非极性基团之间的非特异性相互作用来完成，通常不具有离子交换作用。Amberlite 大网格吸附剂的某些物理性质见附表 21。

附表 21 Amberlite 大网格吸附剂的某些物理性质

吸附剂		功能基团	汞孔率		比表面积/(m^2/g)	平均孔径/A	骨架密度/(g/cm^3)	湿真密度/(g/cm^3)
			孔隙度/(体积/%)	孔容/(mL/g)				
非极性芳香族吸附剂	XAD-1	苯乙烯二乙烯苯	—	—	100	205	1.06	1.02
	XAD-2	苯乙烯二乙烯苯	39.3	0.648	300	90	1.08	1.02
	XAD-3	苯乙烯二乙烯苯	—	—	526	44	—	—
	XAD-4	苯乙烯二乙烯苯	50.2	0.976	784	50	1.058	1.02
	XAD-5	苯乙烯二乙烯苯	—	—	415	68	—	—
中等极性吸附剂	XAD-6	甲基丙烯酸酯	—	—	63	498	—	—
	XAD-7	甲基丙烯酸酯	58.2	1.144	450	90	1.251	1.05
	XAD-8	甲基丙烯酸酯	51.9	0.787	140	235	1.259	1.09
极性吸附剂	XAD-9	硫氧基	40.2	0.545	69	366	1.262	—
	XAD-10	酰胺	—	—	69	352	—	—
	XAD-11	酰胺	—	—	69	352	1.209	—
	XAD-12	强极性 N—O 基	50.4	0.880	22	1300	1.169	—

2. 离子交换色谱介质

不同厂家生产的离子交换介质的材质、交联度/强度、颗粒均匀度、交联的功能基团的密度等或有区别，但所交联的功能基团基本上是一样的。如材质有不规则形状的羧甲基纤维素(cellulose)和球形的葡聚糖凝胶(sephadex)、聚丙烯酰胺凝胶(bio-gel P)、琼脂糖凝胶(sepharose)等，常用的弱阴离子功能基团是DEAE[$—OCH_2CH_2NH^+(C_2H_5)_2$]，强阴离子功能基团是QAE[$—OCH_2CH_2N^+(C_2H_5)_2\ CH_2CH(OH)CH_3$]、QA[$—OCH_2CH(OH)N^+(CH_3)_3$]、TEAE[$—OCH_2N^+(C_2H_5)_3$]；常用的弱阳离子功能基团是CM(—OCH2COOH)，强阳离子功能基团是SE($—OCH_2CH_2SO_3H$)、SP($—OCH_2CH_2CH_2SO_3H$)。各离子交换介质见附表22～附表24。

附表22　纤维素类离子交换介质

名称	外观	全交换容量/(μmol/mL)	有效容量/(mg/mL)	厂家
DE23	纤维状	150	60(BSA)	Whatman
CM23	纤维状	80	85(Lys)	Whatman
DE52	微粒状	190	130(BSA)	Whatman
CM52	微粒状	190	210(Lys)	Whatman
DE53	微粒状	400	150(BSA)	Whatman
CM32	微粒状	180	200(Lys)	Whatman
DEAE-Sephacel	珠状	170	160(BSA)	Amersham Pharmacia Biotech

注：表中缩写BSA为牛血清白蛋白，Lys为溶菌酶。有效容量测定条件为0.01mol/L、pH8.0的缓冲液。

附表23　葡聚糖类离子交换介质

名称	功能基团	全交换容量/(μmol/mL)	有效容量/(mg/mL)	生产厂家
DEAE - Sephadex A-25	DEAE	500	70(Hb)	Amersham Pharmacia Biotech
QAE-Sephadex A-25	QAE	500	50(Hb)	
CM-Sephadex C-25	CM	560	50(Hb)	
SP-Sephadex C-25	SP	300	30(Hb)	
DEAE-Sephadex A-50	DEAE	175	250(Hb)	
QAE-Sephadex A-50	QAE	100	200(Hb)	
CM-Sephadex C-50	CM	170	350(Hb)	
SP-Sephadex C-50	SP	90	270(Hb)	

注：表中Hb为牛血红蛋白。有效容量测定条件为0.01mol/L、pH8.0的缓冲液。

附表24　琼脂糖类离子交换介质

名称	功能基团	全交换容量/(μmol/mL)	有效容量/(mg/mL)	生产厂家
DEAE-Sepharose CL-6B	DEAE	150	100(Hb)	Amersham Pharmacia Biotech
CM-Sepharose CL-6B	CM	120	100(Hb)	
DEAE-Bio-Gel A	DEAE	20	45(Hb)	Bio rad
CM-Bio-GeA	CM	20	45(Hb)	
Q-Sepharose-Fast Flow	Q	150	100(Hb)	Amersham Pharmacia Biotech
S-Sepharose - Fast Flow	S	150	100(Hb)	

注：表中Hb为牛血红蛋白。有效容量测定条件为0.01mol/L、pH8.0的缓冲液。

3. 凝胶过滤色谱介质

凝胶过滤色谱用的介质材料同离子交换色谱用的介质，多是由天然或人工合成的水溶性好的高分子聚合而成，一般可耐受高温高压、强酸强碱的处理，内部具有一定孔径。凝胶过滤色谱介质相关数据见附表25～附表28。

附表 25 凝胶过滤色谱介质的基本理化性质

名称	骨架	颗粒大小/μm	排阻范围	衍生系列	厂家
Sephadex G-50		20～100	1.3×10^{3}～3×10^{4}	Sephadex LH	
Sephadex G-75		120	3×10^{3}～8×10^{4}	Sephasorb HP	
Sephadex G-100	葡聚糖	100～300	4×10^{3}～1×10^{5}	—	
Sephadex G-150		—	5×10^{3}～3×10^{5}	—	
Sephadex G-200		—	5×10^{3}～6×10^{5}	—	Amersham Pharmacia Biotech
Sepharose 6B		45～165	1×10^{4}～4×10^{6}	Sepharose CL	
Sepharose 4B	琼脂糖	45～165	6×10^{4}～2×10^{6}	①Sepharose high Performance ②Sepharose Fast Flow	
Sepharose 2B		60～200	7×10^{4}～4×10^{6}	—	
Bio-Gel A-0.5m		40～80	1×10^{3}～1×10^{5}	—	
Bio-Gel A-1.5m		80～150	1×10^{3}～1.5×10^{6}	—	
Bio-Gel A-5m	琼脂糖	150～300	1×10^{4}～5×10^{6}	—	Bio rad
Bio-Gel A-15m		—	4×10^{4}～1.5×10^{7}	—	
Bio-Gel A-50m		—	1×10^{5}～5×10^{7}	—	
Bio-Gel P-10			1.5×10^{3}～2×10^{4}	—	
Bio-Gel P-30			2.5×10^{3}～4×10^{4}	—	
Bio-Gel P-60		40～300	3×10^{3}～6×10^{4}	—	
Bio-Gel P-100	聚丙烯酰胺	不定(参考厂家产品目录)	5×10^{3}～1×10^{5}	—	Bio rad
Bio-Gel P-150			1.5×10^{4}～1.5×10^{5}	—	
Bio-Gel P-200			3×10^{4}～2×10^{5}	—	
Bio-Gel P-300			6×10^{4}～4×10^{5}	—	
Trisacry	—	—	1×10^{4}～1.5×10^{7}	—	Amersham Pharmacia Biotech
Sephacryl S-200		40～105	5×10^{3}～2.5×10^{5}	—	
Sephacryl S-300			1×10^{4}～1.5×10^{6}	—	
Sephacryl S-500HR	葡聚糖-双丙烯酰胺	40～105	4×10^{4}～2×10^{7}	—	Amersham Pharmacia Biotech
Sephacryl S-400HR			2×10^{4}～8×10^{6}	—	
Sephacryl S-300HR		25～75	1×10^{4}～1.5×10^{6}	—	
Sephacryl S-200HR			5×10^{3}～2.5×10^{5}	—	
Ultrogel AcA 202		60～140	1×10^{3}～1.5×10^{4}	—	
Ultrogel AcA 54		—	5×10^{3}～7×10^{4}	—	
Ultrogel AcA 44	葡聚糖-双丙烯酰胺	—	1×10^{4}～1.3×10^{5}	—	Amersham Pharmacia Biotech
Ultrogel AcA 34		—	2×10^{4}～3.5×10^{5}	—	
Ultrogel AcA 22		—	1×10^{5}～1.2×10^{6}	—	

注：Sephadex G 后面的阿拉伯数为凝胶得水值的 10 倍。例如，G-25 为每克凝胶膨胀时吸水 2.5g。因此，"G"反映了凝胶的交联程度、膨胀程度及分离范围。

附表 26 Sephadex 的某些技术参数

分子筛类型	干颗粒大小/μm	分子量分级的范围		膨胀体积/(mL/g)	吸水值/(mL/g)	溶胀所需最少时间/h		柱头压力/cm
		球形蛋白	葡聚糖(线性分子)			室温	沸水浴	
Sephadex G-50		1.5×10^{3}～3×10^{4}	0.5×10^{3}～1×10^{4}	9～11	5.0±0.3	6	2	
粗级	100～300							
中级	50～150							
细级	20～80							

续表

分子筛类型	干颗粒大小/μm	分子量分级的范围		膨胀体积/(mL/g)	吸水值/(mL/g)	溶胀所需最少时间/h		柱头压力/cm
		球形蛋白	葡聚糖(线性分子)			室温	沸水浴	
Sephadex G-75 超细	 40～120 10～40	$3\times10^{3}\sim7\times10^{4}$	$1\times10^{3}\sim5\times10^{4}$	12～15	7.5±0.5	24	3	40～160
Sephadex G-100 超细	 40～120 10～40	$4\times10^{3}\sim1.5\times10^{5}$	$1\times10^{3}\sim1\times10^{6}$	15～20	10.0±1.0	48	5	24～96
Sephadex g-150 超细	 40～120 10～40	$5\times10^{3}\sim4\times10^{5}$	$1\times10^{3}\sim1.5\times10^{4}$	20～30 18～22	15.0±1.5	72	5	9～36
Sephadex G-200 超细	 40～120 10～40	$5\times10^{3}\sim8\times10^{5}$	$1\times10^{3}\sim2\times10^{6}$	30～40 20～25	20.0±2.0	72	5	4～16

附表 27 聚丙烯酰胺凝胶（Bio Rad 公司产品）的某些技术数据

型号	排阻的下限(分子量)	分级分离的范围(分子量)	膨胀后的床体积/(mL/g 干胶)	室温溶胀所需最少时间/h
Bio-Gel P-10	1×10^{4}	$5\times10^{3}\sim1.7\times10^{4}$	12.4	2～4
Bio-Gel P-30	3×10^{4}	$2\times10^{4}\sim5\times10^{4}$	14.9	10～12
Bio-Gel P-60	6×10^{4}	$3\times10^{4}\sim7\times10^{4}$	19.0	10～12
Bio-Gel P-100	1×10^{5}	$4\times10^{4}\sim1\times10^{5}$	19.0	24
Bio-Gel P-150	1.5×10^{5}	$5\times10^{4}\sim1.5\times10^{5}$	24.0	24
Bio-Gel P-200	2×10^{5}	$8\times10^{4}\sim3\times10^{5}$	34.0	48
Bio-Gel P-300	3×10^{5}	$1\times10^{5}\sim4\times10^{5}$	40.0	48

附表 28 Sepharose 与 Bio-Gel 的某些技术数据

名称及型号	凝胶内琼脂糖百分含量/%	排阻的下限(分子量)	分级分离的范围(分子量)	流速/(cm/h)	生产厂家
Sepharose 4B	4	—	$3\times10^{5}\sim3\times10^{6}$	11.5	Pharmacia Uppsala Sweden
Sepharose 2B	2	—	$2\times10^{6}\sim2.5\times10^{7}$	10	
Bio-Gel A-0.5m	10	5×10^{5}	$<1\times10^{4}\sim5\times10^{5}$	15～20	Bio-Rad USA
Bio-Gel A-1.5m	8	1.5×10^{6}	$<1\times10^{4}\sim1.5\times10^{6}$	15～20	
Bio-Gel A-5m	6	5×10^{6}	$<1\times10^{4}\sim5\times10^{6}$	15～20	
Bio-Gel A-15m	4	1.5×10^{7}	$<4\times10^{4}\sim1.5\times10^{7}$	15～20	
Bio-Gel A-50m	2	5×10^{7}	$<1\times10^{5}\sim5\times10^{7}$	5～15	

注：Sepharose 系列的颗粒大小在 45～200μm；Bio-Gel A 系列指颗粒大小为中型规格，直径在 75～150μm 范围内。

4. 亲和色谱介质

常见的亲和色谱介质的某些技术数据见附表 29。

附表 29 常见的亲和色谱介质的某些技术数据

名称及型号	骨架	活化方式	生产厂家
NHS-activated HP	Sepharose high Performance	NHS	Amersham Pharmacia biotech
NHS-activated Sepharose 4 FF	Sepharose 4 FF	NHS	
CNBr-activated Sepharose 4B	Sepharose 4B	CNBr	
CNBr-activated Sepharose 4 FF	Sepharose 4 FF	CNBr	
Epoxy-activated Sepharose 6B	Sepharose 6B	Epoxy	
ECH-activated Sepharose 4B	Sepharose 4B	Epoxy	
EAH-activated Sepharose 4 FF	Sepharose 4B	Epoxy	
Affi-Gel 10	交联琼脂糖	NHS	Biorad
Affi-Gel 15	交联琼脂糖	NHS	
Affi-Prep 10	合成高分子	NHS	
AF-Tresyl 650M	合成高分子	—	TSK
AF-Epoxy 650M	合成高分子	Epoxy	

5. 疏水作用色谱介质

常见的疏水作用色谱介质见附表 30。

附表 30 常见的疏水作用色谱介质

名称及型号	功能基团	粒径大小/μm	生产厂家
Butyl Sepharose 4 Fast Flow	正丁烷基	45～165	Amersham Pharmacia Biotech
Octyl Sepharose 4 Fast Flow	正辛烷基	45～165	
Phenyl Sepharose 4 Fast Flow	苯基	45～165	
Macro-prep Methy HC Support	甲基	50	BioRad
Macro-prep T-butyl HIC Support	$—C(CH_3)_3$	50	
Ether-650s	醚	20～50	TOSOH
Butyl-650M	正丁烷基	40～90	
Phenyl-650C	苯基	50～150	

6. 部分离子交换树脂的基本特性

部分离子交换树脂的基本特性见附表 31。

附表 31 部分离子交换树脂的基本特性

树脂牌号	类型	树脂母体或原料	功能基团	粒度/mm	含水量/%	总交换容量/(meq/g)	允许 pH 范围	国际对照产品
强酸 1×7(732)	强酸	苯乙烯二乙烯苯	$—SO_3H$	16～50 目	45～55	4.5	0～14	Amberlite IR 120，Dowex 等
强酸 010(732)	强酸	苯乙烯二乙烯苯、硫酸	$—SO_3H$	0.3～1.2	45～55	4～5	1～14	Amberlite IR 120，Dowex 等
华东强酸 42°	强酸	酚醛树脂	$—SO_3H$、—OH	0.3～1.0	29～32	2.0～2.2	1～10	Amberlite 100 等
弱酸 122°	弱酸	水杨酸、苯酚、甲醛缩聚体	—COOH、—OH	0.3～0.84	40～50	3～4	—	Zerolit 216
弱酸 101×1-8 (724)	弱酸	丙烯酸型	—COOH	0.3～0.84	<65	>9	1～14	Amberlite IRC-50 等
201×4 (711)强碱	强碱	交联聚苯乙烯	$—N^+(CH_3)_3$	0.3～1.2	40～50	>3.5	0～14	Amberlite IRA-401

续表

树脂牌号	类型	树脂母体或原料	功能基团	粒度/mm	含水量/%	总交换容量/(meq/g)	允许 pH 范围	国际对照产品
201×7 (717) 多孔强碱	强碱	交联聚苯乙烯	$-N^{+}(CH3)_{3}$	0.3～1.2	40～50	>3.0	0～14	Amberlite IRA-400
华东弱碱 321°	弱碱	间苯二胺多乙烯多胺甲醛缩聚体	—NH—	—	37～40	4～6	0～7	Wofatit M
弱碱 330(701)	弱碱	多二胺环氧氯丙烷缩聚体	$=NH^{+}OH^{-}$	0.2～0.84	55～65	>9	0～7	Duolite A-30B
弱碱 311×2(704)	弱碱	交联聚苯乙烯	$-NH-NH_{2}$	0.3～0.84	45～55	>5	0～7	Amberlite IR-45 等
弱碱 301°	弱碱	交联聚苯乙烯	$-N(CH_{3})_{2}$	0.5～1.0	45～55	3.0	0～7	—
大孔弱碱 702°	弱碱	交联聚苯乙烯	$-NH-NH_{2}$	0.3～0.84	57～63	>7.0	0～9	—
大孔弱碱 703°	弱碱	交联聚苯乙烯	$-N(CH_{3})_{2}$	0.3～0.84	58～64	>6.5	0～9	—

注：酸型离子交换树脂具有高的操作温度，可到 100 ℃；碱型离子交换树脂的操作温度一般不超过 50℃。

附录五　常用仪器的使用

一、分光光度计

（一）722 型分光光度计操作规程

① 将灵敏度旋钮调至“1”挡（放大倍率最小）。

② 开启电源，指示灯亮，选择开关置于“T”。

③ 开试样室盖（光门自动关闭），调节“0%T”旋钮，使数字显示为“000.0”。

④ 将装有溶液的比色皿放置于比色架中。

⑤ 旋动仪器波长手轮，把测试所需的波长调节至刻度线处。

⑥ 盖上样品室盖，将参比溶液比色皿置于光路，调节透过率“100”旋钮，使数字显示为 100%T（如果显示不到 100%T，则可适当增加灵敏度的挡数。同时应重复“③”，调整仪器的“000.0”）。

⑦ 将被测溶液置于光路中，数字表上直接读出被测溶液的透过率值。

⑧ 吸光度的测量。参照“③”“⑥”调整仪器的“000.0”和“100.0”，将选择开关置于 A，旋动吸光度调零旋钮，使得数字显示为 0.000，然后移入被测溶液，显示值即为试样的吸光度值。

⑨ 浓度的测量。选择开关由 A 旋至 C，将已标定浓度的溶液移入光路，调节浓度旋钮，使得数字显示为标定值，将被测溶液移入光路，即可读出相应的浓度值。

（二）753 型（53W）紫外-可见分光光度计操作规程

① 向右推开试样室盖，打开显示箱电源开关，波段选择开关置于“T”，调节“0%T”旋钮，使显示器为“0.000”（53WB 型如显示 P1，即“T”未调 0）。

② 光源电气箱电源开关向上，指示灯亮，钨灯开关向上，指示灯亮，溴钨灯亮。氘灯开关向上，指示灯亮，点燃开关向下 2～3 s 后迅速拨向上，指示灯亮，氘灯点燃。

③ 用波长手轮选择波长，到位时的手轮旋转方向要固定，使用波长在 200～350 nm 范围内，将光源转换手柄置于“氘灯”处，在 350～800 nm 范围内，将手柄置于“钨灯”处。

④ 检查“T-A”转换的精度：将波段选择开关置于“T”，池架第一孔置于光路，调节“100→0”旋钮，使显示为“1.000”；53WB 型如显示 P2 即参比未调至“100%”。开关置于“A”应显示“0.000”，若有偏差用小改锥调节侧面“0A"。同理将“T”调到“0.100”，“A”应显示为“1.000”，若有偏差调节“1A”。再检查 T=0.500 时，应有 A=0.301。

⑤ 狭缝尽可能选用 2 nm，或者用 4 nm。

⑥ 向右推开试样室盖，放入待测的参比杯和样品杯，参比杯必须放在池架的第一孔内。再将盖向左推回用拉杆将参比液推入光路，波段选择开关置于“A”，调节“100→0”旋钮。使显示值为“0.000”用拉杆将样品液推入光路，显示值即为被测样品的吸光度。

（三） UV2550 分光光度计的操作规程

1. 准备工作

① 打开总电源，稳定后，开主机电源，指示灯亮，同时打开计算机。

② 双击桌面上的 UVProbe 图标进入操作系统，在 UVProbe 界面上点击“Connect”连接键，联机并初始化。

③ 基线校正，点击光度计键条中的“基线”来进行基线的初始化操作，在校正前要确定样品池中没有任何样品，然后当基线参数对话框弹出时，在开始波长和结束波长中分别输入波长值。点击“确定”进行基线校正。

2. 光度测定模块

光度测定模块主要用于测定样品中某物质的浓度。

① 建立标准曲线，首先准备几种性质相同浓度不同的标准样品，选择“窗口”→“光度测定”，打开“光度测定模块”。工具栏上的方法图标建立数据采集方法。启动光度测定方法向导。

② 填测定所需波长，如需要多点扫描时在类型中选“多点”，在 WL1 和 WL2 中填写波长，然后填写单位、公式，点击“确定”。

③ 测定标准品的浓度。

填充标准表：点击标准表的任何位置激活标准表，在表中填入样品 ID 和浓度。

在菜单栏中点击“去空白”，这时系统将默认标准表中的第 1 个为空白样品，把空白放置到样品室中，点击“读取”键，然后依次放置标准样品，点击“读取”键。

④ 查看和保存标准曲线：选择“示图”→“标准曲线”，会出现根据标准表测定绘制的标准曲线，选择“文件”→“另存为”，检查保存对话框内的保存路径。在文件名输入标准曲线名称，点击“保存”。

3. 未知样品的测量

① 激活样品表（在表的任何部位点击），此时会在标题上显示“激活”，在样品表中输入样品的 ID。

② 将未知样品放入分光光度计的样品室中，点击“读取”键。

③ 按照样品号重复上述的操作。

注意：计算浓度时，样品吸收值要减去样品空白。当样品测量时，样品空白可以重新测量。对于随后的样品测量这个空白值是有效的。

④ 存储结果：点击“文件”→“另存为”。

4. 光谱测量

① 选择“窗口”→“光谱”，打开光谱模块。

② 点击光度计键条中的“基线”来进行基线的初始化操作，在基线参数对话框中输入起始和结束波长，点击“确定”键进行基线校正。

③ 建立数据采集方法：选择“编辑”→“方法”，或者点击方法图标，显示方法对话框。设置扫描波长的范围、扫描速度（注：一般为中速）、采样间隔（注：一般为1.0），点击仪器参数，在测定方式目录中选择“吸收”，点击“确定”。

④ 样品测量：将样品放入样品室，关上盖。点击“开始”，开始测量样品，显示测量过程，当测量完成后，自动进入光谱分析程序，显示光谱图。

⑤ 存档光谱：点击“文件”下的“另存为”，输入文件名。点击“确定”，存档光谱图。

5. 维护与保养

① 打开电源，检查指示灯是否亮，样品室密封情况，有无漏光现象。仪器启动后，有无异常的杂音。

② 仪器稳定后，点击紫外分析软件，检查仪器连接是否正常。

③ 测量多个样品时，尽量集中一起做，以便延长紫外灯的使用寿命。

④ 比色皿放入样品池前，应擦拭干净，防止溶液腐蚀仪器。样品池应保持干燥，经常更换干燥剂。

⑤ 控制样品的浓度使得样品的吸光度值控制在0.2～0.7的范围内。

（四）5100 BPC 型紫外-分光光度计的操作

1. 开启和自检

(1) 仪器开启　用电源线连接上电源，打开仪器开关（位于仪器的后右侧），仪器开机后进入系统自检过程。

(2) 系统自检　在自检状态，仪器会自动对滤光片、灯源切换、检测器、氘灯、钨灯、波长校正、系统参数和暗电流进行检测。

注：如果某一项自检出错，仪器会自动鸣叫报警，同时显示错误项，用户可按任意键跳过，继续自检下一项。自检结束后，仪器进入预热状态，预热时间为20min，预热结束后仪器会自动检测暗电流一次。预热时可以按任意键跳过。

(3) 系统预热　仪器开机后，因电器件需要预热一定的时间后方可达到稳定状态；另外氘灯周围环境也需要一定时间方能达到热平衡，所以仪器需要预热约20min后，方可正常使用。

(4) 进入系统主菜单　仪器自检结束后进入主界面，按“MODE”键可以在T、A、C、F间自由转换，分别实验透过率测试、吸光度测试、标准曲线等功能。

2. 透过率测试

在此功能下，可进行固定波长下的透过率测试，也可以将测量结果打印输出。

(1) 设定工作波长　在系统主界面下，系统的默认功能项为透过率测试，此时直接按“GOTOλ”键可以进入波长设定界面，用上下键来改变波长值，每按一次该键则屏幕上的波长值会相应增加或减少0.1 nm，按“ENTER”键确认。

提示：可以长按此二键，数字会快速变化，直至所需的波长值为止，按“ENTER”键确认。波长设定完成后自动返回上级界面。

（2）“ZERO”键对当前工作波长下的空白样品进行调 100.0%T。

注意：在调 100.0%T 之前记得将空白样品拉（推）入光路中，否则调 100.0%T 的结果不是空白液的 100.0%T，使得测量结果不正确。

（3）进行测量　当调 100.0%T 完成后，把待测样品拉（推）入光路中，按“ENTER”键进入测量界面（若已经在测量界面下，则无需此项操作，直接进行后面的操作即可），按“ENTER”键即可在当前工作波长下对样品进行透过率的测量。

每按下一次“ENTER”键，系统会自动将当时所显示的数值记录到数据存储区，但当查看时，液晶显示屏的每一屏只可显示 5 行数据，其余数据可通过按上下键进行翻页显示。

（4）数据打印与清除　数据存储区最多可存储 200 组数据。如果要打印或消除已测量数据，可在测量结果显示界面下，按“PRINT CLEAR”键，进入打印或删除界面，用上下键选择对应的操作即可。按“ESC”键退出该界面。

二、安捷伦 1200 高效液相色谱仪操作规程

1. 开机

① 将电源插头分别插入插座后，依次打开脱气机、泵、柱温箱、自动进样器、检测器（从上到下）的电源开关。开始自检后双击打开仪器 1 联机图标，进入化学工作站。

② 旋开泵上的排气阀，将工作站中溶剂 A 设到 100%，泵流量设到 5mL/min，在工作站中打开泵，排出管线中的气体几分钟（不低于 5min）。切换到 B 溶剂排气。

③ 将工作站中的泵流量设到 1mL/min，多元泵则再设定溶剂配比，如 A＝10%，B＝90%。

④ 关闭排气阀，检查柱前压力。

⑤ 配制 90%水＋10%异丙醇，每 20min 冲洗 0.5min 进行 seal- wash，每三天更换一次溶剂。

⑥ 用 90%有机溶剂冲洗柱子和系统 0.5h，再用 90%水冲 0.5～1 h，待换成流动相且柱前压力基本稳定后，打开检测器，观察基线情况。

2. 方法编辑

（1）进样器设置　单击“进样器”图标，选择“设置进样器”，设置“进样量”。

（2）二元泵设置　单击二元泵图标，选择设置泵，设置流速、溶剂比例、泵停止时间（即采集时间），也可插入一行时间列表，编辑梯度；选择控制，设置定期清洗泵。

单击“溶剂瓶”图标，选择溶剂瓶填充量，设置溶剂瓶中溶液体积。

（3）柱温设置　单击“柱温箱”图标，选择“设置柱温箱”，设置柱温。

（4）VWD 检测器设置　单击“检测器”图标，选择“设置 DAD 信号”，设置检测波长。系统更换为流动相后，单击图标，选择“控制”，打开紫外灯。

（5）方法保存　在联机页面右下角 LC 参数窗口检查各参数设置正确后，在方法菜单下拉选项，单击方法“另存为”，设置方法名和保存路径。保存路径为：D\Agilent Methods\项目名称。

3. 数据采集

（1）单次运行

① 由主菜单上的运行控制进入样品信息，设定操作者姓名、数据文件路径、文件名、样品瓶位置等。

数据文件路径：D \ Agilent Datal 项目名称；子目录：试验内容（数据文件路径在视图首选项下添加）。

② 单击窗口左上角单次运行图标，点击“开始”进行样品数据采集。

③ 若未设置泵停止时间，点击“结束”按钮，手动结束采集。

（2）序列运行

① 由主菜单上的序列进入序列参数，设定操作者姓名、数据文件路径等。数据文件路径：D \ Agilent Data \ 项目名称；子目录：试验内容（数据文件路径在视图首选项下添加）。

② 由主菜单上的序列进入序列表，设定样品瓶位置、样品名、方法名称、进样次数等，设置好之后点击“确定”。

③ 由主菜单上的序列进入序列模板另存为，保存路径：D \ Agilent Sequence \ 项目名称。

④ 单击窗口左上角序列运行图标，点击“开始”进行样品数据采集。

⑤ 手动停止序列，点击“结束”按钮。

⑥ 继续停止的序列，由主菜单上的序列进入部分序列，选择序列，点击确定，勾取序列表中未进样的样品瓶，点击运行序列。

4. 数据处理

① 双击“仪器 1 脱机”，打开“脱机工作站”。

② 由主菜单上的文件进入“设置打印机”，指定打印机选择 PDF 格式，点击“确定”退出（每次打开脱机工作站都需要重新设置）。

③ 由主菜单上的文件进入调用信号，调出要分析的数据文件色谱图。

④ 由主菜单上的方法进入，方法“另存为”，命名加后缀 T，保存在色谱图数据文件夹中。

⑤ 由主菜单上的图形进入信号选项，调整色谱图坐标。

a. 点击“自定义量程”，在时间范围中输入横坐标（时间范围）。

b. 在响应范围中输入纵坐标（响应值）。

c. 在量程框中，调到全部使用相同量程。

d. 点击“确定”退出。

⑥ 由主菜单上的积分进入积分事件，通过设置、修改斜率、灵敏度、峰宽、最小峰面积、最小峰高等，优化色谱图。点击左上方绿色带钩的图标，确认。

⑦ 退出积分事件后，色谱图右上方有一排图标，如有需要可通过手动方式重新绘制基线积分或者删除峰等进行优化，修改后将当前显示的图谱的事件保存至相应的数据文件中。

⑧ 由主菜单上的报告进入设定报告，设置报告参数。

a. 在定量结果栏中，选择“计算面积百分比”（另外有外标法、内标法等）。

b. 在报告类型栏中，根据需要选择简短报告或者性能报告（理论板数、分离度）。

c. 点击“确定”退出。

⑨ 各项参数都设置好后，再次保存方法。

⑩ 点击色谱图上方打印图标，在跳出的对话框中保存色谱图的打印文件，保存路径为 D \ Agilent Data \ 项目名称 \ 试验内容。

5. 关机

① 关机前，用90%水冲洗柱子和系统0.5～1 h，流量0.5～1mL/min，再用90%有机溶剂冲0.5 h，然后关泵。

② 退出化学工作站，以及其他窗口，关闭计算机。

③ 关掉Agilent 1200电源开关（由下往上）。

6. 注意事项

① 氘灯是易耗品，应最后开灯，不分析样品即关灯。

② 流动相使用前必须过滤，不要使用存放超过2日的蒸馏水（易长菌）。

三、AKTA蛋白纯化系统操作规程

1. 组成

① Pump-900为双通道高效梯度泵系列。在AKTA explorer 100，流速范围0.01～100mL/min，压力高达10MPa（泵名为P-901）。在AKTA explorer10，流速范围0.001～10mL/min，压力高达25MPa（泵名为P-903）。

② Monitor UV-900，同时监控190～700 nm范围内高达3个波长的多波长紫外-可见（UV-Vis）监测器（针对部分AKTA PURIFIER机型，尚有UPC-900监测器可供选择，光源为汞灯光源，一次可以监控一个波长，安装滤光片后，可以在选择的波长范围内进行切换）。

③ MonitorpH/C-900，在线电导和pH监测的组合监测器。

2. 一般操作

（1）开机　按位于底部平台前左侧的“ON/OFF”按钮，打开色谱系统，然后打开电脑电源。待仪器自检完毕（CU950上面的3个指示灯完全点亮并不闪烁）。双击桌面上“U-NICORN”图标，进入操作界面。

（2）准备工作溶液和样品　所有的工作溶液和样品必须经过0.45μm的滤膜过滤，样品也可高速离心后取上清备用。当缓冲液中含有有机溶剂（如乙腈、甲醇），需在使用前用低频超声波脱气10min。

（3）清洗及管道准备　首先将A泵的进液管道（A1）放入缓冲液或平衡液中，将B泵的进液管道（B1）放入高盐溶液中，在“system control”窗口点击工具栏内的“manual”，选择“pump→pump wash explorer”，选中Al、B1管道为ON，execute。泵清洗将自动结束。

（4）安装色谱柱。在“manual”里选择“pump→flow rate”，输入一定的低流速，insert；选择“Alarm & mon→alarm pressure”，设置high alarm（输入填料或色谱柱的耐受压力，以较低者为设置值，具体可在填料说明书或色谱柱说明书中查到），insert，execute。待Injection Valve的1号位管道流出水后接入柱子的柱头，稍微拧紧后将柱下端的堵头卸掉接入管道连上紫外流动池。

（5）开始纯化

① 在柱子平衡好之后（电导、pH的数值和变化趋势稳定）即开始上样了。此时应将紫外调零，选择“Alarm & mon→autozero，exectue”。

② 具体上样方式：AKTA系统的上样方式比较灵活，可以根据具体样品的条件进行上

样，包括用样品环上样、用系统泵上样、用样品泵上样等，这里以用系统泵上样为例简单介绍上样过程。点击“pause”，将 A1 放入样品中，点击“continue”，待样品上完后，再将 A1 放入到平衡液中继续清洗柱子。

③ 洗脱：上样后用缓冲液尽量将穿透峰洗回基线。在“manual”里选择“pump→gradient”，按照自己的工艺选择 targetB（100%）和 length（10CV）。

④ 设定收集：选择“Frac→fractionation _ 900”，输入每管收集体积，exectue。结束固定体积收集选择“Frac→fractionation _ stop _ 900，exectue”。

⑤ 清洗泵及卸下色谱柱：将 Al 和 B1 入口放入纯水中，启动 pump wash purifier 功能冲洗 A 泵和 B 泵及整个管路。然后再将 A1 和 B1 入口放入 20%乙醇中，同样操作将乙醇充满整个管路保存。再给柱子一个慢流速，设置系统保护压力，然后先拆柱子的下端，正在滴水的时候将堵头拧上，再拆柱子的上端，最后拧上上端的堵头。整个过程中应防止气泡进入。

⑥ 关闭电源：从软件控制系统的第一个窗口“unicorn manager”点击“退出”，其他窗口不能单独关闭。然后关闭 AKTA 主机电源，关闭电脑电源。

3. 程序设定

在“method editor”窗口点击工具栏内的“method wizard”，弹出窗口界面，可以分别在“main selection”“column”以及“column position”三个下拉菜单中选择所要用到的色谱方法、所用到的色谱柱的参数以及所安装的色谱柱在柱位选择阀的位置，选好之后，点击“next”按钮进入下一步波长和溶液进口的设定，在此可以设定检测的波长，针对 AKTA EXPLORER 可以一次选择三个波长共同进行监控，并在此设定 A 泵和 B 泵的溶液进口，设定好之后，点击“next”，可以在此窗口下设定对色谱柱进行平衡的条件。完成之后，点击“next”，在此窗口可以设定上样的条件，可选择的条件包括上样的方式，如上样环上样以及样品泵上样，对上样的体积也要进行设定。如果利用系统泵上样，在此无法进行设置，不过可以利用 A 泵和 B 泵的两个进口在后面的步骤中进行设置。在上步设置完成之后，点击“next”，此窗口是针对流穿组分收集所进行一些设置，针对安装的不同的收集器，具体内容可能有些差异，这里显示的界面是在安装了 Frac-950 收集器之后所出现的界面，设置完成点击“next”，设置目标组分收集的一些参数，点击“next”，针对具体的洗脱条件进行设置。当全部设置完成之后，点击“finish”，之后点击“保存”按钮，完成程序存盘操作。至此完成洗脱程序的设定工作，在应用自动洗脱程序时，可在“SYSTEM CONTROL”窗口点击文件菜单栏中的“FILE→Run”，在弹出的对话框中选择目标洗脱程序所在的位置并执行，之后会依次弹出一些对话框，主要是再次确认程序的设置条件，并选择洗脱结果文件的保存位置，全部设置完之后，洗脱将自动进行，结果将自动保存在设定的文件夹中。

4. 结果的浏览与简单处理

① 在纯化完成后，Unicorn 软件会自动地按照预先的设置保存结果文件，如果没有指定，那么结果文件会保存于一个文件名以 manual N 开头的文件中，N 为系统依次生成的一个 1～10 之间的数字。

② 对于结果的浏览应在 evaluation 窗口中进行，打开文件及对文件进行普通编辑的菜单。打开后，在结果浏览窗口点击鼠标右键，选择“properties”，可以弹出操作菜单，可以分别对结果进行编辑，如改变曲线的颜色、设定横轴或纵轴的显示区间、进行文本文件的编

辑等。

5. AKTA蛋白纯化系统的日常维护

① 每天，当实验完成系统使用结束后，应尽可能避免保存于缓冲液中过夜，尤以高盐浓度洗脱缓冲液为甚！假如，不能避免，则谨记次日尽早用 System Wash Method 完成以蒸馏水将系统彻底清洗，再予以保存或再更新使用其他缓冲液，再次投入使用进行实验操作。用蒸馏水将余下的缓冲液彻底冲洗出系统，这步骤至关重要。此举不但可以避免缓冲液对系统造成腐蚀机会，还可避免因使用高盐浓度缓冲液保存过久造成盐结晶等的堵塞，对系统构成不必要的损害和损耗。

② 每周更换润洗缓冲液（20%乙醇）。若发现储液瓶液体增多，就说明泵内部有漏液，需要更换泵密封圈。若发现液体减少，需要检查润洗管接头，如果没有漏液，则泵膜或密封圈需要更换。

③ 一定要保持实验环境的清洁，以免灰尘或泄漏的液体等造成仪器光学及电子元件的损坏。

④ 在长时间不应用系统进行试验的时候，应将系统管路充满 20%的乙醇，并关闭紫外检测器，清洗 pH 探头，并保存于适当的缓冲液中。

四、核酸蛋白检测仪操作规程

1. 开机及准备

在仪器使用前，首先连接好所需配套仪器：色谱柱、恒流泵、自动部分收集器、记录仪（色谱工作站）。将各类插头与插座连接（220V 电源）。按下检测仪“ON”电源开关，电源指示灯亮，说明整台仪器电源开始工作，然后观察光源指示灯，如果亮了，表示光源已开始工作，整台仪器可进入工作状态，将检测仪波长旋钮旋到所需波长刻度上，把量程旋钮拨到 100%T 挡（仪器预热 20min，待基线平直后可加样测试）。接通记录仪电源开关，使电源开关拨到“ON”指示灯亮。可根据记录仪说明书调换不同的纸速度，用户根据需要自行掌握，测量用 10mV 挡。此时记录仪指针从零点开始向右移动某一刻度，调节检测仪“光量”旋钮，使指针停留在记录仪大约中间位置 5mV，数字显示为 50 左右。把检测仪进样口聚乙烯塑料管接到恒流泵上，使凝胶色谱柱中缓冲液流过检测仪（恒流泵流量视凝胶色谱柱大小选 1～3mL/min）。用“调零”调整吸光度值为 0（量程开关拨到 100%T 调节光量旋钮，使记录仪指针在 10mV，数字显示为 100，即透光率为 100%。把量程开关拨到“0.05A”挡，缓慢调节 A 调零旋钮，使记录仪指示在“0”位，检测仪显示为“0”）。

2. 上样与洗脱

以上步骤结束，色谱系统平衡后即可用洗脱液开始洗脱样品，洗脱前再调一次吸光度“0”点。洗脱过程结束前不可再调节“调零”旋钮。当洗脱液流过检测仪时，吸光度显示大于零的数值，吸光度数值大小随样品的浓度而变化。洗脱完毕后吸光度显示为稍大于零的数值。

数字显示吸光度和记录仪自动绘制吸光度图谱是两个互相独立的检测系统，数字显示吸光度与记录仪所绘峰值大小没有直接关系，不可互相换算。

3. 结束

测样完毕后，必须切断电源，并用蒸馏水清洗样品池和聚乙烯塑料管。

4. 注意事项

记录仪光吸收A读数：当采用10mV量程记录仪时，记录仪的满量程读数对应于A量程开关所对应的A读数范围。如A量程开关选定在0～0.5 A时，则记录仪满量程光吸收A读数为0.5，当记录笔指示在记录纸一半（50%刻度）位置时即为0.25A。

数字显示光吸收A读数（可变量程读数模式）：当A量程开关选定在0～1.0A挡时，此时数显板上显示和读数即为光吸收A的实际读数，如显示为080即表示为0.80A。当A量程开关切换在其他量程位置时，则数字显示光吸收A读数为：①A量程选定在0～2.0挡时，数显读×2=实际光吸收读数A；②A量程选定在0～1.0挡时，数显读数×1=实际光吸收读数A（即直接读数）；③A量程选定在0～0.5挡时，数显读数×1/2=实际光吸收读数A；④A量程选定在0～0.2挡时，数显读数×1/5=实际光吸收读数A；⑤A量程选定在0～0.1挡时，数显读数×1/10=实际光吸收读数A；⑥A量程选定在0～0.05挡时，数显读数×1/20=实际光吸收读数A；⑦A量程选定在0～0.02挡时，数显读数×1/50=实际光吸收读数A。

当显示模式开关选定固定量程读数时，数字显示板上的读数为实际光吸收A读数，该读数将不随A量程开关的切换而改变（此时切换A量程开关，只改变记录仪输出的灵敏度，而不影响读数和积分仪信号输出，该功能指HD-21C-B型）。

五、细胞破碎仪

（一）细胞破碎仪 Scientz-IID 操作规程

1. 开机准备

打开电源开关（机箱后面板左下角），此时屏幕显示“新芝商标”。按〈〉键，到换能器选择界面（如果不按〈〉键，屏幕将停留在启动界面）。从启动界面进入换能器选择界面，首先必须选择变幅杆的型号，即“φX”中的X会不停地跳动，请选择与安装相应的变幅杆型号（变幅杆型号有φ2、φ3、φ6、φ8、φ10、φ15规格），通过键盘上的数字键来选择变幅杆的规格。选择完后按“SET”或“ENTER”确定即进入工作界面。

2. 参数设置

按设定键“SET”进入参数设置，通过（▲）或（▼）来选择不同的设置项，某项设置数值的末位不停地跳动，表示已进入该项的设置状态。超声开时间设定：通过（▲）或（▼）来选择超声开时间设置项（“超声开0.1s”的首位跳动），同样只需键入需要的数字即可；超声关时间设定：通过（▲）或（▼）来选择超声关时间设置项（“超声关1.0s”的首位跳动），同样只需键入需要的数字即可；槽温度设定：通过（▲）或（▼）来选择槽温度设置项（设置界面里温度计上方的“30℃”的首位跳动），同样只需键入需要的数字即可；超声波输出功率设定：通过（▲）或（▼）来选择超声波输出功率设置项（设置界面里功率输出条下方的“10%”的首位跳动），同样只需键入需要的数字即可；设置参数存储、保存：在工作界面下，按〈〉，进入预设参数调用，选择相应的模式数（即存储单元）按“SET”实施调用。调用某一存储单元，对其设置参数进行改动后，系统将自动存入。

3. 超声工作中的设置

超声工作中的功率调节：在超声工作中用户只需要按（▲）或（▼）即可调节超声波的

输出功率［按（▲）是增加功率，按（▼）是减少功率，本功能是功率微调］，在调节时仪器的输出是不停止的，在用户调节到需要的值后即可超声输出。超声停止输出：用户只需按〈〉，即可停止超声输出。

4. 超温保护后的恢复设置

在非超声工作状态中，如出现超温保护现象，用户只需要按“SET”或“ENTER”键，重新设置槽温度即可。在超声工作状态中，出现用户超温保护现象必须先按〈〉，然后再按“SET”或“ENTER”键来修改槽温度即可。

5. 过流保护后的恢复设置（过流保护说明用户的输出功率设置大于仪器内部的保护设置值）

当出现过流保护现象，用户只要按“PR”键即可恢复（恢复后需降低超声的输出功率，否则会持续出现过流保护现象）。

6. 注意事项

① 温度保护设置点必须比室温或样品温度高 5℃以上。当发生超温保护时，机器停止工作。

② 严禁在变幅杆未插入液体内（空载）时开机，否则会损坏换能器或超声波发生器。

③ 对各种细胞破碎量的多少、时间长短、功率大小，有待用户根据各种不同细胞再摸索确定，选取最佳值。

④ 用一定时间后变幅杆末端会被空化腐蚀而发毛，可用油石或锉刀锉平，否则会影响工作效果。

⑤ 本机不需预热，使用应有良好的接地。

⑥ 在超声破碎时，由于超声波在液体中起空化效应，使液体温度会很快升高，用户对各种细胞的温度要多加注意。建议采用短时间（每次不超过 5 s）的多次破碎，同时可外加冰浴冷却。

⑦ 本机采用无工频变压器的开关电源，在打开发生器机壳后切勿乱摸，以防触电。本仪器性能可靠，一般不易损坏。

⑧ 本机应安放在干燥、无阳光直射、无腐蚀性气体的地方工作。

⑨ 在工作过程中，更换变幅杆必须先关电源，重新开机后请重新选择换能器规格，否则有可能造成变幅杆损坏。

（二） JY92-2D 超声波粉碎机

1. 超声破碎仪安装

把与变幅杆（超声探头）相连的换能器放入隔音箱顶部的专用插孔内，然后把电源线连接在主机后面的电源输入接口，并连接好主机电源线。检查确认仪器面板上变幅杆选择开关是否与所用的变幅杆型号一致。

2. 清洗变幅杆

用 75％乙醇清洗变幅杆末端，再用蒸馏水多次冲洗变幅杆末端，然后擦干。

3. 固定待破碎样品

根据样品的量选择合适的容器，固定升降台和十字架，将样品置于冰浴中。样品位置调整应保证变幅杆末端位于样品中心位置，变幅杆不能贴壁。液体应该有一定高度，变幅杆末端离容器底部距离应大于 30 mm，样品量少时变幅杆末端距容器底部 5～10 mm，插入待破碎样品 15 mm 左右。

4. 设定破碎参数

打开电源开关。设置破碎功率、破碎工作时间、间歇时间、全程破碎时间。每次破碎时间尽量不超过 5s，间隔时间一般不少于破碎时间。

5. 破碎细胞

按照上述设定的参数破碎细胞，当破碎液清亮时停止破碎，拿出样品。

破碎过程中应注意观察响声是否正常；注意破碎过程中由于冰的融化导致的液面变化，保证冰水浴中碎冰未完全融化且冰浴液面高于破碎样品液面，变幅杆始终位于破碎样品中心位置且距容器底部距离合适；若出现探头贴壁或位置变化，应及时调整，以保证破碎效果；破碎过程中产生少量泡沫属正常现象，但泡沫过多会影响破碎效果，所以应尽量减少泡沫产生；若冰水浴正常且样品温度升高，应暂停破碎，延长间歇时间再进行破碎；若产生黑色沉淀，应暂停破碎，降低破碎功率再进行破碎。

6. 设备维护

关闭设备后，先用 75%乙醇清洗变幅杆末端，再用蒸馏水冲洗，然后擦干。盖上防尘罩，填写设备使用登记表。

六、恒流泵操作规程

仪器的面板上有四个开关：电源、快慢、加速、逆顺和一个流量选择旋钮。具体操作如下：

① 接通电源，指示灯亮，调节流量选择旋钮，使用快慢开关，观察仪器运转是否正常。

② 流量由快慢开关（即×10 挡、×1 挡）和调速旋钮来控制，流量可在 2～600mL/h 范围内连续可调。

③ 使用逆顺开关，可以改变流量方向，使加液改变为抽液、加压改变为抽压。

④ 调距板（即泵头后面的滑动板）的调节螺丝用于调节液体压力，调节时须注意不要拧得太紧，一般只要拧到有液体流动即可。

⑤ 加速（按钮）开关的作用主要用于在慢速时不改变原来流量而快速输送液体时使用。

⑥ 根据需要可在橡胶管两端再接上其他管子，将液体输送到需要的地方去。本机备有两种规格的管子，可根据流量需要选用。

⑦ 本机与自动部分收集器联用时，其电源受到自动部分收集器控制，本机单独使用时，将四芯插头改成二路电源插头即可。

七、自动部分收集器操作规程

① 打开电源，按“手动”开关，使收集盘顺时针转至报警，将“顺-逆”开关拨至逆转，即为第 1 管位置。将换管臂上穿过安全阀的细塑料管出口对准最外面的第 1 管管口，拧紧固定螺丝，准备收集溶液。若要第二次收集时，必须按“手动”按钮将收集盘转回至第 1 管位置，绝不允许再拨动换管臂。

② 同时按下“定时”和“停”（或“置位”）按钮，将原设定的换管时间消为 0。按住“定时”按钮，再按“慢”或“快”按钮，设置所需的换管时间。

③ 单独按下“秒”按钮，可以观察该管的走时情况，若走时已超过设定时间，则不会换管。此时，必须同时按下“秒”和“停”按钮，将该管走时消为 0。

④ 时间显示窗也可以用作定时钟，按住“校”按钮，再按“慢”或“快”按钮，可设置定时钟的时间。

⑤ BS 型收集器将时间选择旋钮旋至“0”刻度上，收集盘就会作连续转动。

八、 H2050R 台式高速冷冻离心机操作规程

① 插上电源，接通电源开关。

② 按“STOP”键，打开门盖。需运转的转子放置于电机主轴上并锁紧螺母（锁紧后，双手往上提转子应没有间隙）。将离心管放入转子体内，离心管必须成偶数对称放入（事先平衡）。

③ 关上门盖，注意一定要使门盖锁紧，完毕用手检查门盖是否关紧。

④ 设置转子号、转速、温度、时间。在停止状态下时，用户可以设置转子号、转速、温度、时间、上升速率、下降速率；在运行状态下时，用户只能设置转速、温度、时间。

a. 设置转子号：按“SET”键，当转子窗口闪烁时，即进入转子号设置，再按“▲”或“▼”键选择离心机本次工作所带的转子号，再按“ENTER”键。注意：设置的转子号要与所选用的转子一致，不可设置错误。

b. 设置转速：按“SET”键，当转速窗口闪烁时，即进入转速设置，再按“▲”或“▼”键确定离心机本次工作的转速（各种转子相对应最高转速已固定，设置转速值应低于或等于转子相对应的最高转速），再按“ENTER”键。

c. 设置时间：按“SET”键，当时间窗口闪烁时，即进入时间设置，再按“▲”或“▼”键确定离心机本次工作的时间（时间最长为 999min，时间为倒计时），再按“ENTER”键。

d. 设置温度：按“SET”键，当温度窗口闪烁时，即进入温度设置，再按“▲”或“▼”键确定离心机的工作的温度，再按“ENTER”键。

e. 设置上升/下降速率：按“SET”键，当时间窗口闪烁时，按“▲”或“▼”键，根据不同的转子选择合适的上升/下降速率，再按“ENTER”键。

f. 当上述五个步骤完成后，已确认上述所设的转子、转速、温度、时间，按“START”键启动离心机。

g. 在运行当中，如果要看离心力，按下“RCF”键，就显示当时转速下的离心力，3s 后自动返回到运行状态。

⑤ 离心机时间倒计时到“0”时，电机断电，5 s 后开始刹车，离心机将自动停止，当转速接近 0r/min 时，门锁自动打开。

⑥ 当转子停转后，打开门盖取出离心管。若运行过程中发生停电，电子门锁不能动作，门盖不能打开。当必须打开门盖时，可使用随机带的小杆插入离心机右侧小孔内，对准门锁拉杆，将拉杆向前推进而打开门锁。

⑦ 关断电源开关，离心机断电。

九、 YC-1800 实验室喷雾干燥机操作规程（气流式、二流体喷雾干燥机）

(1) 设备安装 YC- 1800 型实验室喷雾干燥机主要由机箱箱体含电器控制部分、鼓风

机、加热装置、干燥室、旋风分离器、物料收集瓶、空气压缩机、蠕动泵等组成。与主机相配套的机构有：输液蠕动泵（蠕动泵转速可以调节），二流体雾化器，同时配备220V交流电源和0.1～0.3MPa压缩空气机等组成一个完整的工艺流程控制系统。该设备与配套装备只需平放在一个（900mm×600mm）平台上，机箱接地导线可靠安全，接地电阻不小于4Ω，接通电源和压缩空气就可运行。

（2）设备调试

① 接通电源和空气压缩机气管，压缩空气压力可以通过压力下方旋钮调节雾化压力，旋钮顺时针旋转雾化压力变大，逆时针旋转压力变小（注意：调节旋钮时先把旋钮往外拔一下再转动），锁紧卡箍，拧紧锁紧螺母，各气流接口处应紧锁密封，不得有漏气现象产生。

② 喷枪雾化效果的调试。启动空气压缩机，将压缩空气接入喷枪，启动系统至喷雾运行状态，调节供液频率和雾化压力可改变雾化效果。雾滴大小与液体流量成正比，与雾化压力成反比。一般喷雾压力调节为0.1～0.3MPa，蠕动泵转速调节为10～30r/min。

③ 喷枪的安装调节

a. 顶喷枪放入喷枪座，使喷嘴垂直向下对准容器中心后将喷枪固定。喷枪的喷流角度、喷液覆盖范围要符合物料流化时的最大范围。

b. 启动喷雾之前应将热风预热一段时间，待进风温度到喷雾允许值时才能启动蠕动泵进行喷雾干燥工作。

c. 料液喷完后，再用蒸馏水喷雾一段时间，以清除残留在供液泵、供液管和喷枪头内的黏合液，达到清洗喷枪的目的。

d. 通过停止供液变频器来停止进料，待物料烘干达到工艺要求后，关闭加热器，然后关闭风机，卸下温度传感器，卸下旋风分离器、收集瓶、干燥室，进行清洗处理。

④ 物料温度的设置：在程序启动前后，可根据工艺要求随时对物料温度进行设置。一般设定范围110～150℃。

⑤ 风机频率的设置：在程序启动前后，可根据物料的多少和干燥状况随时设置风机频率。一般设定范围为15～40r/min，对应的风量大小为1.5～4.0m^3。

⑥ 供液频率的设置：在程序启动前后，可根据物料的多少和流化状况随时设供液频率。蠕动泵一般设定为10～30r/min。

⑦ 关机：先关蠕动泵，停止加热，关闭空气压缩机，然后待进料口温度降至90℃以下关闭风机，最后把设备总电源关掉。

（3）操作与使用

① 启动电源按钮→启动风机→加热→启动空气压缩机→温度升至工艺需要温度→启动蠕动泵进料→干燥。

② 加热的控制，设定加热需要的温度，启动风机，加热，系统会自动控制加热温度。

③ 关机：停止蠕动泵→停止加热→停止空气压缩机→进料口温度降至90℃以下→停止风机→关闭设备总电源→清洗设备。

（4）维护与保养　正确的维护与保养能更好地发挥设备的性能，延长设备的使用寿命，所以必须定期对设备进行维护和保养。

① 流化系统零件、组件的清洗，本机干燥、收集系统和雾化系统均可方便地拆卸单独清洗，清洗后烘干还原或存放备用。

② 设备闲置未使用时，应每隔十天启动一次，启动运行时间不少于20min，防止电控

装置的元器件受潮损坏。

十、凝胶成像系统操作规程

① 打开凝胶成像系统开关。

② 打开电脑，打开并进入成像软件。

③ 打开凝胶系统门，将制好的凝胶水平放入凝胶系统平台中央，关上凝胶系统门。

④ 选择合适的光波长。312 nm 紫外透射工作台；254 nm 紫外反射灯；365nm 紫外反射灯。左右侧灯每个灯上分别装有一只 254 nm、365 nm 的紫外灯管，这样光从左右两侧发出，紫外光源的作用是：紫外线照射经 EB 染色的凝胶会发出明亮的荧光。不同波长的紫外线对不同染色的凝胶激发作用也不尽相同。

⑤ 点击成像软件上方的工具栏中的绿色荧光按钮，即可得到凝胶像。

十一、 YC-1系列层析冷柜操作规程

(1) 将电源插入独立的电源插座（220V，50Hz，10A）。

(2) 总电源 打开总电源开关，此时数字温度显示器显示柜内温度。按照上述设置方法设置温度及报警值。

(3) 制冷 按下制冷开关，制冷系统开始工作。

(4) 照明开关 控制箱内照明灯。

(5) 消毒开关 控制柜内紫外消毒灯。

(6) 防露开关 防止门框四周结露，一般情况下可不使用，当空气潮湿，门框四周出现结露现象，则打开防露开关，使门框保持干燥。

(7) 内电源 为柜内上下两个电源插座供电，方便实验时柜内用电。

(8) 除霜 如果柜内湿度偏高，可能导致吊顶蒸发器结霜堵塞风道，导致制冷速度下降或丧失制冷功能，此时应关闭制冷，并打开除霜开关，通过电加热器对蒸发器加温，达到除霜目的。除霜完毕，关闭此开关，重新开机工作。

(9) 报警开关 开机时应先关闭，等冷柜内温度到达设定温度范围（2～6℃）后再打开。否则，由于室温高于所设的高温报警上限，开机即处于报警状态。

(10) 声光报警器 当温度超出报警范围时，报警器发光并鸣叫。

(11) 关机 其余功能开关关闭后，最后关总电源开关。

附录六 实验实训要求

(1) 学生在实验课前必须对实验内容进行充分预习，了解此次实验的目的、原理和方法，做到心中有数，思路清楚。

(2) 实验课不得无故缺席、迟到或早退。学生进入实验室必须穿实验服，严禁穿拖鞋进入实验室。书包、外套等物品应放到指定地点，实验台面应随时保持整洁。

(3) 学生在实验室内必须服从指导教师和实验室工作人员安排，不得大声喧哗、打闹，不得吃东西、抽烟。未经允许，不得擅自使用仪器设备。在教师讲解实验内容时，认真听讲，不交头接耳，不随意走动，不摆弄仪器，自觉遵守课堂纪律。

（4）实验前清点好仪器、耗材与试剂，各组的实验器具不得随意借用、混用。使用试剂时，应仔细辨认试剂标签，看清名称，切勿用错。使用公用试剂时，应使用专用移液器，及时更换吸头，以防污染试剂，用毕，应立即盖好瓶盖。要合理节约使用耗材和药品。

（5）实验中应严格遵守操作规程进行实验，细心观察实验现象，认真、及时做好实验记录和实验结果。对于当时不能得到结果而需要连续观察的实验，则需记下每次观察的现象和结果，以便分析。

（6）实验中切勿使乙醇、乙醚、丁醇等易燃药品接近火焰。使用过的酸、碱、有毒有害及有色试剂应专门收集，倒入废液桶中，切勿直接倒入水池内。培养过微生物的培养基必须高温灭菌后，统一倒入废物桶内。实验过程中若损坏仪器用具应及时到指导教师处登记，然后补领。实验过程中若出现事故或仪器设备发生故障应立刻告知指导教师，不得擅自处理。

（7）使用液相色谱仪、发酵罐、PCR 仪等贵重仪器时，要严格按照仪器操作规程细心操作，不得擅自离岗。

（8）实验完毕，每组同学应清洗好当天所用的器具，将仪器、药品摆放整齐，清理好实验台面，经指导教师检查同意后方可离开。

（9）值日生负责当天实验室的卫生、安全和一切服务性工作，指导教师检查同意后方可离开。

（10）实验后，应以实事求是的科学态度认真整理实验数据，撰写实验报告。实验报告力求简明扼要、准确，并及时汇交教师批阅。实验报告应包含以下内容：

① 标题。应包括实验名称、时间、地点、实验室条件（如温度、湿度）、姓名和学号、实验组号等。

② 实验目的。简明扼要地阐述实验目的。

③ 实验原理。明确实验原理、实验操作方法和理论知识间的联系。

④ 仪器和材料。了解实验仪器的型号和常用指标，明确实验材料的名称、来源、规格、浓度及配制方法。

⑤ 操作方法及步骤。描述自己的操作过程及方法，不能完全照抄书本的内容。要简明扼要地把实验步骤写清楚，也可用工艺流程图或表格描述实验过程。

⑥ 实验结果。将实验中的现象、数据进行整理、分析，得出相应的结果，适当选用列表法、作图法、扫描及拍照等方法记录实验结果。

⑦ 讨论。对整个实验过程、实验结果的总结和分析。对得到的正常结果和出现的异常现象进行分析和讨论。

⑧ 思考题。回答课后思考题，阐述实验心得体会或对实验设计、实验方法有何合理性建议。

参考文献

[1] 马文丽，李凌．生物化学与分子生物学实验指导［M］．北京：人民军医出版社，2011.
[2] 万颖敏．速溶绿茶粉原料优选及加工工艺优化［D］．咸阳：西北农林科技大学，2017.
[3] 尤敏．黄花菜抗肿瘤活性蛋白的分离纯化及抑制肝癌细胞增殖的机制研究［D］．太原：山西大学，2021.
[4] 王雅洁．生物分离纯化实践技术［M］．南京：东南大学出版社，2016.
[5] 冯学忠，吴广辉，方炳虎，等．盐酸林可霉素紫外分光光度测定方法的建立［J］．动物医学进展，2009，30（12）：60-63.
[6] 孙诗清．生物分离实验技术［M］．北京：北京理工大学出版社，2017.
[7] 孙彦．生物分离工程［M］．北京：化学工业出版社，2001.
[8] 李从军，汤文浩．生物产品分离纯化技术［M］．武汉：华中师范大学出版社，2009.
[9] 何开跃，李关荣．生物化学实验［M］．北京：科学出版社，2013.
[10] 张爱华，王云庆．生化分离技术［M］．2版．北京：化学工业出版社，2019.
[11] 周顺伍．动物生物化学实验指导［M］．3版．北京：中国农业出版社，2010.
[12] 陈钧辉．生物化学实验［M］．4版．北京：科学出版社，2008.
[13] 胡永红，刘凤珠，韩曜平．生物分离工程［M］．武汉：华中科技大学出版社，2015.
[14] 胡永红，谢宁昌．生物分离实验技术［M］．北京：化学工业出版社，2019.
[15] 程方圆．鸡蛋液喷雾干燥工艺参数优化研究［D］．天津：天津农学院，2019.
[16] 谭平华，林金清，肖春妹，等．双水相萃取技术研究进展及应用［J］．化工生产与技术，2003，10（1）：19-23.